AIR WAR OVER GUADALCANAL AUGUST-OCTOBER 1942

ガ島航空戦 上

ガダルカナル島上空の日米航空決戦、昭和17年8月-10月

梅本弘

大日本絵画
Dainippon Kaiga

はじめに

零観隊の奮戦。ガ島への補給を支えた水上機

戦地に着いてまず言われたのは「敵機に撃たれたら、その曳痕弾の流れの中に突っ込め」これです。筆者が、九三八空で零観（零式観測機）の操縦員を務めていた中芳光上飛曹にお話をうかがった時のことである。中さんがソロモンで戦っていたのは、本書が取り上げている時期とは異なるが、出撃56回、昼間空戦2回、爆撃12回を果たし、米艦爆の撃破1機、夜間の魚雷艇撃沈2隻の戦果をも報じている。

「突っ込めと言われてもね。そんなことできるもんじゃない。それで被弾して帰ってくると、言われた通りに突っ込んだのか、と聞かれて、できませんでした、と答えると、当たった弾の数だけぶん殴られて。するとと次は照準を左に修正してくる。例えば敵の弾道が右に逸れたとするでしょ。すると次は照準を左に修正してくる。だから逆に曳痕弾の方に寄って右に逃げれば良い」。中さんは、そんな風に説明してくれた。撃たれれば、つい反対の方に逃げたくなるものだが、その逆を突く戦法かと、筆者はひどく感心したものだ。

そこで零戦撃墜王として知られる坂井三郎さんにその話をすると「馬鹿を言っちゃいけない。曳痕弾の中に入って行くなんて。撃たれたら、その刹那、反対方向のラダーを踏みこ

中芳光一飛曹(右)は、零式観測機(零観)の搭乗員としてソロモン戦に参加。その後、本土防空戦では彗星夜戦に搭乗、斜銃でB-29の邀撃に活躍した。

んでガーンッと操縦桿を倒して逃げる。誰に聞いたのか知らないが、あまり空戦をやったことない人じゃないの」と、言われてしまった。

零観から彗星夜戦に乗り換え、本土防空戦でB-29を5機落としエースとなった中さんも、空戦経験は百戦錬磨の坂井さんにとうてい及ばない。しかしソロモンで戦い、生き残っていた零観乗りのアドバイスが、まるで的を得ていなかったとまでは思えず、これは現在に至っても疑問のままである。

普通に考えれば、戦闘機の零戦に比べ、艦砲の弾着観測用に作られた水上機、零観が空戦する機会は少ないはずだ。しかし9月からソロモンで編成された水上機部隊（R方面航空部隊）の水上機母艦それぞれの戦闘詳報を克明に調べていると、零観や水戦（二式水上戦闘機）などの水上機は、ガダルカナル（ガ島）へ向かう水上艦艇の上空警戒はもちろん、水上機基地の防空や、米軍飛行場攻撃まで、連日のように出撃。細かい空戦の回数自体はむしろ零戦隊よりも多いくらいだった。零戦隊は遠いラバウルからの長距離進攻である上、9月から始まった雨季の悪天候に妨げられ思うように戦えなかったのだ。とはいえ、水上機隊の撃墜戦果は少ない。一方、損害もそれほど多くはない。

零観、水戦が戦ったのは米艦爆や、重爆B-17が多かった。増援部隊や補給物資をガ島へ輸送する水上艦艇、または水上機の基地を狙って飛来する敵である。

そもそも戦闘機である水戦はともかく、驚くべきことに零観がたった1機で強大な「空の要塞」B-17に正面から突っかけてゆくこともあった。Ｆ４ＦやＰ-39などの戦闘機にも戦いを挑んだ。零観は重爆、艦爆、戦闘機にも正面からの刺し違えをよく試みた。複葉で速度が遅く、追ってもなかなか追いつけないからだ。だが武装は7・7ミリ機銃2挺。この火力では重厚に防弾された米軍機は落とし難い。米軍記録で裏付けのとれた確実な撃墜戦果は2機か3機のＳＢＤ艦爆、B-17（体当たり）、カタリナ飛行艇、Ｐ-39、Ｆ４Ｆ各1機だけだった。

しかし零観の果敢な突進で、米軍機はしばしば爆撃照準を狂わされた。撃墜はできずとも、爆弾が逸れれば水上艦艇は救われる。零観も艦隊の上空警戒が主任務であると心得ているので執拗に空戦を挑むこともなく落とされはしない。

零観の空戦は、米軍も友軍も、また自らも傷つけずに終わる場合が多かった。とはいえ、零観に犠牲がなかったわけではない。水上機の活躍に手を焼いた米軍は、しばしば基地を襲撃。離水中を捕捉されることもあった。上空警戒中の空戦で撃墜されてしまうこともある。こうして1機、また1機と失われ、もともと数が少なかったので、2ヶ月間の奮闘でほぼ全滅状態に陥っている。

例えば零観隊の母艦のひとつ、特設水上機母艦「讃岐丸」の9月から11月までの損耗率は、機体の定数8機に対して1

特設水上機母艦「山陽丸」の零式観測機。複葉の古めかしいデザインは、空戦での運動性を重視した結果である。

13パーセント、搭乗員は94パーセント。定数17名のうちなんと16名が死傷している。10月にラバウルとガ島の中間地点、ブーゲンヴィル島にブイン基地が完成して零戦隊が増強されるまで、ガ島周辺での航空戦は水上機隊の活躍抜きには語れないものであった。

本書ガ島航空戦の上巻では昭和17年8月7日の米軍上陸から始まり、18年1月31日の日本軍撤退前夜にいたるガ島上空の航空戦の前半部分、8月、9月、10月の空戦をとりあげている。将に水上機隊が八面六臂の活躍をしていた時期である。

執筆にあたっては、国立公文書館、アジア歴史資料センターが公開している日本海軍の飛行機隊戦闘行動調書および戦闘詳報、戦時日誌など一次資料と、米公文書館が公開している米海軍および海兵隊航空隊の戦時日誌、戦闘報告書、米陸軍航空隊のMACR（行方不明空中勤務者報告）を対照しつつ、ガ島周辺での航空戦の公正かつ客観的な記述を心がけている。しかし日米両国とも資料が完璧に残されている訳ではない。また稀に、一次資料の記述が明らかに間違っている場合もある。そんな場合には、部隊史、個人の回想録などの周辺資料を探し、曖昧な場合には複数の資料からクロスチェックを行い極力、正確を期している。その結果、両軍の記録をまず九割方は正確にしるすことはできたと思っているが、筆者の力及ばず、百パーセント完璧なものにはできなかったことを予めご了承いただきたいと思う。

ガダルカナル島の密林と丘陵。第二次大戦当時の空撮である。

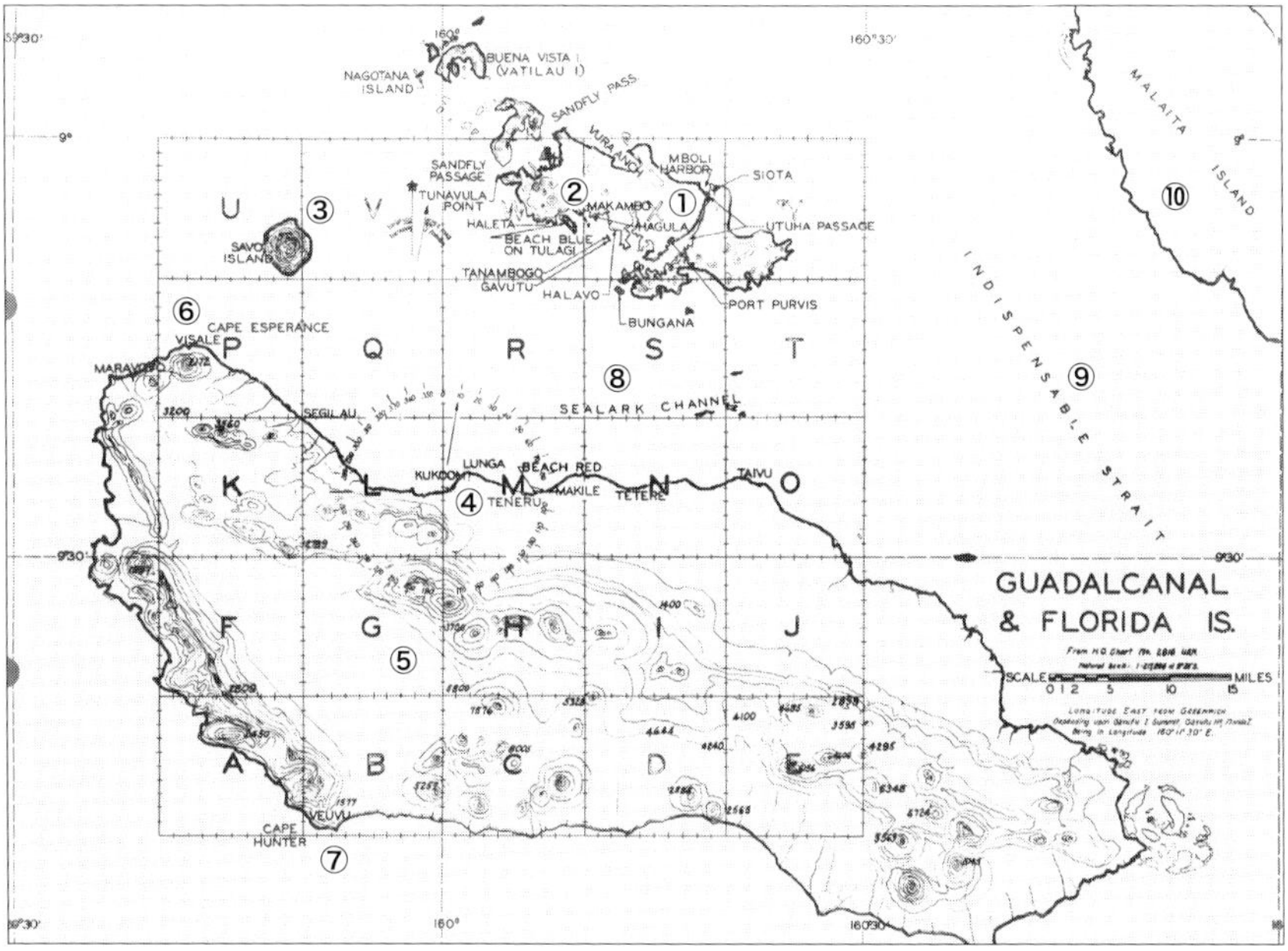

①フロリダ島　②ツラギ基地　③サボ島　④ヘンダーソン基地　⑤ガダルカナル島
⑥エスペランス岬　⑦ハンター岬　⑧シーラーク海峡　⑨インディスペンサブル海峡　⑩マライタ島

◎目次

二式水戦。飛行場不要の戦闘機、島嶼攻略戦の尖兵

昭和17年5月3日、日本海軍はツラギを無血占領した。対岸は南太平洋ソロモン諸島のガダルカナル島（以下、ガ島）である。ツラギにはもともとオーストラリアの沿岸警備隊の水上機基地があり、警備隊は2日前に撤退している。海軍はまずツラギを足掛かりに、ガ島に米本土とオーストラリア間の交通線を脅かす飛行場の建設を進めようとしていた。ガ島には航空基地を建設しやすい平地があった。

ガ島は最前線基地ニューブリテン島のラバウルから遥か1037キロ。当時、海軍はラバウルとガ島の間にあるブカ島、ブーゲンヴィル島のショートランドなどに拠点を築きつつあった。しかし中継の飛行場はまだ一箇所もない。ガ島への長駆進出は思い切った作戦だった。海軍は連合軍の反攻は半年以上は先であろうと楽観していた。

横浜海軍航空隊（浜空）はツラギに水上機基地を設けるため、その日のうちにラバウルから基地移動空輸の九七大艇を発進させた。まず1機で現地に先行する大艇には飛行長の勝田三郎中佐が搭乗している。離水は6時35分。ところが9時30分、RR（ニューブリテン島）から130度、距離180浬付近で、米陸軍のマーチンB-26双発爆撃機2機と遭遇してしまった。

九七大艇には自衛火器として7・7ミリ旋回機銃4挺、尾部には20ミリ旋回機銃1門が備えられている。B-26の発見とともに偵察員、搭乗整備員、通信手がそれぞれ割り当ての機銃に取り付き、空戦に備えた。ガ島を巡る初めての空戦である。勝田機は射撃戦（20ミリ9発射撃、7・7ミリ不明）を交えながら避退運動を繰り返し、30分もかけてなんとか振り切った。なにしろB-26は高速で名高い最新鋭機である。速度の遅い大艇ではただ逃げても逃げきれない。

撃ち合いでB-26は1機が発火。だが火は間もなく消え、雲の中に姿を消した。しかし大艇は21発も被弾、機上戦死1名、軽傷3名もの死傷者を出してしまった。勝田中佐はツラギ行きを断念、ラバウルに引き返した。

当時、B-26を使っていた部隊は4月からポートモレスビーを基地として、ラバウルを空襲していた第22爆撃航空群だけである。しかし同爆撃航空群の記録に大艇との交戦はない。この付近で、勝田機と遭遇した可能性がもっとも高いのは、オーストラリア空軍のロッキード・ハドソン双発哨戒爆撃機である。その頃、ハドソンとカタリナ双発飛行艇がラバウルからガ島に至る水域を索敵哨戒しており、実際、この日の午後、日本海軍のツラギ侵攻を発見したのはオーストラリア空軍の哨戒機だった。ただハドソンが大艇と交戦したという明確な記録も見つけられなかった。

勝田機が空戦中だった9時40分に発進した久保良太飛曹長の大艇は途中なにごともなく、14時15分、ツラギ基地に着水。

つづいて大艇2機が飛来した。

九七大艇は四発の大型機で、航続距離は6700キロにも及び、広大な海洋の索敵哨戒には欠かせない飛行艇であった。だがガ島周辺では、勝田中佐機のように索敵哨戒中に米軍の哨戒飛行艇や偵察機とよく遭遇、空戦が起こることになる。そんな大型機同士の空戦が、本書でとりあげている時期内だけで少なくとも21回あった。

米軍機はたとえ爆撃機や飛行艇であっても優速で重武装、防弾も完備している。優美なデザインだが、鈍重で低速、防弾もない大艇では勝負にならない。勝田機の空戦を記録している浜空の飛行機隊戦闘行動調書（以下、行動調書）に「交戦しつつ避退」としるされているように、大艇は戦う姿勢を見せつつ懸命に離脱を図るのが通例だ。大艇と米大型機との空戦はたいがいは引き分け、撃墜されてしまうことも少なくない。しかし九七大艇が「空の要塞」と呼ばれる四発重爆のボーイングB-17（9月8日）や、索敵哨戒に飛んでいたSBD艦爆（10月16日）を撃墜したこともあった。尾部の20ミリ旋回銃をうまく相手に向けて有効弾を放ったのである。

日本海軍はツラギの占領から飛行艇の進出まで手早く1日で済ませた。しかし米軍も早かった。翌日には米空母「ヨークタウン」から発進した攻撃隊が来襲したのだ。米攻撃隊は日本の駆逐艦「菊月」や掃海特務艇、補給艦「玉丸」などを撃沈、水上機基地を破壊してしまった。その後、復旧作業が進められ、6月になるとふたたび浜空の九七大艇がラバウルからぽつりぽつりとやって来るようになり、やがて水上機基地の施設も整った。

水上機の離発着基地ツラギは、ガ島から40数キロ北にあるフロリダ島南岸の小さな入り江にあるハラヴォ・ビーチと、ツラギ島、タナンボコ島、ガブツ島からなっていた。タナンボコ、ガブツの両島はツラギ島から東に3、4キロ離れた、それぞれ縦200メートル、横150メートルほどの本当に小さな島で、珊瑚礁に囲まれ、二つの島はオーストラリア軍が作ったコンクリートと石積みでできた堤道で繋がれている。

7月初旬にはツラギの対岸、ガ島、ルンガ河の河口近くの広い草原に、陸上機の飛行場を造成する設営隊が派遣された。同じ頃、ツラギには海軍兵学校66期の佐藤理一郎大尉が率いる浜空の二式水上戦闘機(二式水戦)が進出した。7月4日、ラバウルからブーゲンヴィル島のショートランド泊地を経由してまず7機の水戦がツラギに到着。つづいて23日、さらに4機がラバウルからツラギにやって来た。ガ島の飛行場が完成するまでの間、水戦が付近の防空を一身に担うのである。

二式水戦は胴体の下に大きなフロート（浮舟）を装着した零戦だ。7月6日に制式化されたばかりの新鋭機で、中島飛行機（現、富士重工）が作った水上戦闘機であった。海面から離発着できる水戦なら、まだ飛行場が作られていない島嶼に真っ先に進出して制空権を確立できる。日本海軍は、そんな戦術構想から世界でも珍しい水上戦闘機を実戦配備したのだ。
零戦はもともと三菱が設計、量産していた戦闘機である。しかし南方の島嶼攻略戦には飛行場のない地域にも進出できる水上戦闘機が有用であると、その実用化が要望された当時、三菱は零戦、一式陸攻の生産に忙殺されており、とても新たに水上戦闘機を設計、生産する余裕はなかった。そこで零戦を水上戦闘機に改造する作業は、小型水上機の製作では実績のある中島飛行機が担当したのである。

7月の6日、上空警戒に当たっていた水戦は偵察のためツラギに単機飛来したB-17を発見、追撃している。だが、この時は捕捉することはできなかった。10日には水戦12機が発進、2機の四発重爆、コンソリーデーデットB-24「リベレーター」を邀撃。零戦と同じ20ミリ、7・7ミリ機銃各2門の強力な武装をもつ水戦は、20ミリ100発、7・7ミリ800発を射撃して初空戦を交えた。水戦1機が被弾したものの1機のB-24を撃墜したと報じている。だが17日に飛来したボーイングB-17四発重爆撃機の邀撃では浜空水戦隊に初めての犠牲者が出た。この日は6機の水戦が20ミリ100発、7・7ミリ650発を放ってB-17の1機撃墜を報じたのだが、水戦1機が被弾した他、堀龍生一飛曹の水戦が未帰還になってしまったのである。23日にも単機で飛来したB-17を邀撃した松井三郎一飛の水戦が未帰還となった。これら4回の空戦に関しては遭遇した米軍機の詳細がわからなかった。

7月の17日から26日にかけて、第11爆撃航空群のB-17は、ハワイからニューヘブリデス諸島のエスピリッツサントに作られた基地へ飛行隊ごとに移動中だった。また実戦配備されたばかりの新鋭重爆B-24はミッドウェー島にいたが、いかに航続距離が長くても、さすがにガ島までは飛んでこられない。26日には第11爆撃航空群、第42爆撃飛行隊のB-17がガ島の南方にあるインディスペンサブル礁の南端で、水上戦闘機2機に遭遇したと報告しているが、このケースでは逆に日本側の詳細がわからない。

29日には、哨戒に飛んだ浜空、星野特務中尉の九七大艇3機が、米軍の双発飛行艇と遭遇。20ミリ15発、7・7ミリ100発を射撃。こちらも2機が被弾したが、米飛行艇にもかなりの命中弾を見舞ったようだ。行動調書には「撃墜には至らず」としるされており、この空戦では星野機も相手が飛行艇ということで、積極的に戦いを挑んだのだろうか。弾薬消費が少ないのは、どちらかが逃げ腰で、あまり射撃のチャンスを捉えられなかったのかもしれない。交戦したのは、この日、ツラギ、ガブツ地区を爆撃したVP-23のPBY-5カタリナと思われる。

31日、B-17がルンガ河口で造成中の飛行場を爆撃した。これまでのB-17は偵察が任務で、爆弾を投下したのは今回が初めてだった。米軍は熾烈な対空砲火に迎えられたが、邀撃の戦闘機は現れなかったと記録している。

中島二式水上戦闘機(水戦)、零戦二一型をベースに作られた水上戦闘機。17年7月、日本海軍が占領したばかりのツラギ基地(ガ島)に逸早く配備された。

海軍横浜航空隊(横空)の佐藤理一郎大尉。ツラギ基地の水戦隊を率いて、到着早々から偵察にやって来た米軍のボーイングB-17四発重爆と交戦している。

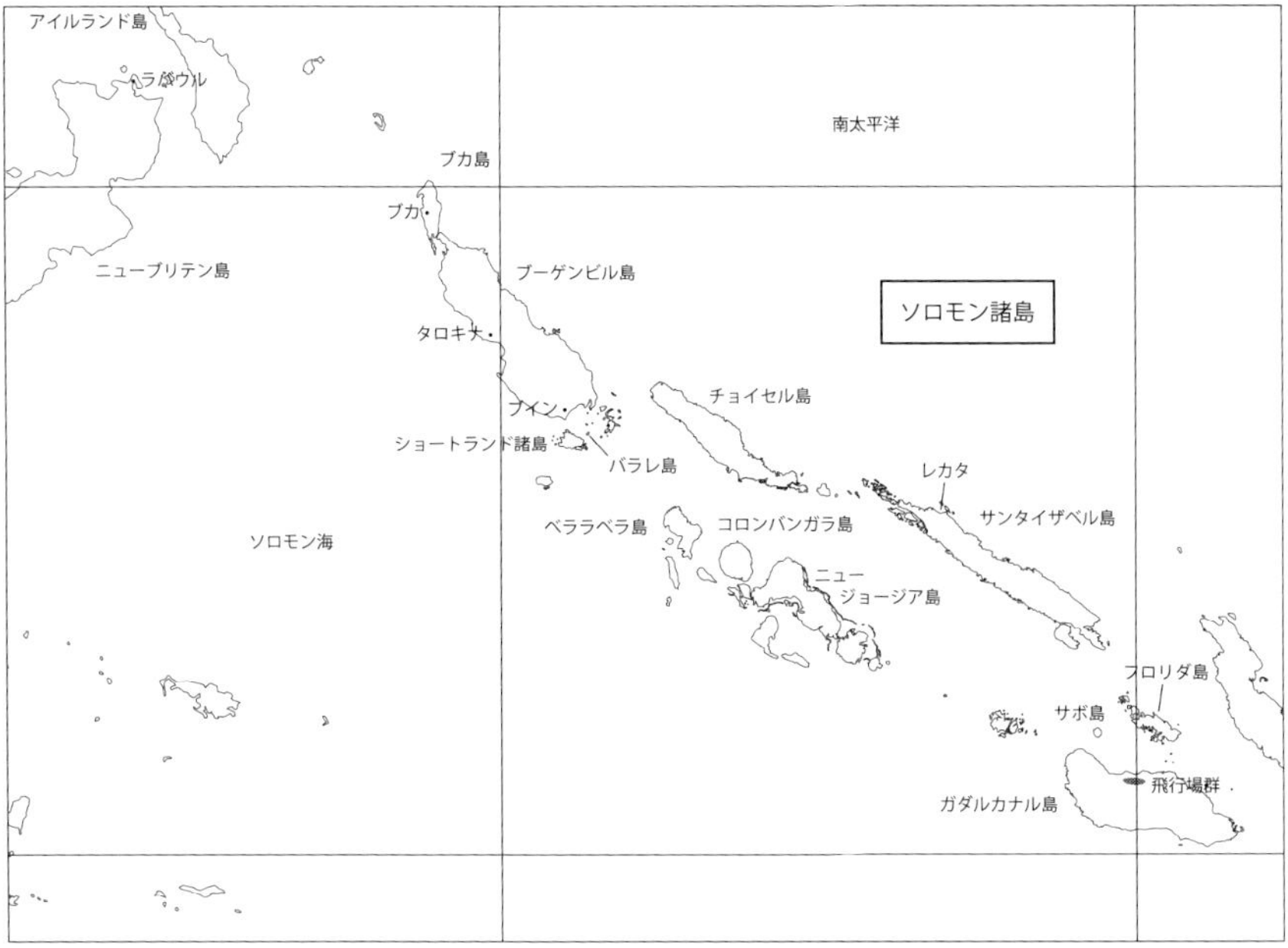

昭和17年8月 米軍ガ島上陸

8月、「空の要塞」を迎え撃つ水上戦闘機

8月1日の9時、ツラギ基地、フロリダ島の南岸にある小さな入り江、ハラヴォ・ビーチから長い水しぶきを上げて水戦が離水を始めた。

離水して行く水戦の目標は、米陸軍航空隊、第11爆撃航空群、第431爆撃飛行隊のB-17、8機であった。7月31日の初空襲に続き、8月7日に予定されていた海兵隊のガ島上陸作戦に先立つ航空制圧のため、エスピリツサント島の基地から飛来したのである。今回の目標は水戦がいるツラギ基地だ。しかし進攻目標が遠く、掩護の戦闘機は付けられない。だが「空の要塞」の別名で知られるB-17E型は防弾堅固で防御火力も強力無比、戦闘機の掩護なしでも日本軍制空権下の地域に進攻できると見なされていた。

水戦6機は発進から20分後、まず3機のB-17を発見。攻撃に移ったが撃墜戦果を報じることはできなかった。10時30分、ふたたび水戦6機が発進。今度は7機のB-17と交戦した。浜空の行動調書には、相当の損害は与えたものの撃墜はできなかったと記録されている。

二回の空戦で使用した弾薬は20ミリ225発、7・7ミリ550発。延べ12機の水戦が戦った割には弾薬消費が少ない。全機が有効な攻撃のチャンスを得た訳ではなさそうだ。行動調書には、この空戦で水戦2機、爆撃で大艇2機が地上で被弾したと記録されている。被弾と言っても、大艇の被弾は機銃掃射ではなく、爆弾の破片が命中したのであろう。

この日、飛来した第431爆撃飛行隊のワスコヴィッツ中尉のB-17はツラギの基地と家屋を狙って300ポンド（135キロ）爆弾14発を投下、4発が物資集積所付近を直撃、火災の発生が見られたと報告している。B-17はフロートを装着した零戦1個小隊の攻撃を受けたが、機上射手は2機を撃墜、残りを追い散らしたと報告。全機が無事に帰還している。

ワスコヴィッツ中尉のB-17は全面を鮮やかで明るい青で塗りつぶしていた。ニックネームは「ブルーグース」。ブルーグースは北アメリカに棲息する野生のガンで（この鳥は特に目立って青くもないのだが）、ワスコヴィッツ機は空中で有効な迷彩塗装を試すための実験機だったのではないかと言われている。ハワイのデポで真っ青に塗られた同機は、やがて知らぬものとてない有名機になった。米軍の重爆乗りたちは「日本軍もこいつのことはよく知っていただろう」と、回想しているが、日本側の記録や回想に、青いB-17を気にしていたような形跡は見られない。

この日はニューブリテン島のラバウルにもB-17が1機、

高度8千メートルで偵察に飛来した。上空警戒に飛んでいた台南海軍航空隊（台南空）の零戦11機のうち2機が二撃を加え、20ミリ14発、7・7ミリ60発を射撃したが雲の中に逃げ込まれてしまった。

台南空は、この4月にラバウルのラクナイ（東）飛行場に進出してきた零戦二一型（一号艦戦）と九八式および二式陸上偵察機で編成された混成航空隊である。部隊の装備定数は零戦45機（補用15機）、陸偵6機（補用2機）だった。やがて台南空はガ島を巡る航空戦で数多くの搭乗員を失うとともに、撃墜王を輩出。様々な逸話と、伝説に彩られる日本海軍でもっとも有名な戦闘機隊となるのである。

精強「台南空」零戦隊、次々と撃墜戦果を挙げる

翌2日、7時30分、東部ニューギニアのラエ基地から台南空の零戦9機が発進した。その頃、台南空は主にニューギニア方面で海陸の作戦を支援していた。ラエは台南空の前進基地である。

この日発進した零戦9機の任務は「リ号研究作戦第三船団哨戒」の第一当直であった。明け方から日没まで一直から五直に分かれ、一直の9機を除いてそれぞれ5、6機ずつの零戦が代わる代わる船団の上空を飛び、連合軍の航空攻撃に備えるのである。「リ号研究作戦」とは、7月21日に発起された第17軍によるポートモレスビー攻略作戦であった。ラエから陸路、オーエンスタンリー山脈を踏破してポートモレスビーを攻略するのである。

この作戦に参加する増援部隊および補給物資を輸送する第三船団の上空掩護、一直9機の指揮官は、後に「東洋のリヒトホーヘン」と呼ばれるようになるエース、笹井醇一中尉だった。彼の指揮小隊2番機も腕利きの太田敏夫一飛曹。そして第3小隊長は、各国語に翻訳され、英語版だけでも百万部以上が売られた著書「大空のサムライ」で、戦後、零戦パイロットとして世界的に有名になった坂井三郎一飛曹である。彼は当時、台南空の先任搭乗員として新任の士官、下士官搭乗員を教育、指導する立場にあった。

8時10分、坂井一飛曹はブナ沖、高度4千メートルで船団に向かって来る5機のB-17を逸早く見つけた。彼は笹井機に機体を寄せ、手信号で笹井中隊長に発見を知らせた。零戦二一型には九六式空一号無線電話機という無線機が搭載されている。しかし性能が不安定で使いにくいため、当時、坂井一飛曹は無線機を機体から外してしまっていたのである。

遠方に機影を確認した笹井中隊の9機は単縦陣となり、正面からB-17の編隊に向かって行った。台南空零戦隊は、この米軍重爆と何回か交戦した経験から、ドイツ空軍や日本陸軍の戦闘機隊同様、正面、ほぼ同高度からの正反航戦が有効であると知っていた。この重爆を後方や、側方から襲うと射程の長い50口径（12・7ミリ）機銃による防御砲火に長時間曝され、零戦が返り討ちにあってしまう場合もあった。正面からの差し違え射撃なら、重爆の防御火力に曝される時間が少なく、操縦席やエンジンなどの致命部を狙えば、すれ違うまでの短い射撃でも致命傷を与えることができるのである。

以下の戦闘経過は第3小隊長としてこの空戦に参加した坂井三郎一飛曹の著書「坂井三郎空戦記録、下巻」（講談社文庫）にしるされた戦闘経過や、台南空の行動調書、米軍記録を読み合わせて著者が戦闘経過を推量したものである。

まず笹井中尉がB-17の先導機に対して、正面軸より10ないし20度ずれた角度からの第一撃を見舞った。真っ正面から接近して行ったのではB-17の正面に装着されている機銃と真っ向から撃ち合うことになってしまう。やや軸線をずらして接近すればB-17の射手は照準を修正しながら撃たなければならないので命中率が大幅に低下する。坂井一飛曹は笹井中尉につづく太田一飛曹の第二撃で先頭のB-17が大爆発を起こしたと自著にしるしているが、どうもこれは錯覚だったようだ。笹井小隊、3番機の茂木三飛曹はうまく機銃の軸線を合わせることができなかったのか、射撃せずにすれ違った。

正反航戦は双方接近する合成速度でたちまち距離が縮み、照準時間が極端に短いので、軸線を合わせて発砲するのは簡単なことではなかった。

第3小隊を率いる坂井一飛曹は、笹井小隊につづいて衝突寸前まで接近して射撃を試みた。しかし彼は安全装置の解除を忘れていたため撃てず、そのまますれ違い急上昇、反転、背面から急降下、B-17編隊の下方に出た。坂井一飛曹に従っていた2番機、3番機もつづいて攻撃したと思われる。この前後に、高塚飛曹長の率いる第2小隊の3機も一本の槍のようになりB-17を正面から射撃したはずだ。その間に笹井小隊は180度旋回、B-17編隊を追い抜いて前方に出て徐々に距離をとって反転、ふたたび正面攻撃の態勢に入っていた。急いで態勢を立て直した坂井一飛曹も同様に前方に出て、すでに編隊を乱し散り散りになっていたB-17の左翼付け根を狙い、正面から一撃を見舞った。とうとう1機のB-17が編隊から脱落した。誰の射撃が効果的だったのかは定かではない。9機の零戦は海上へと逃れようとしているこのB-17を追い、後上方、後下方から繰り返し射撃を加えた。

おそらくこのB-17への攻撃中に、第1小隊の茂木三飛曹、第3小隊の全機と、第2小隊の2機が各1発ずつ被弾したものと思われる。坂井一飛曹も攻撃離脱中にB-17からの追い撃ちで1発被弾し、右手に小さなジュラルミンの破片が刺さる軽傷を負った。

こうして9機の零戦による集中攻撃を受けた第19爆撃航空群の重爆は船団を発見もできぬまま、爆弾を投棄、ポートモレスビーへの帰還を試みた。しかもB-17E型、ウィリアム・ワトスン中尉機はワード・ハント岬のそばに撃ち落とされて

ソロモン諸島上空を飛ぶ米陸軍のボーイングB-17四発重爆。強力な武装を備え、防弾強固で「空の要塞」と呼ばれ、掩護の戦闘機なしで長距離進攻が可能であるとされていた。

米陸軍のベルP-39「アエロコブラ」戦闘機の輸出型である、ベルP-400戦闘機。写真のようにプロペラスピナーから突き出した長い20ミリ機関砲の銃身が特徴である。

台南海軍航空隊の零戦搭乗員、坂井三郎一飛曹。当時は先任下士官として新着の搭乗員たちの指導を任されていた。著書「大空のサムライ」は数カ国語に翻訳され、英語版だけでも100万部が売れたという。

8月2日、海軍台南航空隊の零戦隊を率いて戦ったエース、笹井醇一中尉。その華麗な空戦技量から「東洋のリヒトホーフェン」と呼ばれていた。

しまった。5名が落下傘降下したが、生き残ったのはレオ・ランタ軍曹のみで、他の乗員8名は戦死した。

坂井一飛曹が、白煙を曳いて高度を失い、海岸線に墜落して機体が真っ二つに折れたと回想しているB-17がワトスン中尉機だったのだろう。この時、彼は白煙を曳いて単機、サラモア基地の方角に帰って行く零戦を目撃している。坂井一飛曹は無事に帰れそうだと判断したが、この零戦はとうとう帰って来なかった。この零戦は行動調書に未帰還としるされている第2小隊三番機の本吉義男一飛機だったはずだ。

台南空は協同によるB-17の撃墜確実4機、不確実1機もの大戦果を報告しているが、この空戦で撃墜されたのはワトスン中尉機のみだった。ワトスン機は、正面攻撃の反復で損傷して編隊から脱落、零戦9機の袋叩きにあい撃墜されたのである。もう1機のB-17はかなり被弾したが、墜落はしなかった。さらに別の2機が少々被弾している。

笹井中隊がB-17撃墜に逸り立っていた頃、第22爆撃航空群のマーチンB-26双発爆撃機「マローダー」5機が船団に刻々と接近しつつあった。第35戦闘航空群のベルP-400戦闘機12機がこの攻撃隊を掩護している。

P-400は、ベルP-39「アエロコブラ」戦闘機の英国輸出仕様機だった。だが英空軍は同機でドイツ軍戦闘機と戦うのは自殺行為と判断、80機で引き取りを打ち切ったため、余った機体を米陸軍の戦闘機隊がニューギニアで使うことになったのである。P-400は、もともとP-39の機首に装備されている37ミリ機関砲をイスパノ20ミリ機関砲に換装していた。37ミリ機関砲は当たった時の破壊力は絶大だったが故障が多く、あまり評判は芳しくない。連射速度も速く信頼性も高い20ミリ機関砲の方が空戦向きと評価されていた。

このP-400は、進撃の途上、偵察のためラエ基地を発進していた台南空所属の中島二式陸上偵察機、徳永有飛曹長機を発見、よってたかって撃墜してしまった(搭乗員3名が戦死)。

二式陸偵は、そもそも昭和16年に爆撃機を掩護して長距離進攻をするための十三試双発陸上戦闘機として完成された。しかし戦闘機としては中途半端な性能であったため、遠隔操作式の7・7ミリ機関銃4門という強力な自衛火器を備えた偵察機、二式陸偵として制式化されたのである。そして7月にまず3機が戦場実験のため、最前線ラバウルの台南空に配備されていた。だがこの日の空戦のように遠隔操作式の7・7ミリ機関銃もあまり役には立たず、この後も強行偵察任務では未帰還が続いた。そこでおよそ一年後、二式陸偵は武装を変更して、夜間戦闘機「月光」に変身した。月光は20ミリの斜め銃を装着、思いがけない角度から射撃して、昼間でも撃墜至難の米軍重爆を、夜間に次々と仕留めることになる。

この8月2日の空戦では、掩護のP-400の大半が二式陸偵を撃墜するため爆撃機から離れてしまった。B-26を守

米陸軍のマーチンB-26双発爆撃機「マローダー」。当時、ソロモン、ニューギニア戦域には同機を装備した第22爆撃航空群がいた。

椰子の葉で偽装された台南空の零戦二一型。日本海軍の航空機に塗られた明るいグレイは地上でよく目立つため、後には機体に緑色で縞模様や斑点の迷彩が施された。

って戦場に飛来したのはたったの3機だった。

B-17攻撃から10分後、台南空の零戦8機は3機のP-400を発見した。行動調書によれば太田一飛曹、高塚飛曹長がP-39（ママ）の撃墜各1機を報じた他、太田一飛曹はさらにP-39の協同撃墜1機、坂井一飛曹、羽藤三飛曹等もそれぞれ協同撃墜1機を報じている。交戦した第35戦闘航空群、第41戦闘飛行隊では、P-400ジェス・ドール・ジュニア少尉機と、ジェシー・ヘイギュー少尉機が撃墜され、ジャック・ウィルスン中尉のP-400だけが逃げのびた。ドール・ジュニア少尉は戦死したが、ヘイギュー少尉は落下傘降下した。少尉は、彼同様機体を失って日本軍勢力圏内に取り残されていた他の米軍パイロットや、オーストラリア兵とともに連合軍勢力地域への脱出を図った。しかし、その途上、日本兵に向かって機関短銃を発砲している姿が目撃されたのを最後に行方不明となっている。

さらにその40分後、台南空の零戦8機は5機のB-26を発見。また襲いかかったが、すでに残弾は乏しく、特に搭載弾数が少ない20ミリはとうに全機が撃ち尽くしていたはずだ。

1機あたり110発しか搭載していない20ミリ弾は2、3回連射すると撃ち尽くしてしまう。零戦の九九式20ミリ機銃はドラム弾倉に60発ずつ入る仕様になっている。しかし、いっぱいに弾を詰めると装弾不良を起こす場合があったので、大概は各銃5発少なめに計110発を装弾していた（二式水戦の20ミリも同じ）。

マーチンB-26「マローダー」は米陸軍の双発高速爆撃機である。B-17ほどではないが、武装は強力で爆撃機としては高速だった。しかし高速性能を追求した結果、操縦の難しい機体になってしまい、評判は芳しくない。

台南空は来襲した2機のB-26にそうとうの被害を与えたと報告してはいるものの、今度は撃墜を報じることはできなかった。交戦したのは第41戦闘飛行隊のP-400が掩護していた第22爆撃航空群のB-26である。B-26の編隊は零戦を発見すると散り散りになり、同航空群、第33爆撃飛行隊のキング中尉機は爆弾を投棄、零戦2機に追撃されたが左翼のフラップに被弾した他は大きな損傷も受けずに帰還できた。B-26は本気で逃げにかかったら、零戦でも容易には追いつけないほど速い。

さらに35分後、1機のB-17を発見したが、雲の中に取り逃がしてしまった。一連の空戦で一直の零戦はB-17の協同撃墜確実4機、不確実1機、P-39の撃墜確実2機、協同撃墜1機を報告、消費した弾薬は総計5950発であった。だが本吉機が行方不明になった他、1発ずつではあるが6機が被弾、無傷だったのは笹井中尉機と列機の太田一飛曹機のみだった。

8時55分、後に日本海軍のトップエースとなる西澤廣義一飛曹を列機に従えて発進した林谷忠中尉の二直6機は交戦せず、10時30分に発進した山下丈二大尉の三直5機はサラモアの南東の海上で1機のB‐17を発見、交戦。３９００発を放って協同による不確実撃墜を報じている。この際に零戦1機が被弾した。米軍記録によれば、攻撃されたB‐17は尾部に1発だけ被弾して無事に帰還している。命中率1／３９００。空戦で弾を当てるのがいかに難しいかがわかる好例である。この場合はB‐17の防御火力の熾烈さに辟易したか、機体の巨大さに幻惑され距離の目測を誤ったか、いずれにしても十分接近せずに発砲した結果、あまり当たらなかったのだと思われる。

一方、ガ島沖の水上機基地ツラギでは8時20分にふたたび空襲警報が発令された。

浜空からは佐藤大尉の率いる水戦12機が発進して行った。水戦は造成中のルンガ飛行場を爆撃に来た11機のB‐17を捕捉、攻撃して、撃墜確実1機、不確実1機の戦果を報じた。

この日もツラギを襲ったのは第11爆撃航空群、第26爆撃飛行隊のB‐17E型で、ランカスター中尉機が零戦（水戦）との交戦で右外側エンジンをひどく損傷、発煙しながら帰還したと記録されている。B‐17の射手は零戦の撃墜1機を報告しているが、第二十五航空戦隊（二十五航戦）の戦闘詳報によれば水戦に喪失機はなく、空戦で2機、爆撃により1機が被弾したとされている。

同じく第11爆撃航空群、第42爆撃飛行隊のメッサーシュミット大尉が率いる3機のB‐17も7時30分にエフェイト基地を発進、おそらく第26爆撃飛行隊のB‐17とともにルンガ岬の農園を爆撃した。B‐17は対空射撃と、3機の零戦の攻撃を受けた。メッサーシュミット機は5回にわたって被弾、機銃弾14発が命中。パイロットが前頭部に軽傷を負い、副パイロットは徹甲弾で左大腿部を負傷（帰還後入院）、さらに1名が右ひじに軽傷を受けた。射手は零戦の撃墜2機を報告している。もちろん、米軍が記録している零戦とは、この場合も浜空の水戦である。同飛行隊のピュータ中尉のB‐17もルンガ岬を爆撃し、太陽の中から現れた水戦2機に撃たれている。水戦はもう3機いたが、そちらは攻撃して来なかったという。このB‐17に被害はなかった。

水戦の消費弾薬は20ミリ１１５０発、7・7ミリ２２００発だった。はっきりとB‐17に被害があったこの空戦での弾薬消費は、浜空が戦果は報じているものの、実際、B‐17に何の被害もなかった前回の空戦で使った弾薬の数倍に昇っている。

浜空の水戦と戦って被弾したB‐17の機長がそれぞれ欧州の空で鎬を削っていた英独の重爆と戦闘機の名前、ランカスターとメッサーシュミットだったというのは、偶然だがちょっと面白い。

8月2日の空戦の結果は、零戦隊がB‐17、1機（戦死8名）、P‐４００、2機（戦死、行方不明2名）を撃墜。損害は零戦1機と搭乗員1名、二式陸偵1機と搭乗員3名であった。

新鋭、零戦三二型、二号艦戦がラバウルに到着

8月3日、ラバウルでは二号艦戦の講習が開始された。二号艦戦とは零戦三二型である。二十五航戦の戦時日誌の記述はこれだけなので、どんな講習が行われたのかはよくわからない。7月30日に第二日新丸がラバウルの台南空へと運んできた新鋭機、零戦三二型20機を活用するための講習だった。

講習を受けたのは、三二型が配備される予定のラエ基地からラバウルに飛来した笹井中尉等、2日の空戦で活躍した9名であったと思われる。この日、彼らがラバウルに飛来したことは行動調書で確認できる。

三二型はエンジンを新型の栄二一型に強化、最高速度がやや向上し、加速性能が良くなった。二段過給器の採用によって高空性能も向上、また主翼両端を切り詰め角型に整形したことによって横転性能、急降下性能が向上、さらに九九式20ミリ機銃のドラム弾倉が大型化され、搭載弾数が二一型の各銃60発から、各100発に増えている。しかし翼端切除のため翼面荷重が増加し、わずかだが旋回性能が低下したと言われている。しかし、後に六空の搭乗員としてラバウルにやってくる大原亮治一飛（赴任当時）は、筆者の三二型に対する問いに「そういうことを言っている人もいるらしいけど、何、ほとんど変わらないですよ」と、旋回性能の低下を否定し、加速の向上などで二号艦戦を歓迎している。

新型機の講習は、搭乗員ばかりでなく、新しいエンジンや、それに付属する二速過給器など新しい装備に関する整備関係者への講習も実施されたものと思われる。三二型はエンジンの大型化により胴体燃料タンクがやや小さくなり、パワーアップされたエンジンによる燃料消費が増えて、航続距離が短くなった。そのため最前線に近く、進攻距離の短いニューギニアのラエ基地に配備されることになっていたのだ。

間もなくラバウルに派遣される艦爆と艦戦を交えた編成の第二航空隊（二空、後の五八二空）も零戦三二型を配備されていた。これから零戦隊の主力は二一型から三二型になるのである。米軍は、この新型零戦の配備に注目し、これまで「ゼロ」と呼んでいた二一型に対し、高空性能と加速性が向上した三二型は「ハンプ」と呼び、いっそう警戒することになる。

三二型では二一型にあった翼端の折り畳み機構を廃止した。二一型は、翼端を折り畳まなければ、主翼の幅が広過ぎて、既存の空母のエレベーターに乗らなかったのである。海軍はこの構造を簡略化して生産性を向上するよう求めた。そこで三菱では本庄季郎技師が主翼の幅を縮めるため、二一型の折り畳み部分を撤去して翼端を切り落としたような角形にした改造案をスケッチした。

零戦の設計者、堀越二郎技師が病気療養中だったので、三二型はそのまま製作され、全体に優美な曲線でデザインされ

ている零戦各型の中で異彩を放つ姿となった。映画「風立ちぬ」で堀越二郎技師の飛行機への想いを映像化したスタジオジブリの宮崎駿監督は「自分がいない間にこんなことをされて、堀越二郎は頭に来たに違いないですよ」と言っているが、さて本当はどうだったのか、もはや永遠にわからない。

翼端が角形になっただけで、ずいぶん見た目の印象が変わる。しかも性能が目に見えて向上していたこともあって幻惑された米海兵隊は、たびたび日本軍が「ドイツ空軍のメッサーシュミットMe109E型を使い始めた」と報告している。シルエットはともかく、全般的に飛行性能が向上した三二型は前線の零戦隊から歓迎されるはずであった。しかし、この直後に訪れる思わぬ戦況の変化が、三二型の航続距離の低下を本機の致命的な欠陥にしてしまったのである。

8時30分、ツラギにはまた2機のB-17が来襲、上空警戒中だった佐藤大尉率いる浜空の水戦3機が追撃したが捕捉することはできなかったが、水戦は7・7ミリ50発を撃ち放っている。この50発は、取り逃がしたB-17の背に、遠くから無駄と知りつつ放った悔し紛れの一連射のように思える。20ミリではもったいないので、7・7ミリだったのだろう。

この日、第二十五航空戦隊の哨戒機が東部ニューギニアの東端、ミルン湾に臨むラビに飛行場を発見した。米軍設営隊とオーストラリア軍工兵隊が建設し、7月に一部完成し、すでにオーストラリア空軍のカーチスP-40E型戦闘機が進出していたフォールリバー飛行場である。

二式水戦、体当たり。遂に「空の要塞」を仕留める

8月4日、ツラギを攻撃した第11爆撃航空群、第42爆撃飛行隊のB-17は、7機（米軍報告）の水戦に襲われた。米軍は「重爆の防御砲火でたちまち1機が撃墜され、さらにギュンター中尉機の射手がもう1機を発火させた」と報告している。しかし操縦不能になったその水戦はマクダーナルド中尉のB-17に激突。マクダーナルド機は第1エンジンから発火墜落し、乗員は9名全員が戦死した。

B-17に衝突したのは浜空の二式水戦、攻撃態勢に入った時に被弾、発煙した小林重人一飛機だった。B-17の射手は何機かの撃墜戦果を報告しているが、この空戦で失われた水戦は小林機だけだった。水戦隊を指揮していた佐藤理一郎大尉は帰還後、「馬鹿野郎、体当たりなんてしやがって」と悲憤、落涙していたという。

米軍は被弾した水戦が操縦不能になって衝突したと記録しているが、日本側の見解は意図的な体当たりで、二十五航戦の戦時日誌にも、ツラギ基地から佐藤大尉が率いて発進した水戦は6機、激突によりB-17、1機を撃墜したとされている。

一方、ラバウルからは8時30分に台南空の三菱九八式陸上偵察機（九八陸偵）が前日発見されたラビ飛行場の強行偵察

に出撃した。同じく台南空の高塚寅一飛曹長が率いる零戦4機が掩護についている。九八陸偵は陸軍が使っていた九七式司令部偵察機の海軍版で、登場した当初はその高速性能で中国軍の戦闘機を寄せ付けなかったが、この頃にはもはや旧式化しており、戦闘機の掩護がなければとても敵制空権下での偵察などはできなくなっていた。

日本軍がラビと呼ぶ飛行場は、米軍工兵隊が6月28日に着工したフォールリバー飛行場（17年9月、ガーニー飛行場に改名）で、東西に延びる1800メートルと1630メートルの滑走路2本が並行して並ぶ飛行場だった。当時、まだ工事中だったが、7月30日にはオーストラリア空軍の第75飛行隊のカーチスP-40E型戦闘機がすでに進出していた。オーストラリア空軍は、このP-40を「キティホーク」と呼んでいる。P-40は旋回性能、上昇力は零戦に劣るが、50口径（12・7ミリ）機銃6門を備え、機体は頑丈でパイロットは装甲板で守られ、零戦が20ミリを当ててもなかなか撃墜できない強敵だった。

12時、ラビ上空に達した零戦隊は地上にP-40を発見。低空に降りて銃撃した。零戦隊は炎上、撃破、計8機もの戦果を報じた。地上では第75飛行隊のP-40E型（A29-98 N）が完全に破壊されている。オーストラリア側は「零戦の2機編隊が二組、西から滑走路に沿って掃射して行った。対空監視哨からの情報を得て高射火器で迎え撃ったのだが、地上でP-40が1機破壊されてしまうのを防ぐことはできなかった」と記録している。

零戦の対地攻撃中、11機のP-40が頭上、高度6900メートルに出現した。この空戦で太田敏夫一飛曹が一人で2機撃墜を報じた他、撃墜確実2機、不確実1機の戦果を報じた。だが空戦中、零戦隊は掩護していた陸偵と離れてしまった。行動調書では華廣二飛曹の九八陸偵は「2機のP-39と空戦した後」行方不明になったとされている。P-39（P-40を誤認）と空戦とは言っても九八陸偵の武装は7・7ミリの旋回機銃が1挺きり、戦闘機と戦っても勝負にはならない。

優位から零戦を襲ったのは、ちょうど哨戒飛行から戻って来たオーストラリア空軍、第76飛行隊のP-40E型8機だった。オーストラリア側は「アッシュ中尉のP-40は滑走路の上空1200メートル付近にいた固定脚機を真後ろから射撃、同機は黒煙を曳いて急上昇、左に旋回して行った。だがアッシュ機はその直後、エンジンが不調となったため、グレイ軍曹が攻撃を引き継ぎ、固定脚機を撃ち落とした。これはオーストラリア第76飛行隊の初空戦、初撃墜戦果となった」と記録している。

その直後、アッシュ機は後方から攻撃され、エンジン不調のまま何発か被弾したため、空戦からの離脱を余儀なくされた。グレイ軍曹のP-40は、アッシュ機を後方から脅かしていた零戦を射撃したが、その零戦は急旋回で逆にグレイ機の

米陸軍のカーチスP-40E型戦闘機。同機はオーストラリア空軍にも供与され、P-40で編成された第75、第76飛行隊がニューギニアのラビ飛行場に進出していた。

台南空の零戦小隊長、高塚寅一飛曹長。本書のカバーで零戦に向かって歩む後ろ姿を見せている搭乗員である。

台南空の撃墜王、太田敏夫一飛曹。坂井一飛曹、西澤廣義一飛曹とともに台南空の三羽烏と呼ばれたエース搭乗員であった。

後方に回り込んできた。

台南空搭乗員の腕の冴え、零戦の素晴らしい旋回性能の面目躍如である。

グロヴァスナー少尉のP‐40の昇降舵と操縦席の後方では20ミリが炸裂。さらに7・7ミリが主翼と油圧装置に命中。彼は雲の中へと逃げ込み、九死に一生を得た。ワウン大尉も単縦陣になった2機の零戦に追い立てられ雲の中に入った。

台南空は第二小隊長の太田敏夫一飛曹がP‐40の撃墜2機、協同炎上（地上）撃破3機、高塚飛曹長はP‐40撃墜1機、P‐40炎上（地上）5機を報じた他、遠藤桝秋三飛曹など2機もそれぞれP‐40撃墜1機、協同炎上（地上）3機ずつを報じている。使用弾薬は全機が各510発とされている。おそらく総弾薬消費数を4で割って行動調書に書き込んだのだろう。台南空全機の使用弾薬は20ミリ440発、7・7ミリ1600発だった。

零戦は4機とも地上撃破を報告している。オーストラリア側も零戦の2機編隊2組が地上掃射していたと記録している。上空警戒の掩護機を残さず全機が地上掃射のため低空に降りていたのだ。たいへんな油断だが、零戦隊は絶対不利な状況から立ち直って反撃、1機も被弾すらせず、併せて5機もの撃墜戦果を報告した。だがさすがに混乱し、散り散りになって帰還した。太田機、遠藤機は14時45分、ニューブリテン島にあった不時着場、ガスマタ飛行場に帰着したが、松木二飛曹機は15時、ラエ飛行場に着陸。指揮官の高塚機は15時25分、ようやくガスマタに帰って来た。

こうして台南空の零戦4機は、7機のP‐40を追い回して散々に撃ちまくったものの、結局、1機も撃墜はできず、掩護していた九八陸偵と搭乗員2名を失うという痛恨の結果となった。台南空の零戦と第76飛行隊のP‐40の間には、空戦技量、戦闘経験ともにまるで大人と子供ほどの懸隔があった。しかしP‐40の頑丈さはその差を埋めて余りあるものだった。前途の多難を思わせる空戦である。

8月4日の空戦は、水戦1機（戦死1名）、陸偵1機（戦死2名）が失われ、水戦が体当たりでB‐17を1機（戦死9名）撃墜したという結果に終わったのである。

米軍のガ島侵攻直前、ラバウルに増援部隊が到着

8月5日、ガ島上陸の海兵隊を乗せた輸送船団が進む中、第11爆撃航空群、第26爆撃飛行隊のB‐17E型3機がツラギを爆撃した。さらに第431爆撃飛行隊の7機が後続、ツラギの埠頭地区に投弾した。この日の邀撃に関するツラギ基地の浜空の行動調書は残されていないが、二十五航戦の戦時日誌には8時10分から12時にわたって5機のB‐17がツラギ、ガ島に来襲したが（爆撃による）被害なし、ツラギ上空警戒で水戦が1機被弾したと記録されている。

第431爆撃飛行隊は対空砲火は熾烈だったが、日本軍戦闘機による邀撃はなく、全機が無事に帰還したと報告している。しかしクカム地区の対空陣地を爆撃した同、第11爆撃航空群の第42爆撃飛行隊のB-17、ピュータ大尉機は高射砲で左翼に6インチの穴を開けられたうえ、5機の戦闘機の攻撃を受けたと記録されている。日本機は1機ずつ、正面から反航で攻撃して来たが、B-17に被害はなかった。4日にメッサーシュミット大尉のB-17のパイロット、副パイロットが負傷したことと、この日の報告から浜空の水戦が米重爆に対して、この時期からすでに米重爆に対して正面攻撃を繰り返していたことがわかる。

翌6日、上陸を翌日に控え、ガ島にはふたたび5機のB-17が飛来した。米軍は零戦（浜空の水戦と思われる）による邀撃があったと記録している。第98爆撃飛行隊のB-17に軽い被弾機はあったが未帰還機はなかった。

だが3機を率いてルンガ岬の高射砲陣地を爆撃した第42爆撃飛行隊のB-17、ストーン大尉機は16時15分に着水、機体が真っ二つになった。乗員は全員無事だった。着水の原因は燃料切れだが、燃料タンクへの被弾による漏洩か、航法ミスなのか、どうして燃料切れになったのかは不明である。

16時20分、ラエ基地に4機のB-26が来襲。爆撃によって台南空の整備員2名と、海軍陸戦隊員5名が戦死し、滑走路の一部が破壊された。この爆撃を実施したのは第22爆撃航空群のB-26だった。

ラバウルでは零戦二号艦戦の講習が終了した。ちょうどこの日、特設空母「八幡丸」を発艦した第二航空隊（二空、後の五八二空）がラバウル東飛行場に飛来した。二空は艦爆と艦戦の混合航空隊で、愛知九九式艦上爆撃機16機の他、二号艦戦と呼ばれる新型の零戦三二型15機を装備していた。同航空隊はもともと六空（後の二〇四空）とともに、ニューヘブリデス、ニューカレドニア方面に進出することになっていたが、ラバウル、ニューギニア方面での戦闘が激化してきたため急遽、配備先が変更になったのである。米軍のガ島侵攻を目前にしたこのタイミングでの増援は、日本海軍航空隊にとっては幸運な偶然であった。

この日、浜空のツラギ基地からガ島の南方へと400浬哨戒に飛んだ九七式大艇3機のうち、1番機と2番機は米輸送船団の上空を通過していたはずだが、当日は天候が悪く、輸送船団を発見して警報を発することはできなかった。おそらく雲の下にいたのだ。この日、VP-23(海軍第23哨戒飛行隊)のPBY-5カタリナ飛行艇、マーカス・スミス中尉機が索敵哨戒中に行方不明となっている。未帰還の原因はわかっていない。浜空の行動調書が現存しないため、まったくの当て推量だが、もしかするとカタリナは大艇と遭遇して撃墜されたのかもしれない。大艇とカタリナは、この後も互いの索敵哨戒飛行中にしばしば遭遇して、銃火を交えている。

その頃、上陸部隊を空中から支援する米空母「ワスプ」「エンタープライズ」「サラトガ」を中心とする第61機動部隊は攻撃隊の発艦予定地点へと刻々と近づいていた。

浜空のツラギ基地壊滅。生き残り水戦、B-17を撃墜!?

8月6日から7日の夜、海上は明るかった。しかしガ島に向かう空は厚い雲に覆われている。「ワスプ」は上陸支援攻撃隊の発艦準備で騒然としていた。発艦地点はツラギから240度、134キロ地点だった。日の出のおよそ1時間前(日の出は4時31分)の午前3時30分、発艦開始。先陣を切るのはVF-71(海軍第71戦闘機隊)のコートニー・シャンズ中佐が率いるグラマンF4Fワイルドキャット戦闘機16機である。米海軍と海兵隊の主力戦闘機、F4Fは開戦以来、零戦の宿敵だった。P-40同様、水平速度、旋回性能、上昇力、いずれも零戦に劣るが、50口径機銃4門ないし6門の重武装を備え、装甲された頑丈な機体で撃っても撃っても落ちない厄介な飛行機だった。

午前3時35分「エンタープライズ」でもVF-6のワイルドキャット8機が千切れ雲が低く垂れ込める空に発進して行った。「サラトガ」からも戦闘機が次々に発進して行く。次いで各艦からダグラスSBD「ドーントレス」艦爆が発進。米軍艦艇による上陸地点への艦砲射撃は午前4時15分に開始されることになっている。「ワスプ」から発進した艦載機の任務は、艦砲射撃が始まる前にツラギ基地の水上機を離水前に捕捉、壊滅させることであった。ガ島上陸地点攻撃隊の発進は暁暗の中、無灯火で行なわれた。だが日本軍に攻撃を絶対に探知されまいとするこの危険な発進の中で事故が続発した。「ワスプ」のF4Fと「サラトガ」のSBD各1機が発進直後に墜落、F4Fのパイロットは駆逐艦に救助されたが、SBDの乗員2名は行方不明となった。だが、この犠牲は無駄にはならなかった。

浜空ツラギ基地からの数少ない生還者、宮川政一郎一等整備兵が読売新聞記者の取材に答えた回想(「ガ島」読売新聞大阪社会部編1982年)によれば、6日の夜半過ぎ、浜空のツラギ基地には、二十五航戦司令部から「異常電波を傍受した、浜空は哨戒を厳重にせよ」との緊急無線が入った。ツラギ基地では5日に二式大艇が給与品を運んできたので、全員に酒が配給され各隊が思い思いに小宴を開き、10時過ぎに就寝していたが、この緊急無線で「総員起こし」となり、いつもの午前6時搭乗の400浬哨戒を、午前4時搭乗の600浬哨戒に切り替えることになったという。

ワスプのF4Fはガ島からの対空射撃を避けるため、海上高度15メートルを高速で飛んでいた。午前4時、ツラギに向かう輸送船団を追い抜いた。第4編隊の2機だけは地上掃射するF4Fを上空から掩護するため高度を1500メートルに上げた。第3編隊はハレタ地区へと向かい、第1、第2編隊のF4F、4機がツラギ島へと向かって行った。

午前4時ちょうど、ツラギ基地のガブツ、タナンボコ島沖では浜空の九七大艇（おそらく5機）が翼端燈を点し一斉にエンジンを始動、それぞれ海上を左右に滑走しはじめた。この慣らし運転を15分から20分つづけ、エンジンが暖まり調子が整ったところで順次、離水してゆくのである。4時10分、浜空指揮所の電話が鳴った。警備隊本部からだ。受話器をとると「敵襲!!」という切迫した声が響いた。

4時5分、ツラギ基地の掃討任務を割り当てられていたワスプのシャンズ中佐が率いるF4F、4機は目標付近に達した。彼らはガブツ島から3キロほど離れたマカンボ島（ツラギ島の北に浮かぶ小さな島）の北西に繋留されている数機の大艇を発見した。シャンズ中佐は急旋回し、昇りかけた朝日を反射する海面に浮かぶシルエットを狙って射撃、1機を炎上させた。列機のフォーラー少尉機がすぐもう1機を炎上させた。

警報を受け水平線に米軍機の機影を発見した宮川一整が「早く飛び立て、早く」と念じる中、フロリダ島上空で反転したF4Fが真っ赤な曳光弾を放ち、翼端燈を輝かせて滑水していた1番艇を発火させた。炎の尾を曳きながらなお滑水をつづける1番艇にF4Fの2番機がさらに射撃を加える。シャンズ中佐は係留されている大艇を発見したと報告しているが、実際には暖機運転のため低速でタナンボコ沖からマカンボ沖付近まで滑水して来ていた大艇だったのではないだろうか。あるいは前日、給与品を運んで来た二式大艇だったのかも知れない。

ワスプの第2小隊、リーヴス少尉、コンクリン少尉のF4F編隊もほぼ同時に攻撃を開始、2機を発火させた。燃える大艇4機の火明かりが付近にいた7機の「川西九七式四発飛行艇を照らし出した」と、米軍は当時の戦闘報告書で機種を正確に把握している。明らかに離水を間近に控え、円を描いて滑水していた1機もリーヴス少尉、コンクリン少尉機の射撃で炎上した。

被弾した大艇は防弾されていない燃料タンクから発火、やがて翼の下に吊るされた爆弾が次々と誘爆、流れ出た燃料が炎を海面に広げて行った。大艇の搭乗員は旋回機銃で応戦していたが、多数が戦死、燃える機体から脱出して岸辺に泳ぎ着いた生存者も大火傷を負っていた。

4機のF4Fはマカンボと、タナンボコ、ガブツ島の北東付近で7機の大艇を炎上させ、さらに獲物を求めて2機ずつに分離した。シャンズ編隊はフロリダ島の南岸に向かって行った。マカンボ島の浜辺からの対空射撃がはじまり、コンクリン少尉機の翼に機銃弾1発が命中した。ワイルドキャットの損害はこれだけだった。

浜空の宮川一整は、この空襲で12機の大艇がすべて海中に沈んでしまったと回想しているが、行動調書によれば午前5

時に浜空の大艇2機が離水、脱出に成功している。徳永藤一飛曹長と、池田博一飛曹機だ。両機は米軍機1機を見かけたのみで「敵を見ず」と報告、無事にラバウルに帰着している。離水する大艇は、第1海兵師団将兵を乗せた攻撃輸送艦「マッコーリー」（上陸部隊旗艦、無線符合オレンジ・ベース）が目撃、空母機動部隊に対して「4時11分にククム・ビーチから水上機（複数）が離水した」との情報を発信している。ククムはガ島の北岸、ルンガ岬付近で、ツラギ基地からは少々離れている。だが上陸を支援していた米海軍艦艇各艦の戦時日誌を詳細に調べてみると「空母機がククム・ビーチの日本軍水上機基地を攻撃している」というような記述が何箇所か見られ、ククム・ビーチとツラギ基地の位置を混同している可能性も考えられる。

さらに目撃された時間も浜空の行動調書にしるされた時間とは49分のずれがある。だが実際に大艇2機がラバウルに生還している。もし行動調書にあるように午前5時に離水したとすると、もはや日も昇っている。米軍戦闘機が獲物を求めて乱舞している中での脱出は非常に困難である。発進は4時11分で、行動調書にしるされた発進時刻が間違っているのではないかと思われる。

ワスプのＦ４Ｆは付近の海上に認めたシルエットを次々に掃射し、マカンボ島の北側でも小さな水上機または小舟と思われる4つの火災が起こった。同時に島々の地上施設を攻撃していたワスプのＳＢＤ艦爆の報告によれば、対空機銃陣地は明瞭に観察できたが、どの陣地にも配兵はなく、対空射撃はほとんどなかったという。完全な上にも完全な奇襲だった。前日、ツラギの浜空に補給品を運んで来た二式大艇もこの空襲で破壊され、ガブツ島の浜辺に残骸を曝すことになった。

4時20分、日の出まであと10分、すでに周囲は明るくなりつつあった。リーヴス少尉機等の編隊から分かれ、フロリダ島の南岸に沿って飛んでいたシャンズ中佐とフォーラー少尉のＦ４Ｆはハラヴォ・ビーチの波打ち際から8メートルばかり離れた海上に、15メートル間隔で繋留された7機のフロート付き零戦を発見した。数人が飛行機に向かって浜辺を走り、何名かはもう海に入っている。2機のワイルドキャットは大きく旋回し低空から水戦を狙い撃ちにした。水戦に向かっていた日本兵たちは密林の中へと逃げ散って行く。2機のＦ４Ｆは大艇攻撃ですでに弾薬を使っており、7機の水戦を1機洩らさずに炎上させるには弾薬を節用しなければならない。シャンズ中佐は掃射を短く、1機を撃つのに各銃10発（Ｆ４Ｆ-4は50口径機銃6門を搭載していたので計60発）程度に抑えた。戦闘報告書で彼は焼夷弾が3発、曳光弾1発、徹甲弾5発のＦ４Ｆの50口径機銃の弾薬構成は非常に効果的だったと報告している。フォーラー少尉のＦ４Ｆは、反撃する13ミリ機銃の対空陣地を沈黙させた。

撃ち終えると浜辺の椰子と丘を避けるため、Ｆ４Ｆは急上

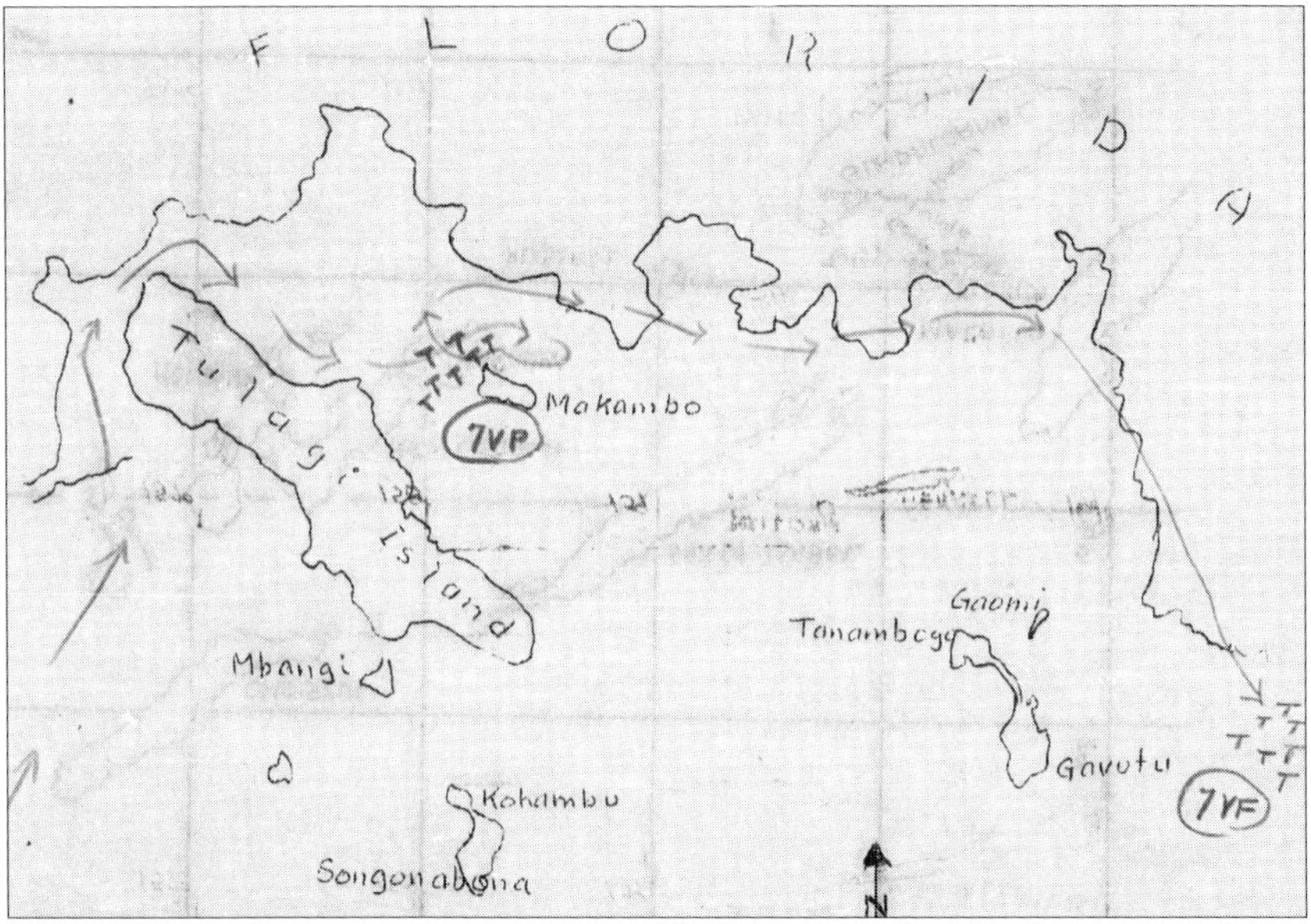

上がフロリダ島、左下がツラギ島。右にタナンボコ島とガブツ島が描かれている。7VPはマカンボ島沖に7機の飛行艇がいたこと、7VFは7機の水戦を表している。戦闘報告書の付図の矢印は「ワスプ」から発進したF4F戦闘機隊の進路。

8月7日、米軍の攻撃で炎上するツラギ基地、タナンボコ島(右、手前)と堰堤で繋がれたガブツ島。本当に小さな島であることがわかる。

8月7日、ガ島に上陸させるため輸送船から上陸用の舟艇にクレーンで吊り降ろされる米軍のM-3スチュアート軽戦車。

昇し、次の攻撃のため大きく旋回、掃射を繰り返した。水戦は1機、また1機と爆発炎上。フォーラー少尉は3機、シャンズ中佐は4機を炎上させたと主張している。最後の水戦を撃ったシャンズ中佐の機銃は各銃7発出たところで、搭載の1320発、全弾を撃ち尽くし弾切れになった。F4F-4は各銃240発、計1440発を搭載できることになっているが、VF-71の戦闘報告書によれば実際にはやや少なめ、各銃220発を搭載していたらしい。

シャンズ中佐は無線で増援を呼び、やって来たF4Fは藪にいた燃料を積んだトラックや、ドラム缶を射撃、炎上させた。

4時30分、ツラギ基地の通信所は「空襲により大艇全機火災」と発信。二十五航戦の戦時日誌にはツラギ基地の水上機、大艇7機、水戦9機が炎上させられたとしるされている。米軍の戦闘機隊は1機も離水させず全機を炎上させたと記録している。米軍機が暁暗の中、浜空の水上機の所在を正確に探り出し壊滅させられたのは、付近に潜んでいた連合軍の沿岸監視員からの情報をもとに作られたスケッチが各パイロットの手にあったからである。

沿岸監視員（コーストウォッチャー）による監視網は、オーストラリア政府がこの地域を防衛するために戦前から組織しており、監視員は日本軍の後方地区にまで侵入、密林に潜伏し無線で日本海軍の航空機や艦艇の動静を通報、連合軍の墜落機や沈没船の乗員を救助するなど非常に有効に働いていた。当初の隊員は、日本軍の進攻後も現地に留まった地元の農園主や、宣教師など様々だったが、やがて特別な訓練を受けた信号兵が戦線後方に潜入し、現地人協力者とチームを組んで活動するようになった。

彼らは日本機や艦船が基地から出撃する時から、その動向を通報し、早期警戒システムとして連合軍の邀撃を有利に導いていた。その功績は計り知れないほどだったが、日本軍も討伐に努め、多大な犠牲者を出すことになる。

浜空の水戦9機のうち7機は出動態勢を整えてハラヴォ・ビーチにいたが、それとは別に修理中の2機がタナンボコ島の岸辺にいたのである。米軍はこの2機も対地攻撃で炎上させたと報告しているが、浜空の中川一等整備兵は飛行不能の水戦1機は米軍に捕獲されぬよう、浜空の隊員が破壊したと回想している。修理中の1機は燃やされていなかったのだ。

こうして当時ツラギ基地にいた二式水戦9機は全滅したかに思われたが、3時30分に「ワスプ」を発艦、ツラギ、ガブツ島を対地攻撃していたVS-71（海軍第71偵察飛行隊）のSBD艦爆のマーフィー少尉機は4時30分「フロートを装着した零戦と思われる1機が東方に飛び去って行った」と報告している。ハラヴォ・ビーチで炎上沈没させられた水戦の数は、シャンズ中佐が当初報告した7機から、後に作成された「ワスプ」の戦果報告書では6機に下方修正されている。シャンズ編隊のF4Fの攻撃後、VB-71のSBD艦爆、ライ

8月7日、米空母「ワスプ」の飛行甲板で発進を待つF4Fワイルドキャット戦闘機。

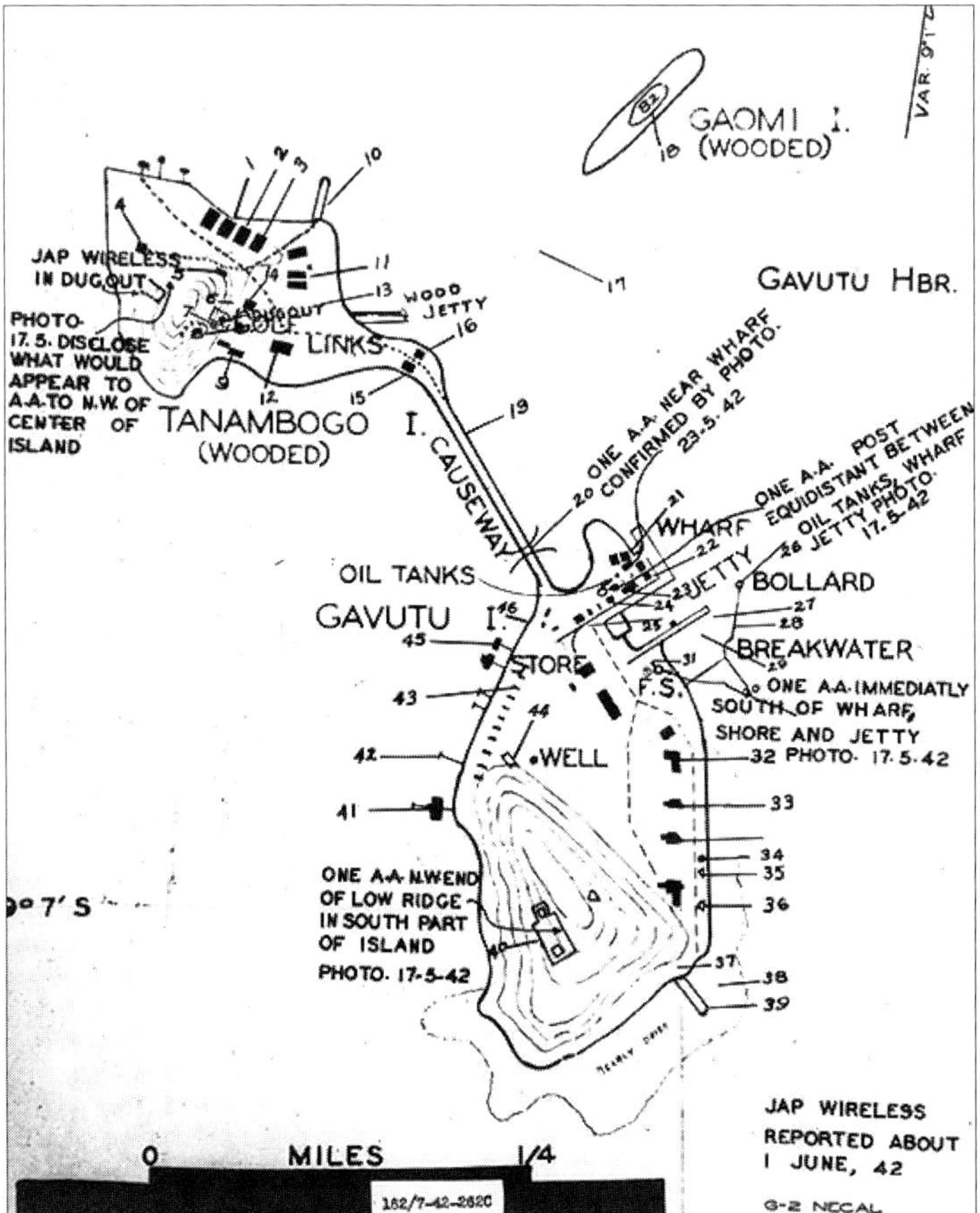

昭和17年6月1日の偵察結果に基ずいて米軍が作成したタナンボコ島とガブツ島の基地施設の詳細図。

ト中尉機がハラヴォ・ビーチで水戦6機が炎上中だったと報告しているからだろう。そのため「ワスプ」は戦果を6機に修正したのである。おそらくワイルドキャット2機の銃撃から逃れ、離水できた水戦が1機いたのである。

この日、午前3時にフィジー島のエスピリッサント基地を発進した第431爆撃飛行隊のB-17E型、マリオン・ファール少佐機がツラギ地区への朝の哨戒飛行から未帰還（10名が戦死）になった。米陸軍のMACR（行方不明空中勤務者報告）では対空砲火によってツラギ付近で撃墜されたとされている。しかし太平洋戦線で日本軍と戦ったB-17の戦記、FORTRESS AGAINST THE SUN（Gene Eric Salecker著 Da Capo2001年）によると、後に捕獲した日本軍の文書（詳細は不明）から、同機は零戦（同書では複数の零戦）に撃墜されたことがわかったとされている。本当に空戦で撃ち落とされたのだとすれば、この時間、この場所で交戦できたのはハラヴォ・ビーチから離水した二式水戦以外には考えられない。ツラギ基地の浜空は奇襲を受けたが前記の大艇2機が脱出した他、1機の水戦が少なくとも一矢を報いた可能性があるのだ。この水戦がその後どうなったのか、このB-17と差し違えになったのか、ラバウルへの帰還を試みて、途中で機位を失い帰れなかったのか、まったくわからない。

午前6時25分、米海兵隊将兵を乗せた上陸用舟艇が輸送船から島に向かって発進した。

鎧袖一触、精鋭台南空の面目躍如。ガ島上陸船団空爆

7時50分、ラバウルのラクナイ（東）飛行場から台南空の零戦18機が発進した。零戦隊の指揮官は中島正少佐、任務はガ島、ツラギの米上陸船団を攻撃する双発爆撃機、四空の三菱一式陸上攻撃機（一式陸攻）27機の掩護だった。「敵上陸中」というツラギ基地からの急報に応じたのである。もともとニューギニアのラビ進攻を命じられていた零戦の搭乗員達は「ガダルカナル」という、これまで耳にしたこともなかった名の島へ向かえという、突然の目標変更に何事かとざわめき立っていた。しかもラバウルからガ島までは1037キロ、3時間20分にも及ぶ航程だった。これまで零戦隊が経験したことのない長距離の進攻だ。

零戦隊は8時6分に同じくラバウルのブナカナウ（西）飛行場から発進した陸攻隊と合同してガ島へと向かう。9時30分、戦爆編隊は早くもブーゲンヴィル島にいた沿岸監視員に発見された。この知らせを受け、米空母機動部隊では飛行甲板にいる戦闘機はただちに発艦、飛行中の戦闘機はなるべく早く着艦して燃料を補給、日本軍の空襲に備えるよう命じられた。

台南空の零戦は、9機が先行する制空隊、残り9機が陸攻に付き添う直掩隊となった。四空陸攻隊は針路145度、高

8月7日、ガ島に上陸する輸送船と上陸用舟艇。丸印の内は航空支援に飛来した米空母機の編隊。

8月7日、台南空の零戦の掩護でガ島の米上陸船団を攻撃に飛来した第四航空隊の三菱一式陸上攻撃機。緊急出動だったため、陸用爆弾を魚雷に積み替える間がなく、爆撃は無効に終わった。

度5千メートルで航進して行った。ブーゲンヴィル島付近でエンジン不調のため陸攻2機が引き返して行った。零戦も1機が脚不良のため引き返している。

ニュージョージア島を過ぎると前方にガ島の島影が見えはじめた。戦爆編隊は好天の中を進んで来たが、ガ島の中央付近から東は密雲に閉ざされていた。雲の手前、ツラギ泊地付近には上陸部隊支援の艦砲射撃中の艦隊と輸送船団が見える。この時、四空の関根精次一飛曹は掩護零戦隊の確認を命じられた。しかし、これまで後上方にいたはずの直掩隊、9機の零戦の姿は見えなくなっていたと彼は自著「炎の翼」（光人社NF文庫2005年）にしるしている。だが台南空、坂井一飛曹の回想によれば、零戦の直掩隊は陸攻隊の後上方を1千メートル高い、高度6千メートルで航進していはずだ。

坂井一飛曹は、ルッセル島の上空付近（ルンガ泊地までおよそ90キロ）から、制空隊はすでに空戦中で、機銃の発射火光がかすかに閃き、戦闘機が細い煙の尾を曳いて墜落して行くのが見えたと、自著で回想している。しかし、今すぐ空戦に飛び込んで行きたい気持ちを抑え、陸攻の直掩位置から離れなかった。

坂井一飛曹は太陽（現地時間は13時過ぎだったので、中天からやや西にあった）の中からF4Fが陸攻に襲いかかって来たのは「陸攻の投弾前であった」、一方、関根一飛曹は空戦になったのは「投弾後であった」、とそれぞれの著書にしるしている。

四空の行動調書を見ると「ツラギ上空着、敵発見、敵戦闘機約60機と空戦開始」が11時16分。「敵戦闘機と空戦」は11時18分からとされている。これは台南空の制空隊の空戦開始を認めたのが11時16分、陸攻隊がF4Fとの交戦を開始したのが11時18分だったということなのだろうか。だが台南空の行動調書によれば空戦開始は11時10分とされている。そうだとすればその差8分、その時点での陸攻隊の速度は180ノット（333キロ／時）、零戦隊もほぼ同速度だったと仮定すれば、制空隊は45キロほども先行していたことになる。

昼間の星が見えたという抜群の視力を持つ坂井一飛曹になら、かろうじて見える距離で、制空隊はすでに空戦をはじめていたのだろうか。

VF-5「サラトガ」のサザーランド中尉のF4F小隊4機は高度3600メートルで索敵中、接敵方位を知らされた直後に、優位から零戦に襲われた。この攻撃でサザーランド中尉、テイベラー中尉、プライス少尉のF4Fが行方不明となった。ひどく撃たれたイネス少尉機だけが戻って来た。サザーランド小隊は戦爆編隊に先行していた台南空の制空隊に気づかず優位から奇襲されたものと思われる。サザーランド小隊のF4Fが坂井一飛曹が見た制空隊による空戦の犠牲者だったのかも知れない。

空戦がはじまるや否や、F4Fの撃墜3機、撃破1機。鎧袖一触、まさに精鋭台南空の面目躍如だ。

陸攻隊は高度を４千メートルに下げ増速、爆撃針路に入った。米艦隊に閃光が見えた。高角砲射撃が始まったのだ。米海軍の記録によれば対空射撃開始は11時23分とされている。陸攻は機首を下げ、さらに降下増速、緩降下爆撃態勢に入ったのだ。こうすれば今の高度で狙った高角砲の弾幕は後方に遅れる。

空母の上空掩護のため「エンタープライズ」を発艦していたＶＦ-６のゲイ中尉が率いるＦ４Ｆ小隊４機は、11時に地上管制官からツラギ方面に向かうよう指示された。小隊がガ島を横断北上してツラギに向かう途中、輸送船団の上空、４５００メートル付近に対空砲火の爆煙が認められた。

投弾の直前、高角砲の弾幕が陸攻隊を捉えた。しかし思った通り爆煙は編隊の後上方で開き被害は少なかった。しかし輸送船団を狙って投下された２５０キロ爆弾54発、60キロ爆弾１０８発に命中弾はなかった。四空の行動調書では陸攻の爆撃終了は11時20分とされている。米軍の報告からすると、投弾は11時23分以降だったことになる。時間が微妙に食い違っているが、11時20分前後に空戦と対空砲火、投弾が相前後して始まったのは確かだ。11時18分から12時30分までつづいた空戦で、陸攻隊が使用した弾薬は20ミリ２４２７発、７・７ミリ３３３７４発であった。Ｆ４Ｆとの射撃戦の激しさが偲ばれる弾薬消費である。

ＶＦ-６ゲイ小隊のＦ４Ｆの攻撃はフロリダ島の東岸沖およそ２・３キロ付近で開始された。ゲイ中尉は、爆撃機の速度は時速１８０ノットであったと報告している。

ド・ポア中尉は前上方から、サムレル兵曹長は右上方側面から攻撃した。攻撃中、日本軍爆撃機は密集隊形で飛んでいたので、曳光弾はよく命中しているように見えた。爆撃機からの反撃砲火は不正確だった。その一方、この攻撃で墜落した爆撃機もいなかった。ゲイ中尉の攻撃では１機が発煙し速度が低下しただけだったが、不確実撃墜１機の戦果を認められた。ド・ポア中尉はふたたび爆撃機を攻撃、今度は発火、墜落した。だがこの時点でゲイ小隊は零戦の攻撃を受け、かなり被弾していた。

坂井一飛曹等、零戦直掩隊がいよいよ空戦に入ったのだろう。形勢不利となったＦ４Ｆ、ゲイ小隊は近くの雲の中に逃げ込んだ。アクテン兵曹長機はこの空戦中、11時30分に行方不明となり、とうとう帰って来なかった。彼は被弾で油圧装置を破壊され、着水していた。小隊の３機は14時に帰還、ド・ポア中尉機だけは「ワスプ」に着艦。全機がひどく被弾していた。

サザーランド小隊と同様、10時３分に「サラトガ」を発艦したＶＦ-５のブラウン中尉が率いるＦ４Ｆ小隊４機は、米軍のＢ-26に似た爆撃機30ないし40機を高度３６００メートルに発見、高度４５００メートルには約10機の掩護戦闘機を認めた。ブラウン中尉は「日本爆撃機は非常に緊密な編隊を組んでおり、爆撃は良いパターンを描いて着弾していたが、目標からは大きくそれていた」と報告している。実際この日は艦船攻撃なので弾着を密集させるため、四空の陸攻は編隊の間を詰めるよう命じられていた。この報告から、直掩の零戦は少なくとも投弾直前までは陸攻に付き添っていたことがわかる。

　ブラウン小隊は爆撃機発見から2、3分後、零戦の攻撃を受け、ブラウン中尉は20ミリ機銃弾で右脚に重傷を負った。彼は零戦1機を損傷させたが、ひどく撃たれており、負傷後は雲に逃げ込み母艦に帰還した。

　ブラウン中尉の列機、ブライヤー少尉も同時に攻撃を受けたが雲に隠れて難を逃れ、爆撃機を攻撃した。彼はホルト中尉かデイリー少尉が日本の双発爆撃機を撃墜するのを目撃した。ブライヤー少尉が攻撃した爆撃機も爆弾倉から火災を起こすのを目撃したが、零戦に追い立てられ雲の中に逃げ込まざるをえなかった。雲から顔を出すと爆撃機は戦場を去って行くところで、周囲に戦闘機は1機も見えなかった。彼はもう爆撃機を捕捉することができなかったので、そのまま帰還した。だがホルト中尉機とデイリー少尉機は未帰還となった。デイリー少尉は海で救助された。

　Ｆ４Ｆの陸攻に対する本格的な攻撃がはじまったのは、投弾後だったように思われる。陸攻隊は投弾後、大きく旋回し反方位をとって帰還針路についた。ブライヤー中尉の報告から、陸攻隊は帰還針路に入るまで、25機、全機がまだ無事だったことがわかる。

　空母「エンタープライズ」から発進した別部隊、ファイアボーフ中尉が率いるＶＦ-６のＦ４Ｆ、６機は輸送船団上空で、およそ22機の日本軍爆撃機がサンタイザベル島の南東端を時速１８０ノット、高度３６００メートルで何段かになったＶ字編隊を組んで北西に向かっているのを発見した。この報告からファイアボーフ小隊が投弾後「北西」つまり、ラバウルに向かう帰還針路に入った陸攻隊を攻撃したことがわかる。

　Ｆ４Ｆが攻撃態勢に入り始めた時、後方約１・５キロ、高度３千メートルに零戦３機がいるのを認めた。その刹那、さらに７機の零戦が高度３千メートル、爆撃機編隊の右前方にいるのを発見。この零戦はただちに上昇、まず３機が右側からワイルドキャットに襲いかかって来た。後方にいた零戦３機も同様に向かって来た。

　台南空の行動調書によれば空戦は11時10分から12時10分までつづいた。四空の行動調書にしるされた空戦は11時18分から12時30分である。米軍記録によれば「タリー・ホー（敵機発見）」の発信は11時15分だったとされている。おそらく11時10分から15分の間に日米両軍は双方の機影を確認、実際、格闘戦がはじまったのは、陸攻の投弾前後、11時20分頃からだったのではないかと思われる。

ファイアボーフ小隊では、12時に戦闘機による飛行時間1800時間の古参戦闘機乗りファイアボーフ中尉と、同小隊のステファンスン一等飛行兵、さらにワーデン兵曹の計3機が撃墜された。

残った3機のF4Fは、左側面から爆撃機を2回攻撃、ディスク少尉は1機を発火墜落させ、マンキン一等飛行兵はディスク中尉を追尾していた零戦を攻撃したが、撃墜は出来なかった。ロードス兵曹は右翼で戦っていたF4Fの救援に赴いたが1機または4機の零戦に攻撃され、7・7ミリで穴だらけにされたものの操縦席の装甲板のおかげで負傷もせずに、射撃後、彼のワイルドキャットを追い越し前方に出て、一瞬、照準に入った零戦を撃って撃墜を報じた。おそらく零戦は緒戦で各銃60発しかない20ミリをもう撃ち尽くしていたのだろう。7・7ミリだけではいくら当てても頑丈なF4Fを落とせず、逆に防弾のない零戦は一瞬の、わずかな被弾で落とされてしまったのかも知れない。生き残った3機のF4Fは無事に帰還した。

ホーレンバーガー中尉が率いる「エンタープライズ」のVB-6とVS-5のSBD艦爆8機は各機500ポンド（225キロ）爆弾1発ずつを搭載してツラギへと向かっていた。11時20分、編隊はそこで2機の零戦に攻撃され、後部射手達は後上方から襲って来た1機を発火、墜落させた。もう1機の零戦も攻撃航過後、下面と後部に被弾、SBDの編隊が雲に入った後に姿を消した。爆撃目標は見当たらず、SBDは爆弾を抱いたまま15時に帰還した。

これが行動調書には「被弾3発」としるされている坂井一飛曹機を傷つけた攻撃ではないかと思われる。坂井一飛曹はこの時の様子を、銃弾で穴が開いた当時の飛行帽を筆者に見せながら「あれは、まったくの油断でしたね。ドーントレスの編隊を戦闘機だと思っちゃったんですよ。だから真後ろから接近して行って、そうしたら8機が各2門ずつですから計16門の機銃に撃たれちゃって。旋回機銃でも真後ろから近づいて行けば固定機銃と同じで無修正で撃てますからよく当たるんです」と、説明してくれた。

11時30分、「ワスプ」VB-71のSBD艦爆8機は艦船からの無線「頭上に爆撃機」を受信。「上昇を開始したSBDのパイロットは船団の周囲に爆弾の水柱が上がるのを見た。ほぼ同時に大型機が海面で飛沫と炎を上げるのも見えた。SBDが高度2千メートル付近まで上昇すると、右上方に零戦5機が現れ、突進して来た。4機のSBDは左降下旋回退避に入ったが、アダムス中尉機が撃墜され海面に激突した」と報告している。

この空戦の米軍記録から、台南空の零戦は10機のF4Fと1機のSBD艦爆を間違いなく撃墜したことがわかる。米軍の戦闘報告書を読んでいると、米空母機動部隊のワイルドキャットは台南空の零戦二一型に翻弄され、パイロットの技倆もまるでプロとアマチュアの戦いだったことが窺える。しかし米軍パイロットの大半は救助されたため戦死者は4名だった。だが同日、作戦中の事故で、米軍はさらに5機のF４Fと1機のＳＢＤを喪失、パイロットなど3名が戦死している。

台南空は20ミリ１８００発、７・７ミリ７２００発を射撃、撃墜43機もの大戦果を報告。11機がラバウルに、４機がブカ基地に帰着したが、零戦2機が搭乗員ごと行方不明になり、坂井一飛曹など7機が被弾、高塚飛曹長機は空中火災を起こしたが、無事に帰還することができた。この被弾による負傷で坂井一飛曹は視力を失う恐れがあるということで治療、療養のため内地へ送還され、彼はガ島航空戦の舞台から退場することになった。

行動調書によれば、四空は陸攻４機が撃墜され、2機が不時着大破、15機が被弾、29名が戦死、7名が重軽傷を負うという大きな痛手をこうむった。防弾装甲が一切施されていない陸攻は、この後も恐るべき損害をこうむることになる。

12時55分、陸攻による爆撃につづいて実施された二空の艦爆9機による攻撃では60キロ爆弾18発が投下され、米駆逐艦「マグフォード」が損傷（戦死8名、行方不明10名、負傷17名）したが、艦爆は米空母のF４Fとの交戦で3機が自爆、3機が行方不明となり、さらに3機が着水、6名が戦死し、6名が行方不明になった。二空の艦爆は遠距離の攻撃だったため60キロ爆弾しか積めず、しかも航続距離の不足から「攻撃後はショートランド島の沖に着水する」とあらかじめ予定されていた非常決死の攻撃であった。ショートランド島はブーゲンヴィル島南部、トノレイ湾に浮かぶ小さな島で、予てから水上機の基地が設置されていた。

艦爆隊を邀撃したＶＦ-6「エンタープライズ」のF４Fパイロットは、艦爆の後部機銃は、まるで20ミリ機銃のように発射速度が遅かったと記録、米軍は別の報告書で九九艦爆は後部に「機関砲を装備していた」と断言している。これだけなら実戦の恐怖心理から出た米軍の錯覚とするところだが、18年4月の「い号作戦」時、空母「瑞鶴」と「飛鷹」艦爆隊の行動調書の消耗兵器欄に、それぞれ相当数の20ミリ機銃弾を使ったとの記載がある。ある時期、九九艦爆の後部銃座に20ミリ旋回銃を搭載したことがあったのではないかと思われる。

新鋭二号零戦、ラバウル空襲でB-17を撃墜

この7日、四空の陸攻を掩護して台南空の零戦がガ島へと出撃した2時間40分後、ラバウルには13機のＢ-17が飛来した。

米軍は写真偵察によってラバウルのブナカナウ（西）飛行場に爆撃機、戦闘機など１５０機あまりが集結していることを知った。この機体はガ島の飛行場完成を待って進出しようとしているのだ。そう判断した米軍はこれを地上で捕捉、壊滅させたるため、5時30分に第19爆撃航空群のＢ-17、16機

8月7日、日本海軍のラバウル基地には米軍のB-17の爆撃編隊が来襲。この重爆には掩護戦闘機はついていなかったが、その爆撃による犠牲は最小限に止まった。

8月7日、二空の九九艦爆が投下した60キロ爆弾で損傷した米駆逐艦「マグフォード」。この日の犠牲多き航空攻撃による唯一の戦果。もしガ島がこんなに遠方の目標ではなく、艦爆に250キロ爆弾が搭載できていれば撃沈できていたかもしれない。

をポートモレスビーから発進させた。だがヒルハウス大尉のB-17が全損（原因不明）になった他、1機がエンジン不調で、もう1機は電気系統の不調で出撃できなくなり、ラバウル攻撃のB-17は13機になってしまったのだ。

カーマイケル大佐が率いる13機のB-17は高度６６００メートルでラバウルへと針路を定めた。9時30分、編隊はニューブリテン島に到着。目標まで40キロの地点で零戦20機が現れた。二十五航戦の戦時日誌では10時40分、台南空13機、二空15機の零戦がB-17、13機を邀撃したとされている。

二空の零戦は倉兼義男大尉の指揮で10時15分にラクナイ飛行場を発進、台南空は山下丈二大尉の指揮で10時20分に発進、交戦はその20分後の10時40分からはじまった。台南空機の帰着は11時50分、行動調書に「進撃追撃交戦」としるされているこの空戦は一時間あまりもつづいたものと思われる。

零戦はB-17を四方八方から攻撃し、スニーダー中尉機は酸素装置と第3エンジンに被弾、彼は「多数の機関砲弾と機銃弾が機体を端から端まで引き裂いたが、奇跡的に負傷者はなく。機体は編隊に留まった」と報告している。その一方、バーキー中尉機の射手は零戦の撃墜2機を、スニーダー機の射手も零戦撃墜1機を報じている。

零戦の猛攻撃を受けながらもB-17は目標を捕捉、96発の５００ポンド爆弾を投下した。米軍は写真偵察によって、ブナカナウの滑走路の傍らに並べられていた１５０機のうち75機が破壊され、飛行場の端では大量の航空燃料が炎上したことを確認したとしている。

二十五航戦の戦時日誌では「滑走路被弾」と素っ気なく記録しているだけで、実際、地上で、どのくらい被害があったのかについてはよくわからない。米軍が狙った１５０機はダミーの囮機だったのだろうか。

投弾を終えると零戦の攻撃はまた新たに激しくなった。指揮官カーミカエル大佐が搭乗しているB-17では射手1名が戦死、もう1名が負傷、酸素装置が破壊された。大佐はすぐに無線でハーディスン少佐に降下すると通告、ハーディスン少佐機も降下に入った。すでに酸素装置を破壊されていたスニーダー機も降下に入った。突然、先導機が降下に入ったため、編隊は混乱して散り散りになった。零戦は孤立した爆撃機に群がり攻撃した。

第40爆撃飛行隊、ピース大尉のB-17は、これまでも何度か出撃を中途で引き返すほどエンジンの調子がよくなかった。この日も投弾後、エンジンが不調となり、編隊がばらばらになった時、後方に大きく遅れ、高度は3千メートルまで下がっていった。ピース機は零戦の集中攻撃を受け、爆弾倉付近の燃料タンクから発火、そのまま行方不明になった。僚機のジャケット大尉は、編隊の速度を落としてピース機を掩護しろと無線に叫んだが、無線の調子が悪く、これは誰にも聞こえていなかったという。炎に包まれて撃墜されたピース機からは2名が落下傘降下して日本軍の捕虜となり、残りの乗員7名は戦死した。捕虜になった2名も後に処刑された。

ジャケット大尉のB-17でも機上で1名が戦死、1名が負傷していた。

両航空隊の行動調書によれば、この空戦でB-17、各1機を撃墜。一方、二十五航戦の戦時日誌ではこの日の戦果をB-17撃墜2機としている。空戦で台南空が4機、二空は1機（8発）が被弾した。

台南空は20ミリ500発、7・7ミリ3千発を射撃、二空は20ミリ831発、7・7ミリ3450発を射撃した。両航空隊の搭乗員がピース大尉機の墜落を見て、それぞれ撃墜1機を報じたため、この日の撃墜は2機になってしまったものと思われる。これは二空のラバウル進出後の初空戦であったが発進した15機のうち射撃をしたのは7機（各機520発から694発）のみで、著書「修羅の翼」で有名な角田和男飛曹長も発進はしたものの射撃の機会は得られなかった。

さらに同戦時日誌では被弾機は7機となっている。行動調書からわかる空戦での被弾機は5機なので、2機は地上で被弾したのかもしれない。

これがラバウルにおける二空の零戦三二型の初戦果である。もしかすると台南空の零戦も7月30日に届いたばかりの新鋭機だったが、航続距離が足りずガ島までゆけなかった三二型だったかも知れない。

8月7日の空戦では零戦2機（戦死2名）が失われたものの、10機のF4F（戦死2名）と、1機のSBD（戦死2名）、1機のB-17（戦死7名、捕虜2名）を撃墜した。しかし前述しているように、ガ島の輸送船団を狙った陸攻隊の損害は大きく、陸攻4機が撃墜され、2機が不時着大破、15機が被弾、29名が戦死、7名が重軽傷を負っている。また浜空の水戦と大艇は水上で捕捉されて大損害を受けている。暁暗の惨劇の中から脱出した浜空の水戦がB-17を1機撃墜（戦死9名）している可能性があるが、決定的な証拠は見つけられなかった。

雷撃隊、壊滅的打撃を受ける

8月8日、午前5時、台南空の二式陸偵が事前偵察のためツラギ泊地へと飛んだ。しかし7時15分、戦闘機3機の追撃を受けて退避、その15分後、ツラギの上空に達したが密雲に覆われていたため何も見えず、やむなく引き返して来た。

6時10分、ラクナイから台南空の零戦15機が発進した。指揮官は稲野菊一大尉、任務は前日同様、陸攻の掩護だった。ブナカナウ飛行場からは四空の一式陸攻19機、増援に飛来した三澤空の陸攻9機が魚雷を抱いて、ガ島、ツラギ輸送船団攻撃に離陸した。前日の攻撃では、緊急出動のため陸攻は魚雷の搭載が間合わず、命中弾零という不本意な攻撃となった。

今日こそ、陸攻隊の真価を見せる日となるはずだった。

6時15分、「ワスプ」のVS-72のSBDはサンタイサベル島のレカタ湾の64キロ沖で日本軍の水上機1機を撃墜したと報告している。VS-72の戦闘報告書には単発単座、双フロート機だったと記録されている。また「ワスプ」の戦時日誌には日本の水上戦闘機を撃墜したとしるされている。

この水上機は雲の中に逃げ込もうとするところをスノーデン中佐のSBDが追跡して50口径2門の固定機銃で後方近距離から一撃。同機は墜落して沈没、脱出した搭乗員は水中で射殺された。同機は単座ではないが、双フロートで単発という特徴が一致する零式三座水上偵察機（零式三座水偵）であろう。零式三座水偵は愛知飛行機が作った美しいシルエットの低翼単葉単発、双浮舟の水上偵察機で、戦艦、重巡などにも艦載偵察機として搭載され、終戦まで様々な用途にと使用された。固定武装は偵察員席の7・7ミリ機銃1挺のみだったが、小型爆弾を搭載できる爆弾倉が設けられており、後にはガ島飛行場への夜間爆撃などにもさかんに使用された。

スノーデン機に撃墜された零式三座水偵は、8日夜のガ島への殴り込みに南下していた第六戦隊の重巡「加古」からツラギ方面偵察のため6時に射出され、未帰還となった山本薫飛曹長機である。

8時27分、例によってブーゲンヴィル島の沿岸監視員が日本の戦爆編隊が南東に向かっていることを米軍に知らせて来た。上陸船団と護衛艦隊は対空戦闘の用意に入った。

9時55分、陸攻隊はツラギ泊地の米軍輸送船団上空に突入、雷撃を開始した。

VF-6「エンタープライズ」のF4F3機は、高度5100メートルを哨戒中、雷撃機を迎え撃てと命じられた。彼らは6機の雷撃機が低空でガ島に向かっているのを発見。4機の双発雷撃機と、1機の単発の雷撃機または掩護の零戦と思われる飛行機を撃墜したと報告している。

行動調書によれば、この攻撃で台南空の零戦、林谷忠中尉等3機は水偵と空戦、林谷中尉が行方不明になっている。前夜、米軍は付近に日本軍の潜水艦が侵入したとの情報を得て、全巡洋艦から水偵を順繰りに発艦させ、潜水艦を捜索させていた。零戦が交戦したのは、この水偵と思われる。ラニヨン兵曹のF4Fに落とされた林谷忠中尉機は「雷撃機のように」低空で水偵を深追いしていたところを優位から奇襲され、行方不明になったのではないだろうか。林谷中尉の2番機、鈴木正之助二飛曹と、3番機、新井正美三飛曹は林谷機とともに水偵2機と交戦、それぞれ50発ずつ発砲したと行動調書に記録されている。ただし、撃墜は報じられていない。

一方、地上部隊支援のため「ワスプ」を発艦したVS-71のSBD艦爆11機の後部射手の一人は、爆撃中、北東から接近して来る飛行機を発見した。指揮官は増援に飛んで来た米軍爆撃機だろうと決めつけたが、それは高度900メートル

8月8日、ガ島沖を遊弋している米艦隊と輸送船団。魚雷を抱いて来襲した一式陸攻雷撃隊の好餌となるはずであった。

8月8日、日本海軍雷撃機隊の攻撃で唯一被雷した米海軍の駆逐艦「ジャービス」。

で飛ぶ日本軍の雷撃機だった。その時、第1小隊のＳＢＤ艦爆3機が零戦6機の攻撃を受けた。ＳＢＤは旋回しつつ、後部銃座から反撃、零戦は12回も攻撃して来た。これは各機が2回ずつ、計12回攻撃して来たということだろう。

　ハワード中尉は「九七式重爆と思われる双発の単葉機が輸送船に接近して行くのを見て攻撃したが、発砲できず、何度再装填レバーを引いても機銃は撃てなかった。その刹那、火器の作動スイッチを入れていなかったことに気づいたが、米軍輸送船の対空砲火の誤射を受けたので退避を余儀なくされた。その時、4機の零戦が襲いかかって来た。彼の後部射手は近距離から零戦に反撃、零戦は真後ろから迫って来たので修正無しで射撃ができ、彼は命中を確信。その零戦は頭上を通り抜けて行った。8回攻撃された後、1機の零戦が急旋回して正面から向かって来た」と報告している。ハワード中尉は機首の固定機銃50口径2門で反撃。零戦は発火、燃えながらハワード機の左翼下方へ抜け、輸送船の間に墜落した。

　この零戦の搭乗員は大木芳男一飛曹の列機として、ＳＢＤの協同撃墜2機を認められた後、10時15分に自爆戦死した台南空の木村裕三飛曹と思われる。大木一空曹は木村三飛曹との協同撃墜の他、ＳＢＤの撃墜1機を報告しているが、この空戦で墜落したＳＢＤはなかった。

　ＶＳ-71の戦闘報告書には「パイロットのハワード中尉が正面の零戦を撃っている間、後部射手は真後ろから迫る零戦を夢中で撃ちまくり、むしろ自機の垂直安定板を穴だらけ(と言っても被弾は10発)にしてしまった。おそらく(大木一空曹の)零戦が放った弾も、この穴を通って機体に当たり、うち2発が右の燃料タンクに命中した」と書かれている。

　こんなことを書いて、上司に叱責されないのかと心配になるような報告書だが、その一方、この頃の米軍の戦闘報告書には「防漏タンクおよび装甲の効果」を書き込む欄があった。ここには、「銃弾2発が右翼燃料タンクに命中、ゴムと金属板を貫通したが燃料は漏れなかった。装甲に命中した痕跡はなかった」と、しるされている。

　戦闘報告書にわざわざこんな欄を設け「防漏タンクおよび装甲の効果」のデータを徹底的に収集しようとしている米軍のこの姿勢こそがパイロットの生存率を高め、新人に熟練パイロットに育って行く機会を与え、次々に熟練搭乗員を失って行った日本海軍に対して空戦を次第に有利にしていった原動力だったのである。もっとも、この欄に細かくデータを書き込んでいる報告書は滅多にない。

　低空から雷撃に臨んだ陸攻は対空砲火と戦闘機の邀撃で17機が撃墜(戦死、行方不明１２５名)され、さらに1機が大破、5機が被弾するという甚大な損害をこうむった。米軍艦艇の対空砲火の熾烈さは日本軍の想像を絶するものであった。

　そして命中した魚雷は1本だけだった。魚雷は、駆逐艦「ジャービス」の艦首に命中、戦死14名、負傷7名の死傷者が出

台南空、大木芳男一飛曹の列機搭乗員、木村裕三飛曹。この日、SBDとの空戦で自爆、戦死してしまった。

台南空の大木芳男一飛曹。この日の空戦ではSBD艦爆の撃墜1機を報告している。

対空砲火またはF4Fの攻撃で着水した一式陸攻。米軍はこれらの着水機から9名の搭乗員を救助、捕虜にした。一方、救助を拒んで抵抗し、射殺された搭乗員もいた。

8月8日、対空砲火を浴びながら魚雷の投下地点へと低空で接近してゆく一式陸攻。

た。また輸送船「ジョージ・F・エリオット」の上部構造物に陸攻1機が激突、燃える航空燃料が船のオイルに引火、大火災が発生して16名が戦死、炎は終日燃え続け、翌日、同船は沈没した。米軍の記録を読むと、墜落、あるいは着水した陸攻から脱出した生存者が何名もいたようだ。米駆逐艦が生存者収容に走り回っている様が報告書に記載されており、結局9名が救助されて捕虜になった。降伏を拒んで拳銃で抵抗、射殺された搭乗員もいた。

零戦の損害は水偵と交戦していた1機が行方不明、SBDと交戦した1機が自爆、さらに1機が被弾と言うものであった。台南空は20ミリ440発、7・7ミリ1730発を射撃、SBD艦爆3機、戦闘機1機、計4機の撃墜戦果を報告しているが、実際には1機も撃墜することができず、米空母の戦闘機隊に対して、零戦の高性能と熟練搭乗員の将に名刀の斬れ味のようなみごとな戦いを見せた前日の空戦とはまったく対照的な結果となった。

米空母機動部隊は8日の午後、ガ島近海から撤退した。戦史叢書「南東方面海軍作戦1」によれば、7日の空戦による戦闘機の損害が21パーセントにも昇ったためと言われている。7日、8日の空戦や事故で失われたF4Fは16機であるが、その他に被弾機や不調機が多かったのではないかと思われる。

日本側は気づいていなかったが、ガ島周辺に、米軍の戦闘機は一時的にまったく存在しなくなったのである。

零戦三二型、ラバウル防空でまたもB-17を撃墜

8月9日、台南空の零戦15機は7時にラクナイを発進した。任務は、サボ島北方で燃料の尾を曳きながら航行する乙巡(アキリーズ型1隻)を攻撃する陸攻の掩護であった。米軍戦闘機は現れず、河合四郎大尉と大木芳男一飛曹の小隊、計6機のみが巡洋艦(実際には前日の攻撃で損傷していた駆逐艦「ジャービス」)を各80発ずつ機銃掃射しただけで帰還した(台南空の弾薬消費は計20ミリ180発、7・7ミリ300発)。

この攻撃では第2中隊第1小隊の陸攻2機が自爆(戦死16名)、1機が不時着大破した。なぜか損害はこの小隊3機に集中している。何か特別なことをしたのだろうか。さらにその他、陸攻3機が被弾した。三澤空の陸攻16機による雷撃で魚雷2本が命中、駆逐艦「ジャービス」は乗組員233名とともに沈没した。陸攻は魚雷16本の他、20ミリ712発、7・7ミリ7680発を射撃しているので、機銃掃射もしたらしい。だが、たった1隻の、しかも手負いの駆逐艦を攻撃しただけで、これほどの損害をこうむったのである。行動調書にも「防御砲火烈し」としるされている。米軍艦船の対空火力の強力さは恐るべきものであった。

進攻から帰って来た河合大尉は、来襲した1機のB-17を邀撃するため、16時10分、零戦14機で発進。20ミリ715発、

7・7ミリ4528発を射撃。被弾1機の損害をこうむったのみで、B-17、1機の撃墜を報じた。

一方、二空は「16時15分、B-17、4機が来襲、ラバウル基地を爆撃、零戦13機発進」と行動調書にしるしている。うち9機、角田和男飛曹長が率いる第1小隊、岡崎虎吉一飛曹の第2小隊、松永龍雄二飛曹の第3小隊は反復攻撃を実施。20ミリ900発、7・7ミリ5650発を射撃、台南空と協同でB-17、2機を撃墜したと報告している。前回、8月7日のB-17邀撃にも発進したが1発も撃たずに終わった角田飛曹長だが、今回は攻撃のチャンスを得て弾薬消費は1320発、発砲した二空の9機の中でいちばん多かった。

各航空隊の行動調書にはこう書いてあるが、二十五航戦の戦時日誌には、16時45分、4機のB-17が来襲、二空20機、台南空17機の零戦で邀撃。B-17、2機を撃墜。艦爆1機が被弾（爆撃による被害と思われる）、東飛行場（ラクナイ）滑走路一部破損。零戦1機が着陸時に大破、としるされている。

米軍記録によれば、二十五航戦の戦時日誌にあるように、来襲したB-17は4機であったが、実際に撃墜されたB-17はまたも1機だった。

米軍は「第19爆撃航空群、第93爆撃飛行隊のグランドマン中尉機は編隊の4番機としてポートモレスビーを発進、ラバウルに向かったが目標到着の数分前、エンジンが不調となり編隊から脱落した。そのため多数の零戦が群がり孤立したグランドマン機を攻撃した。帰途、同機は高度を失いつつ、なお数多くの零戦に繰り返し攻撃され、遂にカバンガ湾に近いロンダールズ農園に墜落。乗員は9名、全員が戦死した」と記録している。

同じ編隊にいたハウトーン大尉のB-17は、ラクナイ上空での激しい邀撃を切り抜け帰途についたが、悪天候で僚機と分離した上、無線コンパスが故障したためポートモレスビーへの方位を失い、3時間半も飛んだ挙げ句にとうとうニューギニアの南端にあるマラプラ島の浜辺に不時着。乗員は5日後、全員が救助された。B-17編隊はこの苦戦の中でも、零戦2機を撃墜したと報告しているが、ラバウルの零戦隊に、この空戦による未帰還機はなかった。

翌10日、台南空の零戦隊はツラギ泊地に出動、ラバウルからの進撃哨戒にも出たが、接敵はなく、損害はツラギで高度7千メートルを飛ぶ陸攻1機に高角砲の破片が当たり、高度100メートルまで降下して飛行場内に敵味方不明の人員約3千名を認めた零戦3機が密林内からの7・7ミリ機銃での反撃を受け、1機が被弾したのみであった。

午前零時から1時45分まで、米重爆1機がラバウルを爆撃。零戦2機が炎上、9機が被弾。陸攻も2機が炎上、1機が被弾するという大きな被害をこうむった。

笹井中隊、オーストラリア空軍のP‐40を痛撃

8月11日、8時11分、台南空の河合四郎大尉は零戦6機を率いて「ツラギ付近敵情偵察」にラクナイ飛行場を発進した。偵察ではあるが、米軍機に遭遇すれば当然、空戦になる。戦闘機掃討も兼ねた偵察攻撃であった。

航進すること3時間20分。11時30分にツラギ島付近で米軍の小型機動艇8隻、ガ島沿岸では航走中の5隻を認めたが、米戦闘機は出て来ない。さらにガ島の浜辺で米軍が使用したまま放置している上陸用舟艇約60隻を認めた。30分後の12時には飛行場を低空銃撃（計400発）したが対空砲火による反撃があっただけで、とうとう米軍機は1機も出現せず、河合大尉等は12時5分には引き上げにかかり、15時20分、全機が無事にラバウルへ帰還した。

8時20分、中島正少佐直率のもと、台南空の零戦14機がラバウルを発進。二空の零戦7機と、四空、三澤空の陸攻21機と合同しニューギニアのラビ飛行場攻撃に向かった。だが、往路で指揮官の中島少佐機は酸素吸入器不良のため引き返してしまった。航進2時間30分、10時50分、戦爆編隊はラビ上空に突入した。しかし目標は密雲に閉ざされており、陸攻隊は爆撃を行なわず帰途についた。台南空の零戦7機と、二空の零戦7機は陸攻掩護のために、そのまま引き返した。

しかし笹井醇一中尉が率いる台南空の零戦、2個小隊6機だけは雲の下へと突入して行った。行動調書にはサマライ偵察のためとしるされているが、低い雲と降雨のため、視界は限られていた。笹井中尉の2番機は米川正吉二飛曹、3番機は羽藤一志三飛曹。第2小隊長は太田敏夫一飛曹、2番機は松木進三飛曹、3番機は遠藤桝秋三飛曹。いずれも台南空選り抜きの優秀な搭乗員だった。

オーストラリア軍は「10時30分、日本機は東方からやって来た」と記録している。6機の零戦は突如、椰子の木すれすれの超低空に現れた。まったくの奇襲で、昼食を受け取るため、天幕の前に並んでいた第8戦闘機管制中隊のオーストラリア兵は蜘蛛の子を散らすように駈け、くるぶしまで水が溜まった壕に飛び込んだ。40ミリのボフォース高射機関砲が火蓋を切り、黒い爆煙が点々と空に開いてゆく。空襲に慣れないオーストラリア兵たちは、轟わたる砲声を爆弾投下と間違えて、壕の壁にしがみついた。

第75飛行隊のP‐40E型で飛んでいたタッカー少尉は、まず飛行場上空を旋回する零戦2機を認めた。次いで、グッドイナフ湾の上空に2機ないし3機を発見。タッカー小隊は友軍高射砲の炸裂の中を降下、雲に隠れながら接近し、最初に見つけた2機の零戦を奇襲した。だが彼は降下で過速に陥っていたため零戦を追い抜いてしまった。2機の零戦は逆にタッカー機の後方に回り込んでくる。タッカー少尉は右に左に

ニューギニアの基地で、翼内に6門が装着されている50口径(12.7ミリ)ブローニング機銃の弾薬を補給中のカーチスP-40E型戦闘機。

台南空の米川庄吉二飛曹は、8月11日、笹井中隊の2番機としてオーストラリア空軍のP-40E型と交戦。この空戦でP-40の撃墜2機を報じている。

8月9日、台南空の河合四郎大尉は零戦14機を率いて発進。おそらく二空の零戦隊との協同で、第93爆撃飛行隊のグランドマン中尉のB-17重爆を撃墜した。

切り返しながら湾の端から端まで逃げた。やがてP-40が1機来援し、零戦は追跡を切り上げた。零戦は300ヤード(275メートル)ほどの射程で撃ってきたが、白煙を曳いて迫ってくる機関砲弾は彼の機体まで届かず弾道は落ちて行ったと報告している。

やがて空はキティホークと零戦が放つ機銃音でいっぱいになった。

台南空は11時に、ラビ飛行場上空で25機のP-40と交戦したと報告。オーストラリア側は零戦8機ないし12機が来襲したと記録。オーストラリアの高射砲兵は3機を撃墜したと主張している。

笹井中隊の零戦6機と交戦したのは第75飛行隊と第76飛行隊のキティホーク22機である。P-40は零戦に対し次々とヘッドオン(正面攻撃)を挑んできた。空戦はミルン湾上空、高度300から900メートルで繰り広げられた。第75飛行隊、マーク・シェルドン中尉のP-40E型はミルン湾北側の山腹に墜落した。同じく第75飛行隊のフランシス・シェリー准尉機は空戦中、行方不明になった。第76飛行隊のアルバート・マクレッド中尉機は深い熱帯雨林の中に落ちた。

第76飛行隊のジョージ・インクスター曹長は無線で救急車を要請、煙の尾を曳いて帰って来た。飛行場上空に現れた彼のP-40の発煙は黒く、ますます激しくなった。P-40は突如、機首を上げた。インクスター曹長は落下傘降下を決意し、少しでも高度をとろうとしたのだ。高度60メートルで落下傘が開いた。しかし完全には開ききらず、曹長は墜死した。

台南空側では遠藤桝秋三飛曹が被弾した。当たったのは1発だったが、彼は重傷を負っていた。しかし遠藤機はブナ基地に向かい11時40分、無事に着陸できた。シェルズ少尉は零戦に5連射を見舞い、機体から破片が飛散するのを認めている。彼の僚機、オリヴィエール中尉が射撃した零戦は左翼から燃料を流出させたと報告されている。クッカー少尉が撃った零戦も被弾の衝撃で震え、破片を飛散させたという。

この空戦で笹井中尉はP-40撃墜確実1機、不確実1機、協同撃墜1機を報告。列機の米川二飛曹もP-40撃墜2機を報じるなど、6機全部が撃墜戦果を報じている。20ミリ500発、7・7ミリ3千発を射撃した台南空の戦果報告の合計はP-40撃墜確実7機、不確実2機、協同撃墜2機、計11機であった。

笹井中尉の列機、米川正吉二飛曹は被弾による燃料漏洩があったのか14時20分に燃料がなくなり、ガゼレ岬の南方5浬の海上に不時着水し、機体は沈没したが、彼自身は救助されて生還した。米川機は、オリヴィエール中尉のP-40に撃たれたのかも知れない。精鋭笹井中隊は6対22の戦いで、1機を失い、3機が被弾、重傷者1名という満身創痍の損害をこうむったものの戦死者はなかった。一方、オーストラリア空軍はこの空戦で零戦の撃墜2機、不確実撃墜2機、撃破5機を報じたものの、第75と第76飛行隊のP-40E型４機とパイロット４名を失ったのである。

14時45分、台南空の零戦４機はラバウルに帰って来た。行動調書には12機が帰着としるされているが、不調で帰った中島少佐機と行動調書に「陸攻隊掩護引き返す」としるされている７機、そして空戦後に帰った笹井隊４機、計12機が14時45分までに戻って来たということなのであろう。陸攻とともに帰った二空の零戦７機は13時にラバウルに帰着しているので、陸攻と一緒に帰った台南空の零戦７機も同じ頃に戻ったはずである。

翌12日、11時頃、ラバウルでは来襲した７機のB-17を邀撃するため台南空の零戦15機が発進したが、３時間も索敵したが機影を発見することもできず、零戦は14時に着陸した。

台南空、またもB-17を撃墜

8月13日、午前5時30分から9時まで、台南空の村田中尉が率いる零戦６機はニューギニアのワードフント岬付近で７機のB-17と交戦、20ミリ５００発、７・７ミリ２千発を射撃したが、攻撃の効果は不明で、零戦１機が自爆、村田功中尉が戦死した。以上は基地航空隊第５空襲部隊戦闘詳報にある記録だが、台南空の行動調書にはこの空戦の記録がない。

13時、山下丈二大尉が率いる台南空の零戦８機がラエ基地を発進した。ゴナ沖の船団上空直衛の四直である。

台南空行動調書によれば、14時20分にB-26、５機が来襲。米軍記録によれば飛来したのは第22爆撃航空群、第２爆撃飛行隊のB-26、４機である。米軍は零戦３機がハリー・パタースン中尉のB-26を前方から攻撃、右エンジンを損傷させたと報告している。行動調書では零戦が１機のB-26にそうとうの損害を与えたが撃墜は確認できなかったとされている。

この空戦には輪島飛曹長が率いる二空の零戦３機も参加、20ミリ80発、７・７ミリ２６０発を射撃、１機を撃墜、もう１機を不時着させたと報じている。

しかしパタースン機は零戦の攻撃で片発となってはいたが、雲の中に逃げ込んで難を逃れていた。だが片発ではモレスビー基地への帰途にそびえる高い山脈は越えられず、同機は帰途ポーロック港の浜辺の浅瀬に不時着した。パタースン機では、空戦による被弾と不時着で乗員１名が戦死、６名が負傷している。二空零戦は、この不時着を認めたのであろうか。

台南空零戦隊の損害は柿本圓次二飛曹機が１発被弾したのみで、弾薬の総消費は20ミリ90発、７・７ミリ１２５発だった。二空には被弾機すらなかった。しかもB-26は零戦の攻撃で動揺したのか、船団を狙って投下した爆弾は命中しなかった。台南空の四直は任務を完璧に遂行したのである。15時20分、８機はラエ基地に帰着した。

翌14日、台南空はふたたび「リ」号作戦船団上空直衛任務に就いた。5時20分に一直9機がラエ基地を発進した。6時35分、零戦はB-17、1機を発見、船団の将兵が固唾をのんで見守るなか、攻撃に入った。この交戦で2小隊長の大野竹好中尉機が右翼を大破、1小隊2番機の山崎市郎平二飛曹機が被弾2発の損害をこうむったが、台南空はこのB-17の撃墜を報じている。

7時20分、損傷した2機は戦場に7機を残して基地に戻って行った。発見が6時35分だったことから、一直の零戦隊とB-17との交戦は50分にも及んだのがわかる。右翼大破の大野機は帰着後、全損となった。交戦の詳しい様子は不明だが、空戦が長くなったのは、零戦隊が米重爆攻撃の定石通り、正面から一撃しては後方に抜け、180度旋回して前方に出て距離をとって正面からふたたび突進する辛抱強い攻撃を反復したからではないかと思われる。大野機はこんなB-17への正面攻撃を終えた後、衝突針路から左への離脱操作が僅かに遅れ、右翼が重爆に接触してしまったのではないだろうか。右手で握る操縦桿は左に倒しやすい。そのため、回避旋回は左になりやすく、その結果、機体は急旋回で左に傾き、右翼が上がり翼端が敵に接触してしまいがちなのである。

彼らが戦ったのは、4時2分にポートモレスビーを発進、ブナ、ガスマタ、ラバウル方面への偵察に出撃して行方不明になった第435爆撃飛行隊のB-17E型、ウィルスン・クック中尉機（9名戦死）と考えてほぼ間違いない。報告通り、撃墜確実である。

単機飛来したB-17を撃墜してから1時間半の8時5分、今度は7機のB-17が船団を狙って飛来した。7機の一直零戦は、うち2機にそうとうの損害を与えたと報告している。だが8時10分に、大野小隊長不在のまま戦っていた2小隊3番機の新井正美三飛曹が自爆、戦死してしまった。さらに3小隊の二宮喜八一飛機が1発被弾した。

来襲した第19爆撃航空群ではピンキー機が最初の攻撃航過で2名が機上で負傷する損害を受け、B-17は爆弾を海中に投棄して逃走した。2回目のB-17との交戦で撃墜が報じられなかったのは、来襲機が多く攻撃が分散したこともあっただろうし、一直の7機が最初のB-17との交戦で20ミリ機銃弾をほとんど撃ち尽くしていたからではないかと思われる。しかし爆撃は阻止できた。新井三飛曹を失うという犠牲を支払ったものの、零戦隊はこの日も船団上空掩護の任務は完璧に果たしたのである。

9時50分、零戦は5機がサラモア基地に、10時に残った1機、山下飛曹長機がラエ基地に帰着した。零戦隊の損害は零戦2機喪失、搭乗員の戦死1名というものであった。2回の交戦で零戦が放った弾薬は2600発であった。内訳は山下大尉の1小隊900発、大野中尉の2小隊500発、山下佐平飛曹長の3小隊が1200発である。台南空の総弾薬消費は20ミリ千発、7・7ミリ1600発である。

8月14日、山崎市郎平二飛曹の零戦はB-17との交戦で被弾2発の損害をこうむった。

この日、台南空、大野竹好中尉の零戦はB-17を攻撃中、右翼を大破。基地に帰還することはできたが、機体は全損となった。

山下佐平飛曹長等の台南空零戦隊は8月14日、第435爆撃飛行隊のB-17E型、ウィルスン・クック中尉のB-17を撃墜した。

ガ島では日本軍から奪った「ルンガ飛行場」の拡大と整備が着々と進んでいた。この基地は、12日に「ヘンダーソン基地」と命名されている。飛行場を警備していた米第11海兵連隊のジェイムズ・ガレット伍長の日記には「周囲の丘に残っていた日本軍砲兵が1日に数発ずつではあるが飛行場を射撃していた」米軍が「ピストル・ピート」と呼ぶこの砲は射撃を終えるとよく偽装された洞窟に引き入れられ、「完全に沈黙させられたのは数ヶ月後だった」としるされている。

特設水上機母艦「聖川丸」ギゾ派遣隊、船酔いで到着

15日、6時10分、三澤空の陸攻6機がガ島での陸戦協力のためラバウルのブナカナウ基地を発進した。陸攻のうち3機は250キロ爆弾各1発、60キロ爆弾各6発を搭載していた。残り3機は島に残る友軍将兵に投下する糧食梱包各10個ずつを運んでいる。陸攻隊は、友軍将兵が残存していると思われるガ島のルンガ岬西方に向かい、10時に糧食投下機と爆撃機が分離、10時12分には任務を終え、13時には全機が無事に帰還した。米軍上陸時、飛行場建設に当たっていた海軍の第十三設営隊（1221名）はルンガ川の西岸におり、他の設営隊、警備隊の生き残りとともに損害を受けぬまま西へと退避。設営隊からは「未だ抵抗中、士気旺盛」との無線報告が発信されている。だが陸攻が投下した糧食を入手できたのかどうかは判然としない（梱包6個が米軍陣内に落ちた）。

16日、特設水上機母艦「聖川丸《きよかわ》」のギゾ派遣隊、零式観測機（零観）3機、零式水上偵察機（零式三座水偵）1機が作戦を開始した。

零観は従来の水上偵察機に水上戦闘機的な性格を、という海軍の要求に応えて三菱が製作した単発、複葉、単浮舟の弾着観測及び短距離偵察機である。速度よりも、空戦での格闘性と上昇力を重視して敢えて複葉とされたのだが、この判断が正しかったのか、誤りだったのか。これから本書に登場する零観の空戦記録によって自ずとわかってくるはずだ。武装は機首に7・7ミリ機銃2挺、後方の偵察員席に7・7ミリ旋回銃1挺で、翼に60キロ爆弾2発を懸吊することができた。最高速度は370キロ/時、米軍のB-17「空の要塞」とほぼ同等であった。

5時半、松岡飛曹長が率いる零観2機が雨空の下に発進。ギゾ島付近は雲量3、雲高千メートル、視界30キロだった。零観はショートランド付近で対潜哨戒中「敵ロッキード発見、撃退」と戦闘詳報には記録されている。ただし1発も撃っていないので、零観の機影を見た、おそらくはロッキード・ハドソン哨戒機が逃げ出したのであろう。この日、VP-23のカタリナ飛行艇が1機、ツラギ付近で失われているが、距離が離れすぎているし、1発も撃っていないので零観の戦果とは考えられない。

特設水上機母艦「 山陽丸」の零式観測機。そもそも着弾観測のために作られた飛行機だが、ソロモンでは観測はもちろん、偵察や爆撃、船団の上空掩護や、基地防空など戦闘機のような使い方もされ、その優れた運動性で空戦でも善戦健闘している。

米陸軍の輸送機、ロッキード・スーパーエレクトラ。この時期、日本海軍が「ロッキード」と呼んでいたのは後に有名になるロッキードP-38「ライトニング」戦闘機ではなく。これらロッキード社製の輸送機や、哨戒爆撃機のハドソンなどであった。

ギゾ島へ派遣された「聖川丸」の基地員は特設監視艇、おそらく遠洋漁船を徴用した船で進出したため、船酔いで四日間、一食も摂れない者が続出。そんなことで到着後も作業能力は半減、病人も多く、基地の設置、飛行作業もおおいに滞ったと報告されている。海軍の、それも水上勤務の将兵が船酔いとは、同じ船乗りでも「聖川丸」のような大型船と漁船ではまるで違うのだろう。

この日、飛行場奪回を目指す日本陸軍、一木支隊の第一梯団、約900名を分乗させた駆逐艦6隻がトラック基地から出航。第二梯団を乗せた船足の遅い輸送船を後方に残し、高速でガ島へと先行していった。

17日、6時30分、ギゾ派遣隊の零観、松岡飛曹長機がガ島飛行場偵察に発進した。松岡機は高角砲の反撃で2発被弾して帰ってきたが、被弾による損傷は修理可能だった。

ラバウルでは台南空の零戦12機が5時30分に発進した。ポートモレスビーを攻撃する四空、三澤空の陸攻隊を掩護するのである。二空の零戦も掩護に加わっている。

8時15分、攻撃隊はモレスビー上空に突入。零戦は陸攻隊の爆撃を掩護していたが、連合軍戦闘機の邀撃はなかった。7マイル飛行場では、陸攻の爆弾がちょうど発進しようとしていた第22爆撃航空群のB-26数機を捕捉、破壊された爆撃機の燃料の延焼と爆弾の誘爆で飛行場は火の海になった。この爆撃でダグラスDC-5と、C-49Hダコダ各1機、第22爆撃航空群のB-26、4機を含む計7機が破壊された他、25機が損傷している。9時30分、零戦1機がラエ基地に着陸。11時、零戦1機、徳重宣男二飛曹が編隊から分離、スルミ付近の山中に墜落、徳重二飛曹は戦死してしまった。どうして墜落したのか、行動調書にはしるされていない。12時10分、零戦4機がラエ基地に帰着。12時20分、1機がラバウルに帰着した。

ショートランドでは4時20分に浜空の九七大艇5機が発進。D3番索敵線に向かった藤原友三郎飛曹長の大艇は9時、サンクリストバル島南方でB-17と交戦。B-17は優速を利用して有利な射点に回り込み射撃してきた。大艇は20ミリ45発、7・7ミリ500発を放って反撃、そうとうな損害を与えたものの撃墜はできなかった。大艇もこの空戦で被弾、エンジン1基が停止した状態で帰還した。

7月29日以来、二回目の大型機同士の空戦である。今後、この種の空戦は頻繁に起こり、鈍重な機体を操る長い時間をかけた緩慢な射撃戦で互いに傷つき、どちらかが墜落にいたる場合もあった。この日、藤原機と交戦したB-17についての米軍側資料は見つけられなかった。

18日、ブカ基地が戦闘機18機を収容可能の前進基地として完成した。ブカ島（ブーゲンヴィル島北端）で、ラバウルからガ島に向かう零戦隊の中継基地として整備が進められていた基地である。これまでは不時着場としてのみ使用していたが、やっと前進基地になったのである。ブカ基地の滑走路は幅百メートル、長さ千メートルで平坦地の草を刈り地面を轍圧して作られていた。

　前日、大艇とB‐17が哨戒機同士の空戦を交えたのに続いて、この日は哨戒に飛んだ三澤空の一式陸攻が11時35分に、ツラギ120度、200浬付近で米海軍のPBY‐5カタリナ飛行艇2機と遭遇、交戦、1機にそうとうの損害を与えたが、またも撃墜することはできずに帰還した。このカタリナも所属部隊等、詳細はわからなかった。

　23時、ガ島の北東部、タイボ岬付近に一木支隊先遣隊、第一梯団が無事に上陸した。各将兵は小銃弾250発、機関銃隊は千発が入った弾薬箱6個ずつと7日分の糧食を携行していた。ここからヘンダーソン基地までおよそ40キロ。支隊はただちに行軍を開始。一木支隊はこれまで負けを知らぬ日本陸軍でも屈指の精鋭であった。

　19日、午前4時10分、D4番索敵線へと発進した十四空の二式大艇、阿多飛曹長機は8時5分、またもカタリナ飛行艇と遭遇、20ミリ25発を放つなど銃火を交え、爆弾を投棄させるなどかなりの損害を与えたがまた撃墜にはいたらなかった。阿多機も4発被弾し、1名が機上で重傷を負ったため、索敵を中止して帰還した。

　ガ島では、一木支隊第一梯団を上陸させた後も、駆逐艦3隻はルンガ泊地付近に残り警戒任務についていた。駆逐艦からの艦砲射撃を受けた海兵隊からの救援要請で飛来した第431爆撃飛行隊、エドマンスン少佐のB‐17「フィジー・フー」は、激しい対空砲火の中、太陽の中から日本軍の大型艦を攻撃した。エドマンスン少佐は「命中で日本艦は炎上、舵機を損傷したらしく旋回を始めた。B‐17は低空に降り、その後、30分にもわたって機銃掃射を反復、浜辺に出てきた米海兵は手を振り、喜び跳ね回っていた」と報告している。実際、艦尾に被弾した駆逐艦「萩風」は舵が故障、駆逐艦「嵐」の掩護でトラックへと回航された。

　特設水上機母艦「聖川丸」のギゾ派遣隊からも零観2機が発進。米軍の上陸用舟艇を狙って60キロ爆弾4発を投下、7・7ミリ500発を使って機銃掃射した。さらにギゾ派遣隊からは熊沢一飛曹の零観も発進、60キロ爆弾2発を投下して上陸用舟艇を爆撃した。

　20日、ギゾ派遣隊からはまた松岡飛曹長が率いる零観2機が発進、ガ島の米軍見張所と塹壕の散兵を狙って60キロ爆弾4発を投下した。つづいて前日同様、熊沢一飛曹の零観が発進、ガ島の米軍陣地を60キロ爆弾2発を投下した。

　4時30分、ブーゲンヴィル島の南端にあるショートランドの水上機基地から3機の九七大艇が発進した。任務はガ島の南方に伸びるD区哨戒である。6時50分、D3番索敵線を飛んだ十四空の山下宏一飛曹機は「我空戦中」の無線を発信した後、行方不明となった。

　空戦の相手は、日本側同様、索敵哨戒に飛んでいた第98爆撃飛行隊のB-17E型、ウォルター・ルーカス大尉機であった。ルーカス機は山下機とサンタ・イサベル島の上空で、25分間にわたって大型機同士の射撃戦を交えた。ルーカス大尉のB-17は右翼に20ミリ1発、方向舵に7・7ミリ2発、第4エンジンに7・7ミリ1発、胴体にも6発被弾したものの「九七大艇を発火、着水させ、なおも水上を走る大艇を機銃掃射して爆発させた」と報告している。山下機では3名が機上で戦死したが、残りの搭乗員は後に救助されて生還した。

一方、D2番索敵線を飛んだ田口飛曹長機は8時29分、ガ島の南東で米空母1隻、巡洋艦1隻、駆逐艦2隻を発見した。そのまま米機動部隊への触接をつづけていた田口機は10時50分に、米戦闘機に襲われた。田口飛曹長の大艇は、この空戦で5発を被弾したが米軍機を撃退、15時40分には無事帰着した。田口機と交戦したのは「ワスプ」の哨戒機で「サンクリストバル東端20マイル地点で九七大艇と交戦、機関砲弾が命中したが無事帰還できた」と記録されている。

同じくD1番索敵線を飛んだ井上飛曹長機も10時40分に米軍の偵察機2機を発見、次いで11時30分、米大部隊を発見した。米空母の哨戒機も10時28分に「バンデット（敵機発見）」を報告している。井上機も米軍機の追撃を逃れ、無事に帰還した。

浜空の大艇が発見したのは、ふたたびガ島方面へと接近してきた空母「エンタープライズ」「サラトガ」「ワスプ」を中心とする第61機動部隊であった。

一木支隊の攻撃失敗、そして「カクタス」戦闘機隊との初対決

8月21日、午前1時30分。一木支隊の第一梯団がイル川の河口で米第1海兵連隊の陣地への攻撃を開始した。米軍は照明弾を打ち上げ、猛烈な火力を結集して日本軍の夜襲を撃退。M3スチュアート戦車とともに逆襲に転じた。夕刻までつづいたこの戦闘による一木支隊の損害は戦死、行方不明770名（15名が捕虜になった）にも昇り、生存者は30名程度であったとされている。米軍の損害は戦死35名、負傷75名であった。太平洋戦域の陸上戦闘で、日本陸軍が米軍に敗れたのはこれが初めてであった。

夜が明け、大損害を受けた一木支隊の攻撃がもはや停滞していた頃、台南空の零戦13機は河合四郎大尉の指揮で6時10分にラバウルを発進。前日、大艇が発見した米空母機動部隊を攻撃する陸攻隊と合同した。この日も、ショートランドからは索敵哨戒の大艇が発進して、陸攻隊を目標に導くため、第61機動部隊を探していた。

海軍航空隊にとっては、ガ島の飛行場奪回に苦戦する陸軍部隊の航空支援よりも、米機動部隊の補足攻撃の方が優先される目標であった。

やがて徳永藤一飛曹長の大艇が、ツラギから130度、530浬地点で「敵見ゆ」（巡洋艦2隻、駆逐艦1隻）の第一

電を発した。一方、「ワスプ」の索敵哨戒機は9時50分に母艦からの方位３００、距離15浬地点で四発飛行艇の撃墜を報告。「サラトガ」のパイロットがその飛行艇の沈没を目撃している。徳永機は「敵見ゆ」の第一電を発信してから消息不明になり帰って来なかった。徳永機は８月の７日に全滅した浜空のツラギ基地から脱出できた２機の九七大艇の１機であったが、この日、とうとう撃墜されてしまったのである。

９時40分、結局、陸攻隊は米機動部隊を発見できずに引き上げた。残った零戦隊のみがガ島の飛行場攻撃に向かう。

８日の午後に第61機動部隊の米空母がガ島周辺から撤退してしまって以来、零戦隊は何度ガ島に進攻しても米軍戦闘機にはお目にかかれなかった。だがこの日は違った。飛行場の滑走路工事は19日に完了し、前日20日の15時、今や「ヘンダーソン飛行場」と名付けられたガ島の飛行場にはＧＲ23（海兵隊第23航空群）が進出していたのである。

ガ島から南東に３２０キロ離れた地点にいた米空母「ロングアイランド」から発進したＧＲ23の兵力は、ワイルドキャット19機を保有するＶＭＦ-２２３（海兵隊第２２３戦闘飛行隊）と、ドーントレス艦爆12機を保有するＶＭＳＢ-２３２（海兵隊第２３２偵察爆撃飛行隊）であった。ガ島を示す連合軍の暗号名「カクタス」から、このヘンダーソン基地に配備される米陸海軍機は「カクタス・エアフォース」と呼ばれることになる。

ＧＲ23は全機が無事に着陸したが、ヘンダーソン飛行場の地上員は当初、ポーク少尉以下１４０名のみで、飛行機への燃料と弾薬の補給に使える自動車は１台きりしかなかった。燃料はドラム缶から直接手動ポンプで補給、爆弾を運搬するトラックも、爆弾運搬車も爆弾起重機もない。しかも20日から21日にかけての夜は、東部海岸に沿って飛行場奪取のためおよそ千名の一木支隊が攻撃してきていた。この戦闘は21日の午後、日本軍が撤退するまでつづいた。

飛行場の設備が貧弱であったせいか、朝から攻撃して来た日本兵に対する対地攻撃に駆り出されていたからなのか、詳細は不明だが、来襲した零戦を迎え撃つために離陸してきたＦ４Ｆはたった４機だけだった。

台南空の行動調書によれば、ガ島突入は10時、ＶＭＦ-２２３の戦時日誌によれば零戦６機と４機のＦ４Ｆが交戦したのは10時７分であった。台南空は交戦したグラマンを13機としている。米軍は13機いた零戦を６機と記録し、台南空はなぜか４機しかいなかったＦ４Ｆを13機と記録しているのである。零戦とワイルドキャットは高度４２００メートル、ルンガ岬とサボ島の間で空戦を交えた。

ガ島上空で久しぶりに米軍戦闘機と相まみえ、おそらく小躍りせんばかりに張り切った台南空は、被弾機すらなく不確実、協同を含めてグラマン８機を撃墜したと報告している。戦果の内訳は羽藤一志三飛曹がグラマン撃墜２機、協同撃墜

1機、不確実1機、高塚寅一飛曹長がグラマン撃墜1機、不確実1機、協同撃墜1機、国分武一三飛曹が不確実1機、吉村啓作一飛が協同1機など、4名が戦果が報じている。12時30分、6機はラバウル帰着、7機はブカ基地に着陸。消費弾薬は1720発、13機が戦い、8機を撃墜したと報告している割には少ない。台南空はこの空戦をしるした行動調書では個人の弾薬消費を記録していない。弾薬消費は小隊ごとで1から3小隊が各240発、4、5小隊が各500発である。実際にF4Fと銃火を交えた零戦は米軍の記録にあるように各小隊から1、2機、計6機程度だったのかも知れない。

VMF-223では飛行隊指揮官のジョン・スミス少佐が零戦の撃墜1機を報じたが、ジョニー・リンゼイ軍曹機と、チェス・ケンドリック少尉機が空戦でひどく被弾、両機とも「デッドスティック・ランディング（プロペラが停止した状態での着陸）」し、ケンドリック機は完全に壊れ、リンゼイ機も大破して修理不能になった。パイロットは両名とも無事だった。米軍機は基地の真上で戦っているようなものだったから、被弾でエンジンが停止しても、高度さえあれば飛行場に滑空で着陸できたのである。この空戦がもう少しでも遠い所で起こっていたら、この2機のF4Fは間違いなく未帰還になったはずだ。

カクタス空軍と零戦のとの対決、ひとまずは零戦隊の勝利で終わったのである。しかしイル河畔で全滅した一木支隊の惨敗を覆うべくもない小さな勝利であった。

11時40分、蘭印のチモール島デリー基地からは三空の零戦2機が来襲した6機のハドソンを邀撃するために発進した。山内義一飛曹長機か、江口正徳二飛曹による最初の一撃でオーストラリア空軍、第2飛行隊のウェイディ中尉機の燃料タンクが発火。ウェイディ機は墜落、落下傘が一つだけ開き、ウェイディ中尉は救助されたが、他の乗員4名は戦死した。

しかし20ミリ80発、7・7ミリ1200発を放った山内飛曹長は被弾4発をこうむりつつも帰還したが、江口二飛曹は自爆戦死してしまった。8月8日（アンボン、零戦2機で追撃するが雲中に逸す）、12日（アンボン、ロッキードを4機で追撃、雲中に逸す）、13日（アンボン、双発機来襲の警報で4機発進、接敵できず）、14日（零戦1機が敵機を捕捉したが、機銃故障のため撃墜できず）、16日（アンボン、零戦2機、撃墜1機を報じるが詳細は不明。損害記録も確認できず）、以上、5回の邀撃を経て、三空零戦隊は、遂に連合軍記録と合致する撃墜戦果を上げたのだが、8月に入って初めての戦死者を出してしまったのである。

刻々と近づく日米空母機動部隊決戦の時

22日、ガ島のヘンダーソン飛行場には米陸軍の第58戦闘航空群、第67戦闘飛行隊のP-39とP-400が5機到着。陸軍

ガ島、ヘンダーソン基地に進出したグラマンF4F「ワイルドキャット」戦闘機。ガ島の米航空部隊は、ガ島の暗号名が「カクタス」であったことから、カクタス空軍と呼ばれることになる。

台南空の吉村啓作一飛はこの日、ガ島上空でグラマンの協同撃墜1機の戦果を報告している。

台南空の羽藤一志三飛曹は8月21日、ガ島上空でグラマン撃墜2機、協同撃墜1機、不確実1機の撃墜戦果を報じている。

機は海兵隊の戦闘機隊に合流、カクタス空軍の指揮下に入った。ラバウルでは、台南空の零戦が来襲したＢ-17を邀撃。ラエ基地から発進した台南空、二空の零戦は船団の上空掩護に出撃したが、いずれも交戦はなく、戦果、損害ともまったくない一日であった。

この日、Ｄ1番索敵線を哨戒していた飛行艇、十四空の九七大艇、井上飛曹長機は5時11分以降、推定位置、ガ島の西方で消息を絶ち、未帰還となった（行方不明８名）。「エンタープライズ」ＶＦ-6のＦ４Ｆヴォーズ中尉機が8時55分に九七大艇の撃墜を報告している。井上機はヴォーズ機に落とされたに違いない。

23日、水上機母艦「マッキナック」を発進したカタリナ飛行艇が、ガ島奪回のための増援部隊の上陸を掩護するために南下していた空母「瑞鶴」「翔鶴」「龍驤」を中心とした南雲機動部隊を発見した。「サラトガ」からはただちに攻撃隊が発艦したが天候不良のため南雲機動部隊を見つけられなかった。この日、米軍は戦況がしばらくは小康状態を保つと判断し、燃料が不足してきた「ワスプ」を補給のため第61機動部隊から分離、南下させた。

米海軍情報部が１９４７年に作成した「１９４１年12月7日から１９４５年8月15日までに海外で失われた海軍機、海兵隊機の全喪失機リスト」（以後、全喪失機リスト）には、この日、「ワスプ」搭載ＶＦ-71のＦ４Ｆが1機、空戦で撃墜されたとしるされている。また「ホーネット」ＶＳ-72のＳＢＤ艦爆も1機、空戦によって失われたと、このリストに記載されている。だが両喪失機には墜落場所、搭乗員の氏名などの記載がないし、日本側の行動調書を含む他の資料では、いかなる空戦も確認できない（この両機が相次いで大艇、井上機を襲い、返り討ちにあっていたのかもしれないが、それもあまり現実的な推測ではない）。しかも当時、真珠湾の近海で訓練中だった「ホーネット」はこの海戦には参加していないし、ＳＢＤのＶＳ-72は「ホーネット」ではなく「ワスプ」搭載の飛行隊である。従って、この日、「ワスプ」のＦ４ＦとＳＢＤが空戦でそれぞれ1機ずつ撃墜されたということになるのだが、9月に日本潜水艦「伊十九」の雷撃によって撃沈されてしまった「ワスプ」の飛行隊に関する資料は、母艦の沈没とともに失われてしまったのか、あまり残っておらず詳細はわからない。この喪失リストには単なる記録ミスという例が散見されるので、この両機もその一例ではないかとも思われる。

ＶＳ-72、ＶＦ-71など「ワスプ」所属機の損害についてはわからないことが多い。今後、本書でもたびたび正誤の判断に苦しむデータとして登場する。

「サラトガ」攻撃隊の出撃は空振りに終わったが、4時30分には第42爆撃飛行隊のＢ-17、マニエル少佐機が空母1隻、駆逐艦2隻、巡洋艦2隻からなる日本軍艦隊を発見した。高度３６００メートルから2回にわたって2発ずつ投弾した。

米海軍の正規空母「ワスプ」。全長219メートル、航空機76機を搭載、同艦は昭和17年6月、大西洋から太平洋へと配置替えとなった。

コンソリーデーデットPBY-5「カタリナ」飛行艇。この頃、海軍の報告書に出てくる「コンソリ」は後日のB-24「リベレーター」重爆ではなく、この飛行艇「カタリナ」を指すことが多い。

B‐17は「最初の爆撃航過では空母と巡洋艦の間に至近弾が認められ、2回目の航過では1発が空母を直撃、5ないし、7機の零戦に攻撃されたが被害はなく、1機ないし2機を撃墜した」と報告している。だがこれは誤認で爆弾は命中していない。零戦の撃墜戦果も同じく誤認である。

ラバウル基地からは台南空の零戦13機が陸攻を掩護してガ島に進攻。しかし今回は、米軍戦闘機の邀撃はなく空戦は起こらなかった。対するVMF‐223の戦時日誌の記述も「通常の哨戒任務を遂行、接敵なし」と、ごく簡単なものであった。

一方、東部ニューギニアでは台南空のラエ基地分遣隊と、二空の零戦計16機は中島正少佐の指揮下、滑走路が完成したばかりのブナ基地からラビに進攻した。9時15分、台南空の零戦4機が1機のP‐40を発見して攻撃。全部で20ミリ50発、7・7ミリ70発を撃ったが撃墜することはできなかった。損害は山崎市郎平二飛曹の零戦が大破したのみであった。行動調書によると、台南空はブナ基地を8機で出撃して、8機で帰って来ているので、山崎機の大破は着陸事故によるものと思われる。

台南空の零戦と戦ったP‐40はオーストラリア空軍、第75飛行隊のフランク・コカー中尉機だった。レーダーで零戦隊の接近を知ったオーストラリア空軍は14機のP‐40を邀撃に上げたのだが、交戦できたのはコカー中尉機だけで、彼は高度1800メートルで零戦に奇襲された。撃墜はされなかったが、胴体に機関砲弾が命中。しかし損傷は軽微で、傷付いたのは外板のみだった。オーストラリア軍の高射砲兵は零戦4機が9時21分に北方へ去って行ったと報告、日豪の記録はみごとに一致している。

ブナ基地はこの日、完成したばかりだった。7月の22日からポートモレスビー作戦を支援するために東部ニューギニアで造成を進めていたが、ようやく中央滑走路（幅30メートル、長さ1200メートル）と第2滑走路（幅20メートル、長さ1200メートル）ができあがり、15時30分に台南空と二空の零戦16機がラエからここに進出してきたのである。この朝の攻撃は、台南空によるブナ基地からの初出撃であった。朝からの初出撃、そして15時30分の基地進出は矛盾するが、双方とも行動調書にしるされている記述である。攻撃に参加する零戦だけが、とりあえず前日に完成間際のブナに移動して朝、発進。15時30分に正式に部隊が進出したということなのかもしれない。

山崎二飛曹機が着陸事故を起こしてしまったのも、慣れないブナに降りたからなのかもしれない。滑走路も出来上がったばかりで、まだ整備不良箇所もあったのだろう。

ブナ基地は、ニューギニアにあった海軍航空隊の主要な攻撃目標であったポートモレスビーにも、海軍陸戦隊の進攻が予定されていたミルン湾岸のラビ飛行場にも近く、従来のラエ基地からの作戦に比べ、目標への進攻は遥かに容易になるはずであった。

第二次ソロモン海戦開幕、「龍驤」零戦隊の奮戦

8月24日、午前零時、南雲機動部隊は空母「龍驤」と巡洋艦「利根」、駆逐艦「時津風」「天津風」を分離し、ガ島のヘンダーソン飛行場攻撃のために南下させた。25日に予定されていた一木支隊第二梯団を乗せた船団への航空攻撃を防ぐため、米軍の基地航空隊を叩いておく必要があったのである。第二梯団を乗せていた船団は、23日、米飛行艇に触接されたため、空襲を警戒して一時反転退避、上陸は遅れていた。

一方、米軍は早朝から、南雲機動部隊を発見するため、水上機母艦「マッキナック」所属のカタリナ飛行艇6機を索敵哨戒に発進させていた。この6機は全機が様々な日本軍艦艇や飛行機を発見して次々と報告。この豊富な接敵情報は逆に米軍をかなり混乱させた。

空母「エンタープライズ」からも午前4時に12機のSBD艦爆が、まず索敵哨戒のために発艦した。この12機は8時52分、何も見つけることができないまま帰艦したが、11時9分にふたたび索敵哨戒に発艦した16機のSBD艦爆と7機のTBF艦攻は2機ずつに分かれ哨戒に飛び、カタリナ同様、様々な日本軍艦艇や飛行機に遭遇することになる。

7時、索敵哨戒中だったカタリナ飛行艇、タースン少尉機は3機の零戦を目撃、第61機動部隊に報告した。この零戦は「龍驤」の上空哨戒第一当直で飛んでいた13小隊の零戦2機か、第二当直、16小隊の3機だったのではないかと思われる。しかし米軍は発見位置から推測して、零戦を日本の空母機とは思わず、ブカ基地から飛来したのではないかと判断した。

同じく索敵哨戒中だったカタリナ飛行艇、タースン機よりも遥かに北東寄りの哨戒線を飛んでいたリスター中尉機は重巡2隻、駆逐艦2隻を発見、対空射撃を受けた。その後、3機の零式観測機（零観）がリスター機を攻撃した。7・7ミリ機銃弾を浴びたリスター機は8時30分「我、攻撃を受け空戦中。機種は零戦」と発信。機体は穴だらけにされ、副操縦士が戦死した。零観は南雲機動部隊の前衛を務めていた水上機母艦「千歳」の搭載機であった。しかし米軍はリスター中尉が襲って来た日本機の機種を誤って報告しているとも知らず、リスター機の遭遇位置から「零戦は陸上基地からここまでは飛来できない。空母機ではないか」と判断した。

一方、タースン機よりもやや北東の哨戒線を飛んでいたカタリナ飛行艇、ゲイル・バーキー少尉機は7時55分に「龍驤」を中心とする日本艦隊を発見、触接をつづけた。日本側は飛行艇の触接を7時13分としている。「龍驤」上空哨戒の第一当直、13小隊の奥川一飛曹、奥村武雄一飛曹の零戦がバーキー機を捕捉した。行動調書には「触接中のPBY飛行艇1機を攻撃。右発動機より発火、ほとんど停止するに至らしめる

も雲中に逸す」としるされている。この日、空には大きな積雲が点在しており、雲を利用して後方から接近して来た零戦に奇襲されたバーキー機は海面すれすれまで降下して撃墜を免れた。機体には7・7ミリ弾が12発ないし15発命中していた。

9時16分、水上機母艦「マッキナック」から「サラトガ」に、同艦所属のカタリナから「龍驤」の偵察報告がふたたび届き、様々な偵察情報に攻撃目標を定めかねていた米軍は遂に決断した。9時29分「サラトガ」にＳＢＤ艦爆25機、ＴＢＦ艦攻8機からなる攻撃隊の発進準備が命じられたのだ。目標は「龍驤」である。またＦ４Ｆ戦闘機20機には、日本軍機動部隊から飛来するかも知れない攻撃隊を警戒するため、戦闘哨戒任務が命じられた。

10時20分、ガ島沖に進出した「龍驤」からは攻撃隊、艦攻6機と直掩の零戦6機がまず発進した。10時48分、次いで零戦の遊撃隊9機も発進。目標はガ島のヘンダーソン飛行場。九七艦攻はそれぞれ60キロ爆弾6発を搭載していた。納富健次郎大尉が率いる遊撃隊には朝方、バーキー少尉のカタリナを攻撃した奥川、奥村一飛曹の零戦も加わっている。

ヘンダーソン飛行場では沿岸監視員からの通報で空襲を報せる黒旗が上がり、海兵隊のＦ４Ｆが次々に離陸。最後に海兵隊の指揮下にあった米陸軍、第67戦闘飛行隊のＰ-39とＰ-400がそれぞれ1機ずつ離陸して行った。「カクタス」戦闘機隊は、基地上空哨戒のため、すでに在空していた４機のＦ４Ｆと合流した。「龍驤」機は高度２４００メートルでやって来た。

Ｐ-39は零戦の機銃掃射から逃れるため椰子の梢を越え、いったん飛行場から距離をとる。

12時30分「龍驤」艦攻隊は爆弾を投下。行動調書には爆弾が「全弾高角砲および機銃陣地に命中」と記録されている。確かに60キロ爆弾の弾着は米軍の90ミリ高射砲陣地を包んだが、被害はほとんどなかった。

ＶＭＦ-２２３のロバート・リード少尉のＦ４Ｆは発進後、ようやく１５００メートルまで高度をとったところで零戦に襲われて撃墜された。彼のワイルドキャットは、フロリダ島の3キロ沖に着水。リード少尉は頭と右肩を負傷していたが岸まで泳ぎ付き、原住民に救助された。リード機を撃墜したのは12時25分にグラマン2機と交戦して1機撃墜を報じている「龍驤」直掩隊12小隊の零戦2番機（鹿田二男一飛曹）と3番機（森田利男三飛曹）か、同じく12時30分にグラマン2機と交戦して1機を落としたと報告している17小隊の零戦3機と思われる。行動調書で交戦が報告されているもう1機のグラマンはリード機を率いる長機か、彼に従っていた列機だったのかも知れない。

艦爆の掩護位置から離れられない直掩隊と違って、自由に戦える零戦遊撃隊の9機は、他に米軍機も見当たらないので、全機が低空に降りて機銃掃射を試みた。しかし地上にも囮機以外にめぼしい獲物は見つからず、これは致命的な判断ミスとなった。

その3分後、先に離陸して高度をとっていた海兵隊のワイルドキャット、まずは6機が頭上から降って来たのである。F4Fは、たちまち艦攻2機を撃墜、もう1機も交戦中に行方不明となり、自爆と判断された。後に米海兵隊有数のエースとなるマリオン・カール大尉はこの空戦で艦攻2機、零戦1機の撃墜を報告、これが彼のガ島での初戦果となった。

一方、地上掃射態勢にあった遊撃隊の零戦9機も6機のF4Fに攻撃されて11小隊2番機（奥村武雄一飛曹）と、13小隊3番機（石原掌司一飛）が行方不明になった。14小隊2番機（四元千敏二飛曹）も被弾で燃料を噴出。行方不明になった奥村機はガ島に不時着していた。奥村一飛曹は陸軍将兵と合流し、後に救出された。支那事変以来の古参戦闘機乗りである彼は、その後は台南空に転勤、次々に撃墜戦果を報じ、18年9月には1日の空戦で10機撃墜を報じ、武功抜群の軍刀を授けられることになる。

さらに2機のP-39がこの空戦に加わって来た。F4Fに襲われて3番機を失った13小隊の1、2番機は、このP-39を追跡したが撃墜することはできず、そこに現れたF4Fを1機撃墜したと報じている。この第67戦闘飛行隊のブランノン大尉と、フィンチャー中尉も、機銃掃射のため低空に降り上昇に転じた零戦を狙って降下突進、1機を空中で爆発させたと主張している。

優位から14機のF4Fと2機のP-39に襲われる苦戦の中でも、零戦隊は反撃、VMF-223はこの空戦で3機のF4Fとパイロット2名を失い。さらに1機が被弾、フレッド・ガット少尉が左腕と脚を負傷した。米軍は艦攻の撃墜10機、零戦の撃墜7機を報じている。「龍驤」攻撃隊の損害は艦攻の自爆3機、零戦は行方不明2機、搭乗員の戦死9名、行方不明2名（後に1名生還）というものであった。零戦隊は撃墜確実13機、不確実2機という戦果を報じている。

一方「サラトガ」からは12時10分に「龍驤」攻撃隊が発進していた。目標への方位は320度、距離328キロ。攻撃隊はSBD艦爆28機、TBF艦攻8機であった。掩護戦闘機は1機も同行していない。

12時40分、TBF艦攻2機、VT-3のジェット中佐とバイ少尉機が水平線上に艦影を認めた。両機は「サラトガ」からの攻撃隊発進に先立って、「エンタープライズ」から11時6分に発艦した索敵哨戒機だった。見つけた艦影は「龍驤」とその護衛艦艇である。

12時55分、日本側は西方上空で旋回しているこの触接機を発見。駆逐艦「天津風」が高角砲の火蓋を切り、「龍驤」は邀撃の零戦を発進させるため、変針、艦首を風上に向けた。

同じ頃、南西からは同じく「エンタープライズ」から索敵哨戒に出てきていたVT-3のTBF艦攻ギンガマン少尉と、

VS-5のSBD艦爆ジョーゲンスン少尉の異機種編隊も接近、「空母1隻、駆逐艦4隻を発見」と打電している。

12時58分、ジェット、バイの両機は3600メートルから「龍驤」を狙って水平爆撃を実施した。4発の500ポンド爆弾は「龍驤」航跡の中に落ちた。日本側は「2機のB-17による水平爆撃」があったと記録しているが、これはジェット編隊のTBF艦攻をB-17と誤認したものと思われる。

13時、ジェット中佐からの報告で、米軍は軽空母1隻、重巡1隻、駆逐艦3隻の位置を正確に把握した。ここでさらに2機のTBF艦攻が現れた。「エンタープライズ」からの索敵哨戒機、マイヤーズ中尉機と、クール兵曹機である。両機は最初に見つけた目標、重巡「利根」を狙って高度3千メートルで水平爆撃態勢に入ってきた。「利根」はただちに増速、回避運動を開始しつつ、高角砲の火蓋を切った。

「龍驤」はガ島攻撃隊に零戦15機を同行させたが、艦にはまだ12機の零戦が残されており、邀撃発進を急いでいた。しかし、この時、零戦3機がすでに空中にいた。上空掩護、第二当直、16小隊である。行動調書には、指揮官の丸山明飛曹長が米艦爆3機を発見、攻撃に移ったと記録されている。

マイヤーズ編隊は「利根」への爆撃機動中、空母の艦影を発見。目標をそちらへと切り替えようとした刹那、零戦が襲いかかってきた。丸山編隊である。零戦は正面から反航戦を挑み、ついで後方に回り込んできた。マイヤーズ中尉は雲の中に逃れたが、ミッドウェイ海戦で大損害を受けた米雷撃隊の生き残り、ハリー・クール兵曹機は零戦に追われたまま、姿が見えなくなった。

丸山飛曹長は、13時20分、2番機、宮内行雄一飛曹と協同で艦爆撃墜1機を報じている。「エンタープライズ」の戦時日誌には「零戦3機に襲われてクール兵曹機が撃墜された。マイヤーズ中尉のTBFは旋回機銃で零戦の撃墜不確実1機の戦果を報じたものの、ひどく撃たれて損傷、乗員2名が負傷。マイヤーズ機は帰艦したが、機体は修理不能と判定されて海に投棄」と記録されている。クール機の乗員は墜落で2名が戦死したが、後部射手は救命筏でブカ島付近まで漂流したのち救出され、およそ8ヶ月後に生還した。

丸山飛曹長は13時20分の艦爆協同撃墜についで、13時40分にも「グラマン戦闘機」の協同撃墜1機を報じている。この時、彼と協同で戦果を報じたのは、邀撃に上がってきた「龍驤」18小隊の小谷賢治一飛機である。米攻撃隊に掩護戦闘機は付いてきていないし、なにより「サラトガ」から発進した「龍驤」攻撃隊が大挙来襲するのは、この10分後、13時50分だった。従って、丸山、小谷両機が撃ち落としたのは、丸山、宮内のペアが撃墜したと思っていたが、実際にはまだ落ちていなかったクール兵曹のTBF艦攻だと思われる。

13時36分、高度4350メートルで飛来した「サラトガ」のVS-3（海軍第3偵察飛行隊）のSBD艦爆15機は北西の水平線上に「龍驤」を中心にした日本軍機動部隊を発見した。高空には断雲が散っている。

20ノットで南西に進んでいた「龍驤」は右に転舵、飛行甲板から数機の飛行機が発進するのが見えた。

日本側の行動調書では邀撃に発進していた零戦3個小隊が揃って「13時50分、急降下態勢に入っている米艦爆約20機を発見」と報告している。「サラトガ」の戦闘報告書では「攻撃は14時20分、高度4200メートル、北西方向から始まった。日本軍の数機が低空で空母の上空を旋回している。急降下爆撃中、弱く、効果的ではない対空砲火が放たれた。退避時には5インチ砲と思われる高角砲の追い打ち射撃を受けたが、照準が悪かった。15発の爆弾が投下され、おそらく2発は命中、6発は近くに落ちた。空母はこの攻撃で激しく発煙した」とされている。

「サラトガ」のVB-3（海軍第3爆撃飛行隊）所属のSBD艦爆13機は14時15分、高度4800メートルで北側から接近、第1小隊（6機）は空母、第2小隊（7機）は重巡を狙うよう命じられた。VB-3の戦闘報告書には「空母からは4機の中島九七式急降下爆撃機（米軍記録のママ）が発艦し、急降下から引き起こしたSBD艦爆を攻撃して来たが、効果はなく、後部射手が1機を撃墜（反撃のため各機合計で400発の30口径弾を放っている）。日本機は高速で急機動し、だいたい時計回りに旋回していた」と記録されている。彼らが投下した13発のうち、3発が目標を直撃、数発が至近弾になったと言う。米軍が「中島九七式急降下爆撃機」と記録しているのは15、16小隊の零戦各2機、計4機である。零戦隊は「急降下態勢にある米艦爆約20機を発見」し、慌ただしく発艦して、急降下投弾後、機体を引き起こしたSBD艦爆を攻撃したのである。行動調書にはSBDの撃墜戦果が記録されているが、SBDに未帰還機はなく、ベール少尉機が被弾、少尉が脚に軽傷を負っただけだった。

一方「サラトガ」のVT-8（海軍第8雷撃飛行隊）は、7機のTBF艦攻（1機はエンジン不調のため途中で魚雷を投棄して帰艦）のうち、2機が重巡を攻撃、5機は空母を攻撃した。5機のうち3機は右舷から、2機は左舷前方から雷撃した。魚雷は時速370キロ、高度60メートル、射程700から800メートルで投下された。

重巡を雷撃したモーガン少尉編隊のディバイン少尉機は、雷撃中に零戦の攻撃で被弾した。戦闘報告書には「零戦はTBF艦攻の後部銃塔から正確な反撃銃火を浴びせられたためか、あまり接近して来ず、攻撃は決然としたものではなかった。海面すれすれと、高度2千メートル付近で零戦に襲われた雷撃機は1機が被弾したが負傷者はなく、さらに2機が対空砲火の破片で傷ついたのみだった」と記録されている。

ディバイン少尉機を襲ったのは、雷撃機8機を発見。11涅も追撃して3機を撃墜したと報じている15小隊2番機、友石輝雄一飛曹と思われる。

母艦に残されていた零戦12機のうち、実際に攻撃隊を迎え撃った「龍驤」の零戦隊7機は、来襲した35機もの米軍機と戦い、被弾2機の損害をこうむったものの、朝からのものをすべてを合計すると撃墜確実10機、撃墜不確実1機、5機に燃料を噴出させたという戦果を報告している。だが少数機ずつ五月雨式に飛来した「マッキナック」の飛行艇や、「エンタープライズ」の索敵捜索機には確実に損害を与えられたものの、掩護の戦闘機を伴っていないとはいえ、大挙して現れた「サラトガ」攻撃隊は数が多過ぎて、個々の攻撃を徹底できなかった。

その後も「龍驤」零戦、上空掩護隊は燃料が切れるぎりぎりまで、魚雷と爆弾の命中で炎上する母艦「龍驤」の上空哨戒をつづけた。16時、第11爆撃航空群、メイニール少佐率いるB-17E型3機が飛来した。2機のB-17が投下した爆弾は目標から逸れたが、メイニール少佐機が投下した4発の500ポンド爆弾が「龍驤」を捉えた、と米軍は記録している。

16時10分、もはや燃料は残りわずかで、15時50分頃から、すでに列機が着水をはじめている中、15小隊の飯塚雅夫大尉機は、18小隊の枚山輝雄一飛曹機、17小隊の1番機と合同して、来襲した2機のB-17を攻撃した。行動調書には「その1機に燃料を噴出させたが撃墜はできなかった」としるされている。飯塚大尉等の零戦は燃料ばかりでなく、長時間の空戦を経た後なので弾薬も乏しかっただろう。おそらく20ミリはなく、残り少ない7・7ミリ弾だけの攻撃だったはずだ。これでは強靭な重爆の撃墜は不可能に近かった。しかしB-17の爆撃照準を狂わせる牽制効果はあったはずだ。16時20分、枚山機は駆逐艦「時津風」付近に着水、16時45分、最後に飯塚機も着水。両名とも「時津風」に救助された。B-17は全機が無事に帰還している。

「龍驤」のガ島の攻撃隊は帰途、零戦と艦攻、各1機がヌダイ島（マライタ島の北方沖）に不時着（搭乗員は救助）、さらに14時には「母艦炎上中、ブカ基地に向かえ」と命じられた。だが残存機の大半、零戦12機と艦攻2機は、すでに母艦の近くまで帰っており、ブカまで行けたのは少数で、ほとんどが母艦の近くに着水した。魚雷2本、爆弾4発の直撃を受けて炎上をつづけていた「龍驤」は18時に沈没した。

24日の空戦による「龍驤」飛行隊の損害は、零戦の喪失2機（戦死1名）、艦攻喪失3機（戦死9名）であった。米軍の喪失機のうち、墜落原因が曖昧なものを除き、ほぼ間違いなく「龍驤」の零戦が落としたのはTBF艦攻1機（戦死2名）、F4F艦戦3機（戦死2名）である。

「瑞鶴」「翔鶴」攻撃隊、「エンタープライズ」を襲う

24日未明に「龍驤」以下を支隊としてガ島飛行場攻撃に送

り出した後も、南雲機動部隊主力は基地航空隊と協力して米空母機動部隊を探していた。「瑞鶴」「翔鶴」から艦攻を索敵捜索に発進させる一方、巡洋艦、戦艦の水上偵察機も索敵に飛ばしている。

基地航空隊は例によって早朝から捜索のため飛行艇を発進させていた。まずラバウルからは4時5分に十四空と浜空の新型機、二式大艇2機がガ島南方に伸びるD1と、D2番索敵線の捜索のために発進した。その10分後には、浜空のショートランド基地からも同じくD1、D2番索敵線捜索のため九七大艇2機が発進した。

第61機動部隊も南雲機動部隊を捜索する一方、機動部隊の周囲に戦闘哨戒機を飛ばして日本軍機による触接を警戒していた。9時50分、「サラトガ」の戦闘哨戒機、F4Fは戦闘機管制官から、同艦のレーダーが南西に機影を感知したことを知らされた。無線で方位と距離、高度を指示されたF4Fは機影を探し、9時59分、リチャードスン中尉が「タリーホー、カワニシ！」と叫び、攻撃に入った。二式大艇の尾部20ミリ機銃の射手は有効射程内に入る前から撃ちだした。さらに2機のF4Fが攻撃に加わる。二式大艇は左舷内側エンジンから発火、墜落した。10時11分、リチャードスン中尉は四発の大型飛行艇を撃墜したと報告している。10時、浜空では索敵哨戒に飛んでいた二式大艇、阿多清水飛曹長機に連絡を試みたが、応答がなく、行動調書には「戦闘機の奇襲を受け自爆したらしい」と記録されている。

それからほぼ1時間半後の11時26分、「サラトガ」の戦闘哨戒機、グレイ中尉のF4Fがまた四発飛行艇の撃墜を報告。位置は母艦の右舷11キロ地点だった。この戦果報告に対しては浜空や十四空の行動調書や、二十五航戦の戦時日誌には該当する損害記録がなく、日本側の喪失機は確認できなかった。

一方、南雲機動部隊主力では、12時5分に索敵哨戒のため巡洋艦「筑摩」のカタパルトから射出された愛知零式水上偵察機（零式三座水偵）、福山少尉機が「敵大部隊見ゆ、我敵戦闘機の追躡（ついじょう）を受く」と発信した後、消息不明になった。同機を撃墜したのは「エンタープライズ」の戦闘哨戒機、バーネス兵曹のF4Fである。彼は12時31分に母艦からの方位300度、距離28マイル地点で単発、双フロートで7・7ミリ旋回機銃1挺を装備した水上機1機を撃墜したと報告している。

「筑摩」水偵の報告を受けた南雲機動部隊からは、13時に第一次攻撃隊が発進した。「翔鶴」からの艦爆18機、直掩隊の零戦4機、「瑞鶴」からの艦爆9機、制空隊の零戦6機である。

13時30分頃、「エンタープライズ」の索敵哨戒機、ロウィー中尉と、ギブスン少尉のSBD艦爆は水上機母艦「千歳」を中心とする前衛部隊を発見。14時47分、2機のSBDは重巡を狙って500ポンド爆弾2発を投下。命中はしなかったが、爆弾は「摩耶」のすぐそばに着弾した。

一方、その頃、南雲機動部隊主力の上空には「エンタープライズ」から発艦していた索敵哨戒機、デイヴィス中尉とシャウ少尉のＳＢＤ艦爆２機が出現していた。この２機は13時10分「翔鶴」の二式二号電波探信儀一型（二一号電探、レーダー）で探知された。「翔鶴」の艦橋には「不明機接近中の探知」が報告されていたのだが、折から艦橋が混乱状態だったので、この報告は聞き取られていなかった。この２機は日本海軍の電探で史上初めて探知された機影だった。二式二号一型電探は６月に「翔鶴」に搭載されたばかりで、単機飛行中の航空機でも70キロ先から探知することができた。しかし前述のように貴重な探知情報は聞き取られず、接近して来る不明機に対して南雲機動部隊は何の対抗措置もとらなかった。

デイヴィス中尉のＳＢＤは13時45分に「エンタープライズ」の北北西３００キロ地点で「空母２隻、輸送船４隻、巡洋艦６隻、駆逐艦８隻」からなる南雲機動部隊主力を発見、と報告する一方、「翔鶴」と思われる空母の右舷付近に５００ポンド爆弾２発の至近弾を見舞ったと記録されている。投下された爆弾は「翔鶴」の艦橋舷側すれすれで炸裂、戦死10名もの被害がでた。

デイヴィス機は見失っていた南雲機動部隊主力をふたたび発見したのである。だが発見は日本側の方が早く、第61機動部隊には、すでに攻撃隊が接近しつつあった。14時に戦艦「比叡」の水偵がふたたび第61機動部隊を発見、日本海軍の攻撃隊は目標の正確な位置を得た。

「翔鶴」の行動調書によれば、攻撃隊は14時20分に米機動部隊を発見した。この日、天候は快晴。視界は非常に良好で、「エンタープライズ」の戦時日誌には80マイル（１２８キロ）先から機動部隊を視認することができたと記録されている。太陽は同艦から見て、３２５度の方位に出ていた。攻撃隊はその太陽を背負って米機動部隊に接近して行く。

「エンタープライズ」のレーダーは、距離88マイル（１４０キロ）、高度およそ３６００メートルにかすかなレーダー感知を捉えたが、間もなく機影は消えてしまった。しかし沿岸監視員や、索敵哨戒機からも正体不明の編隊の存在が報告されていたため、「サラトガ」ではまだ甲板に残っていた全戦闘機が発艦準備を命じられた。

14時34分、二つ目の敵味方不明の小編隊が方位３１５度、距離42マイル（67キロ）にレーダー探知された。戦闘機、２個編隊が邀撃するよう指示された。14時41分、邀撃機は方位２８５度、距離25マイルで遭遇した飛行機は帰って来た米軍の索敵哨戒機であったと報告。「サラトガ」からは戦闘機５個編隊のうち、２個編隊がもともと探知されていた大編隊を捜索するため発艦、方位３２０度に進みながら高度をとって行った。

14時49分、正体不明の大編隊がふたたびレーダーに映った。

「エンタープライズ」を発進して飛ぶ SBD艦爆の2機編隊。SBDによる哨戒爆撃は2機編隊で実施されるのが普通だった。

米海軍の空母「エンタープライズ」の艦上で爆弾を装着されるダグラスSBD「ドーントレス」艦爆。

方位は320度、距離は44マイル（70キロ）。高度はおよそ3600メートル。遂に在空機と艦船に空襲警報が発令された。この時点で28機の邀撃戦闘機が在空していた。14時30分以来、燃料補給が必要になった2個編隊が着艦して、新たに5個編隊が発艦していた。3個編隊は母艦の上空3千メートルから4500メートルにいた。さらに別のF4F戦闘機9機は方位325度に進み、距離40マイル（64キロ）、高度4500メートルで旋回中。残りのF4F戦闘機、4個編隊は高度3600メートルで邀撃方位に進むよう命じられた。

14時53分、「エンタープライズ」からはさらに邀撃戦闘機7機が発艦した。戦闘機は高度4500メートルで母艦の上空を旋回し、日本の攻撃隊を待ち受けるよう命じられた。戦闘機は全機、「サラトガ」機が「バンデッツ!! 高度2400メートル」と報告して以来、低空から侵入してくるはずの雷撃機を見張るよう命じられた。

14時55分、レーダーに感知されている日本軍攻撃隊は方位300度、距離33マイル（53キロ）。視認した戦闘機隊の指揮官は爆撃機36機が高度3600メートルにおり、その上下にもたくさんの飛行機がいると報告。この情報は全戦闘機に伝達された。この報告以来、戦闘機の無線の通話状態はひどく悪くなった。何度も二人かそれ以上のパイロットが同時に通話を試みたからだ。通話の大半はさして重要なことではなく、「見ろ！ 1機落ちてくぜ」「ビル、どこにいる?」、こんな調子の会話が無数に飛び交い、無線を混乱させたのである。何度も静まれと命じられたにもかかわらず、無線の混線はつづき、戦闘機隊にはほとんど誘導指示が伝わず、誘導官にも空戦の情報が届かなかった。あちこちで「タリーホー！」の叫びが上がり、日本機編隊の高度に関する情報が発せられたが、混線のため正確な情報の多くがパイロットに伝わってゆかなかった。だが何機かが零戦との空戦に入ったことがわかると、誘導官は艦爆と艦攻に攻撃を集中せよと指示した。

14時59分、「エンタープライズ」から20から25マイル（30、40キロ）まで迫った時、日本軍編隊は300度から000度までの範囲に拡散した。「エンタープライズ」を狙う「翔鶴」艦爆隊と、「サラトガ」を狙う「瑞鶴」艦爆隊に分かれたのだ。レーダースクリーンは引き続き日本軍編隊のすべてを捉え、そこにIFF友軍識別信号を光らせる多数の米軍戦闘機が接近して行くのも映っていた。

「翔鶴」艦爆隊18機の上空掩護についていた「瑞鶴」制空隊の零戦6機は「米機動部隊を迂回して、突撃を敢行する艦爆隊、高度4千メートル付近を遊弋する20数機の米戦闘機を発見、ただちに空戦を開始」と行動調書にしるされている。これを読むとF4Fが20数機もの編隊を組んで迫って来たように思えるが、2機から6機に分かれた編隊が様々な高度、方位から次から次へと向かって来たのである。

米軍の戦闘報告書を参考に推測すると、最初に日本軍攻撃

米海軍の空母「エンタープライズ」から発進するF4F「ワイルドキャット」戦闘機。

日本海軍の空母「翔鶴」の飛行甲板上で発進態勢に入っている攻撃隊。手前には零戦、その後方では九九艦爆が発進態勢でエンジンを回している。

隊と交戦したのは「サラトガ」のリチャードスン中尉が率いる3機のF4Fだったのではないかと思われる。彼らは戦闘機管制官からの指示で、高度3千メートルから4500メートルへと上昇中に6機ないし、8機の零戦に攻撃された。機数から見て、おそらく「瑞鶴」の制空隊である。リチャードスン小隊はただちに編隊を解き空戦に入った。ハイネス少尉が零戦の撃墜1機を報じたが、ダフィルオ中尉のF4Fが行方不明となった。零戦に挑戦し、逆に追尾される形になったリチャードスン機は急降下で逃げた。彼がふたたび高度をとった時、もはや辺りに機影はなくなっていた。

同じく「サラトガ」から発艦したヴォーズ中尉の4機小隊のF4Fは高度3千メートルで零戦と交戦。3機を撃墜したと報じている。レジスター少尉が落とした零戦からは搭乗員が落下傘降下した。この落下傘が着水するのを別小隊のF4Fパイロット、プレスリー少尉が目撃している。だが、この搭乗員が救出されたという記録はない。

これら戦闘機同士の空戦を見つけて「サラトガ」のグリーン中尉のF4F、2機編隊が空戦に介入した。グリーン機の列機、グレイ中尉は零戦1機を撃墜。「墜落の現場は確認できなかったが、非常に近くから発砲したため、搭乗員が操縦席に撃ち込まれた射弾で撥ね上がるのが見えた。さらに最後に見た時、同機は海上に向かって錐揉みで落ちて行った。それは零戦が故意にする機動ではなかったので、パイロットがすでに戦死しているのは明白だった」と報告している。

15時7分、「サラトガ」機は「たくさんの機影が高度3900メートルにあり、6機がそこに上昇中」と報告。6機というのはおそらく前述したリチャードスン、ヴォーズ、またはグリーン小隊の邀撃戦闘機である。母艦では15時9分に「日本機頭上にあり」と記録している。

15時12分、日本軍の急降下爆撃機が「エンタープライズ」への降爆を開始した。「翔鶴」飛行隊の行動調書では爆撃は14時40分とされている。

「サラトガ」ジェンセン中尉が率いる3機のF4F小隊は「エンタープライズ」から15マイル(24キロ)東、高度4800メートルで、艦爆の第2編隊、「サラトガ」を狙う「瑞鶴」隊を攻撃した。「エンタープライズ」を狙っていた第1編隊「翔鶴」隊は、掩護の零戦隊がF4Fと戦っている隙に目標上空へと進入できたのであろう。ジェンセン中尉が3機の艦爆を撃墜した時、彼は掩護の零戦4機に襲われた。機数から見て「翔鶴」の直掩零戦隊だったと思われる。戦闘報告書には「ジェンセン機は4機目の艦爆を傷つけてから急降下で逃げた。小隊のクラインマン中尉は艦爆とMe109を撃墜。スタークス中尉は2機の艦爆と、友軍戦闘機を追尾していた1機の零戦を撃墜。彼らが撃墜した日本機は、空中で爆発した艦爆1機を除いて、全機が発火墜落した」と記録されている。Me109とは、言わずと知れたドイツ空軍のメッ

8月24日、第二次ソロモン海戦。攻撃中「エンタープライズ」の艦橋上空で発火した九九艦爆。

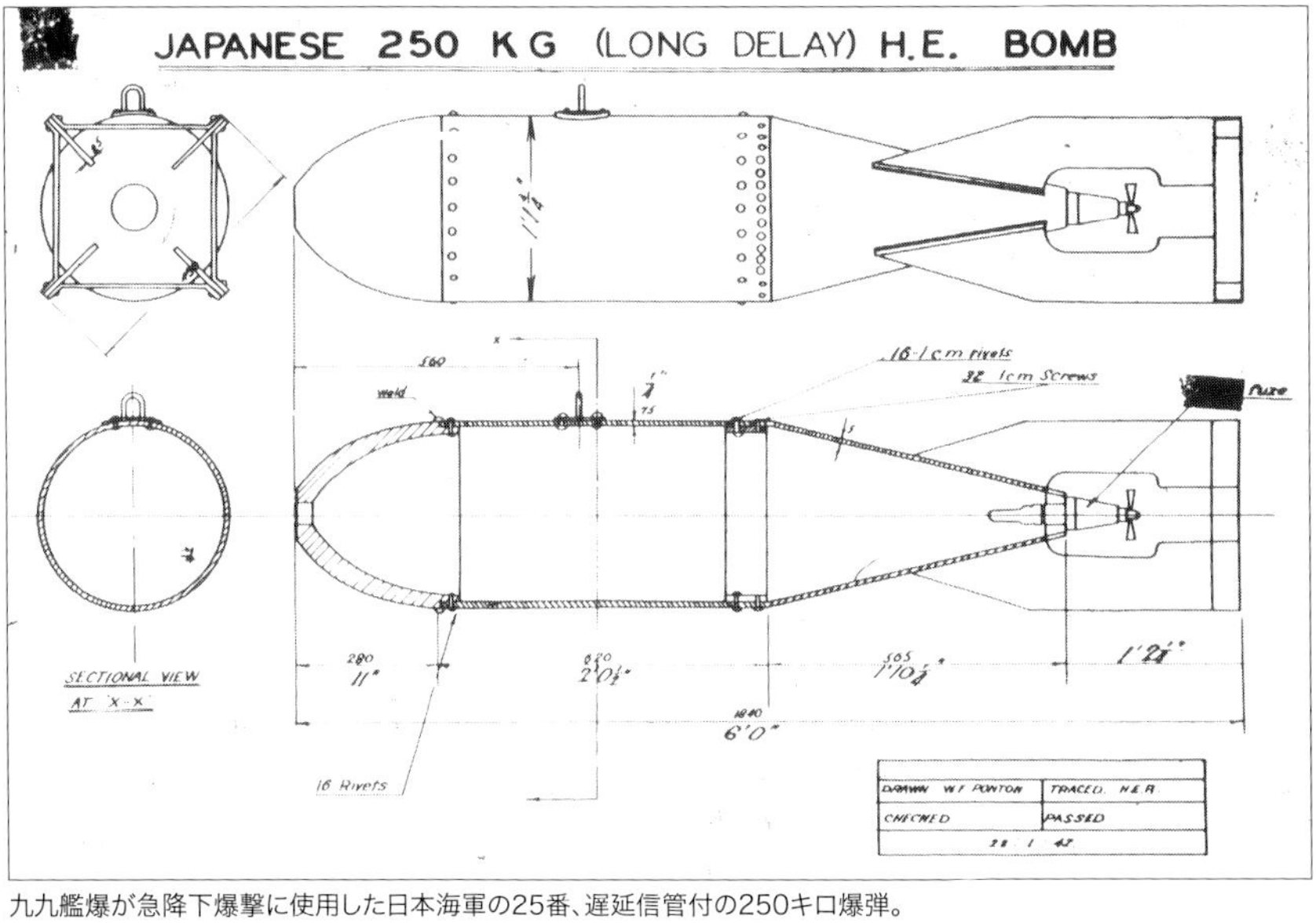

九九艦爆が急降下爆撃に使用した日本海軍の25番、遅延信管付の250キロ爆弾。

サーシュミットＭｅ１０９である。ドイツ機がこんなところに出て来るはずもなく、翼端が角張った零戦三二型が、同じく角張っているメッサーシュミットＭｅ１０９のE型に見えたのであろうか。「サラトガ」は戦闘報告書でこのＭｅ１０９について「この空戦に参加したＭｅ１０９は零戦と同じ戦術で戦っていた。従ってパイロットは日本人であったと思われる。Ｍｅ１０９は被弾すると発火した。これは我が軍の焼夷弾がたいへん効果的であり、かつまた日本人はＭｅ１０９に自動防漏タンクと装甲板を装着していないことを示している」と述べている。

15時14分、「翔鶴」艦爆が放った1発目が「エンタープライズ」の右舷前方、第3エレベーター付近に命中。30秒後、2発目が、これも右舷前方の飛行甲板に命中。３発目の命中は15時16分、右舷、第2エレベーター付近。２５０キロ徹甲弾は装甲甲板を貫通して次々と爆発、乗組員75名が戦死、95名が負傷した。「翔鶴」行動調書では命中は14時45分となっている。

日本軍攻撃隊が殺到する直前の14時58分から15時08分にかけて「サラトガ」からは艦爆11機、艦攻８機が南雲機動部隊攻撃のために発艦していた。攻撃隊はまずガ島に向かい、その後、日本軍機動部隊を攻撃せよと命じられていた。しかし攻撃隊の発艦が終わる前に日本機の攻撃が始まったために混乱、空中集合もままならず、11機の艦爆は結局、ヘンダーソン飛行場に着陸してしまった。ＴＢＦ艦攻1機は主脚が引き込めなかったので、母艦のそばに残り、着艦できるようになるまで待った。発艦の直後、ベーカー兵曹のＴＢＦ艦攻は日本軍の急降下爆撃機に攻撃された。だが後部射手が二連射を見舞うと、艦爆は炎に包まれた海に落ちた。残ったＴＢＦ艦攻6機は日本軍機動部隊を求めて飛びつづけ17時5分（日没は16時33分）、とうとう攻撃を断念して帰航コースをとった。

第61機動部隊は15時13分に「エンタープライズ」上空を舞う急降下爆撃機への対空射撃を開始した。さらに「エンタープライズ」上空の「翔鶴」攻撃隊には「サラトガ」ハーマー中尉の４機のＦ４Ｆ小隊が襲いかかっていた。戦闘報告書には「マグダーナル少尉が指揮官機、ハーマー中尉が2番機、クリューズ中尉が３番機を狙って捕捉。カーリー少尉は急降下中の艦爆を捕捉することはできなかった。艦爆の1、2、3番機は撃墜された。Ｆ４Ｆは、友軍の対空砲火が炸裂する中でこの戦果を挙げた。急降下から引き起こした時、ハーマー中尉は退避中の艦爆を攻撃、だが別の艦爆が固定銃で撃ってきた。16ないし20発もの7・7ミリが命中、両脚と左の踵を負傷したが、座席の装甲板のおかげで致命傷は免れた。しかし彼が狙っていた艦爆は逃走してしまった。マクダーナル少尉は降爆から機体を引き起こして退避中の艦爆を1機撃墜した」と記録されている。ハーマー中尉機を襲った艦爆は行動調書に、降爆後「グラマン戦闘機と空戦に入り」１機を撃

第二次ソロモン海戦で「エンタープライズ」の飛行甲板に九九艦爆が投下した25番が命中した瞬間。

貫通した25番が艦内で爆発したため爆圧で膨らんだ「エンタープライズ」の飛行甲板。

墜したと記録されている「瑞鶴」の艦爆、前野廣二飛曹機（操縦は大川豊信一飛）ではないかと思われる。前野二飛曹の艦爆は被弾していたのか帰艦はできずに着水。搭乗員は「筑摩」に救助された。

14時45分に発艦したアイヒェンバーガー少尉等のＦ４Ｆ、３機も急降下を始める直前の艦爆を捕捉、対空砲火が激しく炸裂する中、急降下する艦爆を追跡して１機を撃墜。しかし彼と共に発艦したスミス中尉とバス少尉のＦ４Ｆは行方不明となった。艦爆、前野機はこのスミス機か、バス機を撃墜しているかも知れない。アイヒェンバーガー小隊と同じく14時45分に発艦したバーネス兵曹等の４機も艦爆を攻撃したが、小隊のディブ少尉機は零戦の追尾を受けて被弾した。バーネス小隊は米軍の対空砲火が激しく炸裂する中で戦い、バーネス兵曹機は対空砲火の誤射で撃墜された。

さらに７機のＦ４Ｆが攻撃を終えて低空で帰還中の艦爆や零戦を追撃して撃墜したと報告している。

その頃、「龍驤」を攻撃し、母艦のもとへと帰ってきた「エンタープライズ」の索敵哨戒機は、空襲圏外に留まるよう命じられていた。しかし、マイヤーズ中尉、ギンガマン少尉のＴＢＦ艦攻は瑞鶴零戦と交戦、バイ少尉のＴＢＦは瑞鶴の艦攻との空戦に巻き込まれた。マイヤーズ機には４発の20ミリ、50から１００発の７・７ミリ機銃弾が命中し、乗員２名が負傷した。同機は母艦に着艦はできたものの、修理不能と判定され、機体は海中に投棄された。ギンガマン少尉機は零戦との空戦で被弾、乗員は救助されたものの着水した。艦爆と交戦したバイ少尉機は、米海軍喪失総リストでは「空戦による喪失」と分類されているが、燃料切れで着水したとの記録もある。その他、ジョーゲンスン少尉のＴＢＦ艦攻、重巡「摩耶」を爆撃したギブスン少尉のＳＢＤ艦爆も米海軍全喪失リストでは同じく「空戦による喪失」と分類されているが、燃料切れで着水したとも記録されている。「エンタープライズ」の戦時日誌には、艦爆16機と艦攻７機を捜索哨戒に発進したが、帰ってきたのは艦爆14機、艦攻３機だったとしたためれている。そして、艦攻のうち１機は廃物として海に捨てられた。

15時20分、「瑞鶴」戦闘機隊は戦場を離脱。３機は行方不明となり、行動調書には「ソロモン諸島北方海面で自爆したものと推定される」としるされている。さらに「瑞鶴」零戦制空隊は各小隊、各機に分かれて、奮闘、混戦、その結果、指揮官、日高盛康大尉機及び都地肇三飛曹、恵川好雄一飛の両機は各２機を撃墜、使用弾薬は20ミリ１３５０発、７・７ミリ９７００発だったと記録されている。この弾薬消費には未帰還になった３機の搭載弾薬が全弾含まれているが、それを差し引いても生還した３機は20ミリはもちろん、７・７ミリまで全弾を撃ち尽くしており、この弾薬消費からも「瑞鶴」制空隊の奮戦ぶりが彷彿とされる。

20ミリの使用弾数1350発、これを6機で割ると1機当たり225発になる。各機が100発弾倉の20ミリ機銃を搭載していたとしても、1機当たり25発多くて少々計算が合わないが、米軍にメッサーシュミットと誤認されたことからも「瑞鶴」の零戦が20ミリ100発弾倉を装着し、翼端が角張っていた新鋭の零戦三二型であったことがわかる。

15時31分、戦闘機は燃弾補給のため「サラトガ」に着艦を始める。全部で27機が着艦したが、艦爆に撃たれて被弾したハーマー中尉のF4Fは損傷がひどく、機体は海中へ投棄された。中尉自身も重傷を負っていた。

この空戦で両空母のF4F戦闘機隊は45機もの撃墜を報告しているが、「サラトガ」は4機のF4Fとパイロット3名を失った。「エンタープライズ」は2機のF4Fとパイロット2名を失った。うち、リード兵曹機は零戦に撃墜されたが、バーネス兵曹機は対空砲火の誤射で落とされた（米海軍の全喪失リストでは空戦による喪失とされている）。さらに着艦したディスク少尉機は被弾でフラップが開かずバリアに衝突した。機体は海に投棄された。さらにヴォーズ中尉のF4Fは燃料切れで着水したが、パイロットは救助された。ヴォーズ機は、米海軍の全喪失リストでは空戦による喪失とされており、もしかすると空戦中の被弾で燃料が漏出して着水に至ったのかもしれない。

この空戦を終えて「サラトガ」の飛行隊は戦訓として「高度4200メートル以上ではF4Fの性能は零戦に匹敵、または凌駕している。零戦はたとえ2機であっても編隊を組んでいるF4Fへの攻撃にはためらいを見せた。零戦はF4Fの急激な旋回降下には追従して来ない。零戦はF4Fの後方からの急降下攻撃と、下方からの正面攻撃に弱い。九九艦爆は敏捷なので、海面すれすれに降りて速度が低下した場合、F4Fで捕捉するのは困難だった。日本海軍機の迷彩塗装は非常に効果的で、ツヤのある表面が反射した場合を除いて視認が困難だった。戦闘機パイロットは、日本機の搭乗員は経験豊富で、巧みに太陽の中から接近して来た」と報告している。

第61機動部隊への攻撃を終えて満身創痍となり、散り散りになって帰路についた「翔鶴」か「瑞鶴」の艦爆4機は、15時40分、自分たちと反対の針路を進むTBF艦攻3機とSBD艦爆7機と遭遇した。「龍驤」を攻撃して帰還中の「サラトガ」攻撃隊だ。日米両軍の艦爆は、正面から向き合い、空戦になった。米軍の戦闘報告書には「ハンスン少尉のSBD艦爆は低空で左舷上方から攻撃して1機を撃墜。キャンベル機は5秒間の射撃で艦爆を発火墜落させた。日本軍の艦爆3機が海に墜落、4機目は激しく発煙するのが見えた。機種は三菱九七式急降下爆撃機（米軍報告のママ）だった」と記録されている。艦爆隊の不運はそれだけではなかった。16時14分、「龍驤」攻撃隊は「同じ型の日本機3機を右舷前方5マイルに発見。そちらに向かって旋回すると、日本機は逃げ出した。数機が追跡、クロウ少尉が攻撃した艦爆は発煙、発火した」と記録している。

南雲機動部隊が発進させた第一次攻撃隊のうち、「翔鶴」の艦爆は自爆9機、被弾4機、零戦は自爆1機、着水1機（救助）もの損害をこうむり19名もが戦死した。行動調書に記載されている損害の内訳は、空戦で撃墜された艦爆が4機、空戦または対空砲火で撃墜された艦爆は3機、対空砲火で撃墜されたのは艦爆2機と零戦1機。「翔鶴」零戦隊の戦果は20ミリ392発、7・7ミリ3800発を使って撃墜確実4機、不確実1機であった。

一方「瑞鶴」では艦爆8機が未帰還、さらに艦爆1小隊3番機の前野廣二飛曹機が帰投中に着水。結局、「瑞鶴」から発艦した艦爆は1機も戻って来なかったのである。前述のように掩護の零戦6機のうち3機が行方不明となっている。

第一次攻撃隊の損害の合計は艦爆喪失18機、戦死34名、零戦喪失5機、戦死4名であった。

一方、13時55分に第二次攻撃隊（「翔鶴」艦爆9機、零戦3機。「瑞鶴」艦爆18機）を送り出した母艦は、米空母の艦載機には発見されなかったが、米陸軍の爆撃機が接近して来た。

母艦の上空哨戒中だった「翔鶴」、上空直衛、第二当直13小隊の零戦3機は来襲した4機のB-17と交戦。行動調書によれば「六撃を加えたが、撃墜するには至らず、攻撃の効果は不明」とされている。13小隊の1番機、荻原二男一飛曹は20ミリ40発、7・7ミリ120発を撃って、4発被弾して、発動機からオイルが漏洩。2番機の佐々木原正夫二飛曹は7・7ミリのみ40発を射撃した。

同じく4機のB-17を発見、3撃を加えた18小隊の谷口正夫一飛曹は20ミリ40発、7・7ミリ320発を射撃し、被弾1発の被害をこうむったが、こちらも攻撃の効果は不明だった。

「翔鶴」の零戦と交戦したのは、16時少し過ぎ「龍驤」から約70キロ東の地点で、夕闇の迫る中、戦艦1隻、水上機母艦と思しき艦船1隻を含む、日本艦隊を発見した第11爆撃航空群のスワート少佐が率いるB-17編隊4機だと思われる。米軍記録では、B-17は非常に正確で熾烈な対空砲火と、零戦による邀撃を冒して爆撃、目標のど真ん中に3発あるいは5発の直撃弾を見舞ったとされている。B-17の射手は攻撃して来た零戦の撃墜5機を報告している。同編隊の全機が帰還したが、4機とも対空砲火の破片で傷ついており、特に2機は損傷がひどかったという。米軍はB-17が対空砲火の断片で穴だらけになっていたと記録しているが、この中には零戦の機銃弾による損傷もあったのかも知れない。また行動調書には「瑞鶴」の上空哨戒の零戦も1機（機種不明）を撃墜したとの記録がある。誰がいつ落としたのかは不明だが、使用弾薬は20ミリ323発、7・7ミリ940発、被害は被弾1発のみであった。この「瑞鶴」機もスワート隊のB-17攻撃に参加したのかも知れない。

練習機の前に立つ「翔鶴」戦闘機隊の佐々木原正夫二飛曹。8月24日には、母艦の上空でB-17と交戦した。

13時20分に発進した「翔鶴」の上空直衛、第三当直14小隊の零戦3機は1番機と、2、3番機が分離。行動調書によれば2番機、3番機は爆撃機と交戦した。2番機の大原広司二飛曹は被弾1発7・7ミリ機銃70発を射撃、3番機の岩城芳雄一飛曹（使用弾薬数不明）は「双発機」を撃墜したが、自機も火災のため自爆したとされている。行動調書に記載されている双発機というのは誤記か、誤解で、両機と交戦したのは「サラトガ」から捜索攻撃のため発進し、15時40分に「千歳」を中心とした前衛部隊を発見、重巡を雷撃したVT-8のファイル中尉のTBF艦攻だったのではないかと思われる。編隊からはぐれたファイル機は単機で零戦2機と戦ったあげく、右翼と胴体、風防に被弾したが、射手は反撃で零戦1機を撃墜したと報じている。同機は燃料切れでガ島の北東、ヌラ島の沖に着水、乗員は救助された。同じく前衛部隊を襲ったVT-8のTBF艦攻、トールマン少尉機は、米海軍全喪失機リストでは「艦船の対空砲火によって行方不明」とされている。同機は夕闇が迫る中、サンクリストバル島の近くまで飛んで、一時は行方不明とされていたが乗員は28日に救助された。

南雲機動部隊から発艦した第二次攻撃隊は第61機動部隊を探し続け、日没に至って遂に断念し、帰航針路に入ったが暗闇の中で機位を失った「翔鶴」の艦爆3機、「瑞鶴」の艦爆1機が行方不明になってしまった。

基地航空隊が飛行艇1機を失った他、戦史叢書によれば、索敵哨戒に当たっていた艦載水偵も3機が未帰還となり、事故機を含めた南雲機動部隊の喪失は零戦30機（大半が「龍驤」沈没による不時着水。空戦による損害は8機。戦死5名）、艦爆23機（同15機。戦死28名）、艦攻6機（同3機。戦死9名）であった。8月24日に失われた日本海軍機は合計63機、搭乗員の戦死は78名にも及んだ。

米海軍は13機のF4Fと、TBF艦攻9機、SBD艦爆4機を喪失。海兵隊もF4Fを空戦で3機失っている。さらに南雲機動部隊を攻撃したB-17が1機、悪天候による着陸事故で墜落。事故機を含めた米軍の損害は合計で29機、戦死者は10名であった。損害の多くは燃料切れで着水したことが原因で、着水にいたる前に空戦で被弾した機体もあるが、これを以って確実な撃墜戦果とは言い難い。零戦が間違いなく撃墜したのは7機のF4Fと、1機のTBFのみである。結局、零戦は空戦によって8機を失い、8機を撃墜したことになる。

第二次ソロモン海戦は、空母1隻、さらに多数の航空機と搭乗員を失った日本海軍の戦術的な敗北だった。しかし、もし翌25日、この作戦による本来の目的であるガ島への増援部隊の上陸が成功すれば、戦略的な勝利を収めることはできるのだが……。

ガ島周辺で日米の機動部隊が鎬を削っている間も、東部ニューギニアでの航空戦は続いていた。13時35分、台南空の零

戦8機と二空零戦7機が、ブナ基地を発進。14時15分、高度2千メートルでラビ上空に進攻した。

零戦隊はP‐39及びP‐40、十数機を発見。現れたのはオーストラリア空軍、第75、第76飛行隊のP‐40E型だった。P‐40は優位から零戦隊を襲って散り散りにし、撃墜不確実1機、撃破5機の戦果を報告している。実際、台南空の零戦2機が被弾している。一方、台南空は20ミリ1090発、7・7ミリ1420発を使って撃墜確実5機、不確実2機の戦果を、二空は20ミリ760発、7・7ミリ2410発を使い撃墜確実5機、不確実4機の戦果を報じている。以上のように双方が撃墜戦果を報じているが、全てが誤認でP‐40にも未帰還機はなかった。

対空警戒中だった特設水上機母艦「山陽丸」の零観、米田忠大尉機は5時40分にB‐17来襲の警報で直ちに射出発進。6時20分、ふたたび現れたB‐17を追撃。7・7ミリ200発を放ったが撃墜することはできず、B‐17は雲量10、雲高3千メートルの曇り空の中に消えていった。このB‐17は索敵哨戒中にギゾ港で駆逐艦を発見、爆撃を試みたが爆弾が投下できずに引き返す途中、戦闘機に襲われたと報告している第42爆撃飛行隊のB‐17E型、チャールズ・ノートン中尉機である。この日のノートン機は無傷で帰って行ったが、この空戦が彼のB‐17と日本の水上機とのそもそもの因縁の始まりで、この後、ノートン機は9月7日と、9日に索敵哨戒中の九七大艇と射撃戦を交え、一ヶ月後の9月24日には水戦、零観とまた戦うことになる。

米田機は7時30分、着水、収容された。「山陽丸」は、7月下旬、タニンバル諸島平定作戦協力の後、米軍ガ島上陸のため、ソロモン方面に派遣された。これが、ソロモン戦域にやってきた「山陽丸」零観隊の初空戦となった。

この「山陽丸」搭載の水上機は、8月29日から同じ特設水上機母艦「讃岐丸」とともにR方面航空部隊として、ブーゲヴィル島南端、トノレイ湾にあるショートランド島を根拠地として、ブカ、ブインなどに海軍航空隊の陸上基地が整備されるまでの間、哨戒、船団掩護、爆撃から邀撃まで「空の要塞」B‐17や、F4Fなど戦闘機にも恐れることなく空戦を挑み、遠隔のラバウルから飛来する陸上機のガ島方面での作戦の間隙を埋める八面六臂の活躍をすることになる。

この水上機部隊に「R方面航空部隊」の秘匿名称がつけられたのは、海軍がこの方面の地名にいずれもRから始まる欧文三文字の秘匿符号をつけていたからではないかと思われる。例えば、ガ島はRXI、ショートランドはRXE、ブナはRAF、ラバウルのブナカナウはRREと言った具合である。

「カクタス」空軍、日本軍増援部隊を撃退

8月25日、深夜零時半、ガ島に増援部隊を送り込むための

戦いは、すでに酣となっていた。日付が24日から25日に変わる頃、輸送船団への空爆を妨げるため、日本海軍の駆逐艦がヘンダーソン飛行場への艦砲射撃を実施した。射撃を終えた駆逐艦が避退針路に入ると、基地からはただちに攻撃機が発進した。第一陣は3機のSBD艦爆、この編隊は至近弾を見舞った後、低空から機銃掃射を行なった。

1時間半後、さらに3機のSBDが駆逐艦隊に追い討ちをかけた。この3機は前日の夕刻「エンタープライズ」から飛来してヘンダーソン基地に着陸していたVS-6の所属機であった。これら米海軍機は爆弾1発が直撃、2発が至近弾になったと報じている。しかしブラウン少尉のSBDは命中1発を報じた後、マライタ島の沿岸に不時着水、行方不明となった。

午前4時、日本軍輸送船4隻と巡洋艦1隻、駆逐艦5隻からなる船団を攻撃するために8機のF4Fに掩護された8機のSBD艦爆が出撃した。彼らは二時間半にわたる捜索の後、船団を発見。軽巡「神通」と横須賀第五特別陸戦隊の将兵を乗せていた輸送船「金龍丸」に爆弾を命中、炎上させた。このため、一木支隊の第二梯団を乗せた輸送船2隻はガ島上陸を断念し、ショートランドへの回航針路をとった。こうして第二次ソロモン海戦は日本側の完全な敗北となったのである。

一方、燃料が乏しくなったため途中で掩護を打ち切り帰途についたヘンダーソン基地VMF-223のF4Fは、マライタ島の沖で四発の飛行艇に遭遇、モレル少佐とジーンズ少尉のF4Fが交戦して撃墜したと報じている。交戦したのは、浜空の九七大艇、藤原友三郎飛曹長機である。3機の大艇は6時15分にグラマン4機と交戦して「1機が白煙を吐きつつ高度を失って行くのを認めたが雲に入った」ため、撃墜を確認することはできなかったと報告している。行動調書によれば、ショートランドを発進した大艇の損害は被弾40発、1名が機上戦死（二十五航戦の日誌では重傷2名、軽傷1名、帰還時に浸水座礁）した。日米両軍とも撃墜戦果報告は誤認で互いに墜落機はなかったのである。

掩護のF4Fに置き去りにされて、帰途についたSBD編隊は日本軍水上機の小編隊に攻撃された。だが交戦したSBDに被害はなく、後部射手2名が水上機の撃墜、各1機を報告している。この日は、特設水上機母艦「讃岐丸」が水偵6機を船団の上空掩護に差し向けているが、戦闘詳報によれば「讃岐丸」機は天候不良のため船団を発見できず、交戦もなかった。SBDと戦ったのは「讃岐丸」と行動をともにしていた特設水上機母艦「山陽丸」から発進した機体と思われる。しかし「山陽丸」の戦闘詳報は9月以降からのものしか保存されておらず詳細はわからない。

「金龍丸」の生存者救助中に、第11爆撃航空群のB-17、8機の爆撃を受け、駆逐艦「睦月」には500ポンド爆弾3発が命中、撃沈されてしまった（戦死30名、負傷11名）。その後、

航行不能になっていた「金龍丸」は友軍駆逐艦の魚雷で処分された。

午前4時にラバウルを発進した十四空の二式大艇、伊藤特務少尉機はD1索敵線を哨戒中、11時45分に「空母1、巡洋艦1、駆逐艦6発見、触接す」と打電したが、12時30分、帰途に就くと報告してきた後、行方不明（搭乗員9名）となった。伊藤機を未帰還にさせたのは空母「ワスプ」から捜索攻撃に発進していたVS-71、第2小隊のSBD艦爆4機だった。SBDの攻撃で二式大艇は高度2700メートルで爆発、主翼が千切れ飛んだと記録されている。

9時55分、ヘンダーソン飛行場に日本の戦爆編隊が現れた。台南空の零戦12機に掩護された四空の陸攻6機である。カクタス空軍は沿岸監視員からの情報で、この空襲をあらかじめ察知していたが、輸送船団攻撃隊の掩護から帰ったばかりのF4Fは燃料給油が間に合わず邀撃できなかった。だが、給油が間に合わなかった3機を除いて、飛行機は全て空襲開始前に空中回避することができた。

21機の日本軍爆撃機が高度8千メートルから投下した爆弾（行動調書によれば投下したのは250キロ23発、60キロ138発）のうち40発は飛行場の中央部に着弾したが、滑走路への被害は軽微で、地上で破壊された機体もなかった。滑走路は空中回避した飛行機が戻ってくる前に応急修理され、着陸可能となった。飛行場から逸れた爆弾がテナル川沿いにあった海兵隊の陣地に落ちて死傷者が出たとも言われるが詳細は不明である。

零戦隊は爆撃後、おそらく空中回避中の米軍機6機を認めたが、空戦にはならなかった。遠くラバウルから飛んできた零戦のガ島での空戦可能時間は15分しかなく、遠くに機影を発見しても追撃はできなかったのだろう。

燃料の欠乏から後退し、24日の第二次ソロモン海戦に参加できず不運を嘆いていた米空母「ワスプ」は同日、サンクリストバル島と、エスピリツサント島の中間地点付近でタンカーと合同して給油を終えた。25日朝、「ワスプ」は日本軍の増援部隊を捜索攻撃する哨戒機を発進させていた。「ワスプ」VS-71のSBD艦爆は船団を発見することはできなかったが、4時57分、高度450メートルを飛ぶ、双浮舟の水上機を発見した。ザレウスキー中尉のSBDは雲に逃げ込もうとしたこの水上機を後方から捕捉、発火墜落させた。彼は捜索を続行、6時25分、150メートル上方に同型の水上機を発見。下方からの奇襲でまたも撃墜した。

ザレウスキー機に撃墜されてしまったのは、重巡「愛宕」から発進した零式三座水偵、中村、安達両飛曹長機であった。

7時10分、ブナ基地にはP-39が来襲、銃撃、地上の零戦4機と一式輸送機1機が炎上した。

一方、ラバウル基地の上空哨戒二直の零戦2機は9時30分に1機のB-17を発見、この報告に接して新たに発進した零

戦2機とともに攻撃したが撃墜はできなかった。10時40分にはまたB-17が1機来襲。ただちに零戦2機が発進、三直の零戦2機とともに追撃したが、これも取り逃がしてしまった。

第42爆撃飛行隊、ホール大尉のB-17はギゾ島の北西80キロあたりで四発飛行艇と交戦。昇降舵を撃ち飛ばしたので、この飛行艇は墜落したものと思われ、その様子を見ようと旋回していると零戦が1機現れ、また空戦になった。零戦に目立った被害は与えられず、機体に2発被弾してしまったが、負傷者はなかったと報告している。

この大艇はD区哨戒に飛び「敵大型1機認む」と報告している十四空の田口悦男飛曹長機かもしれないが、第42爆撃飛行隊の日誌が1日ずれていて、翌26日に、D2番索敵線、ショートランドから130度、60浬地点で「8時40分にカーンガ島付近でB-17と交戦、相当の被害を与えたが撃墜するには至らず」と報告している浜空の二式大艇、上野貢飛曹長機である可能性も高い。同じくB-17が戦った「零戦」は、8時50分にショートランド基地から小藤久輝飛曹長の指揮下に発進「B-17発見追撃するも逸す」と報告している浜空の二式水戦4機ではないかとも思われる。大艇はひどく被弾し、機上戦死1名、負傷1名の被害をこうむっている。もし米軍記録の日付がずれているのなら、日米の状況報告はよく一致するのである。

22時30分、呉第五特別陸戦隊（呉五特）を主力とする「ラビ派遣隊」が東部ニューギニアのミルン湾に上陸。ポートモレスビー攻略を支援するための基地、ラビ飛行場の占領確保のため、進攻を開始した。夜襲によって一気に奪取する計画であった。しかし上陸時の悪天候による視界不良のため、上陸地点は予定より十数キロも東に寄っていたのである。

ラビ、ガ島で零戦7機を喪失、搭乗員6名が戦死

8月26日、午前零時30分、ミルン湾に上陸した「ラビ派遣隊」の斥候隊は闇の中で接敵したが30分で撃退。その後、呉五特はオーストラリア軍の前線を突破して午前4時までに1キロほど前進した。しかし飛行場はさらに遠く、予定していた夜襲占領には失敗した。上陸点の誤りは致命的であった。6時頃からはオーストラリア空軍機による対地攻撃がはじまり、陸戦隊の将兵は密林への退避を余儀なくされ、攻撃は停滞していた。航空隊の上空掩護が必要だ。

午前4時の夜明けとともにポートモレスビー基地では第8戦闘航空群、第80戦闘飛行隊のP-400が次々と発進していた。日本海軍のブナ基地を奇襲し、ラビ方面へ出撃しようとしている零戦を間際で捕捉しようというのだ。途中、エンジンや電気系統の不調で指揮官機を含む4機のP-400が引き返したが、第80戦闘飛行隊の6機は無線封止のまま航進をつづけた。

東部ニューギニアのブナ基地で被弾、修理不能となり米軍に捕獲されてしまった二空、角田飛曹長の零戦Q-102号機。同機は後に修理されて、飛行可能となり、米軍機の空戦訓練に使用された。

8月26日、二空の角田和男飛曹長の零戦はブナで離陸中、P-400に奇襲されて13発も被弾、基地に不時着した。

6時15分、ブナでは台南空の山下丈二大尉率いる零戦3機、二空の角田和男飛曹長が率いる零戦3機が今まさに発進しようとしていた。ブナは滑走路が狭く一斉発進はできず、1機ずつ離陸してゆくしかない。まず山下大尉機が離陸、2番機、3番機がつづく。ようやく浮揚した2番機が主脚を折り畳んだ時、山陰からP-400が突進して来た。ビル・ブラウン中尉、ダニー・ロバーツ中尉のアエロコブラだ。20ミリと13ミリの銃弾が降り注ぎ、2番機の山崎市郎平二飛曹は不時着大破、彼は軽傷を負った。3番機、中野鈔三飛曹機は自爆、彼は戦死した。

米軍は零戦は2機とも発火墜落したと報告している。この有様を見ていた角田飛曹長も自著「修羅の翼」(光人社NF文庫)で、台南空の2番機、3番機は炎に包まれ墜落したと回想しているので、おそらく山崎機も発火しつつ不時着したのだろう。

台南空機の惨劇にもめげず二空の零戦3機も離陸を試みた。第80戦闘飛行隊の第2編隊、ジョージ・ヒルヴストン中尉と、ジェラール・ロバーツ中尉のP-400が機銃掃射を開始した。角田機は被弾しつつも離陸に成功。しかし2番機、岩瀬毅一一飛曹機と、3番機、井原大三三飛曹機は空中で爆発、2人は戦死した。離陸はできたものの角田機も、自著によれば13発、行動調書によれば10発も被弾していた。操縦席内に潤滑油と燃料が漏洩し、揮発したガスが充満、風防も付着した油で曇り、角田飛曹長は周囲が見えなくなってしまった。彼はP-400を前方に捕捉したが、射撃の衝撃で操縦席に充満した燃料ガスが発火するのを恐れて機首の7・7ミリ機銃は撃たず、主翼の20ミリだけを発砲した。100発を放ったが、結局、油でよく見えず射撃の結果は確認できなかった。

一方、唯一無傷で離陸できた山下大尉は240発を放ってP-39の撃墜1機を報告している。第80戦闘飛行隊ではジェラール・ロバーツ中尉のP-400が未帰還となっている。米軍は対空砲火で撃墜されたと主張しているが、低空での乱戦だった上、山下機が撃墜を報告している以上、空戦によって零戦が一矢を報いたと考えてもいいのではないだろうか。ブナ基地には当時、対空火器として8センチ高角砲2門、25ミリ3連装機銃2基、13ミリ2連装機銃2基が配備されていたので、米軍の報告通り、ロバーツ機が対空砲火によって落とされた可能性も高い。不時着したロバーツ中尉は負傷はしたものの、数週間後にはポートモレスビーに帰って来た。

角田機は無事に着陸はできたが被弾による損傷がひどく、ブナ基地では修理できず、彼の零戦三二型「Q102号」機は飛行場に放置され、後に進攻して来た米軍に捕獲されポートモレスビーに送られた。同機は修理の後、連合軍の空戦訓練に使用されている。

6時、ラバウルからも零戦6機に掩護された艦爆9機からなるラビ攻撃隊が発進したが、悪天候のため目標付近に到達

できず、攻撃隊はブナ基地に着陸した。しかしこの間もオーストラリア空軍のP-40による執拗な対地攻撃はつづき「ラビ派遣隊」が揚陸した弾薬と糧食はすべてが炎上、揚陸作業に使っていた大発（大発動艇）も全滅していた。ブナからの零戦派遣がP-400の奇襲で挫折、ラバウルからの攻撃隊も悪天候に阻まれたため、連合軍機は零戦の妨害を受けることなく上陸橋頭堡を空から思う存分叩くことができたのである。

ラビ飛行場で巡る空陸の苦戦がつづく間にもガ島への攻撃はつづき、ラバウル基地からは6時43分に台南空の零戦9機がガ島飛行場攻撃に赴く陸攻を掩護するために発進していた。9時24分、ヘンダーソン基地には沿岸監視員から日本軍爆撃機16機、ニュージョージア島上空を南東に飛行中との情報が入り、飛行場から飛べる機体は全機、空中回避した。同時にVMF-223のF4Fが12機、邀撃に発進、日本海軍の戦爆編隊の来襲を待ち受けた。

GR23の戦時日誌によれば、10時3分、空襲。約50発の爆弾が投下され、野戦通信所と地上にいた航空機が破片で少々傷ついた他、航空燃料2千ガロンが炎上、この火災で千ポンド爆弾2発が誘爆したが、機材と人員に被害はなかったとされている。だが第11海兵連隊では砲兵のG中隊が被爆して3名が死傷したらしい。台南空の行動調書では爆撃は10時10分、つづいて米軍戦闘機約15機と空戦、零戦3機が自爆したと記録されている。

台南空では指揮官、「東洋のリヒトホーフェン」と呼ばれた空戦の名手、笹井醇一中尉機が自爆した。指揮小隊2番機の大木一飛曹は被弾3発をこうむったもののグラマン1機撃墜、協同撃墜1機を報じ、3番機の羽藤二飛曹もグラマンの撃墜1機を報告。2小隊でも小隊長が未帰還。列機の石川二飛曹はグラマン撃墜1機を報じているが、3番機が未帰還となった。3小隊は被害なしで、グラマンの撃墜確実5機、不確実1機を報告している。弾薬消費は8190発で、氏名はわからないが大木一飛曹機の他にも零戦2機が被弾している。

11時、零戦6機は帰途に就いた。台南空は30分間にも及ぶ空戦でグラマンの撃墜確実10機、不確実1機の戦果を報告しているが、実際には零戦との空戦で墜落したF4Fは皆無で、12機のF4Fで邀撃した米軍の損害はVMF-223のロイ・コリー少尉（戦死）のF4Fが爆撃機の十字砲火を受けて撃墜されたのみだった。

防御砲火での撃墜4機を報じている木更津空の陸攻は、8機で爆撃に赴き、250キロ爆弾9発、60キロ爆弾54発を投下した後、10時10分から空戦に入り、10時25分には幡野久二飛曹機と、木村高治一飛曹機の2機が相次いで自爆、2中隊長の庄司正見大尉機が被弾で片発となって編隊から降下脱落、ブカ島に不時着して大破してしまった。結局、空戦は10時45分まで続き、さらに4機が被弾。死傷者の合計は戦死17名、重傷1名、軽傷4名という大損害を受けている。

三澤空の陸攻8機も同じく250キロ爆弾9発、60キロ爆弾54発を投下。しかし10時50分に被弾で片発になっていた1中隊長の中村友男大尉機が編隊から分離。中村機はブカ島に不時着して大破、1名が軽傷を負った。

海上ではこの日も哨戒機や水上機が米軍機と遭遇しては空戦を交えていた。

7時43分、第二次ソロモン海戦で破れ、戦場から離れつつあった空母「瑞鶴」は、曇天の空に南雲機動部隊に触接中のカタリナ飛行艇を発見した。「瑞鶴」17小隊の零戦3機がただちに発進。攻撃に向かった。10分後、小山内末吉飛曹長が率いる3機は射撃でカタリナの左エンジンを停止させた。5分後、零戦1機が被弾したものの、カタリナは墜落した。零戦3機の消費弾薬は20ミリ324発、7・7ミリ840発だった。撃墜されたのはVP-14（第14海軍哨戒飛行隊）のPBY-5カタリナ飛行艇で、米海軍は空戦で失われたことをはっきりと認めている。パイロットはこの日、零戦の撃墜2機を報じているロバート・クラーク中尉なのではないかと思われる。クラーク機は零戦と相打ちになって墜落、救助された乗員が零戦の撃墜を報告したと推測される。

9時10分、今城一飛曹が率いる「山陽丸」の零観2機（今城・橋本、谷川・山本）はショートランド基地の対空警戒中、泊地南方15キロで2機のB-17を発見。当時、ここの天候は雲量3、雲高1500メートル、視界20浬だった。零観は前上方攻撃、7・7ミリ500発の三撃を加え、1機に燃料を噴出させるなどの損害を与えたが、撃墜はできず、B-17は南方へと飛び去って行った。

26日の空戦では、実に7機もの零戦と搭乗員6名が失われ、戦果といえば間違いなく撃墜できたのはカタリナ飛行艇1機のみで、撃墜した可能性があるのはP-400が1機という結果に終わった。

P-400の奇襲と、雲量8、雲高500メートル、視界10浬という悪天候によって「ラビ派遣隊」をミルン湾に運んだ輸送船団の上空掩護をする零戦は1機も現れなかった。だが悪天候は連合軍側にも災いし、船団を狙って来襲した8機のB-17は低い雲をくぐって低空から攻撃せざるをえなかった。B-17は高度450から600メートルで投弾。そのため日本軍艦隊の対空砲火は大きな威力を発揮した。爆弾は1発も命中せず、第93爆撃飛行隊のB-17F型、ウェブ大尉機が撃墜され、対空砲火で損傷して帰還したキャスパー大尉のB-17E型も着陸時に大破して全損となった。

未帰還5機。さらに零戦隊は敗北を重ねる

8月27日、4時50分、台南空の大野竹好中尉はブナ基地を発進した。3機の零戦の任務は基地上空哨戒だった。5時30分、大野中尉等の零戦3機が上空から見守る中、二空の艦爆

8機を掩護する台南空の零戦7機と、二空の零戦2機がラビ飛行場を攻撃するためにブナを発進して行った。

6時20分、7機のB-26を掩護するP-39（ママ）十数機が来襲。大野中尉等3機は圧倒的な劣勢にもかかわらず、この戦爆編隊と空戦に入った。高度1800メートルでやって来た7機のB-26は第22爆撃航空群の所属で、掩護していた14機のP-400はこの日、5機の撃墜戦果を報じている第35戦闘航空群、第41戦闘飛行隊の所属機である。

零戦はP-400に対し、まず真っ正面から戦いを挑み、やがて両軍はすれ違い、反転、格闘戦へと移行していった。零戦はB-26への攻撃も試みたが、P-400の妨害で果たせなかった。米軍は6機の零戦に攻撃されたと報告している。高度450メートルで投下された30発の100ポンド爆弾が滑走路の両側で炸裂。B-26の乗員は空戦開始の直後に零戦1機が空中で爆発、海に墜落したと証言している。またP-400を追跡していた零戦が後方から別のP-400に撃たれ、真っ赤な炎を上げ着水、まるで魚雷のように水中を進んで行くのが見えたとも証言している。この零戦を落としたP-400はエンジンが不調をきたしたため、B-26が付き添い掩護して帰還させた。

日本側が行動調書に記録している交戦の結果は「大野中尉が700発を射撃、P-39撃墜1機を報じたが、被弾のため機体は大破。2番機、松田武男三飛曹は行方不明。3番機、上原定夫三飛曹も700発を放ってP-39、2機に燃料を噴出させたと報告。6時50分、生き残った零戦はブナ基地に着陸した」というものであった。行動調書では不時着機や、着水機を大破と記録することがあるので、米軍のB-26乗員が発火、着水を目撃した零戦は大野機だったかも知れない。第41戦闘飛行隊の損害は確認できなかったが、墜落機はなかったようだ。また二十五航戦戦時日誌には以下のように記録されている「ブナ基地空襲、B-26、7機、P-39、スピットファイア十数機。零戦3機を以て空戦、戦果、P-39撃墜1機。被害未帰還零戦1機、戦死1名、行方不明1名」、行方不明者は松田三飛曹、戦死1名と言うのは爆撃による地上での被害ではないかと思われる。

ラバウルからは「翔鶴」艦爆隊が損傷させた空母を捜索するため、5時20分に十四空の二式大艇が発進した。9時30分、この大艇、林中尉機からは「我空戦中」の報告が発せられたが、どうやら切り抜けたらしく、12時29分「敵見ゆ」との報告がもたらされた。林中尉が見つけたのは傷ついた「エンタープライズ」ではなく、一時、戦場を離れていた「ワスプ」だった。林機は上空直衛を務めていたVF-71のF4Fに発見され12時35分「我空戦中」との連絡を最後に消息を絶った(戦死10名)。

同機を撃墜したのは12時30分、「サラトガ」のレーダーに捉えられた機影を求めて飛来したVF-71のF4F、センフト少尉の率いる4機だった。12時45分、二式大艇は空戦の後、発火墜落したと報告されている。撃ち落としたのはホールと、シュティーガー両少尉のF4Fで、これが「ワスプ」戦闘機隊の初空戦戦果となった。F4Fに損害はなかった。

一方、ラビ攻撃隊は7時10分、目標上空に突入していた。25日にミルン湾に上陸した海軍陸戦隊は、この27日こそラビ飛行場を占領しようと総攻撃を試みていたが、前日につづいてオーストラリア空軍のP-40による執拗な対地攻撃を受けて攻撃は難航していた。このラビ飛行場攻略戦を空中から支援するために艦爆隊が出撃したのである。

以下は筆者が各海軍航空隊の行動調書と、オーストラリア空軍第75飛行隊と米軍第22爆撃航空群の記録、さらに捕虜になった零戦搭乗員、柿本二飛曹の尋問記録などを総合して再現したこの日の空戦の有様である。

ガーニー飛行場から発進して哨戒に飛んでいたオーストラリア空軍、第75戦闘飛行隊のジャクスン大尉が率いるP-40E型6機は6時44分にポートロックの対空監視哨からの「12機の戦闘機に掩護された艦爆8機が接近中」との情報を受信した。さらに7時5分、単機でブナの偵察に飛んでいた第435爆撃飛行隊のB-17は8機の艦爆と3機の零戦を目撃。その直後、前方から零戦の攻撃を受け、酸素システムを損傷した。このB-17との交戦は日本側の行動調書には記載されていない。この日、未帰還になった台南空の零戦による攻撃だったのだろうか。

7時15分、ミルン湾上空にいた第22爆撃航空群のB-26、12機は高度450メートルに10機から15機の飛行機を発見した。零戦隊は艦爆とともにガーニー飛行場を対地攻撃していた。

二空の艦爆隊は7時10分から飛行場の高角砲陣地への攻撃を開始、60キロ爆弾16発を投下したと報告している。零戦は2回、3回と機銃掃射を繰り返した。そのうち、上空にB-26を発見した零戦は対地攻撃をいったん止め、上昇、B-26編隊の先頭にいた4機編隊を攻撃した。だが米軍機に損害はまったくなく、爆撃機の射手が反撃、約3千発を放ち零戦の撃墜2機を報じている。一方、二空の行動調書には二神季種中尉と列機の真柄幸一一飛曹の零戦が20ミリ250発、7・7ミリ530発を射撃、B-26、1機に火災を生じさせたとしるされている。

B-26攻撃後、台南空の零戦4機、山下大尉機、山下一飛曹機、柿本二飛曹機、二宮一飛機は雲を抜けて、ふたたび飛行場の掃射を試みた。零戦隊は地上から雨霰と撃ち出される小火器の反撃を受けたが、ガーニー飛行場に不時着していた米軍のリベレーターLB-30（B-24の極初期型）を1機、地上で炎上させた。このLB-30は輸送機としてボフォース高射機関砲1門と、40ミリ機関砲弾2千発を輸送中、22日に油圧トラブルでこの飛行場に不時着、24日には零戦の機銃掃射で一度炎上、その後、放置されていた機体だった。

柿本二飛曹は、このLB-30を掃射中、山下大尉機が被弾によってすでに漏洩燃料の尾を曳いていたと証言している。柿本二飛曹機も、この時には被弾していた。

掃射を終えた山下大尉は手信号で部下にまた姿を現したB-26への攻撃に戻るよう命じた。4機の零戦はB-26を後方および側方から攻撃。山下大尉機はこの攻撃中に被弾して、海中に墜落した。

第22爆撃航空群、第33爆撃飛行隊、第2小隊のB-26は、反撃で被弾した零戦が漏洩した燃料の尾を曳きながら降下、着水。機体の捕獲を防ぐためか、連合軍機と誤認したのか、着水した零戦を機銃掃射中だった零戦2機を第75飛行隊のP-40が撃墜したと証言している。

山下大尉を失った零戦3機は寄り添い、編隊を組んだが柿本機は被弾によって油圧が低下、海上に不時着した。すると山下一飛曹機と、二宮一飛機は柿本機が連合軍に捕獲されないよう機銃掃射で燃やそうと試みた。

低空で海中の何かを撃っている零戦2機を発見した第75戦闘飛行隊の2機のP-40、ジャクスン大尉機とリデル中尉機はそれぞれ零戦を攻撃、両機とも撃墜してしまった。着水機から脱出した柿本二飛曹はその後、捕虜になり、その尋問資料から、この日の空戦で未帰還になった零戦4機の最後が詳細にわかったのである。B-26の射手は相次いで海中に落ちた山下大尉機と、柿本機を混同したものと思われる。

第75飛行隊では、スチュアート・マンロー曹長のP-40が零戦に追跡される姿を目撃された後、行方不明となった。台南空も二空もP-40の撃墜戦果は報じていない。未帰還になった山下大尉、または山下一飛曹、二宮一飛のうち誰かが落としたのだろうか。あるいは降爆後、2機のP-39と空戦、それぞれラビ東方で自爆、未帰還となった小山田正実一飛か吉永浩中尉の艦爆が撃ち落とした可能性もある。

第75戦闘飛行隊は零戦の撃墜2機、艦爆の撃墜確実1機、不確実1機、撃破1機という正確きわまりない撃墜戦果を報告している。

この日の空戦では零戦4機が失われ、搭乗員4名が戦死。さらに対空砲火で零戦1機が失われて1名が捕虜になった。その他に空戦で艦爆2機と搭乗員4名が失われた。連合軍が空戦で失ったのは1機のP-40とパイロット1名のみだった。

なお、この日、第76飛行隊のP-40も1機が失われてターンブル大尉が戦死している。しかしこれはミルン湾に上陸した海軍陸戦隊の九五式軽戦車を攻撃中、小火器による対空射撃か、椰子の木への接触で墜落したと記録されている。ターンブル機が発見、攻撃していた軽戦車は深い泥濘で行動不能になり、すでに放棄されている車両だった。

日本海軍航空隊がガ島戦に多くの兵力を投じていたため、海軍陸戦隊の「ラビ派遣隊」は、終始、連合軍の制空権下で戦わざるを得ず、攻撃は滞り、損害が続出。事態を打開するため、増援部隊が投入されることになっていた。

ミルン湾からラビ飛行場への進攻中、泥濘にはまり行動不能となった海軍陸戦隊の九五式軽戦車。

ラビ飛行場攻撃中に自爆戦死した台南空の山下丈二大尉。

ラビ飛行場攻撃中、機体が敵の手に渡らないよう着水した零戦を機銃掃射していたところをP-40に撃墜され自爆戦死してしまった二宮喜八一飛。

艦隊零戦隊、陸上基地に派遣される

8月28日、天候悪化のため、ガ島では空戦はなかった。ガ島、ニューギニア方面で打ち続く激戦で、ラバウルにいた台南空の稼働機は十数機にまで減っていた。海軍は窮余の一策として第一航空戦隊、空母「瑞鶴」「翔鶴」から零戦各15機を陸上基地に派遣することになり、母艦から発艦した零戦隊はこの日、完成したばかりのブカ基地に向かった。

今回の事態を嚆矢として、戦力不足に陥った陸上基地航空隊の急場を救うための艦隊零戦隊の派遣は、やがて常態化するようになってゆく。母艦の戦闘機隊は母艦への離着艦をはじめ、洋上での航法などの練磨が必要で搭乗員の養成に時間がかかる一方、連日のように出撃、頻繁に接敵して空戦の場数を踏んでいる陸上基地の零戦隊に比べ、空戦の機会は少ないので、操縦技倆は高くとも経験の不足から、空戦になると大きな損害をこうむることが多かった。事実、艦隊の零戦隊と交戦した米戦闘機隊の戦闘記録を読んでゆくと、母艦戦闘機隊の操縦技倆と戦意の高さを賞賛する記述が目立つが、結果をみると、空戦の駆け引きに慣れていないせいか、母艦の零戦隊は緒戦で大損害を受けている例が多い。

海軍の急場しのぎは、艦隊零戦隊を本来の任務ではない戦闘機同士の消耗戦に巻き込み、空母機動部隊の戦力を大きく殺いでゆく結果を招くことになる。

7時30分に発艦した「翔鶴」の零戦15機は9時40分、14小隊、16小隊が上空警戒をつづける中、ブカ基地に着陸。10時15分、上空警戒に当たっていた16小隊3番機が着陸時に失速して墜落、搭乗していた高須賀三飛曹は戦死してしまった。これは、ブカ基地での作戦行動に備えて機体に荷物を積み込んだため、機体の重量が増加しバランスが狂ってしまったための事故と言われている。「翔鶴」零戦隊は一戦も交えぬうちに14機に減ってしまったのである。

15分後、B-17が1機、偵察に現れた。上空警戒機が追撃したが、これは捕捉できなかった。さらに15分後、14小隊の零戦も着陸した。一緒にブカにやって来ているはずの「瑞鶴」零戦隊15機に関しては、行動調書が残されていないので、詳細はわからない。

ラバウルでは、14時に「ラビ派遣隊」への増援部隊を乗せた船団が出航した。増援部隊の一部、横浜第五特別陸戦隊（横五特）の吉岡中隊は、ガ島沖で沈められた輸送船「金龍丸」から救助された将兵であった。だが船団の行き先である東部ニューギニア、ブナ基地の海軍航空隊は、おそらくは天候不良のためラビ攻撃は実施しなかった。しかしオーストラリア空軍は遂には50口径の機銃弾が払底してしまうほど、飛行場に迫る陸戦隊への機銃掃射を反復していた。そのため、50口径弾を満載した第435爆撃飛行隊のB-17が、緊急補給のためガーニー飛行場に飛来した。また米陸軍の第22爆撃航空群のB-26も陸戦隊の上陸橋頭堡を爆撃している。

一方、ブカでは、到着早々偵察に現れたB-17が報告したのか、母艦搭乗員達の寝入りばな、基地が爆撃され、着いたばかりの零戦4機が地上で被弾してしまった。被弾したのは翌朝10機しか発進できなかったことから見て「瑞鶴」機であったと思われる。

翌29日、午前2時30分、暁闇の中、ヘンダーソン基地上空に日本軍の小編隊が侵入した。岡秀雄大尉率いる木更津空の一式陸攻3機である。この日、予定されている戦爆編隊による攻撃を迎え撃つために舞い上がってくる邀撃機の発進を妨げるため一時的に滑走路を使えなくするための爆撃だったのではないかと思われる。陸攻は60キロ爆弾30発を投下、滑走路に数発が命中したと報告している。しかし爆弾は滑走路の東と南に逸れ、第11海兵連隊に命中、3名を戦死させた。外れたので、所期の目的はまったく遂げられなかったが、もし命中しても60キロ爆弾の小さな弾痕ではすぐに補修されてしまっただろう。米軍は滑走路補修のため土砂を積んだトラックと修理隊をいつも待機させていた、また「100キロ以下の爆弾では、滑走路を根底から壊すことができないのに、日本軍はどうしていつも小さな爆弾ばかり落とすのか」と、逆に不思議がっていた。

7時40分、ヘンダーソン基地には沿岸監視員から日本軍爆撃機18機がブーゲンヴィル島の南東端を南東に向かっているとの情報が入電した。9時5分、10機のF4Fと12機のP-400が邀撃のため発進。9時15分、飛行可能な機体は全機、空中退避のために離陸して行った。

ブカ基地では「翔鶴」新郷英城大尉率いる零戦12機、「瑞鶴」零戦10機、計22機が攻撃隊を掩護するため、7時に発進していた。基地航空隊に、艦隊航空隊の実力を見せてやると満を持していたガ島初攻撃である。連日の長距離進攻で戦力を磨り減らしていた台南空は、この攻撃には参加せず、困難な任務を肩代わりしてもらい、ようやく一息つくことができたのである。

7時15分、艦隊零戦隊の22機は木更津空、三沢空の陸攻計18機と合同。8時30分、海軍の戦爆編隊は「突撃隊形をとれ」と命じられ、警戒態勢に入った。9時58分、ガ島上空に突入、空戦が始まった。

沿岸監視員からの報告で高度をとり空襲を待ち受けていたカクタス戦闘機隊は空戦開始を9時55分と記録、カクタス戦闘機隊のF4F、9機は投弾前に爆撃機を捕捉したと記録している。この攻撃で木更津空の陸攻、山本春雄飛曹長機が自爆、その2分後、60キロ爆弾143発が投下された。

爆弾は格納庫に入れられていたVMF-223のF4Fを2機、格納庫（日本の設営隊が作った）ごと完全に破壊。飛行場では炎上機の搭載燃料で火災が起き、誘爆する搭載弾薬

日本軍の爆撃で滑走路に開いた弾痕を埋める米軍将兵。60キロ爆弾による弾痕ではないかと思われる。

新郷大尉機が撃墜された時、ともに編隊を組んでいた零戦の搭乗員、小平好直一飛曹。

8月30日、ガ島への零戦のみによる戦闘機掃討を意見具申した「翔鶴」戦闘機隊の飛行隊長、新郷英城大尉、

の破裂音が轟き渡った。周囲の密林に潜んでいた日本陸軍の狙撃兵も消火に駆け回る米兵を狙って撃ちはじめた。

「翔鶴」零戦隊は撃墜３機、不確実１機を報じたが、「翔鶴」零戦、井石清次二飛曹機が自爆した。さらに帰途、木更津空の陸攻、栗原広治二飛曹機がブカ島に不時着、死傷者は出なかったが機体は大破、全損となった。

カクタス戦闘機隊は日本軍の九七式（ママ）４機、零戦４機の撃墜を報告、Ｆ４Ｆは全機が帰還したと記録している。しかしトロウブリッジ少尉と、ポンド少尉のＦ４Ｆはエンジンが停止した状態で着陸「デッドスティック・ランディング」した。結局、トロウブリッジ機は帰っては来たものの、損傷がひどく全損となり「部品取り機」となった。米海軍全喪失機リストには「空戦による喪失機」と記録されている。ポンド機の損傷は修理可能と判断された。陸軍のＰ-４００は空戦高度まで上昇することができず、交戦できなかった。Ｐ-４００は火力が大きく、地上部隊を支援する対地攻撃には有用だが、高空性能が不十分だったので空戦には向かない戦闘機と言われていた。しかし海兵隊のワイルドキャットの可動機はいつも10機前後に過ぎなかったので、不利は承知でＰ-４００も邀撃に上げざるを得なかったのである。

この日の空戦では、零戦１機と陸攻２機の損害に対して、艦隊零戦隊は２機のＦ４Ｆのエンジンを停止させた。空戦がガ島からもっと遠いところで起こっていれば２機のＦ４Ｆは帰途、間違いなく墜落したはずだ。だが空戦が基地の上空で行なわれたため、両機とも滑空でヘンダーソン基地に着陸できたのである。帰ったとはいえ、全損になった１機は実質的には空戦で撃墜されたも同様だった。しかし米軍パイロットにしてみれば、この日の空戦は未帰還機のない完全な勝利だった。

一方「翔鶴」戦闘機隊、飛行隊長の新郷英城大尉は、陸攻隊に２機の犠牲を出したためラバウルの航空艦隊司令部から掩護の不手際を叱責された。「よし、明日は戦闘機隊だけで殴り込みだ」と、新郷大尉が空戦を知らぬ参謀士官にやり込められた無念に切歯扼腕する様子を、列機の小平好直一飛曹が「空将新郷英城追想録」（新郷、鏑木両空将追想録刊行会１９８６年）に寄稿している。

ラバウルでは上空哨戒に飛んでいた台南空の九八陸偵は、９時15分、８機のＢ-17を発見した。Ｂ-17はブナカナウ飛行場を爆撃していた。台南空の零戦２機が攻撃したが逃げられてしまっていた。工藤重敏二飛曹操縦の陸偵は10時20分まで重爆を執拗に追撃。高度７５００メートルで攻撃位置に入った。第二十五航空戦隊戦闘詳報によれば「有効な乙攻撃を二回実施、１機のＢ-17を発火墜落させ、もう１機に不時着確実と思えるほどの損害を与えた」とされている。

機銃での射撃、甲攻撃に対して、乙攻撃とは空対空爆弾での攻撃である。工藤二飛曹が陸偵から二回に分けてＢ-17の編隊を狙って投下したのは30キロの空対空爆弾、三号爆弾で

陸軍の九七司偵の海軍バージョンである台南空のC5M九八陸偵。

8月29日、九八陸偵から三号爆弾を投下して1機のB-17を発火墜落させ、もう1機に不時着確実と思えるほどの損害を与えたと報告した台南空の工藤重敏二飛曹。

あったと言われている。三号爆弾は空対空のクラスター爆弾である。正式には九九式三番三号爆弾という、この30キロ爆弾はもともと飛行場に駐機している航空機の頭上で炸裂させ、焼夷剤を充填した弾子をまき散らして焼き払うために開発され、昭和15年に制式化された時限信管付きの爆弾だった。この爆弾がいつから空対空用に使われはじめたのかはわからないが、この日の使用は、かなり初期ものであったと思われる。

しかしこの日、ラバウルに来襲したB-17の所属部隊は特定できなかった。従って喪失機の確認もできない。損害の確認ができなかったからといって損害がなかったとは断言はできないが、その後も確実な撃墜戦果を挙げていない三号爆弾の使用実績をみると、工藤二飛曹の三号爆弾もB-17に大きな被害を与えた可能性は低いと思われる。

ギゾ島からは「聖川丸」の派遣隊がラバウルに撤退した。24日以降は米戦闘機の跳梁によって零観でのガ島偵察が事実上不可能になっていたのである。しかし基地員の半数は飛行機隊がふたたびギゾに進出する時に備えて島に残留した。

この日、ニューギニアのブナ基地では7時に空襲があり、5機のP-39（実際にはP-400）が10分間にわたって飛行場を銃撃、零戦2機と、輸送機、艦爆、各1機が地上で炎上、二空の隊員1名が重傷を負った。P-400はニューギニアでも対地攻撃では猛威を奮っていたのである。26日の空襲と、27日のラビ攻撃で大きな損害を受けたためか、零戦隊の邀撃は記録されていない。

戦爆連合で押し寄せた日本海軍航空隊の爆撃戦果と、米軍が戦闘機だけの対地攻撃、おそらく完全な奇襲で挙げた戦果を比べると、P-400の大火力はともかく、日本海軍が、米軍のような「沿岸監視員」網とレーダーによる早期警戒システムをもたないことで、如何に不利だったのかがよくわかる。

この29日夜半、ラビ飛行場を攻めあぐねていた「ラビ派遣隊」に対する増援の海軍陸戦隊がミルン湾に上陸。31日のラビ飛行場再攻撃を目指して攻撃発起地点への展開を開始していた。

雲の中、弱肉強食の乱戦。
アエロコブラと艦隊航空隊の零戦は空戦が不得手

8月30日、5時48分、サンクリストバル島と、サンタクルーズ島の間を遊弋していた米第61機動部隊の空母「サラトガ」の右舷、アイランドの真下に潜水艦「伊26」が放った魚雷が命中した。懸命の復旧作業の結果、「サラトガ」は14ノットで航行できるようになったが、損傷修理のため戦場を離れた。そこで「サラトガ」所属の航空隊はそれぞれ陸上の基地に収容された。母艦を離れ、まずはエフィートへと赴いた戦闘機隊、VF-5の最終的な行き先はヘンダーソン基地だった。

連日続いた海軍航空隊の猛攻で次第に消耗を重ね、9月の上旬、もはや風前の灯火となっていたカクタス空軍はVF-5の来援で息を吹き返すことになる。皮肉なことに「伊26」

空対空爆弾として多用された30キロの三号爆弾の炸裂。時限信管で多数の弾子を打ち出す壮大な爆発で、たいへんな威力があるように見えるが、実際に戦果を挙げることは稀だった。

東部ニューギニアのブナ基地に破損して放棄されていた零戦。台南空の所属機である。

の戦功が、海軍航空隊のカクタス空軍撃滅を、あと一歩のところで妨げてしまうのである。

8時30分、連合軍の沿岸監視員が、ヘンダーソン基地に「単発機大編隊がブーゲンヴィル島の南端を南東に向かう」と通報してきた。10時「編隊はニュージョージア島の上空を南東に向かい通過」との追加情報が入電した。

8時15分にブカ基地を発進した艦隊の零戦隊18機はガ島へ「戦闘機隊だけの殴り込み」に向かっていた。零戦だけで進攻したいという新郷大尉の意見具申が認められたのである。後刻発進する陸攻隊の直掩に6機を残し、7機で発進した「翔鶴」制空隊の零戦に加えて、「瑞鶴」の11機も制空隊として同行していた。ブカ基地に派遣された「瑞鶴」零戦隊の行動調書が残されていないので詳細は不明だが、「瑞鶴」隊は陸攻の直掩機を出していない。この11機が「瑞鶴」の可動全機だったのだろう。

前日の攻撃で陸攻を守らなくてはならないという制約の中で思うように戦果を上げられなかった新郷大尉は、今日こそ零戦だけで思う存分暴れようと決意していた。約2時間後に攻撃隊が突入する前に、零戦だけで編成された制空隊が米軍戦闘機を掃討しておこうというのだ。10時45分、制空隊はガ島上空に突入した。

ヘンダーソン基地では、10時5分に「日本軍の急降下爆撃機」の攻撃に備えて8機のF4Fと、7機のP-400が発進していた。米軍は零戦制空隊の一部を単発の爆撃機と判断していたようだ。10時20分、ヘンダーソン基地からは飛べる機体の全てが空中回避のために離陸した。

行動調書によれば、現れた米軍戦闘機は20機とされているが、実際には前述のように15機であった。「空将新郷英城追想録」に寄せられた小平一飛曹の回想によれば、この日は雲が多く、突撃を命じる新郷機のバンクとともにヘンダーソン基地を機銃掃射するため、各機は雲の中に突入していった。しかし雲は何層にもなっており、散り散りになった零戦は対地攻撃に入る前に、雲の狭間で米軍機と遭遇しては撃ち合うような空戦になったという。

邀撃に発進したカクタス戦闘機隊はぐんぐん上昇して行ったが、陸軍のP-400には酸素マスクが装備されておらず、海兵隊のF4Fの上昇にはついて行けなかった。高度3千数百メートルに達し、酸素マスクのない米陸軍のパイロットが息苦しさを感じ始めた頃、日本機が現れた。彼らは「急降下爆撃機」なぞおらず20機ほどの単発機が全部零戦であることを知った。P-400は周囲にそそり立つ積雲を回って降下してくる零戦編隊に向かって、機首を上げて挑戦して行く。零戦と戦うのは、これが初めてだった。旋回戦闘がはじまると鈍重なP-400はどんな機動をしても追尾してくる零戦を振り切れない。高度4500メートルで「敵機頭上にあり、我が位置は基地正北」という陸軍パイロットからの無線を聞

ガ島のヘンダーソン基地で出撃前の試運転を終えた第67戦闘飛行隊のベルP-400戦闘機。

ヘンダーソン基地の滑走路に穴あき鉄板を敷設する作業中のシービーズ。後方にはF4F戦闘機の列線が見える。

いたＦ４Ｆが急行すると、零戦とＰ-４００はすでに空戦中で、全機の後方に零戦が食らいついており、Ｐ-４００は雲の中に逃げ込もうとしていた。すでに２つの落下傘が見える。Ｆ４Ｆは降下攻撃に入った。目標は、２機のＰ-４００の後方に食らいついている零戦だ。

雲の層をいくつも抜けて、単機となっていた小平一飛曹は高度３千メートル付近の雲の間で接近して来る機影をグラマンと思い身構えた。しかしそれは新郷大尉機だった。彼らが編隊を組むと上空にＦ４Ｆを認め、すでに20ミリ機銃は撃ち尽くしていたが、単縦陣になって攻撃に向かった。

発見した零戦に次々と攻撃をかけていたＶＭＦ-２２３のエース、ジョン・スミス大尉のＦ４Ｆも乱戦の中で僚機とははぐれてしまったが、雲を抜け、２機のＦ４Ｆを発見した。編隊を組もうと近づいて行くと、それは零戦だった。

小平一飛曹は、空戦に入った新郷大尉が上昇反転の頂点で被弾、発火したと回想している。一方、スミス大尉は後方から射撃された零戦は急上昇し、発火、錐揉み状態に入ったと報告している。

被弾した新郷大尉は火災を起こしたため、もはやこれまでと自爆を決意、機体を故意に錐揉みにいれた。発火した新郷機が錐揉みで落ちてゆくのを見た小平一飛曹はスロットルをレッドブーストに入れてツラギ方面へと退避した。新郷機の撃墜を確信したスミス大尉も零戦の２番機は姿を消したと証言している。

しかし錐揉みで落下したためか新郷機の火災は消え、彼はガ島のカミンボ岬沖に不時着水できた。大尉は岸に泳ぎ着いて救出され、後に生還した。スミス大尉は、この日の空戦で４機もの零戦の撃墜を主張している。誤認が含まれていると思われるが、少なくとも、以上のように日米の証言に合致する部分が多い新郷機の撃墜だけは間違いないようだ。

格闘戦によって、飛行場上空での空戦高度は６００メートル以下にまで下がってきた。白煙を曳くＦ４Ｆを追って１機の零戦が高度90メートルで格納庫と、第67戦闘飛行隊の整備所付近まで降りてきた。すぐそばに50口径機銃の対空陣地があったが、零戦がＦ４Ｆに肉薄していたため撃つことはできなかった。このケンドリック大尉のＦ４Ｆは木々の梢すれすれを飛び、うまく着陸した。危険な低空に残された零戦は基地の米兵が見上げる中、みごとなインメルマンターンで上昇して去って行った。機体に描かれた日の丸がはっきり見えるくらいの低空だった。

空戦は終わった。Ｐ-４００の小隊が飛行場に機首を向け、ツラギにいた艦船の上を飛び越え、高度６００メートルでヘンダーソン基地に向かって飛び、降雨帯をひとつ飛び抜けるや否や、６機ないし７機の零戦と出くわした。零戦はただちに編隊を解き、襲いかかってきた。零戦が空戦を切り上げるまでに、さらに２機のＰ-４００が撃墜され、パイロットは両名共に行方不明となった。

カクタス戦闘機隊は10時45分に高度2400メートルから6千メートルの範囲で攻撃隊を邀撃。陸軍のP-400は零戦の撃墜4機、海兵隊のF4Fは14機、全部で18機を撃墜したと主張している。

一方、「翔鶴」の行動調書では撃墜10機、不確実2機を報じている。だがこの空戦では指揮官の新郷大尉の他にも「翔鶴」の中本公一飛曹機と田中喜蔵三飛曹機が行方不明になり、「瑞鶴」でも住田剛飛曹長機、中馬輝定一飛曹機、粟生稔三飛曹機の3機が未帰還になっている。低空にいたP-400を追いかけ回し、次々と撃墜しているところを、スミス大尉率いる8機のF4Fに優位から奇襲され、零戦隊は計6機と5名もの搭乗員を失ったのである。

この空戦でF4Fは、前記のケンドリック大尉機が被弾、軽傷を負い、機体からは発煙しつつ、零戦に地上すれすれまで追いつめられたがなんとか撃墜を免れるなど、全機が帰還できた。

だがP-400は4機が未帰還となった。撃ち落とされたP-400のパイロットのうち2名は落下傘降下して徒歩で帰ってきたが、ワイテス、チェイルスン両中尉のは行方不明となった。MACRには「1機のP-400が零戦の射撃で穴だらけされて発火、墜落した。調査時、目撃者がすでに帰国してしまったので、誰の機体であるかは特定できない」との情報が記載されている。さらに第67戦闘飛行隊のジョン・トンプスン大尉のP-400は着陸できたものの15発も被弾しており、大尉の肩にも1発が命中していた。

この日、ラバウルでは9時に台南空の零戦8機がガ島攻撃に飛ぶ陸攻を掩護するため発進した。10時20分、ブカ基地ではラバウルから飛来したガ島攻撃隊に合流するため「翔鶴」直接掩護隊6機が発進。台南空の行動調書には「10時25分、ブカ島上空と艦隊の零戦6機と合同」としるされている。11時には、増槽の装備不良のため台南空の零戦1機が引き返した。12時45分、陸攻18機、零戦13機の戦爆編隊はガ島上空に突入した。

ちょうど13時、ヘンダーソン基地では2機のB-17に誘導された増援のVMF-224のF4Fが19機とSBD艦爆12機が着陸していた。日本の戦爆編隊が現れた時、午前中邀撃に上がったVMF-223のF4Fも、まだ発進できる態勢にはなっていなかった。ところが日本海軍の攻撃隊はヘンダーソン基地の滑走路に並んでいた絶好の獲物を無視してツラギ沖の艦船攻撃に向かって行った。

三沢空の陸攻9機はガ島の対岸にあるフロリダ島を爆撃(250キロ9発、60キロ54発)。木更津空の陸攻隊9機はツラギ沖にいた米艦船を狙って、雲を遮蔽物に利用しつつ接近。緩降下爆撃で駆逐艦「コルホーン」を攻撃(250キロ9発、60キロ54発)。爆弾3発を命中させて撃沈(戦死50名、負傷

18名）した。この攻撃は完全な奇襲となり、ツラギ上空から進攻した陸攻隊は空戦はもちろん、対空砲火さえなかったと報告している。行動調書には「陸攻隊爆撃（駆逐艦1隻轟沈）、上空敵影を見ず。13時20分、帰途に就く」としるされている。

しかし帰途、「翔鶴」の零戦2機が行方不明になってしまった。行方不明になった零戦2機は空戦以外の原因で未帰還になったものと思われる。「翔鶴」の編成調書には、撃墜戦果には制空隊も直掩隊も関わったように書かれているが、同行した台南空機の報告や、米軍の報告からも「翔鶴」の直掩隊6機が交戦していないのは明らかである。15時30分、「翔鶴」の零戦4機はブカに帰着。16時10分、陸攻と台南空の零戦7機もラバウルに帰着した。

秦郁彦氏の「太平洋戦争航空史話・上」（中公文庫1995年）には、直掩隊で行方不明になった川西仁一郎一飛曹の落下傘降下を、同じく直掩隊にいた佐々木原一飛曹が低空まで追って確認したとしるされている。だが川西一飛曹がその後どうなったのかはわからない。

GR23の戦時日誌には「8月20日から30日までカクタス空軍は物資や人員の不足から原始的な環境で戦っていた。洗濯や風呂はルンガ川で行なっていた。加えて飛行場周辺の密林には日本軍の狙撃兵が侵入し、作業中の将兵を狙撃した。撃たれると、兵隊達は手元の武器を取り雨霰と銃弾を浴びせ反撃した」と記録されている。

またこの日、艦隊零戦隊と交戦して撃墜され行方不明になったP-400のパイロットに関するMACRには「捕獲した日本兵の日記によると、8月30日、戦闘機パイロットが1名、捕虜になっている。この日、行方不明になった2名のうち1人であることは明白である」としるされている。

この時期、ガ島の過半は未だ日本軍の勢力下にあったのである。新郷大尉の例にもあるように、もし島の近くに落下傘降下したのであれば、川西一飛曹も現地部隊に救出されていた可能性はある。しかし日米両軍の搭乗員はともに、二度と戦友たちの元へは帰ってこれなかった。

8月、零戦隊の勝利と、日本海軍航空隊の敗北

8月31日、午前4時30分にショートランド基地を浜空の大艇2機が発進。それぞれD-1、D-2番索敵線の哨戒に向かった。しかしD-2番索敵線の哨戒機、上野貢飛曹長の九七大艇からは連絡が絶えた。原因は不明だが、行動調書には「思うに空戦自爆せるものと認む」と書かれている。26日、同じD-2番索敵線でB-17と交戦して取り逃がした上野機は、哨戒中にまた連合軍機と遭遇して、今度こそはと無理な攻撃を試みてかえって撃墜されてしまったのかもしれない。しかし連合軍機による大艇の撃墜戦果報告は確認できなかった。だが、米海軍全喪失機リストには、この日、「ワスプ」VF-71

のＦ４Ｆと、同ＶＳ-71のＳＢＤ艦爆各1機が空戦によって失われたと記録されている。もしかすると、25日と27日、十四空の大艇を撃墜しているこの「ワスプ」の所属機は、上野機との空戦で相討ちとなって撃ち落とされたのかも知れない。ただ「ワスプ」は30日の真夜中、第61機動部隊から離れ、ヌーメアに向かって戦場から南西に針路をとっているし、Ｆ４Ｆ、ＳＢＤともにパイロットの氏名は不詳で、このリストの場合、パイロット氏名不詳の記録は単なる誤記である場合も多い。他にこの空戦を裏付ける記録はないかと、ずいぶん探したが見つからなかった。

この日、ショートランド基地からはもう1機の大艇が水戦2機の掩護で不時着機の捜索に出たが、結局、何も発見することはできなかった。またショートランドには9時45分、Ｂ-17が来襲。「山陽丸」の零観３機が邀撃に上がった。１番機、松永飛曹長機は10時に高度2千メートルの雲間にＢ-17を発見、前上方から攻撃、射程50メートルまで接近し極めて有効な射撃を加えたが、撃墜することはできなかったと報告している。使用した７・７ミリ弾は３５０発、松永機も1発被弾した。

ヘンダーソン飛行場では11時に空襲警報が発令された。ＶＭＦ-２２３のＦ４Ｆが８機と、ＶＭＦ-２２４のＦ４Ｆが18機発進した。だが日本機との交戦はなく、ＶＭＦ-２２３機は全機が帰還した。

一方、前日、ガ島に来着、初めて邀撃に上がったＶＭＦ-２２４では３機のＦ４Ｆが未帰還となってしまった。確実な原因は不明だが、酸素供給装置の不備ではないかと言われている。日本海軍のどの行動調書にもこれらのＦ４Ｆと交戦したとみられる記録がないので、空戦で落とされた可能性はない。未帰還になったＦ４Ｆパイロット３名のうち、アメリーン少尉だけは救助されたが、本国送還となった。

８月の空戦で、自爆、行方不明、不時着、大破などで失われた零戦は32機。搭乗員28名が戦死した。この他に零戦２機が対空砲火で撃墜され搭乗員1名が戦死、もう1名は捕虜になり、３機の零戦と搭乗員３名が作戦出撃中、明らかに戦闘以外の原因で失われている。また空戦を経た上で行方不明となり、本書で「空戦による喪失」と分類している零戦の中にも、空戦以外の原因、対空砲火、航法ミスや故障などで墜落した機体があるのかも知れないが、それを正確に探り出すことはできなかった。

一方、この間に零戦が空戦で撃墜したことがほぼ確実と思われる連合軍機は計44機。その乗員68名が戦死または捕虜になっている。撃墜した機種の内訳はＢ-17が４機（戦死または捕虜36名）、Ｐ-４００が７機（戦死４名）、Ｐ-40が５機（戦死５名）、Ｆ４Ｆが21機（戦死９名）、ＴＢＦ艦攻４機（戦死２名）、ＳＢＤ艦爆1機（戦死２名）、Ｂ-26が1機（戦死1名）、カタリナ飛行艇が1機（戦死９名）だった。米軍の場合は喪失機の記録を「空戦による喪失」「空中衝突による喪失」「事物への接触による喪失」「艦船の対空砲火による喪失」「陸上の対空砲火による喪失」「作戦中の原因不明の喪失」「作戦中の機械故障による喪失」「作戦中の人為的過失による喪失」「作戦中の悪天候による喪失」他様々、非常に細かく分類している。作本書では日本側の報告や、喪失時の状況などから、米軍がはっきりと「空戦による喪失」と認めていない損害も、いくつかは零戦による撃墜戦果と推測して右の合計に加えている。

以上の他に水戦がB-17を1機ないし2機、艦爆と陸攻がF4Fを各1機ずつ空戦で撃墜している。

零戦の他に同期間中、空戦で撃墜（不時着、大破も含む）されたと思われる日本海軍機は、艦爆が26機（戦死52名）、艦攻は3機（戦死9名）、陸攻10機（戦死46名）、水偵5機（戦死15名）、水戦1機（戦死1名）、二式陸偵1機（戦死3名）、九八陸偵1機（2名）、九七大艇5機（戦死30名）、二式大艇2機（戦死19名）の計48機（戦死157名）にも昇る。失われた陸攻と艦爆、艦攻の中には空戦ではなく対空砲火で撃墜された機体も混じっているはずだが、日本海軍の行動調書や米軍の戦闘日誌をどんなに克明に調べても、対空砲火に曝されながら戦闘機の邀撃を受け墜落した機体が実際にはどちらに撃ち落とされたのか、正確な判別は不可能であった。また8月8日に17機（戦死116名、捕虜9名）もの損害を出した陸攻隊の喪失機は、その大半は対空砲火によるものであるが、F4Fが撃墜4機を報じているので、最大で4機、少なくとも1、2機の陸攻は空戦で撃墜されたものと思われる。

従って空戦による日本海軍機の損害の正確な数字は出し難いが、この8月の空戦で日本側が空戦で80機前後を失っているのは確かだ。連合軍側の喪失は、複数の記録で確認できる確実なものが48機。

8月のソロモン航空戦では、損害32機に対して撃墜44機という零戦隊の空戦戦果のみが光り、日本海軍航空隊自体は惨敗を喫するという結果に終わった。敗因はまことに単純である。零戦に襲われても容易には墜落しない米軍のTBF艦攻、SBD艦爆、そして双発、または四発爆撃機の強靭さに比べ、日本海軍の艦攻、艦爆、陸攻、そして大型飛行艇は機体に防弾の備えが極めて乏しく、目を覆いたくなるほど被弾に弱かった。それが大きな損害を招いたのである。

零戦は単発戦闘機だけでも33機を撃墜しているが、防弾の完備した機体で戦って墜死した連合軍戦闘機パイロットは18名であった。一方、防弾装備皆無だった零戦の搭乗員の戦死は28名。空戦で損失よりも多い連合軍機を落としたとはいえ、歴戦搭乗員の戦死が零戦隊の戦力を大きく、そして急速に殺いでいった。撃墜されても生還した連合軍の戦闘機パイロットは経験を積み、さらに手強い相手としてふたたび零戦に挑戦してくることになる。

昭和17年9月
日本軍、ガ島に逆上陸

雨季到来。悪天候の中、ガ島飛行場を空陸から猛攻

9月1日、この日からソロモン、ニューギニア東部の全域が雨季に入り、天候はひどく悪くなっていた。ラバウルから発進したガ島攻撃隊も、ラビ攻撃隊も途中で引き返して来た。

7時35分にブカ基地からガ島に発進した指宿正信大尉率いる零戦5機も9時25分に天候不良のため引き返した。その帰途、10時15分、ショートランド付近で1機のB-17を発見。全機で追撃した。だが結局、雲の中に逃してしまった。しかし零戦の攻撃によってB-17は両翼から燃料を漏洩、行動調書ではこのB-17は不時着したのではないかと推定している。零戦はこの交戦では損害もなく11時15分から40分までに全機が帰着した。交戦したのは第11爆撃航空群のB-17と思われるが、燃料の漏洩で墜落、または不時着したという機体の記録は見つけられなかった。

翌2日も5時30分に河合四郎大尉が率いる台南空の零戦9機がラバウルのラクナイ基地を発進した。零戦隊は7時45分、同じくラバウルのブナカナウ基地を発進した陸攻隊（木更津空9機、三澤空9機）と空中で合同し、未だ雲の多い空をガ島へと進撃を開始した。途中、零戦1機が不調により引き返した。進路の途上にあったブカ基地からは「翔鶴」の零戦5機が発進、ガ島攻撃隊に加わった。この時「瑞鶴」の零戦隊も加わっていたかも知れないが、行動調書が残っていないため確認できない。9時10分、行動調書によれば「翔鶴」零戦隊は攻撃隊から分離して先行し、9時15分、ガ島上空に突入した。「翔鶴」隊は米戦闘機4機を発見して追撃したが、雲の中に見失ってしまった。

一方、台南空の零戦は9時15分からグラマン十数機と交戦した。8機の零戦は千発を放って、台南空3小隊の小隊長、エースの大木芳男一飛曹がグラマンの撃墜2機を報じたが、台南空の零戦2機、国分武一三飛曹機と山本健一郎一飛機が行方不明となってしまった上、1機がブカ基地に不時着した。搭乗員の氏名もわからない、この不時着はおそらく故障によるものと思われる。

一方、米軍側は8時50分にガ島で初めて空戦に参加したVMF-224のワイルドキャット12機のうち、第1、第2小隊の8機だけが飛行場上空で18機の双発爆撃機と少なくとも20機の零戦と交戦したと記録している。VMF-224は零戦の撃墜1機、爆撃機の撃墜5機もの撃墜戦果を報告、日本側では撃墜戦果を報じているが、F4Fは全機が無事に帰還している。

さらにカクタス空軍の古強者であるVMF-223のF4

Fは、8時10分に7機が発進して双発爆撃機18機、零戦22機と交戦。零戦の撃墜3機を報告、こちらも全機が無事に帰還している。

日米両軍の報告をつき合わせてみると、最初に「翔鶴」零戦隊が発見した後、雲の中に見失ったグラマン4機は交戦できなかった新参のVMF-224の第3小隊機ではないかと思われる。またVMF-224は5機もの双発爆撃機を撃墜したと報告しているが、木更津空の陸攻の損害は被弾1機(軽傷1名)のみだった。襲って来たグラマンに対して20ミリ92発、7・7ミリ598発を放った三澤空の陸攻にも損害はなく、木更津空の行動調書には被弾2機の被害が出たとしるされている。いずれにしろ、どの航空隊の陸攻にも墜落機はなかった。

VMF-224が初めての空戦で、あまりにも過大な戦果を報じている一方、8月21日以来、空戦の場数を踏んでいるVMF-223の戦果は報告はさすがに冷静で、エースのスミス大尉などが1機ずつ、計3機の零戦を撃墜したとしている。これは零戦を2機喪失したという日本側の損害報告に近いものである。

木更津空がヘンダーソン基地に投下した60キロ87発と、三澤空が投下した60キロ90発は格納庫をひとつ粉砕し、SBD艦爆3機と、航空燃料、弾薬などを炎上させた。

零戦隊は陸攻の掩護はまっとうしたものの、台南空の戦果報告は誤認でF4Fは1機も撃墜できず、9月最初の空戦はカクタス空軍の一方的な勝利に終わった。

このガ島攻撃を最後に、機動部隊から派遣されていた空母「瑞鶴」「翔鶴」の零戦隊はブカからラバウルを経由して、それぞれの母艦に帰って行った。8月28日以来の損失は零戦10機と搭乗員9名(ただし「瑞鶴」機の搭乗員の喪失を伴わない、例えば着陸事故等の機体の喪失については不明なので、喪失機はもう少し多いかも知れない)にも昇る。このうち零戦3機と搭乗員3名は事故による喪失である。空戦による損害は7機と6名であった。カクタス空軍の損害記録と合致する艦隊零戦隊による撃墜戦果は4機のP-400(戦死2名)だけである。

「全水戦隊及び観測機隊は三分間待機とせよ」神川丸水戦隊の初邀撃戦

9月2日、12時30分、二空の艦爆3機と、掩護の零戦6機がラバウルを発進した。目標はラビ沖にいる連合軍艦艇であった。発進が12時30分と遅いのは、天候の回復を待っていたのではないかと思われる。だが結局、悪天候のため目標は発見できず15時30分、艦爆隊は零戦隊と分離してしまった。それから15分間、零戦隊は艦爆隊を探したが発見できず、止む無く帰途に就いた。

3機の艦爆は機位を失いテーブル湾の砂浜に不時着してい

テーブル湾の海岸に不時着し、搭乗員が焼却した二空の九九艦爆の燃え残り。搭乗員たちは友軍戦線への突破を試みたがオーストラリア軍との交戦で全滅してしまった。

た。搭乗員は6名全員が無事で、旋回機銃を外して機体を焼却、徒歩で友軍戦線への帰還を試みた。しかし、途中でオーストラリア軍と交戦、全員が戦死してしまった。

3日、ラビ飛行場攻略のためミルン湾に上陸していた海軍陸戦隊はオーストラリア軍の頑強な抵抗と絶え間ない航空攻撃のため死傷者が続出。苦戦をつづけていた。悪天候のためラバウルから飛来する海軍航空隊による制空も対地支援攻撃も思うに任せず、この日、ラビの陸戦隊はやむなく攻撃態勢から持久防御態勢に転じた。

台南空と二空の零戦は同じくニューギニア東部のブナ基地を発進して、ふたたびラエ沖の船団上空掩護に飛んだが、終日、連合軍機の来襲はなかった。

翌4日、相変わらず悪天候がつづいていた。木更津空の陸攻9機、三沢空9機、千歳空9機は、台南空と二空の零戦15機の掩護でガ島攻撃に飛んだが、ガ島全体が密雲に覆われていたため目標が視認できずやむなく引き返してきた。台南空と二空零戦はこの日もラエ沖の船団掩護に飛んだが、またもや連合軍機は飛来しなかった。

しかしミルン湾に上陸した海軍陸戦隊は払暁から激しい砲火に曝され、防御線を縮小、逐次退却していた。陸戦隊を上空から支援するため、ラビ攻撃に発進した四空の陸攻7機と掩護する六空の零戦9機も天候不良のため引き返さざるを得なくなっていた。

9月1日付けでR方面航空部隊に編入されていた特設水上機母艦「神川丸」は、この日、ブーゲンヴィル島南部、ショートランド基地に到着。同地にいた水上機母艦「千歳」、特設水上機母艦「讃岐丸」、「山陽丸」と合流した。この4日、R方面航空部隊指揮官の城島高次少将は「使用可能の全水戦隊及び観測機隊は三分間待機とせよ。対空見張りを厳にせよ」との指令を発信。「神川丸」は早速、9時55分に所属の二式水戦2機をブイン泊地の上空警戒のために発進させた。

そして、まるでこの城島少将からの指令に合わせるかのように、米軍機が現れた。

水戦は10時15分、およそ3千メートル先に高度5千メートルで飛ぶB-17を発見したのである。その時、水戦の高度は4千メートルだった。両機はただちに攻撃態勢に入り、左前方攻撃をそれぞれ一回ずつ実施したのち、川村飛曹長の1番機は雲の中に隠れて追跡、松本二飛の2番機は下方から2回連続して攻撃した後、離脱した。1番機は250海里ほど追跡した後に帰還、その後、上空警戒任務を続行した後、11時45分に帰還した。使用弾薬は20ミリ217発、7・7ミリ400発、松本機が3発被弾したが、基地で修理が可能な損傷だった。空襲を受け「讃岐丸」「山陽丸」の零観も邀撃に上がったが空戦には間に合わず、射撃を加えることはできなかった。

交戦したB-17はこの辺りによく来る第42爆撃飛行隊の所属機と思われるが、詳細は不明である。

到着早々、来襲機と空戦を交えた「神川丸」はここショートランドのポポラング島に第一飛行機隊の水上機基地を設定した。こうして、R方面航空部隊は第一飛行機隊「神川丸」(零式三座水偵2機、水戦11機)「千歳」(零観/九五式水偵16機、零式三座水偵6機、九四水偵1機)と、第二飛行機隊「山陽丸」(零観/九五水偵6機)「讃岐丸」(零観8機、零式三座水偵1機、九四水偵1機)の4隻による水上機部隊となった。

この日はまた、サンタイザベル島のレカタ湾に水上機の前進補給基地を設置するため「讃岐丸」の人員と「神川丸」からの給養物資を搭載した第三十六哨戒艇がショートランドから出港した。「神川丸」の水戦、「山陽丸」と「讃岐丸」の零観がこの哨戒艇の上空警戒を行うことになっていた。

零戦隊、ガ島上空でワイルドキャット4機を屠る

9月5日、午前0時、3隻の日本軍駆逐艦「夕立」「初雲」「叢雲」がヘンダーソン飛行場に艦砲射撃を加えた。この夜間砲撃で飛行場の砲兵中隊では7名が戦死。日本軍の駆逐艦は、海峡にいた輸送駆逐艦「リトル」と「グレゴリー」とも射撃戦を交え、両艦ともに撃沈した。米軍の輸送駆逐艦は第一次大戦当時の古い駆逐艦を輸送艦に改造したもので、武装は残していたものの、日本海軍の駆逐艦隊にはとても対抗で

きなかったのである。

午前4時、「山陽丸」の零式三座水偵、井上特務少尉機が明け方のヘンダーソン基地を爆撃。投下した60キロ爆弾4発は全弾、基地内に落ちた。井上機は邀撃戦闘機が迫って来たため、爆撃効果を見極めることなく退避、無事に帰還した。上がってきたのは第67戦闘飛行隊のP－400、2機と思われる。

5時45分、ヘンダーソン基地からは2機のP－400と、VMF－224のF4Fが6機発進。ガ島の北西にいた日本軍の上陸部隊の舟艇9隻を機銃掃射した。だが、日本軍の小火器による反撃でロバート・ジェフリーズ中尉のF4Fが被弾。海に墜落、沈没した。僚機が墜落を見守っていたが、中尉はとうとう救助されなかった。日本軍将兵の対空射撃は熾烈で、他のF4Fも全機が被弾していた。8月30日に大損害を受け、空戦では役に立たないと判断されていた第67戦闘飛行隊のP－400も繰り返し発進、全弾を撃ち尽くすまで機銃掃射を行なった。

7時、ラバウルでは台南空零戦12機、二空零戦3機が陸攻隊27機と合同発進していた。途中で二空の零戦1機と、三澤空の陸攻1機が不調で引き返した。10時30分、陸攻26機、零戦14機の攻撃隊はガ島上空に突入した。カクタス空軍のワイルドキャット18機は沿岸監視員からの情報で日本軍攻撃隊の来襲を知り、10時7分には発進して上空で待ち受けていた。


日本海軍の戦爆編隊はグラマン約20機と交戦したと報告している。一方、VMF－223は26機の双発爆撃機と約20機の零戦と交戦したと記録。双方とも敵方の兵力は少しずつ過大に記録している。陸攻はしっかりと編隊を組んでいるためか、米軍も今回のように正確な来襲機数を把握している場合が多い。

VMF－224からは10機のF4Fが発進したが、交戦できたのは6機だけで、ゲイラー少佐が零戦1機を撃墜、さらに爆撃機1機の不確実撃墜を報じたがゲイラー機も被弾してエンジンが停止。滑空で着陸、機体は全損となった。VMF－224では、さらに爆撃機1機の撃墜、不確実1機の戦果も報告しているが、ギャラブラント曹長のF4Fが空戦中に行方不明となった。VMF－224は攻撃で陸攻に爆弾を投棄させ、爆弾は飛行場の北側に落ちたと報告している。千歳空の爆撃目標が飛行場ではなく、ルンガ川東方米軍陣地だったため、それを爆弾の投棄と勘違いしたのだろうか。

8機のF4Fで空戦に臨んだVMF－223は、モレル少佐とポンド少尉のF4Fがそれぞれ爆撃機を1機を撃墜したと報じたが、両機とも被弾してエンジンが停止した状態で帰還「デッド・スティック・ランディング」した。ポンド少尉機は損傷がひどく、結局全損となった。モレル少佐は命中した20ミリ炸裂弾の破片で両足を負傷、被弾でエンジンが停止、操縦席内にはオイルが噴出していた。

台南空の零戦12機は弾薬1500発を放って3機の撃墜を

報じている。行動調書には、1中隊、河合四郎大尉の1小隊3機が250発を射撃、大野竹好中尉の2小隊が500発、2中隊1小隊、高塚寅一飛曹長の率いる3機も500発、同じく2小隊の大木芳男一飛曹が250発を射撃したとされているが、個人の撃墜戦果は記録されていない。2機が空戦に参加した二空の行動調書には1機のF4Fに白煙を噴出させたと記録されている。両零戦隊ともに損害はなかったので、ゲイラー少佐が零戦を撃墜したという戦果報告は完全な誤認である。

しかし10時35分から55分までグラマン及びP-40、13機と交戦して、20ミリを285発、7・7ミリにいたっては3 6 1 5 2発も射撃したという千歳空9機(250キロ3発、60キロ78発を投下)はF4Fと激しく戦い、撃墜確実1機を報じているが、陸攻2機が被弾して、編隊の最後尾にいた鍋倉二飛曹機(7名行方不明)が未帰還になってしまった。

また三澤空の陸攻8機(60キロ90発、飛行場を爆撃したが雲のため弾着明確ならず)も米戦闘機10機と交戦して20ミリ195発、7・7ミリ2826発を射撃、こちらも撃墜1機を報じているが、三澤空機に損害はなかった。木更津空の9機は被弾3機、軽傷1名の損害をこうむった。

天候の回復で久しぶりに実施されたこのガ島空襲では、日本側の陸攻1機、搭乗員7名の損害に対して、米軍は空戦で3機のF4Fとパイロット1名を失うという結果に終わった。

例によって、空戦が基地よりもっと遠いところで起こっていたら、被弾でエンジンが停まったモレル少佐機も未帰還になりF4Fの損害は4機になっていたはずである。このモレル機だけは戦闘報告書の中で明確に零戦の射撃を受けたと記録されているが、その他のF4Fの損害については被弾の詳細がわからず、もしかすると陸攻の防御砲火による損害なのかも知れない。

一方、12時5分にショートランド基地を発進してE4番索敵線を哨戒中だった東港空の九七大艇2番機、貴島予備中尉機(8名搭乗)は12時5分に「敵見ゆ」との発信をしたのち、未帰還となった。貴島機を撃墜したのは、この日、九七大艇の撃墜を報告しているVP-23のカタリナ、フランシス・レイリー中尉機である。水上機母艦「マッキナック」から発進した哨戒飛行艇である。同じ飛行艇でもカタリナは要所要所に装甲が施されており、武装もなかなか強力なので、戦闘機でも不用意に挑戦すると危険な相手だった。

この日、陸戦隊のラビ攻略部隊はとうとう全面撤退を命じられ、翌6日の午前2時、生存者全員が日本軍艦艇に収容された。

この6日にも、ショートランド基地を5時10分、索敵哨戒に発進した東港空の九七大艇が米哨戒機と空戦を交えた。特に3番機、高橋幸蔵飛曹長の大艇は6時30分、サンタイザベル島西北でB-17と交戦して撃退。11時30分、ショートランドから84度、400浬付近で、さらに双発の飛行艇2機と交戦、12時40分まで1時間余りも銃火を交えるなど、2回も交戦した。この両空戦で高橋機は20ミリ170発、7・7ミリ1730発を射撃したが、機体に36発も被弾して帰還した。11時30分に遭遇した双発飛行艇は「マッキナック」のカタリナと思われるが、この時期の戦時日誌が残っていないため、カタリナの損害の有無はわからなかった。

同じくショートランドを5時に発進した東港空の索敵哨戒4番機、東崎留記一飛曹機も索敵開始から間もなくB-17と交戦、20ミリ20発、7・7ミリ22発を放って戦ったが1発被弾、機長が軽傷を負ったため索敵哨戒任務を切り上げて6時に帰ってきた。

この6日、そして翌7日とも、基地航空隊はポートモレスビー攻撃に兵力を集中したため、ガ島攻撃は実施されなかった。そしてポートモレスビーでは邀撃戦闘機と遭遇しなかったため、戦爆共に空戦の損害も戦果もなかった。7日の爆撃では「滑走路引き込み線に弾着、炎上一箇所」と報告されているが、対空砲火は熾烈で木更津空では3機が被弾、1機はラエに不時着して大破してしまった。

この日、サンタイザベル島のレカタ湾に、予てから予定、準備を進めていた水上機の前進補給基地が設置された。R方面航空部隊から抽出された人員は指揮官の伊藤進大尉（讃岐丸）、指揮官付き1名、警戒隊10名、通信員3名、整備員31名、信号員1名、看護員2名、主計兵3名であった。

7日には、E2番索敵線を哨戒中だった浜空の九七大艇と、同じく索敵哨戒中だった第42爆撃飛行隊チャールズ・ノートン中尉のB-17E型「ジャップぶん殴り屋ベッシー」が遭遇、銃火を交えた。ノートン機は潤滑油タンクに7・7ミリ弾が命中、第1エンジンから発火してしまったが、日本の四発飛行艇に対しては目に見えるような損傷は与えられなかったと報告している。浜空機は被弾のため哨戒を途中で打ち切り帰ってきた。ノートン機はその後、レカタ湾で大発7隻と、水雷艇1隻を発見、20分間にわたって掃射した。この船艇がレカタ基地関係のものだったのかどうかは不明だが、掃射では目立った被害も与えられず、ノートン機の尾部にはまた7・7ミリ1発が当たった。レカタ基地にはR方面航空部隊から抽出された基地員以外にも、特別陸戦隊員44名が配備されているので。そられの兵員と補給物資を運んできた船艇だったのかもしれない。

二十五航戦の戦時日誌から、この大艇が浜空の所属なのはわかったのだが、浜空の行動調書が9月1日までの分しか残されていないので、空戦の詳細はわからない。この大艇は被弾したが、死傷者も出ていないらしいので、この空戦は日米双方の引き分けに終わったようだ。

こんな大型哨戒機同士の遭遇戦は9月に入ってから5、6、7日と、連日のように起こっており、たいがいは双方が被弾して引き分けになるか、日本側が撃墜されてしまっていた。しかし翌8日には大艇が重爆に完璧な勝利を収めることとなる。

九七大艇、ついに宿敵「空の要塞」B-17を撃墜

9月8日、4時30分、暁暗の中、東港空の九七大艇、鈴木充由特務少尉機はブーゲンヴィル島の南端、ショートランドの水上機基地を発進、E1番索敵線での哨戒任務に就いた。

5時40分、鈴木機はレンドヴァ島沖で第42爆撃飛行隊ロバート・リチャーズ大尉のB-17E型「スティングレー」と遭遇した。両機は高度300メートルで大型機の緩慢な機動で互いに有利な位置を占めようと旋回しながら、およそ50分間にもわたって撃ち合った。鈴木機はB-17からの射弾4発を受けたものの、尾部の20ミリ機銃がB-17に向くよう巧みに操縦し20ミリ44発、7・7ミリ1240発を撃ってこのB-17を撃墜、7時に無事帰還した。レンドヴァ島にいた沿岸監視員ハリー・ウィッカム軍曹が、この九七大艇とB-17との大型機同士の空中戦を目撃している。空戦に破れたリチャーズ大尉機は墜落で搭載爆弾が誘発、大爆発が起こり地面に巨大なクレーターができた。B-17の乗員は10名全員が戦死した。

大艇による初めてのB-17確実撃墜戦果である。

一方、同時にショートランドを離水、E2番索敵線に向かった松本憲有大尉の九七大艇も11時15分に、サンクリストバル島の東方海上で「コンソリ」と遭遇した。この「コンソリ」は、二十五航戦の日誌には「双発飛行艇と交戦」と記されているので、4発重爆のB-24リベレーターではなく、同じコンソリーデーデット社のPBY-5カタリナ飛行艇である。松本大尉は25分間にわたってこの飛行艇と空戦を交え、撃墜はできなかったが、追い払い、2発被弾しただけで15時には無事帰還している。このカタリナも宿敵「マッキナック」の所属機ではないかと思われる。

この日、ショートランド基地にほど近い海岸ブイン（米軍呼称はカヒリ）に海軍の第四建設派遣隊（小川設営隊）が上陸した。小川設営隊はガ島への航空攻撃を強化するため、ここに飛行場を建設するためにやって来た先遣隊であった。小川設営隊はただちに作業を開始、16日は第十八設営隊が、22日には第十六設営隊がブインに到着し、飛行場の急速設営に着手することになる。当初は9月25日までに不時着場として整備し、戦闘機27機が使用可能の飛行場としての完成予定日は10月5日と定められていた。

ラバウルとガ島のほぼ中間に位置するブイン基地は、完成後、ソロモン航空戦でもっとも重要な海軍航空隊の最前線基地、そして激戦の中心となる。

ヘンダーソン飛行場では早朝から、飛行場奪回のためガ島に上陸した川口支隊の兵員や揚陸物資を狙った対地攻撃任務のため、海兵隊のSBD艦爆と陸軍のP-400が数機ずつ

日本の飛行艇と、米軍重爆との空戦は大半が引き分けで、日本側が撃墜されてしまう場合もあったが、9月7日の空戦では九七大艇がB-17を撃墜した。

海上哨戒のため低空を飛ぶB-17。機首の下に丸い対艦船レーダーのドームが突き出している。これら、単機で哨戒に飛ぶ米軍機は、同様に単機で哨戒に飛んでいる日本海軍の飛行艇とよく遭遇し、激しい射撃戦を交えることも多かった。

代わる代わる出撃していた。13時30分、225キロ爆弾を搭載して離陸を試みた第67戦闘飛行隊のヘッド中尉機は滑走路の深い泥に主脚を取られて機体は大破、炎上した。中尉は軽い火傷を負っただけで無事だった。しかし近づく雨季による降雨がもたらした滑走路の泥は飛行機の絶え間ない離着陸でさらに深くなっていた。この泥濘がカクタス空軍に零戦との空戦よりも大きな被害をもたらすことになる。

川口支隊は米軍の空襲に悩まされる一方、背後のタイボ岬に米軍が上陸を開始したため、救援を要請した。第十一航空艦隊は「8日朝、巡洋艦1、駆逐艦6、輸送船6タイボ岬付近に現る。R方面航空部隊は薄暮時全力を挙げて敵を攻撃すべし」との指令を発した。これを受けてショートランド基地からは「千歳」の堀端大尉が率いる零観12機が発進した。全機が60キロ爆弾を各2発ずつ懸吊している。第一攻撃目標は輸送船、第二目標は巡洋艦。攻撃が薄暮とされたのは、脆弱な水上機がヘンダーソン基地の米戦闘機の邀撃を避けるためであった。

爆装した零観隊は途中、前々日に設置されたばかりの水上機補給基地レカタに着水。燃料を補給した後、15時45分、タイボ岬沖を目指して次々と離水して行った。だが「神川丸」の零観1機は、主浮舟に浸水があり、離水の際、陸岸に衝突、転覆、偵察員が軽傷を負ってしまった。これで1機減り、攻撃に参加したのは11機となった。

16時50分、日没から35分たったとき「讃岐丸」零観はヘンダーソン基地と思われる辺りに灯りを認めた。「讃岐丸」2番機は右後方から迫ってくるSBD艦爆2機を発見。灯りはSBDの航空灯だったのだ。2番機が爆弾を投棄して射程100メートルで旋回機銃の射撃を加えると航空灯は消えた。零観1番機も直ちに爆弾を投棄して右垂直旋回で回避、次いで左に旋回した。ここまでは2番機もついて行ったが、その次の右旋回で遂に1番機、高野大尉機を見失ってしまった。2番機はSBDの不確実撃墜を報じたが、高野機は未帰還になってしまった。2番機は、1番機は自爆したものと思われると報告しているが、目撃はしていない。交戦したSBDはヘンダーソン基地のVMSB-232の所属機と思われるが、この時期の戦時日誌が保存されておらず、GR23の戦時日誌にも交戦した記録はなく、詳細についてはわからない。

攻撃隊は16時55分、タイボ岬上空に突入したが米艦船を発見できなかったため、爆撃目標を求めてツラギに向かった。ヘンダーソン基地では16時20分、おそらく沿岸監視員の通報で空襲警報が発令され、VMF-223とVMF-224のF4Fが発進していた。だがまた滑走路の泥でVMF-224のダーチィ中尉のF4Fが離陸に失敗して機体は大破した。

17時16分、零観は対空砲火を冒してツラギの軍事施設を爆撃したが、すでに日没となっていたため爆撃効果は不明だった。だが邀撃に飛来したF4Fも零観を発見できず、空戦にはならなかった。

17時55分、空振りに終わった邀撃を終えてＦ４Ｆがヘンダーソン基地に帰って来た。もはや暗くなっていたうえ地上は霧に包まれている。帰って来たワイルドキャットが着陸できるように、地上員たちが滑走路の縁に松明を立てて回った。懸命の努力にもかかわらず、この貧弱な照明設備と泥濘のため、Ｆ４Ｆは次々に着陸事故を起こした。ＶＭＦ-２２４では2機が事故を起こしパイロット1名が軽傷を負い、ＶＭＦ-２２３では2機が衝突、1機は横転して裏返しになった。死者は出なかったが、この離着陸事故で邀撃に上がったＦ４Ｆ、全部で15機のうち5機が全損となったのである。ただでさえ数少ないヘンダーソン基地の邀撃機がまたずいぶん数を減らしてしまった。その上、ＶＭＦ-２２４ではパイロット5名と地上員多数が熱帯性の疾病で臥せっていた。

ワイルドキャットを着々と減らしてゆく零戦隊の活躍

翌9日、午前零時、ヘンダーソン飛行場はどこからともなく砲撃された。艦船からではなく、島に残っていた日本陸軍の野砲または山砲による射撃である。艦砲と比べると野砲、山砲では破壊力が桁違いに小さい。しかし散発的な射撃でも飛行場の管理運営作業を妨げる撹乱効果はあった。

5時5分にショートランド基地を発進した東港空の九七大艇は哨戒飛行を続けていたが、12時15分、これも哨戒飛行中だったと思われる1機のB-17と遭遇した。両機は互いに接近し12分間にわたって射撃戦を交えた。九七大艇は被弾25発を数え、指揮官の遠藤庄作特務中尉が機上で戦死してしまった。だが大艇は20ミリ60発、７・７ミリ５００発を撃って、このB-17を撃退している。

交戦したB-17E型は、7日にも九七大艇との空戦で被弾した第42爆撃飛行隊のチャールズ・ノートン中尉機で、日本軍飛行艇にも多数の命中弾を見舞ったと報告している。しかし彼のB-17も尾部と両翼にそれぞれ20ミリ弾が命中、７・7ミリが球形銃塔と操縦室、第2エンジンを貫通、さらに6発が機体に当たり、球形銃塔の射手、バーンズ一等兵が脚を負傷した。

ようやく天候が回復したこの日、ラバウルでは5時40分に零戦15機が発進、陸攻25機を掩護して、4日ぶりのガ島攻撃へと向かった。零戦は12機が台南空、3機が二空所属だったが、二空機は1機が主脚の不調で、もう1機は燃料漏洩のため引き返してしまった。

ヘンダーソン飛行場では8時45分に空襲警報が発令された。ＶＭＦ-２２４からは8機のＦ４Ｆが発進。だが2機が故障や事故で離陸できず、高度７８００メートルで空戦に入ったのは6機だけだった。

一方、ＶＭＦ-２２３のＦ４Ｆ8機は8時50分に邀撃のため発進した。だが2機がそれぞれエンジンとプロペラの故障のため、接敵する前に引き返してしまったので、空戦に入ったのは6機。来襲した「26機の双発爆撃機と掩護の零戦20機（米軍報告のママ）」に対して邀撃に上がったＦ４Ｆは計12機だったということになる。前日の事故による全損5機による兵力減が響いたのである。

まずガ島の上空に現れたのは25機の陸攻であった。掩護の零戦は少々遅れてついてきた。木更津空の陸攻８機は9時15分、フロリダ島ダイボ岬付近に第1目標であった米軍の輸送船を認めず、第2目標に定められていたガ島飛行場を爆撃する針路に入った。９時30分、爆撃照準中、ダイボ岬80度15浬方向に輸送船団を発見、目標を再度、輸送船に変えて爆撃針路に入った時、米戦闘機6機を発見。木更津空の行動調書には「この空戦で米戦闘機1機を撃墜。輸送船2隻、駆逐艦５隻を爆撃（２５０キロ7発、60キロ30発）、撃沈には至らず。損害なし」と記録されている。

千歳空の陸攻８機は9時30分、まず米戦闘機4機と交戦。その後シーラーク水道の米艦船を爆撃（２５０キロ８発、60キロ48発）したが、５分後、陸攻1機が自爆。50分には被弾した1機が編隊から脱落した。そこでグラマン約20機と交戦、20ミリ５４２発、７・７ミリ７２４２発を放ち、射手はグラマンの撃墜確実1機を報告しているが、1機が自爆（8名戦死）し、もう1機が帰途ブカに不時着し３名が軽傷を負った。

三澤空の陸攻9機は9時40分に２５０キロ爆弾３発、60キロ爆弾78発を投下、米戦闘機10機と交戦、20ミリ１８６発、７・７ミリ１６５７発を放ったが撃墜戦果は報告できず、陸攻１機が被弾、１機が行方不明（7名戦死）になった。陸攻の掩護を命じられていた零戦13機は9時40分にガ島に突入。陸攻はすでに投弾を終えて、10分ほど前からＦ４Ｆの攻撃を受け旋回機銃で激しく反撃している最中だった。陸攻を狙うＦ４Ｆに零戦が襲いかかった。

ワイルドキャットも零戦に反撃、ＶＭＦ-２２４のカンズ少尉は零戦の撃墜2機を報じたが被弾して左脚に軽傷を負った。その他、ＶＭＦ-２２４は爆撃機撃墜２機と不確実1機の戦果を報じたが、ムーア少尉は被弾で両脚を負傷、無事、着陸することはできたが機体は損傷がひどく修理不能で全損となった。また同ジョン・ジョーンズ少尉のＦ４Ｆがこの空戦で行方不明になった。

ＶＭＦ-２２３は爆撃機３機と零戦1機の撃墜を報じた。しかしエースのマリオン・カール大尉機が空戦中に行方不明になった（後に救助された）他、ウィンター中尉機はエルロンが効かない状態で着陸、駐機していたＳＢＤに衝突、プロペラとエンジンを損傷した。キャンフィールド中尉は爆撃機を攻撃、撃墜1機を報じた後、零戦に追撃され高度6メートルまで追いつめられて乱射された。彼は零戦から逃れるため、米軍の駆逐艦のそばへと飛んだが、遂にエンジンが止まり海上に不時着した。機体は30秒で沈んでしまったが、彼は駆逐艦に救助された。

台南空は9時40分から10時10分までグラマン約15機と交戦。3120発を放って撃墜確実6機、不確実3機を報告している。稲野菊一大尉の1小隊3機は720発を放って、奥村武雄一飛曹がグラマン撃墜1機を報じ、二空の輪島由雄飛曹長は240発を撃ってグラマン撃墜1機、台南空1中隊3小隊は720発を射撃、戦果なし。2中隊1小隊も720発で、小隊長の山下佐平飛曹長がグラマン撃墜1機を報告、2中隊3小隊も720発で、中谷芳一三飛曹がグラマンの不確実撃墜1機を、中湊恒好一飛がグラマン撃墜1機を報じている。

この空戦では零戦に損害はなかったが掩護が遅れ、F4Fに陸攻への攻撃を許したため陸攻3機（戦死15名、負傷3名）が失われた。ワイルドキャットは陸攻の防御砲火と零戦との空戦で4機（戦死1名、負傷1名）が失われた。

大地を揺るがす八十番の炸裂。邀撃のグラマン4機。どん底のカクタス空軍

9月10日、またも日米の哨戒機同士が海上で遭遇、銃火を交わした。大型機同士で空戦を交えたのは、4時10分、ショートランド基地を発進した東港空の九七大艇、中山沢雄一飛曹機である。大艇の任務はインディスペンサブル礁の写真偵察であった。中山一飛曹機は11時50分、単機飛行中の「コンソリ」を発見。前述したように、この頃、海軍が行動調書に書いている「コンソリ」は、四発重爆のB-24リベレーターではなく、PBY-5カタリナ飛行艇である。

中山機は5分間にわたって射撃戦を交え、4発被弾したものの、20ミリ4発、7・7ミリ95発を撃ってカタリナを撃退した。被弾も弾薬消費も少ないところから、この空戦は、互いにあまり積極に戦ってはなかったようにも思える。対戦したカタリナは、米海軍のVP-11のジョセフ・ヒル中尉機で、日本の4発飛行艇との空戦で被弾損傷したとされている。前日の空戦で遠藤中尉が機上戦死してしまったことから、東港空ではあまり敵機を深追いするなとの指令が出ていたのかも知れない。

9月に入ってからの日米哨戒機同士の空戦はこれで5日から数えて6日連続で、空戦の回数は8回、それぞれ九七大艇とB-17各1機を失う、互角の戦いをしていた。

6時42分、小雨が降る曇天を冒してラバウルの西飛行場、ブナカナウ基地を発進した三澤空11機、木更津空11機、千歳空4機、計26機の陸攻は、台南空零戦12機、二空零戦2機とラバウル上空で合同、ガ島に向けて進発した。

10時、陸攻隊はツラギ上空で約10門の高角砲による猛烈な対空射撃を受けつつ針路を南、ヘンダーソン飛行場へと転じた。木更津空の陸攻は9機が高角砲の破片で損傷していた。相変わらず激しい対空射撃を受けながら10分後、投弾。三澤

空は２５０キロ11発、60キロ42発を、木更津空は８００キロ３発、２５０キロ８発、60キロ48発、千歳空は８００キロ１発、２５０キロ３発、60キロ18発を投下した。投弾は２分で終わり、陸攻隊は北西に旋回、帰還針路をとった。この日から、陸攻隊は３９３キロもの炸薬を充填した八十番、８００キロ爆弾を使いはじめた。

　爆撃の３分後の10時15分、カクタス空軍のワイルドキャットが襲いかかって来た。

　ヘンダーソン基地では９時15分に空襲警報が発令され、11機のＦ４Ｆが発進していた。しかしＶＭＦ－２２４のＦ４Ｆ、６機は曇天のため日本軍編隊を発見できなかったのか交戦しなかった。残るＶＭＦ－２２３のＦ４Ｆ、５機も１機がエンジン故障のため引き返したため、空戦に参加したのは４機だった。

　緊密なＶ字編隊を組んだ陸攻隊からの防御砲火を冒してＶＭＦ－２２３のＦ４Ｆは三澤空の陸攻に攻撃を集中した。三澤空機は20ミリ80発、７・７ミリ５３０発を放ち、米戦闘機の撃墜３機を報じたが、１機が自爆、もう１機が行方不明になった他、３機が被弾（空戦によるものか、対空砲火によるものかは不明）、２機が不時着（死傷者はなし）してしまった。行動調書には行方不明１機、自爆１機としるされているが、大破機は無とされているので、この不時着機２機は、搭乗員も傷ついていないし、予定外の飛行場に緊急着陸した機体で、全損にはなってないものと思われる。

　つづく木更津空機も防御機銃を３千発も射撃、撃墜３機（三澤空機との協同撃墜と思われる）を報じたが、陸攻１機がＦ４Ｆの攻撃で傷つき編隊から脱落、高度を失って行った他、もう１機が空戦で被弾した。千歳空機には損害はなかった。

　行方不明になった三澤空２小隊の小隊長、飯塚豊中尉の陸攻は、空戦で左舷エンジンに被弾、速度が落ちて編隊から脱落してしまった。それでも飛行を継続していたが、正午頃、ニュージョージア島の浅瀬、マングローブの林にとうとう不時着水してしまった。着水時６名が無事だった。生存者は７・７ミリの旋回機銃２挺を取り外し、弾薬も携行、友軍戦線までの帰還を試みたが、どんな事情だったのかは不明だが、結局は連合軍側の現地人とギゾ島から来た警備隊に捕らわれ、捕虜としてガ島へと送られた。

　飯塚小隊では彼の小隊長機をはじめ、２番機、田中市治二飛曹機は自爆、３番機、小野久雄一飛曹機は不時着するなど、この小隊に被害が集中している。三澤空のもう１機の不時着機は中隊長、森田美吉大尉の陸攻で、ブカ島まで辿り着いている。

　台南空の零戦がグラマンと激しい射撃戦を交えていた陸攻の掩護にかけつけたのは交戦が始まってから５分後だった。高塚寅一飛曹長率いる零戦６機は上空掩護に残り、エース、太田敏夫一飛曹を列機に従えた河合四郎大尉の６機が４機のグラマンに空戦を挑んだ。発見したF4Fが4機とひどく少なかったため、上空からさらに多くのF4Fが現れるのではないかと警戒して、台南空は高塚中隊を上空掩護に残したのかも知れない。

零戦6機対4機のF4Fの空戦は5分で終わり、河合四郎大尉の1小隊は機銃弾350発を放って、太田敏夫一飛曹がグラマン撃墜1機を報告。大野竹良中尉の2小隊も350発を放ち、佐藤昇二飛曹がグラマン不確実撃墜1機、米田忠一飛がグラマン撃墜1機を報告している。行動調書にしるされた台南空の総合戦果は撃墜確実2機、不確実1機、弾薬消費は700発というものであった。

VMF-223の撃墜戦果報告は爆撃機の撃墜4機、しかし空戦でポンド少尉機が行方不明になってしまった。ポンド機が零戦に落とされたのか、陸攻の防御砲火にやられたのか米軍の記録には詳細がしるされていない。

連日の邀撃でカクタス空軍のワイルドキャットは稼働機が減りつづけ、パイロットも被弾による負傷や熱帯性の疾病によって飛べなくなった者が続出していた。地上員の間では下痢が蔓延していた。この爆撃ではヘンダーソン飛行場の戦闘機用滑走路に大型爆弾が1発命中し、一時使用不能になり、近くの防空壕に退避していた地上員数名が戦死するなど、少なくとも15名が死傷した。今回、初めて投下された八十番の威力である。これまでも二十五番、250キロ爆弾はよく使っていたが、恐るべき破壊力の八十番は米軍を驚かせている。しかし米軍は日本海軍が投下したのがまさか800キロ爆弾とは思わず、1000ポンド(450キロ)爆弾が落ちたと記録している。

10日の空戦では陸攻2機と搭乗員15名が犠牲になったものの、零戦隊は無傷でF4Fを1機葬った可能性が高い。しかしカクタス空軍の戦力低下は、この日がどん底であった。とはいえ、たった4機のワイルドキャットによる5分間の空戦で、2機もの陸攻が撃墜されてしまっている。F4Fの50口径機銃6門の強火力に対して陸攻はあまりにも脆弱であった。翌日にはカクタス空軍には強力な援軍が飛来する。そうして海軍航空隊、とくに陸攻隊はさらに恐ろしい犠牲を重ねてゆくことになる。

息を吹き返すカクタス空軍。「サラトガ」戦闘機隊VF-5の来援

9月11日、空母「雲鷹」が運んで来た六空の一号零戦(零戦二一型)12機がラバウルに到着した。新型の二号零戦(零戦三二型)は飛行性能こそ向上したが航続距離が短くなってしまい、ラバウル基地から遠くガ島までの作戦行動ができなかったため、一号零戦が補充されたのである。

7時30分、ラバウルでは小福田租大尉が率いる零戦15機(六空12機、二空3機)が、ブナカナウを発進した陸攻隊27機(木

更津空12機、千歳空3機、三澤空12機）と合同して空中発進、前日とは打って変わって晴れ渡った空をガ島へと向かった。

陸攻隊は10時40分に爆撃針路に入った。陸攻は猛烈な対空砲火を受けながら5分後、飛行場周辺及び南側陣地を爆撃（木更津空800キロ3発、250キロ8発、60キロ58発、千歳空800キロ1発、250キロ2発、60キロ12発、三澤空800キロ2発、250キロ7発、60キロ42発）。炎上一箇所が認められた。10時48分、木更津空の陸攻はグラマン約6機を発見、空戦が始まった。木更津空は機銃1040発を射撃、5分間の空戦で撃墜1機を報じたが、1機が自爆し、2機が被弾、その他に対空砲火で3機が被弾した。千歳空機も爆撃終了後、グラマン約9機と空戦、1機が被弾した。三澤空の陸攻は攻撃されなかった。

八十番、800キロ爆弾の炸裂は地震のように大地を揺らし、米軍は「待避壕を跡形もなく吹き飛ばし、死傷者が続出した」と報告している。

カクタス空軍では9時55分に、VMF-224のF4Fが7機、邀撃に発進していた。VMF-223は5機が発進したが、1機が酸素吸入装置の故障で脱落した。VMF-224のうち3機は空戦高度に達することができなかったが、ゲイラー少佐のF4Fだけは帰途についた21機の爆撃機と2機の零戦と交戦。双発爆撃機1機を確実に撃墜、もう1機を不確実撃墜した上に、零戦の撃墜1機も報告しているが、ゲイラー機は陸攻の反撃を受けて発火、着水を余儀なくされたが負傷を免れ、彼は岸まで泳ぎ着いた。VMF-223はのワイルドキャット4機は爆撃機5機を撃墜したと報告している。

掩護の零戦隊六空の12機は、陸攻とグラマンの空戦開始から2分後の10時50分、陸攻を攻撃するグラマン4機を追撃したが、撃墜することはできず、11時に戦場を離脱した。5分後、ルッセル島の南方でB-17、1機を発見、攻撃したが撃墜することはできなかった。弾薬消費は20ミリ250発、7・7ミリ580発であった。空戦によるものか、事故なのかは不明だが六空の零戦、村上繁次郎一飛機が行方不明になってしまった。二空の零戦3機は接敵しなかった。

この日の空戦では陸攻、零戦各1機、搭乗員計8名が失われた。F4Fも1機が着水したが、零戦隊が撃墜を報じていないので、前記のように撃墜1機を報じている木更津空の陸攻による戦果であろう。

14時30分、雷撃を受けて戦場を去った空母「サラトガ」の戦闘機隊、VF-5の24機のF4Fが増援のため飛来した。「サラトガ」機は連日の空戦で、F4F稼働11機まで消耗して、もはや風前の灯となっていたVMF-223とVMF-224に合流した。こうしてカクタス空軍戦闘機隊の戦力は一挙に3倍になったのである。

ガ島守備隊も「敵飛行機グラマン20機、B-17、1機飛行場に着陸せり、之は本日新たに空輸せるものと判断す」と、サラトガ隊の到着を認め、無線で報告している。

一方、海上では「山陽丸」の零観、松永飛曹長機がサンタイザベル島ムフ岬および、セントジョージ島での舟艇機動部隊の陸兵救助に向かう途中の15時50分、セントジョージ島西側でSBD艦爆2機と遭遇、高度100メートルで空戦となり、前上方から一撃で1機を撃墜、もう1機は逃走したと報告している。使用弾薬は7・7ミリ110発。交戦したSBD艦爆はガ島から北西160キロ地点で報告された日本海軍の重巡1隻、駆逐艦2隻を攻撃するために13時55分、ヘンダーソン基地を発進した13機のSBDのうち2機と思われる。視界が非常に悪かったため目標を発見できたSBDはたったの4機で、至近弾1発を見舞ったと記録されている。しかしGR23の戦時日誌には、零観との交戦も、損害も記録されていない。

この日、8時54分、特設水上機母艦「國川丸」は180度、高角3度、距離25000メートルにPBY飛行艇を発見した。この頃「國川丸」は駆逐艦「村雨」とともに、日本海軍の左翼最北端、サンタクルーズ諸島北方海面を索敵哨戒していたのである。

15分で搭載の零観2機を射出。1番機の操縦は太田晴蔵飛曹長、2番機は酒井史郎一飛曹が操縦していた。9時5分、逸早く高度をとった1番機は高度1500メートルから、1200メートルにいたカタリナに三撃を加えた。そのうちに2番機も来着、高度を下げつつある飛行艇に追尾射撃を加え、遂に着水させた。使用弾薬は7・7ミリ1930発。不時着現場には「村雨」が急行。大尉1名、少尉2名、下士官5名からなる乗員を捕虜にした。現場に残された飛行艇は、零観が60キロの通常爆弾を各2発ずつ投下して炎上沈没させた。

このカタリナはサンタクルーズ島のグラシオサ湾にいた水上機母艦「マッキナック」VP-11の所属機で、パイロットはカールトン・クラーク少尉だった。「國川丸」の戦闘詳報によれば、彼らは尋問されたが、なかなか口を割らず、しかし聞き出せた情報から、駆逐艦2隻によって特別奇襲隊を編成、18日の夜間にグラシオサ湾を急襲して「マッキナック」と飛行艇隊を壊滅させる計画が立てられた。

ところが日本海軍はクラーク中尉等が口を割らなくても飛行艇の基地の在り処をすでに察知していた。日付が11日から12日に変わる頃、グラシオサ湾に在泊中の「マッキナック」と「バラード」、そして飛行艇を狙って艦砲6発が撃ち込まれた。発砲したのは日本海軍の浮上潜水艦と思われ、米軍はただちに照明弾を打ち上げ反撃したが射撃効果は不明。損害は弾片で艦体が少々傷ついただけだったが、翌朝、「マッキナック」と「バラード」、飛行艇隊はエスピリツサントへと撤退してしまった。

米軍記録にある浮上潜水艦は「伊三十一」であった。だが射撃を始めると、米軍の照明弾で辺りが真昼のように照らし出され、反撃砲火で至近弾があり、砲も故障したため、浮上砲戦は10発で切り上げ、急速潜航避退している。

そして前述の駆逐艦による特別奇襲隊とは別に、第二十七駆逐隊の「白露」と「時雨」が12日の16時、もはや日没に近く暗雲に閉ざされていたグラシオサ湾を砲撃した。だが、この時にはすでに「マッキナック」は撤退していた。しかし日本海軍はなおもその事実に気づかず、19日夜に駆逐艦「村雨」「五月雨」による特別奇襲隊が遂にグラシオサ湾に突入。湾内を探照灯で隈なく捜索したが、もはやここはもぬけの殻だった。

陸攻を襲う「サラトガ」戦闘機隊

9月12日、6時、天候晴れ、倉兼義男大尉が率いる零戦15機（二空12機、六空3機）がラバウル基地を発進、陸攻26機（木更津空9機、千歳空6機、三澤空11機）と合同した。

9時45分、陸攻隊は高度7千メートルで爆撃針路に入り、目標に向かって増速してゆくため緩降下に入った。やがて陸攻隊を迎えた米軍の対空砲火は猛烈で木更津空の1機が自爆した。米軍も「ワイルドキャットが空戦に入る前に、海兵隊の90ミリ高射砲の直撃で陸攻1機がまばゆいオレンジ色の閃光を発して爆発。飛行機と搭乗員の断片がヘンダーソン飛行場に飛び散り落ちて来た」と記録している。激しい対空砲火の中、3分後、陸攻は高度6300メートルで投弾（250キロ21発、60キロ134発）、飛行場にいた24機を火網で包み、炎上3箇所が認められた。米軍も地上のSBD艦爆3機が破壊されたと記録している。爆撃を終えた陸攻の編隊は北西に旋回、帰還針路をとった。

10日と11日に使用し、滑走路と掩蔽壕を破壊、その威力で米軍を戦慄させた八十番の使用は2日きりで終わってしまったようだ。

投弾後、空戦が始まった。晴天の空、100キロ先まで見通せるほどの好天だった。カクタス空軍は9時25分の空襲警報に接して、VMF-223は4機、VMF224は7機のF4Fを発進させたが、海兵隊の両飛行隊のF4Fで交戦できたのは4機だけだった。邀撃戦の主役となったのは新鋭の「サラトガ」戦闘機隊、VF-5のワイルドキャット21機だった。

VF-5の指揮官、シンプラー大尉のF4Fは爆撃終了後、高度6300メートルを飛ぶ陸攻に降下突進射撃を加え、高度4500メートルで機体を引き起こし、ふたたび攻撃するため高度をとった。すると1機のF4Fを襲う2機の零戦が見えた。扶援のため急上昇。ガ島のVF-5は、戦闘機1機1機の行動を記録した詳細な戦闘記録を残している。これを参照しながら、しばらくはVF-5機の空戦機動を追って行くことにする。

同じくVF-5のリチャードスン中尉はアイヒェンバーガ

日本軍の爆撃で破壊されたヘンダーソン基地のSBD艦爆の残骸。

ー機とローチ機を率いて高度７５００メートルから陸攻隊を降下攻撃。命中弾を認めたが陸攻に目立った損害は与えられなかった。彼は爆撃機編隊をもう一度攻撃するため左側に上昇しながら、編隊を組み直そうと思っていた。上昇中、僚機はどちらも見えなくなっていた。左後上方から第二撃をかけると、小口径の機銃弾が主翼前縁と操縦席に命中。弾片で両脚に負傷した。またオイル管も切断されたため操縦席内にオイルが噴出しつづけた。床は穴だらけになっており、風防と計器盤も破損していた（着陸後、調べてみると機体の損傷は零戦に撃たれたものであることがわかった）。攻撃中も攻撃前も零戦の姿はまったく見かけていなかったが、攻撃後には、前方に零戦を見かけたので手負いになっていたリチャードスン中尉は退避して帰還。着陸後、彼は病院に向かった。

ローチ少尉は陸攻編隊右翼の最後尾機を水平位置から側撃した。その機体は発煙したが編隊から脱落はしなかった。煙は白く、機体下部から出ていた。その時、スプリットＳ（背面降下反転）機動している零戦が見えたので、Ｓ機動を終えた刹那、射撃、降下追撃した。その時、彼は別の零戦が後方から肉薄して来ていることに気付いた。ローチ少尉は追跡中の零戦に斉射を放った。その零戦は機体を水平にしたが、全弾を撃ち尽くした少尉は降下状態のまま戦場を離脱した。

アイヒェンバーガー少尉のＦ４Ｆは空戦で被弾。彼はエンジンが停止したまま着陸を試みたが墜落、戦死した。

ワスロヴスキー少尉を列機に従えたクラーク中尉は、ヘンダーソン飛行場6・4キロ北西で陸攻の編隊を捕捉した。掩護の零戦は陸攻編隊の左側で空戦していた。そこでクラーク編隊は陸攻編隊の右側から攻撃。彼は700発を放って1機を撃墜して、見回すと高度1800メートルに明らかに損傷した爆撃機がいた。攻撃したが、発砲できたのは機銃1門だけで、それも弾は3発しか出なかった。そこで彼は帰還した。

クレインマン少尉機も陸攻の編隊を右側から攻撃。彼が狙った爆撃機は左エンジンから発煙、編隊から脱落して約30メートル遅れた。行動調書によると、木更津空の陸攻1機は投弾直後、グラマンの射撃で左燃料タンクから発火、自爆したとされている。同機を射撃したのは、このVF-5のクレイマン少尉機かも知れない。木更津空は空戦で3500発を放ち、撃墜1機を報じているが、対空砲火で1機、空戦で1機が自爆した他、1機が着陸時に大破、陸攻3機と搭乗員15名を失った。

VF-5のマンキン一等飛行兵と、ワゾロヴスキー少尉は投弾の直後、おそらく対空砲火で損傷して編隊から脱落してやや低い高度を飛んでいた陸攻2機をサヴォ島上空で撃墜したと報告している。この2機の陸攻は行方不明になったと記録されている三澤空の2機かも知れない。三澤空は20ミリ274発、7・7ミリ2073発を射撃、撃墜5機を報じたが、行方不明2機の他、4機が被弾している。

千歳空は20ミリ228発、7・7ミリ2392発を射撃し撃墜確実1機、不確実4機もの撃墜戦果（木更津空、三澤空と協同？）を報じているが、1機が不時着（軽傷1名）、さらに4機が被弾した。

零戦隊は陸攻を攻撃するグラマン17機と交戦、六空の零戦3機は1機が被弾したもののグラマン撃墜2機を報告、二空の12機は20ミリ508発、7・7ミリ2700発を発砲、撃墜確実10機、不確実3機もの戦果を報じたが、1機が被弾、もう1機、倉兼大尉の列機、岡崎虎吉二飛曹機が行方不明になってしまった。

VF-5のルーズ少尉機は発進が遅れたため、爆撃機を攻撃するための高度が十分にとれないまま、高度6千メートルで零戦2機と遭遇したが、機銃の故障で射撃できなかった。零戦2機は降下してゆき、うち1機は高度4500メートルでグリンメル中尉機に攻撃されて燃料の尾を曳き始めた。グリンメル機は地上近くまでその零戦を追撃、同時にルーズ少尉等も降下して燃料の限界まで追ったと報告している。この零戦が岡崎二飛曹機だったのかも知れない。

ガ島攻撃隊は、この日、6機もの陸攻と搭乗員29名、零戦1機と搭乗員1名を失った。米軍の損害は1機のF4Fとパイロット1名だった。このF4Fを撃墜したのが陸攻なのか、零戦なのか、日本側の記録にも米軍記録にも詳しい記述がなく、これはもはや確定できない。

第67戦闘飛行隊の地上員は、空襲後、ヘンダーソン基地一帯に日本機の破片と搭乗員の遺体やその断片が散乱し、その日の午後、彼らは15名の日本海軍搭乗員を埋葬したと日記にしるしている。

第42爆撃飛行隊のB-17スティードマン大尉機はギゾ島沖で、複葉で双浮舟、水冷エンジンを備えた水上機5機の攻撃を受けたが被害はなく、うち2機を撃墜したと報告している。スティードマン大尉の報告の水上機とはかなり形が異なるが、この日、泊地上空哨戒中だった「神川丸」の水戦4機がB-17を発見、約70浬追撃したが遂に見失ったという記録がある。

この夜は、新たにガ島に上陸した川口支隊によるヘンダーソン飛行場への総攻撃が予定されていた。攻撃は17時から発起され、夜明けまでに飛行場を奪取することになっていた。ラバウルではガ島の飛行場占領後、翌朝、ただちに進出、飛行場に着陸する挺身飛行隊として六空の零戦9機が出動態勢を整えて、攻撃成功の報せを待っていた。

22時からは軽巡「川内」、駆逐艦「敷波」「吹雪」「涼風」がルンガ泊地付近の米軍陣地を艦砲射撃した。射撃は一時間にわたって継続され、第67戦闘飛行隊の隊員の日記によれば、航空機が数機破壊されたという。カクタス空軍では弾片で2名が戦死、2名が負傷している。

川口支隊の第一次飛行場攻撃、失敗

9月13日、川口支隊は12日の20時からヘンダーソン飛行場奪取を目指し、飛行場南側の高地の第1海兵連隊、第3大隊の防御線への攻撃を開始した。しかし各大隊の行動は連携を欠き、米軍陣地を突破することはできなかった。しかし川口支隊による第一次攻撃失敗は海軍へと伝わらず、海軍はガ島の飛行場が現在どうなっているのか、判断に苦しんでいた。

午前2時、「神川丸」の水戦2機がレカタ基地を発進した。海軍は陸軍の攻撃がどう進展しているのか確かめるために、ガ島飛行場の黎明偵察を試みたのだ。4時15分、二式水戦は高度100メートルまで降下、飛行場をつぶさに偵察、6時にショートランド基地へと帰って来た。水戦の搭乗員は「滑走路南端に焚き火ふたつを確認、さらに米軍戦闘機3機が在空していたが、飛行場に飛行機はなく、付近に戦闘の発射火光などを認めず、対空砲火もなかった」と報告。水戦搭乗員が見た焚き火は、海軍が陸軍に実施を要望した「完全占領、味方部隊飛行場使用可能」を表す信号と合致するものであった。水戦の報告に接した海軍は川口支隊が飛行場の占領に成功したのではないかという希望的観測を抱きつつあった。

一方、快晴のラバウルからも4時30分に台南空の零戦9機が田中陸軍参謀を便乗させた二式陸偵2機を掩護してガ島へと発進していた。もし計画通り川口支隊が飛行場を占領していたら、陸偵1機がそこに強行着陸する手筈になっていた。

７時40分、目標に達した陸偵は米軍の小型機４機を発見、いったんガ島の末端に退避した。８時45分、陸偵は飛行場を偵察、ガ島西部で米軍機と思われる小型機６機を認めた他、飛行場に大型1機、小型40機を認めた。

ヘンダーソン基地は未だ米軍の掌中にあることがはっきりとわかった。

掩護の零戦隊は８時、晴天に積雲が点在するガ島上空に突入していた。

ヘンダーソン基地では７時50分に空襲警報が発令され、VMF-223の11機、VMF-224の５機とVF-5の10機、計26機のF４Fが邀撃に発進した。

VF-5、クラーク中尉の４機編隊は緊急発進した後、２機ずつの緩やかな編隊を組み、高度７５００メートルまで上昇しつつあった時、零戦６機に奇襲された。突然、零戦が優位から先頭機を狙って降下してきたのである。零戦は機体を引き起こし右に旋回、４番機のイネス少尉はこの零戦を狙って撃った。零戦は発煙。だが別の零戦に撃たれてイネス機も操縦席の前方と床で火災が発生、少尉はただちに風防を開けて脱出した。だが落下傘は中途半端にしか開かず、クラーク中尉機とストーヴァー中尉機、クレインマン少尉機は螺旋旋回しながら高度３６００メートルまで、彼に付き添って降下して行った。高度７５００メートルから海に落ちたイネス少尉は大火傷を負っていたが、救助艇のヒギンスボートに救助されて生還した。

だがクラーク小隊は高度３６００メートルでまた零戦３機ないし４機に攻撃され、今度はクレインマン機の姿が見えなくなった（後に無事着陸）。彼ら２機は高度１８００メートルの雲を目指して降下、零戦は追撃して来た。それからは雲の中に入ったり、出たりする格闘戦が20分から25分続き、クラーク機は零戦1機を捕捉、２秒間の連射（約７００発）を見舞い発火させた。僚機のストーヴァー中尉はその零戦は丘に墜落したと証言している。だが落とされた零戦の列機がクラーク中尉の死角にいて、射撃をはじめた。彼はそちらに向かって急旋回したが、錐揉みに陥ってしまった。クラーク機は高度１２０メートルでなんとか姿勢を回復したが、零戦はまだ追って来た。速度を回復した彼はふたたび急旋回で敵機に向かったが、またも失速して錐揉みに陥ってしまった。眼下の丘が見る見る迫って来る。彼は木の梢すれすれでようやく錐揉みから回復した。だが零戦は執拗に追尾して来ていた。そこはククムの西16キロ地点だった。彼はフルスロットルで海岸に沿ってルンガ岬へと飛んだ。零戦は三回攻撃を試みた。しかし水面への接触を恐れたのか、海上すれすれを飛んでいたクラーク機に対する攻撃は慎重過ぎて、有効射程よりも遠くから撃つばかりだった。その時の速度は３９０キロ／時。

ルンガ岬（の米対空砲陣地？）からの射程内に入ると零戦は去って行った。彼は無事に帰還することができたが、機体には6発の弾痕があった。

ストーヴァー中尉機も、イネス機が撃墜された時、零戦に撃たれて尾部を穴だらけにされていた。彼はさら２４００メートルまで降下、追跡してきた1機の零戦が前方で機首を引き起こした時、短い連射を放つと発火。その零戦は降下して行き、丘の頂きに落ちた。その直後、彼はもう1機の零戦にも連射を放ち、同機は白い煙を吐きながら、2回ぐるりと旋回して見えなくなった。その後30分、ストーヴァー中尉は雲の中に入ったり、出たりしていた。その間、零戦2機が雲の上方３００メートルにおり、ストーヴァー機が姿を現すたびに攻撃してきた。クラーク中尉が零戦1機を撃墜するのが見えたが、零戦2機が彼をまた雲の中に追い込んだ。30分後、零戦が去ったので、高度をとり、機体がどのくらい損傷しているか試し、彼は基地に帰った。垂直安定板と方向舵に弾が当たっており、命拾いできたのは装甲板のおかげだった。ストーヴァー機は１３９０発を射撃、零戦の撃墜確実1機、不確実1機を報じ、零戦の機動性能は優秀だが、搭乗員の空戦技倆と射撃は拙劣だったと報告している。

ＶＦ‐５ではイネス機に加えて、ウィルマン少尉機が撃墜されて、彼は戦死している。

また発進事故で、ＶＭＯ‐２５１のラトリッジ少尉のＦ４Ｆが失われ、少尉は重傷を負った。

ＶＭＦ‐２２３ではスミス少佐とフィリップス中尉がそれぞれ零戦の撃墜確実1機を報じたが、マクレナン少尉機が行方不明になり、この朝、増援としてやって来たばかりのハーリング少尉がおそらく酸素供給装置の故障で墜落戦死、フィリップス少尉機がひどく被弾、少尉は無事だったが機体は全損になった。

ＶＭＦ‐２２４ではハートリー中尉が零戦の撃墜1機を報告、全機が無事に帰還した。

二式陸偵は8時45分「味方戦闘機空戦中」、その後「着陸不能につき帰途につく」と報告している。

台南空の零戦9機は8時50分までグラマン20数機と交戦、この空戦で4機もの零戦が行方不明になってしまった。稲野菊一大尉の小隊3機は５００発を射撃。稲野大尉がグラマン1機を撃墜、台南空の誇るエース3名、奥村武雄一飛曹はグラマン3機の撃墜を報告、3小隊長、大木芳男一飛曹と列機、太田敏夫一飛曹は３５０発を放ち、それぞれグラマン2機ずつを撃墜したと報じている。総弾薬消費は20ミリ７００発、7・7ミリ4千発だった。

しかし古参のエース、3番機の羽藤一志二飛曹が行方不明になってしまった。高塚寅一飛曹長が率いていた2小隊は、彼自身を含め3機すべてが行方不明になっている。帰還した搭乗員が報告した撃墜戦果の合計は8機だった。実際、米軍はこの朝の空戦で5機のＦ４Ｆとパイロット3名を失い、さらに3名が空戦で被弾、重傷を負ってる。台南空は零戦4機と搭乗員4名を失った。米軍の撃墜確実4機の報告は極めて正確で、台南空の戦果報告も米軍の損害にほぼ等しく、この日は双方とも空戦につきものの誇大な戦果報告はなかったと言える。

こうして海軍はガ島の飛行場が未だ米軍の掌中にあることを、ようやく確認したのである。

だがラバウル基地からは、まだ海軍がガ島飛行場は奪回できたのか否か判断に苦しんでいた朝の8時に陸攻18機が零戦12機に掩護されてガ島へと発進していた。その時点では飛行場が日米どちらの物になっているのか判別できていなかったためか、攻撃隊の目標はダイボ岬の米軍陣地だった。しかし8日に同地に上陸した海兵隊は同地の日本軍部隊を追い散らし残置された兵器資材を破壊または捕獲すると、すぐに撤退してしまっていたので、爆撃地点は無人だった。

11時35分、陸攻隊は爆撃針路に入った。猛烈な対空射撃を受け、その5分後にはグラマン15、16機との空戦が始まった。11時45分、陸攻隊は襲い来るＦ４Ｆと激しい射撃戦を交えながら目標を爆撃。２５０キロ爆弾18発、60キロ爆弾１０５発が誰もいないジャングルに投下された。

カクタス空軍は、この2回目の空襲に対して18機のＦ４Ｆを離陸させた。木更津空の陸攻9機は３２７０発を射撃、撃墜1機を報じたが6機が被弾、2機が編隊から脱落し、1機が行方不明（7名戦死）になり、もう1機は、日本軍の水上機基地があったサンタイサベル島のレカタ湾まで飛んで不時着水した。千歳空の2機は20ミリ２５０発、７・７ミリ１２８４発を撃ち、1機が被弾した。グラマン10機と交戦した三澤空の7機は、20ミリ１６６発、７・７ミリ１３２５発を放ち、1機が被弾したと報告している。

ＶＦ-5の戦闘報告書によれば、レジスター少尉等の8機は、高度７５００メートルで飛来した陸攻を前上方から攻撃。レジスター機が撃った陸攻は急機動で編隊から脱落。再度、左側から射撃。撃たれて降下する陸攻を追って行くと、その陸攻は発煙しながらも高度3千メートルで機体を水平にした。Ｆ４Ｆが側上方からさらに射撃すると左エンジンから発火したが、レジスター機は全弾を撃ち尽くし、燃料が乏しくなったため帰還した。同、ブライト少尉は、攻撃を受けた陸攻隊は飛行場の東30キロ地点で爆弾を投棄したと報告している。陸攻隊は目標であったダイボ岬を狙って正確に投弾したのだが、そこに誰もいないことを知っていた米軍は、それが爆弾の投棄に思えたのである。

ＶＦ-5のクレインマン少尉は衝突寸前まで接近して射撃、離脱して、2回目の攻撃では後方、遠距離から射撃した。彼に撃たれた陸攻は編隊から急降下分離、速度５００キロ／時で降下して行った。彼が後下方からもう一撃加えると、左エンジンから発煙、針路を北にとって飛び、後部射手は射撃をつづけていた。傷ついた陸攻は高度150メートルで爆弾を投棄。少尉はもう2回攻撃し、全弾を撃ち尽くし、その陸攻は水中に墜落した。

同ストーヴァー中尉は爆弾投下前に2機の陸攻が撃墜されたと報告している。これは編隊から脱落した木更津空の陸攻2機に違いない。この2機はレジスター機とクレインマン機が相次いで攻撃し、編隊から脱落させたらしいことが、VF-5の戦闘報告書から読み取れる。レジスター機は着陸直前に燃料が切れ、滑空で着陸したがパイロットも機体も無傷だった。

台南空の河合四郎大尉に率いられた零戦12機が空戦に入ったのは10時50分、陸攻がグラマンとの空戦に入ってからすでに10分がたっていた。零戦は12時から15分間にわたってグラマン十数機と交戦、1400発を射撃、撃墜9機を報じている。海軍VF-5のF4Fが零戦に襲われたのは陸攻への攻撃をたっぷり堪能してからだったのだ。

ローシ少尉が零戦を発見した時の高度は7800メートルだった。零戦は優位から攻撃して来た。少尉が降下加速を得る前に零戦が彼に追いつき、命中弾を見舞った。7・7ミリ銃弾は彼の右腿を傷つけ、エンジンを止めフラップを使えなくした。少尉はプロペラが止まった状態で爆撃機用の滑走路に無事に着陸、救急車に乗せられ病院に搬送された。だが他のVF-5機はみな無事に帰還した。しかし海兵隊のVMF-223では、この日の朝に増援されたばかりのチェンバレン中尉機が行方不明（後に生還）になり、コンガー少尉機がひどく撃たれて全損となった。

台南空の零戦は全機が無事に帰還したが、チェンバレン機、コンガー機を仕留めたのが零戦なのか、陸攻の防御砲火なのか正確にはわからなかった。米軍は爆撃機5機、零戦の撃墜3機の撃墜を報告している。この日、2回目の空戦では2機の陸攻と搭乗員7名が失われ、空戦による米軍の損害は2機のF4Fのみであった。

水戦、SBD艦爆を撃墜。ガ島飛行場は未だ米軍の掌中にあり

13時10分「神川丸」川村飛曹長と、川井一飛曹の水戦2機がガ島飛行場をふたたび偵察するために発進した。この頃、ヘンダーソン基地に関する情報は未だ錯綜としており12時50分、ショートランド基地にはガ島敵飛行場占領との情報が入っており、それを確認するための偵察であった。ところが水戦が発進して20分、今度はガ島飛行場はまだ占領されていないとの追加情報が入電、第十一航空艦隊はR方面航空部隊に偵察に赴いた水戦が米軍機に奇襲されることを危惧して「敵飛行場占領不確実を知らせ注意せしめよ」と命じたが、ショートランド基地からの無線通信距離が最大で100浬だった

ため、もう川村小隊の水戦に警報を出すことはできなかった。

15時、ガ島に到着した水戦は飛行場は米軍が使用中で、B-17が1機、地上を滑走しているのを認め、飛行場の北側から激しい対空射撃を受けた。しかし川村小隊は状況を詳細に偵察するためしばらく粘り、折から着陸しようと進入してきたF4Fを1機を補足。川村飛曹長の水戦が撃墜した。そして16時10分、水戦は両機とも無事、レカタ基地に帰還した。米軍は15時30分に、2機の二式水戦がヘンダーソン基地上空を旋回、哨戒任務から帰って来たジョンスン少尉のSBD艦爆を撃墜したと記録している。SBDの乗員は2名とも戦死した。川村飛曹長がSBDをF4Fと誤認したのは明らかである。

一方、レカタ湾には朝方1機のB-17が飛来していた。対空警戒中だった「讃岐丸」の零観2機の1番機、渡部中尉機が8時15分、B-17に前上方から4撃を加える。2番機の山田一飛曹機はエンジン不調のため攻撃を断念したが、渡部機は「山陽丸」の零観2機、松永飛曹長機、山本二飛曹機とともにさらに攻撃、8時45分、B-17は燃料槽4個？を投下して逃走した。搭乗員は「不時着確実」と報告している。渡部機の弾薬消費は7・7ミリ400発、機体には1発被弾していた。「山陽丸」の零観2機は8時35分、高度2000、3000メートルの雲間に発見した同じB-17に連続攻撃をかけ、山本機は4発被弾したが、両機で7・7ミリ1050発を射撃。B-17は燃料を噴出、燃料タンク2個を投棄して遁走したと報告している。が、交戦したB-17は第42爆撃飛行隊のB-17、ワーテル大尉機で機首銃塔が故障していたが、3機と交戦して複葉水上機1機を撃墜。主翼と胴体に7・7ミリを被弾、尾部射手のローリー軍曹が負傷したと記録されている。かなり痛めつけられたようだが、不時着はしていない。米軍はレカタ湾に水上機基地があるのではと怪しんで、B-17を偵察に飛ばしたのだろう。この日の空戦で疑惑は確信に変わったはずだが、基地の正確な存在、そして位置はまだ掴んでいなかった。

13日の空戦では零戦4機と搭乗員4名、陸攻2機と搭乗員7名（戦死1名、捕虜6名）が失われ、米軍は7機のF4Fとパイロット2名、1機のSBD艦爆と乗員2名を失ったのである。

この日、ガ島の南西200キロ地点でVS-3「サラトガ」飛行隊のSBD-3、ウェーガー少尉機が哨戒飛行中に海に不時着水した。無線で「着水」の報告は入ったが、原因はわかっていない。日本側の哨戒機と遭遇し撃墜されたのかも知れないと推測して、該当しそうな部隊の行動調書を調べてみたが、日本機による空戦や撃墜戦果の報告は見つからなかった。


水戦3機、全機未帰還。

二式陸偵も未帰還、ガ島飛行場偵察失敗。


9月14日、8PRS（第8写真偵察飛行隊）のペタースン中尉のロッキードF-4写真偵察機がポートモレスビーを午前4時に発進した。ニューギニア北東部、ブナ方面の偵察に向かったが、そのまま未帰還となった。F-4とはP-38ライトニングの写真偵察型である。この日、P-38の撃墜を報じている日本機はなく、捜索に出た別の機体も悪天候のため引き返してきたので、ペタースン機は天候不良による航法ミスで墜落したものと思われる。

午前4時45分、レカタ基地では東方1キロを高度500メートルで航進中の1機のB-17を認め、「神川丸」水戦5機が発進した。日本軍の水上機基地の在り処を探して嗅ぎ回っている哨戒機である。米軍は日本海軍の水上機の基地がこの辺りか、ギゾ島か、そのどちらかにあるのではないかと睨んで探し回っていたのである。

B-17は大型燃料槽1個を海に投下して雲の中に逃げ込んでしまったため、追跡は思うにまかせなかったが、3番機、川井一飛曹は雲の中にふたたび機影を発見。一撃を加え(20ミリ60発、7・7ミリ150発)、5分間、白煙を噴出させた。川井機はさらに約10分間、追跡をつづけたが、また雲の中に見失ってしまった。撃墜はできなかったが、レカタ基地の所在はまだ露見していない。しかしB-17がまた前日に引きつづき、ふたたび水戦の邀撃を受けたことで是が非でも基地を見つけ出そうと決意したはずだ。

6時30分、「神川丸」の水戦3機がふたたびレカタ基地を発進した。任務はガ島偵察、指揮官は5時30分に明け方のB-17邀撃から帰ったばかりの川島中尉である。3番機もまた邀撃から帰った大山二飛曹だった。

海軍の南東方面軍は陸軍の川口支隊との連絡が途絶したまま、ガ島の飛行場が未だ米軍の掌中にあることを確認した。そこで、なんらかの理由で川口支隊が飛行場への総攻撃を12日から13日に変更したのではないかと推測していた。これは陸軍と海軍の連絡不備ではなく、現地の陸軍第17軍司令部ですら川口支隊の状況を把握できずにいた。当時の野戦部隊の無線通信能力というものはこんな程度だったのである。

海軍は希望的観測に基づいて、13日の夜半からの攻撃で飛行場が川口支隊によって占領されているのではないかと期待して、その確認のために3機の水戦を送り出したのであった。

川島政中尉の2番機は、前日、ヘンダーソン基地上空でSBDを撃墜した川村万亀夫飛曹長の二式水戦だった。ガ島上空は晴天、高空に積雲があった。しかし12日の夜襲につづく川口支隊による13日の夜襲も、実は失敗に終わっていた。しかし攻撃は成功の瀬戸際まで迫っており、米兵が飛行場の端まで侵入してきた日本兵を撃退したのは、ようやく朝の7時になってからだった。この戦闘や砲撃によって飛行場で死傷者は生じなかったが、カクタス空軍のパイロット達は眠ることも食べることもできない一夜を過ごしていた。

7時30分、ヘンダーソン基地では空襲警報が発令された。ＶＦ-５のＦ４Ｆが6機、東に向かって緊急発進してゆく。一方、低空からガ島の上空に進入した3機の二式水戦は、北方に高度１５００メートルで東に向かって飛んで行く米軍の双発輸送機ＤＣ-３を発見。水戦1機は高度９００メートル、もう1機は３００メートルからＤＣ-３に接近して行った。川島中尉以下の水戦搭乗員は、この絶好の獲物を撃ち落とそうと躍起になり、警戒が疎かになっていた。

前日の川村飛曹長のみごとな撃墜戦果に刺激され、功を焦っていたのだろうか。

その時ちょうど、緊急発進で上昇中、高度９００メートルに達していたＶＦ-５のＦ４Ｆ、ハルフォード・ジュニア少尉は高度２４０メートルの低空で南方から接近して来る二式水戦2機を発見、右旋回で水戦の指揮官機の後方に入り射撃、水戦は発火した。搭乗員が脱出したが、少尉は2回にわたって銃撃し、落下傘降下中の搭乗員を射殺した。彼の弾薬消費は１４００発。ほとんど全弾を撃ち尽くしている。

同じくストーヴァー中尉も、高度３００メートルで4機の二式水戦（米軍報告）が飛来、飛行場に向かっていたＤＣ-３への第一撃を開始しようとしているのを発見した。すると目前でシンプラー大尉のＦ４Ｆが編隊から離れ、二式水戦を狙って降下突進、格闘戦の後、二式水戦３機が地上に、１機が海面に墜落したと報告している。

数機のグラマンに撃たれた二式水戦は荒々しく上昇旋回し、危うくストーヴァー機に衝突するところであった。中尉はその水戦を追跡、後方から撃ちまくりながら後方15メートルで機銃が突っ込みを起こすまで約千発を撃ちつづけてから機体を引き起こした。操縦席に発砲煙が充満したので、彼が風防を開けて振り返ると燃える水戦が地上に落ちるのが見えたと報告している。後にモーガン少尉が発火するまで、同じその水戦を撃っていたこともわかった。

ウェンロヴスキー少尉が後方と正面から二撃（１２００発）を加えた二式水戦も、モーガン少尉が発火させたと報告されている。1機の撃墜を報じているモーガン少尉は顔に熱気を感じるほど間近で水戦が発火したと報告している。

ＶＦ-５のＦ４Ｆは水戦の撃墜4機を報じて全機が無事に帰還した。こうして「神川丸」の水戦３機は未帰還となり、南東方面司令部に飛行場の情報をもたらすことはできず、川口支隊の状況は相変わらず五里霧中のままとなった。

7時45分、薄曇りのラバウル基地からもガ島飛行場を偵察する台南空の二式陸偵、林秀夫大尉機と、これを掩護する二空の零戦11機が発進した。だが零戦は1機が故障で発進できず、1機は脚が故障、もう1機は酸素吸入器の故障で引き返し、11時20分にガ島まで到達したのは8機だった。

一方、警報で緊急発進したカクタス空軍でも事故が起きていた。ＶＭＦ-２２３のＦ４Ｆ、トウブリッジ中尉機が離陸中にハートリー中尉のＦ４Ｆに衝突、両機とも完全に破壊されトウブリッジ中尉は重傷を負ってしまった。

VMF－223は8機、VMF－224では3機、VF－5からは13機、計24機のF4Fが発進した。

VF－5のブライト少尉は「日本軍の双発機は南方から高度4500メートルで飛来、3千メートルまで降下、明らかに写真偵察のため対空砲火を浴びながら飛行場上空を旋回していた」と、報告している。

高度7500メートルにいたVF－5の数機が降下攻撃に入り、ブライト少尉は750発を射撃。しかし敵機が今までにない高速で飛去って雲に入ってしまったため、撃墜はできなかった。少尉が取り逃がしたのは明らかに台南空の二式陸偵である。彼は「その双発機は主翼の後端まで伸びる大型の液冷エンジンを搭載しており、爆弾は搭載していなかった。ローチ少尉機が全弾を射撃するなどグラマン数機が撃ちまくり、明らかに被弾しているのにもかかわらず撃墜できなかった。もしかすると装甲され自動防漏タンクを装備していたのかも知れない」と推測している。二式陸偵のエンジンは零戦と同じ栄二一型で液冷ではない。またとくに厳重な防弾、防火装備も施されてはいなかった。落ちなかったのは、たまたま致命部への被弾がなかったからだろう。

海軍のVF－5は撃墜できなかったが、海兵隊VMF－223のフレイツァー少尉とリーズ少尉のF4Fは協同で双発で双尾翼の機種不明機を撃墜、落とした機体はフォッケウルフ、またはハインケル製のドイツ機ではないかと報告している。この日、行方不明になってしまった林大尉の二式陸偵は前日を含めてこれまで何度もガ島に飛来している。だが二式陸偵がガ島で撃墜されたのは初めてだった。当時、少しでも性能の良い、変わった機体が出現すると、ドイツ機だと報告される例が多い。まだ日本軍が優勢であったこの時期にあっても、米兵には日本の兵器に対する人種差別的な侮りと、ドイツの技術に対する畏れがあったのである。撃墜報告をした彼らの脳裏には、当時、欧州で活躍していた双発双尾翼のメッサーシュミットMe110のイメージがあったのかも知れない。

二空の零戦8機は11時45分からグラマン二十数機を発見、ただちに攻撃に入った。指揮官の倉兼義男大尉が278発を撃って撃墜1機、倉兼小隊の3番機、未来のエース、1100発を撃った長野喜一一飛が撃墜2機、不確実1機、角田和男飛曹長が310発を撃ち撃墜1機、611発を撃った丸山龍雄二飛曹が撃墜確実2機、不確実2機を報じるなど、零戦8機で20ミリ433発、7・7ミリ6130発を射撃して、グラマン6機の撃墜、不確実3機もの戦果を報じている。しかし真柄侼一一飛曹の零戦1機が交戦中に行方不明になり、もう1機が潤滑油系統故障による発動機の不調でショートランドに着水してしまった（搭乗員の輪島由雄飛曹長は救助された）。

しかし二空零戦隊の戦果報告はほとんどが誤認で、米軍の損害はＶＭＦ-２２３のＦ４Ｆ、ラムロー少尉機が被弾して、彼が臀部に負傷したのみだった。おそらく背部の防弾鋼板が彼の命を救ったのであろう。

だがこの日、哨戒飛行に飛んでいたカクタス空軍ＶＭＳＢ-２３２のＳＢＤ艦爆、カウフマン少尉機は午後の哨戒飛行中、海に墜落している。原因は不明とされているが、帰途についた二空の零戦と遭遇して撃墜された可能性もなくはない。

この偵察でも二式陸偵、林機が未帰還になってしまったので、ガ島飛行場の状況は依然として詳しくはわからず、海軍南東方面は判断に苦しんでいた。

「飛行隊の全力を挙げて敵航空戦力を撃滅せよ」水上機21機の薄暮攻撃

そんな中、この14日、第十一航空艦隊司令部から、Ｒ方面航空部隊に水上機によるガ島飛行場の薄暮攻撃が命じられた。攻撃は日没の５分後、全力を挙げて、ガ島飛行場の米航空戦力を撃滅せよとの命令だった。

出動命令を受けた水上機は午前中から続々とショートランド基地を発進。いったんレカタ基地に着水、燃料を補給した。14時45分、水戦２機、零観19機（60キロ爆弾各２発を搭載）からなる攻撃隊はレカタを発進した。

「千歳」の堀端大尉が率いる攻撃隊は３個中隊に編成されていた。１中隊は「神川丸」水戦２機。２中隊は「神川丸」零観２機、「千歳」零観８機。３中隊は「山陽丸」零観５機、「讃岐丸」零観４機であった。

攻撃隊は飛行高度２千ないし、３千メートルでガ島北西側より接近、西岸に沿って南下、ハンター岬より北上していった。15時50分、３中隊は２中隊と分離、別隊形をとりつつ16時15分、飛行場を発見した。３中隊はその東方約５キロの草原とおぼしき箇所と、約７キロ先にそれぞれ火災を認めつつ、16時20分、飛行場上空に達し、以後、３中隊は各小隊ごとに爆撃、空戦を実施した。

この日の日没は16時17分だった。

ヘンダーソン飛行場では15時45分に、この日、三度目の空襲警報が発令され、ＶＭＦ-２２４から５機、ＶＦ-５が６機、計11機のＦ４Ｆが邀撃に発進していた。ガ島の西岸に沿って南下中の攻撃隊が発見されたのだろう。

警報を受けて発進したＶＦ-５のストーヴァー中尉機はまず７２００メートルまで上昇し、降下中、ガ島の南西、高度２４００メートルで２機のフロート付き零戦と遭遇した。小野中尉が率いる１中隊の「神川丸」の水戦である。ストーヴァー機は「水戦は撃ってきたが弾道は大きくそれ、彼の前方で機首を上げ、翼を翻した１機を発火、山腹に激突させた。もう１機は高速で西方に離脱していった」と報告している。

「神川丸」の小野大尉は２番機、大村二飛曹を正面から射撃、自爆させたグラマンに前上方から二撃（20ミリ１１０発、７・

７ミリ４００発）を加え撃墜したと報告している。だが戦闘報告書によればストーヴァー機に命中弾はなく、他のＦ４Ｆにも未帰還機はないので、20ミリ全弾を撃ち尽くした小野大尉の戦果報告は誤認であったということになる。

その頃、爆装した零観からなる２中隊10機、３中隊９機は飛行場の上空へと達していた。

２中隊、「神川丸」青野三飛曹の零観２番機は降爆中、Ｆ４Ｆの攻撃を受け、偵察員、藤村一飛が旋回機銃で反撃、１００発を放ったが、機体に９発被弾してしまった。２中隊の戦闘行動については「千歳」の戦闘詳報が保存されていないため、「神川丸」の戦闘詳報に記載されている簡単なこの記述以外は見付からなかった。この空戦で未帰還となった２中隊１小隊３番機「千歳」の山中二飛曹機は、ＶＦ-５の戦闘報告書で「編隊の最後尾機を射撃、発火させた」と報告しているウェソロフスキー少尉のＦ４Ｆが撃墜したものと思われる。

３中隊に関しては「山陽丸」の戦闘詳報に各機の行動が詳細に記録されている。

３中隊長機「山陽丸」の米田大尉機（３中隊１小隊１番機）は16時25分、高度２３００メートルから降爆運動に入った。松永飛曹長の１小隊２番機は１番機の後方約４００メートルに続航していた。この付近、高度２千メートルには薄い断雲があって、１番機がこの断雲の下際より降爆運動に移ろうとしていた時、左後上方からグラマン戦闘機１機が松永機の後方に追躡（ついじょう）しようとしているのを認め、直ちに左垂直旋回して避退するとともに爆弾を投下。空戦を予期したが米戦闘機は雲の下に機影を没して見えなくなってしまった。その後、松永機は戦闘機を警戒しつつ戦場から離脱。この際、飛行場上空で、敵味方不明の飛行機が１機、火を発して墜落してゆくのを認めている。さらに松永機は、飛行場南西方の二カ所に火災らしきものがあり、爆弾の投下位置から推測すると米機銃陣地に対して被害を与えたものと思われると、報告している。

ＶＦ-５のシンプラー大尉のＦ４Ｆは「高度４５０メートルで層雲の低い裾から飛び出してきた複葉の水上爆撃機１機を発見。優位から旋回接近を試みていると、別のグラマンが逆方向から接近、その複葉機を発火させてしまった。機体からは乗員１名が脱出したが、落下傘は燃えていた」と、戦闘報告書の中で述べている。この零観が空戦で自爆したと報告されている米田忠大尉機だったに違いない。だとすれば、落下傘降下を試みたのは米田大尉か、偵察員の佐藤慶治飛曹長だったはずだ。

３中隊１小隊３番機、今城一飛曹機は飛行場を発見し突撃隊形を作る前に２番機を見失い、雲の上を飛びながら飛行場上空に至り、滑走路の中央北側にボーイングＢ-17を認め降爆を試みたが、薄暮のため爆弾がどこに当たったのか確認できなかった。爆撃後、北西に高度を下げつつ避退し、米輸送船より北方海岸に荷揚げ中の小舟を銃撃（約100発）し、16時37分、帰途に就く。攻撃行動中、米軍機と交戦することはなかった。

2小隊1番機、「讃岐丸」の渡部中尉機は1小隊が突撃に転じた後、突撃隊形をとり高度2300メートルより飛行場東方より西方に向かい攻撃に入ろうとした時、右後方上方にグラマン3機が2小隊に対し攻撃態勢をとり、2番機に一撃を加えた後、1番機に対し右後方より2機、左後方より1機が銃撃を加えてきた。渡部機は直ちに爆弾を投下し、空戦を企図、左垂直旋回で射弾を避け、次いで攻撃に転じようと右旋回した。だが左後下方より攻撃してきたF4Fは一撃後、右に旋回し逃てしまった。渡部機は飛行場上空付近で米戦闘機を求めつつ、海岸線まで避退を図りつつある時、16時30分、零観1機がF4Fと交戦、自爆するのを認めた。渡部機は16時40分から17時までサボ島上空で友軍機を待ち合わせたが1機も現れなかったため、帰投針路をとり18時にレカタ上空に着いた。被弾は20ミリ機銃弾（報告のママ）6発だった。被弾は、F4Fが放った12・7ミリ50口径弾の弾痕を20ミリ機銃によるものと誤認したものと思われる。

2小隊2番機、「讃岐丸」の山田三飛曹機は1番機と同時に攻撃に転じようとした時、左後上方からグラマン3機の攻撃を受け、直ちに空戦を企図、爆弾を投下し左に射弾を回避したが被弾、偵察員が左かかとに貫通銃創を受け、同時に電信機が破壊され座席灯も点かず、操縦装置も故障してしまった。機体への被弾は36発を数えた。戦闘詳報には20ミリ36発被弾と記録されているが、これも誤認である。よほど50口径弾命中の破孔が大きく被害が甚大だったのだろう。

山田機を攻撃したのは「神川丸」の水戦と交戦した後、ヘンダーソン基地へと戻る途中、海上低空を飛ぶ複葉機を発見したVF-5のストーヴァー中尉機他のF4Fであったと思われる。彼は当初、山田機を米軍のSOC水上観測機ではないかと思い、射撃せずに接近、至近距離で零観と知り、海上高度300メートルでの格闘戦が始まった。ストーヴァー機は急旋回で射弾回避を繰り返す複葉機を8回にわたって射撃、何度も命中弾を見舞い、超低空を逃げる零観は10回も海面に接触してバウンドした。零観の後部射手は最初の何回かは撃ち返してきたが、やがて沈黙。射殺を確信したが、ストーヴァー中尉はサボ島東方8キロの海上で、ついに全弾を撃ち尽くし、この零観は放っておいても沈没すると判断して、撃墜確実と報告している。

だが山田機は帰ってきた。操縦の川元一飛は負傷した偵察員で機長の山田三飛曹を後席に乗せ、被弾により方向舵、補助翼、昇降舵ともに故障、震動し操縦も思うにまかせぬ機体を操り、真っ暗な海上で、羅針盤、座席灯も点灯せず航法も極めて困難な中、安定不良の飛行機で沈着冷静にレカタまで帰投、着水したのである。川元一飛はこの功績により善行表彰を受けている。

２小隊３番機、「讃岐丸」の佐久間一飛曹機は16時25分に突撃隊形を作った時、左後上方よりグラマン戦闘機３機が山田三飛曹の２番機を攻撃しようとしているのを発見、直ちに爆弾を投下し攻撃を開始。後上方からの一撃で1機を撃墜。海中に突入するを確認し、次いでルンガ岬方向に向かっていると、高度約２千メートルよりグラマン戦闘機1機が攻撃に転じるのを発見、敢然下方より攻撃、固定銃、旋回銃を以って射撃、約50メートルまで接近すると、Ｆ４Ｆは右旋回、燃料の白煙を噴出しつつ低空へ降下していったが速力差が大きく、視界も悪く、撃墜を確認することはできなかった。16時35分、基地に向け出発、18時50分レカタに帰投。被害は13ミリ機銃弾、被弾1発だった。

ただ前述のように、カクタス空軍のＦ４Ｆは全機が帰還しているので、佐久間機の撃墜戦果は誤認であった。彼が確認した墜落機はＦ４Ｆに落とされた零観か、銃撃で海面でバウンドした山田機だったのではないかと思われる。

３小隊1番機、「讃岐丸」の佐治特務少尉機は16時25分に突撃隊形を作り、高度２５００メートルで雲上から飛行場上空に入った。この時、佐治特務少尉は1小隊の零観を認めたものの雲のため、間もなく見失った。佐治機は雲の切れ目から降爆。高度１７００メートルで1発、１２００メートルでは銃撃しつつ２発目の60キロ爆弾を投下。西方に退避、この時、飛行場西部で２箇所の火災を認めた。その後、佐治機は蛇行しつつ列機を探したが発見できず、米軍機とも遭遇せず、単機でレカタ基地へと帰還した。

３小隊２番機、「讃岐丸」の京井一飛曹機は、1番機に後続していたが、突入後、見失ってしまった。京井機は飛行場の南東側に発見した小型機群を爆撃。投弾後、避退中、飛行場の数カ所で飛行機が炎上していたことを報告している。その後、集合地点に至るまでに２回にわたってＦ４Ｆを認めたものの空戦にはいたらず単機、レカタに帰還した。

３小隊３番機、「山陽丸」の吉村三飛曹機は飛行場到着後、２番機の後方１００メートルに位置していた。吉村機は高度２千メートルにあった断雲を利用しながら飛行場東側にあった小型飛行機群を狙って降爆。だが薄暮の暗さのため弾着は明確ではなかった。爆撃後、西南方５００メートル付近に断雲を認め、高度を下げつつ集合地点に至り、旋回して待つうち16時40分に２番機を認め、帰途についた。

以上のように水上機隊による薄暮攻撃は視界不良により爆撃効果は明確ではなく、全機が散り散りになって逐次レカタに帰ってきた。空戦による総戦果はＦ４Ｆ撃墜４機、不確実1機を報じている。うち水戦の小野大尉が２機、佐久間一飛曹が1機確実、1機不確実を報じているので、おそらく「千歳」の零観がもう1機の撃墜を報告しているのだろう。零観の爆撃による米軍の被害は第67戦闘飛行隊のＰ-４００が１

機、完全に破壊され、VMF-224では地上員2名が軽傷を負ったというものだった。

だがその一方で自爆2機（「神川丸」の水戦、「山陽丸」の零観各1機）、未帰還1機（「千歳」の零観）、被弾による不時着転覆1機（「千歳」）、不時着炎上1機（「千歳」、搭乗員無事）もの手痛い損害をこうむった。また「千歳」では、1名が機上で負傷した。米軍は水上機計9機もの撃墜を報じ、F4Fは全機が帰還している。

日本海軍航空隊は零戦1機と搭乗員1名、二式水戦4機と搭乗員4名、二式陸偵1機と搭乗員3名、零観4機と搭乗員4名を空戦で失った。空戦による米軍の損害は皆無である。

陸軍のガ島奪回作戦を支援するため、南雲機動部隊は9月9日から10日にかけてトラック基地から出撃、米機動部隊を求めて南下して来ていた。この日も索敵機を発進させて米機動部隊を捜索していた。ところが9時頃から機動部隊は米軍の飛行艇による触接を受けた。9時39分、空母「翔鶴」から零戦3機が発進。折から上空掩護中だった「瑞鶴」零戦3機と合同して、この飛行艇を攻撃。9時46分撃墜した。墜落したのはVP-23のPBY-5カタリナ飛行艇、バクスター・ムーア中尉機で「我炎上、墜落中」との発信を最後にムーア機は行方不明となった。

しかし米索敵機の触接を受けた南雲機動部隊は米機動部隊を発見できぬまま、捜索のために発進させていた索敵機を収容した後は燃料が乏しくなっていたことから、反転して補給地点に向かって北上して行った。

第二次大戦中もっとも効果的な雷撃。伊十九潜、空母「ワスプ」撃沈

9月15日、午前4時15分、黎明の空に東港空の九七大艇が4機、ショートランドを発進した。任務は依然として所在がわからない米機動部隊の捜索である。8時5分、中山一飛曹機がとうとうレンネル島の東方で空母1（ワスプ）、水上機母艦1、駆逐艦3を発見。9時、今度は輸送船団を発見「輸送船9、駆逐艦5」と打電した。

9時10分、南雲機動部隊は燃料の補給中に、九七大艇、中山機による米機動部隊発見の情報を受信、しかしそのまま補給作業をつづけていた。

9時5分、米機動部隊、空母「ワスプ」のレーダーは機動部隊に触接中の大型機を捕捉した。ただちに4機のF4Fが発艦。この四発飛行艇を攻撃して10時30分に撃墜した。これは行方不明となった東港空の大艇、米山茂大尉機と思われる。

レカタを発進した「聖川丸」の零式三座水偵2号機、大塚正倫飛曹長機も米機動部隊を発見、1時間にわたって触接中、米艦爆2機と交戦。7・7ミリ600発を放って1機撃墜、1機撃退の戦果を報じたが十数発の被弾で帰途、不時着水を余儀なくされ炎上、機銃、機密書類と搭乗員を回収した

後、機体は砲撃で沈没させた。

一方、触接を終えて帰途に就いた東港空の九七大艇、中山一飛曹機は14時にギゾ島付近で米軍機2機を発見、交戦して、被弾4発の被害を受けたものの、20ミリ45発、7・7ミリ350発を射撃、戦闘機1機の不確実撃墜を報じている。同じく橋村浩一飛曹の大艇も14時に2機を発見、空戦。20ミリ30発、7・7ミリ64発を射撃して撃退したと報告している。両機とも無事に帰還している。

米海軍の全喪失機リストには、この日、VF-5のF4F-4、5205号機(パイロット氏名不詳)が空戦で撃墜されたと記録されている。しかしVF-5の戦時日誌には損害はおろか、飛行艇と交戦したという記録すらない。この日、他にギゾ島付近を哨戒していそうな飛行機と言えば、カクタス空軍のSBD艦爆である。だが14時頃、飛行艇をはじめとする日本機と交戦したSBD艦爆も、その損害報告も見つからなかった。

米機動部隊では接近して来ていた四発飛行艇が果たして機動部隊を発見しているか否かの判断に苦しんでいた。しかし撃墜した飛行艇からショートランド基地への無線発信が探知されていないことから、飛行艇は機動部隊を認めていないのではないかということになった。しかし米機動部隊には別の恐るべき脅威が迫っていた。日本海軍の潜水艦である。

木梨艦長の「伊十九」が米機動部隊を発見し密かに射点に入っていたのだ。「伊十九」が放った6本の魚雷のうち3本は「ワスプ」を捉え、外れた魚雷も駆逐艦「オブライエン」(回航中に沈没)と、戦艦「ノースカロライナ」に命中した。米軍は「伊十九」は第二次大戦中でもっとも効果的な雷撃を行なったと認めている。

14時32分、2機ずつに分かれて索敵哨戒に出ていた「ワスプ」のSBD艦爆、計14機が帰って来た。SBDは燃える母艦の上空を旋回していたが、燃料切れで着水した1機を除いて除く13機が「ホーネット」へ無事に着艦した。「ワスプ」の沈没で24機のF4Fと、11機のSBD艦爆、10機のTBF艦攻、そしてJ2F-5が1機、計46機が失われた。生き残ったVF-71のF4F、8機と、VS-71と72のSBD艦爆17機は全機がいったん「ホーネット」に収容された。これら「ワスプ」の孤児たちは間もなくガ島に飛び、カクタス空軍の一員として戦うことになる。

被雷後「ホーネット」のSBD艦爆15機が下手人である潜水艦を捜索するために発艦した。SBDは捜索後、エスピリツサントに着陸するよう命じられていた。結局、SBDは木梨艦長の潜水艦を見つけられず、しかもうち5機は悪天候でエスピリツサントまで辿り着けず、着水(乗員は全員救助)してしまった。

東港空の九七大艇、「聖川丸」の零式水偵と交戦した2機というのは、これら米空母から放たれた哨戒機、SBD艦爆

9月15日、日本海軍の潜水艦「伊十九」の雷撃を受け爆発する米海軍の空母「ワスプ」。

の1編隊だったのではないかとも思われる。とくに「ワスプ」機の記録は母艦の沈没によって失われているので、詳細はよくわからない。だが、どうやら空戦による墜落機はなかったように思われる。

この日、曇り空のラバウルには4機のB-17が来襲。台南空、二空、六空の零戦計29機が邀撃したが、被弾4発の被害をこうむったのみでB-17を撃墜することはできなかった。

レカタ湾にはまた第42爆撃飛行隊のB-17、ワーテル大尉機が飛来した。ワーテル機は高度600メートルで爆撃、建物に至近弾を見舞い、銃座二つを沈黙させ、水中に双発の陸上機2機が沈んでいるのが見えたと報告している。米軍はまだ水上機基地の存在を確信してはいないが、何かあると勘づきつつあった。

レカタ基地、遂に発見される。悪天候の中で活躍する水上機部隊

翌16日、ツラギ沖の米輸送船団雷撃のために曇天のラバウルを発進したガ島攻撃隊は結局、積雲、驟雨のため目標に突入できず引き返してきた。以下、15日に引き続き、雨季の悪天候がつづき、9月27日までガ島進攻はなく、零戦による撃墜戦果はまったくない。

だがショートランドを発進した「神川丸」の水戦はトノレイ泊地の上空警戒中、9時40分、高度8千メートル、150

0メートル先に1機のB-17を発見。高度7千メートルにいた丸山一飛、渡辺一飛の両機は前下方、後下方からそれぞれ一撃ずつを加えた。しかし20ミリ60発、7・7ミリ500発を放った攻撃に目立った効果はなく、そのまま取り逃がしてしまっている。

15時55分、ガ島への「鼠輸送」隊、駆逐艦3隻はニュージョージア島東方で、米艦爆の攻撃を受けた。攻撃したのはカクタス空軍のSBD艦爆12機であった。この第七駆逐隊は対空砲火で5機を撃墜したと報告している。米軍はVS-3のニュートン少尉機が急降下爆撃からの引き起こしが遅れて海に突入したと記録している。3隻は無事ガ島に到着、補給物資の揚陸を終えている。

この日、R方面航空部隊の指揮官、城島高次少将は、連合艦隊司令長官宛に兵力の増強を要請した。連日の作戦で水上機は徐々に消耗しており、今後もこのような作戦を継続するならば、水戦21機、零観26機、水偵10機が必要であると思われるが、この日の稼働機は、水戦5機、零観18機、水偵3機である。緊急に補充増援を、と打電したのである。これを受け、十四空水戦隊（常用9機、捕用3機）が補充されることになり、これを受領するため「聖川丸」が17日、ラバウルを立って横須賀に向かうことになった。またさらに補充機の受け取りのため「神川丸」が22日にショートランドを離れ、同じく横須賀へと向かうことにもなった。城島少将はまた、南東方面部隊に対してレカタ前進基地の強化をも要請した。

当時、レカタの基地隊は総勢106名で、うち44名は特別陸戦隊員だったが、小銃と拳銃しか持っていなかった。対空火器は一切ない。だが連日のように米軍の哨戒機が付近を嗅ぎ回っており、基地の在り処が露見するのはいずれ時間の問題だった。空襲に対する備えは、破損した飛行機から取り外した機銃2、3挺だけであった。そこで機関銃中隊を有する特別陸戦隊1個大隊、高角砲2門、13ミリ以上の機銃5門の増援を要望した。当時、レカタどころか、ショートランドの基地にも固有の対空火器は何もなく、こちらからも第一飛行機隊基地、第二飛行機隊基地と部隊指揮所、そして東港空の飛行艇基地に各2門ずつ、計8門の13ミリ以上の機銃が必要であると要請している有様であった。

そして、この16日、とうとうB-17がレカタ基地を発見した。城島少将の危惧が早くも現実のものとなったのである。

翌17日、5時10分、VF-5のF4Fが前日、B-17が撮影した水上機基地を確認するためレカタへと飛んだ。怪しいものなど何もない美しいサンタイザベル島の沿岸を長々と辿り、レカタ湾に入ったシンプラー大尉等のワイルドキャット4機は、椰子林の中に建てられた家屋を発見した。岸辺の澄んだ浅瀬には2機の双発機と1機の複葉水上機が沈んでいる。浜辺には転覆した水上機がもう1機。さらにもう1機、完全な状態の水上機が係留されていた。14日の夕刻、ヘンダーソン

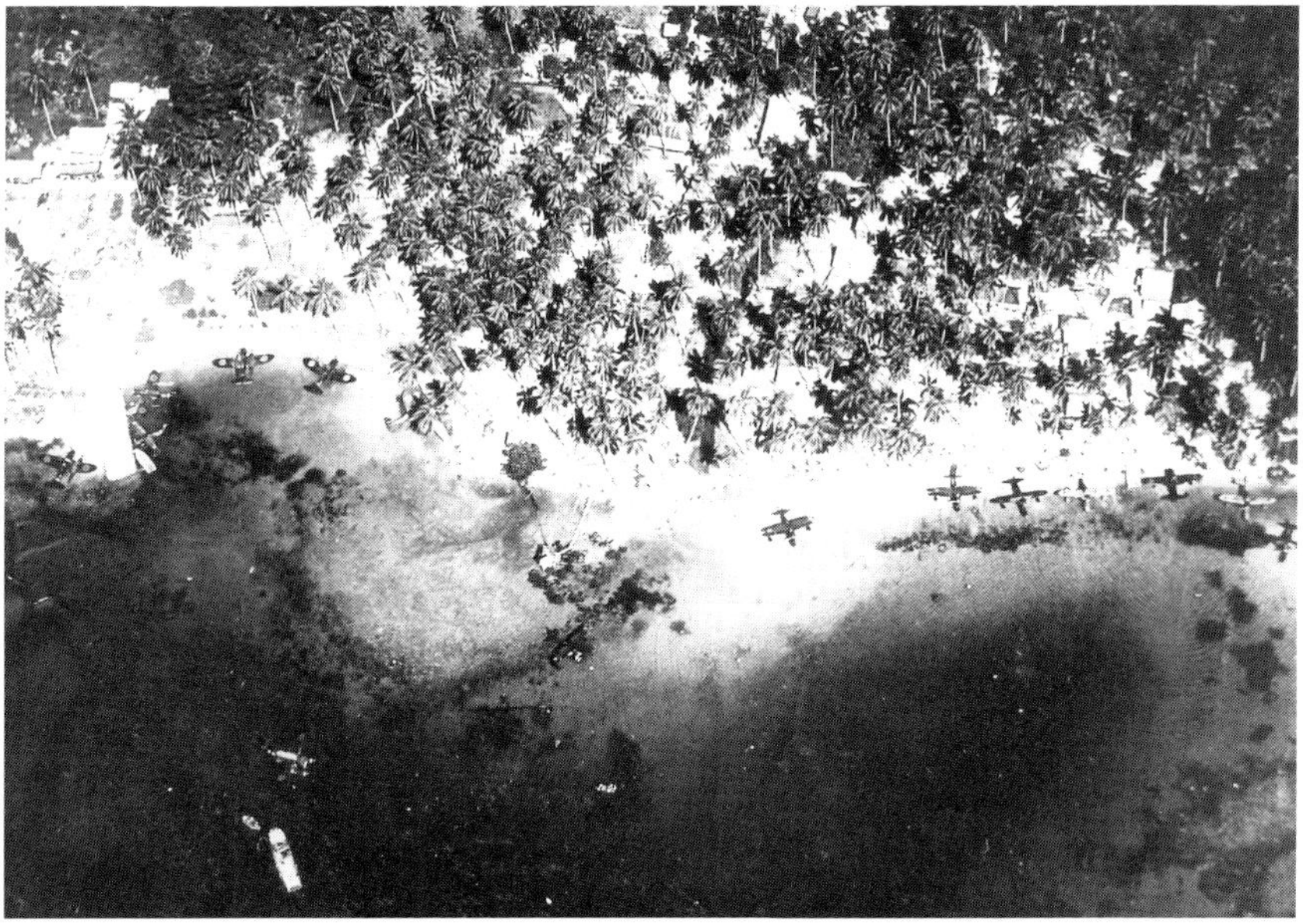
9月16日、サンタイサベル島の前進水上機基地、レカタは遂に発見されてしまった。写真は、R方面航空部隊の本拠、ブーゲンヴィル島のショートランド基地。

基地を襲った連中の片割れに違いない。

VF-5は「マンキン一等飛行兵が、機銃掃射でその水上機を発煙させたが、F4Fを狙って数挺の機銃と、少なくとも1門の20ミリ機銃が火蓋を切り、マンキン機の左昇降舵をほとんど吹き飛ばし、破片が方向舵を穴だらけにした。シンプラー大尉のエンジンにも7・7ミリ機銃弾2発が命中したが、F4Fはほとんど全弾を撃ち尽くすほど掃射を反復して、4機とも無事に帰還した」と記録している。

水中と浜辺で転覆していた零観は、14日の攻撃で被弾した「千歳」機に違いない。係留されていたのは同じく14日の被弾で飛行不能になり取り残されていた「讃岐丸」の山田三飛曹機ではないかと思われる。水中にあった双発機はガ島攻撃で被弾、帰途、レカタに着水した木更津空の佐藤進飛曹長機、同、小川金之助一飛曹機または柴田静人一飛曹機のうち、いずれか2機の一式陸攻だったはずだ。マンキン機の尾部に当たった20ミリ弾は、着水した陸攻から取り外した20ミリ旋回銃を現地で改造して作った対空機銃から放ったのであろう。

午後、さらに2機のSBD艦爆がヘンダーソン基地を発進して、レカタを襲った。SBDは水上にフロート付き零戦らしき機体を1機発見、爆撃し、基地一帯を機銃掃射した。対空砲火の反撃を受けて2機とも被弾したが、無事に帰ってきた。

レカタの指揮官、伊藤進大尉からは「今後予想される空襲による被害を避けるため、基地員は常時、椰子林に退避する。

そこで、R方面航空部隊の水上機が着水するときは、まず椰子畑の上を2回旋回。基地員が友軍機と確認して出てきてから着水してもらいたい」との要請文が打電されてきた。

同日、レカタ基地の将兵に対して城島少将から以下のような訓令が打電された。城島少将はまず基地設置以来十余日の基地員の奮闘功績を讃え、心労をねぎらい、健康衛生に注意することを述べた後、以下のように訓示している。「1通信機の装置の整備、航空機通信の迅速なる中継速報。２防空壕の急速増設活用。３分散居住。４建物天幕の隠蔽偽装の工夫励行。５燃料、爆弾等の分散、隠蔽、掩体の造築。６大発の秘匿隠蔽。７要所に見張りを配し敵来襲の早期発見報告。８敵兵力奇襲上陸（落下傘降下部隊を含む）ありたる場合の諸防衛対策」。いずれも連日、空海から頻繁に攻撃を受けることを前提とした訓示である。初空襲を受け緊張を高めていた伊藤大尉以下、基地員たちは早速、空襲対策に励んだことだろう。

9時、同じく水上機の基地があったギゾ島の水際の家屋を爆撃していた第42爆撃飛行隊のB-17、エベレンツ大尉機は「二式水戦1機」と銃火を交えた。「水戦は肉薄攻撃はしてこなかったが、追跡してきたのでエベレンツ機は雲の中に逃げ込みことなきを得た。被弾なし」、もう1機のB-17、ヘンスリー大尉機は「水戦3機がやって来たが交戦はしなかった」と、それぞれ報告している。

実際に交戦したのは、ガ島から未帰還となっていた水戦３機の捜索に飛来した「神川丸」西山二飛曹の零観1機であった。零観は高度２５００メートルでギゾ島に在泊中の海上トラック「京海丸」（１００トン前後の機帆船）を爆撃中のB-17を発見。まず偵察員の青野三飛曹が旋回機銃で一撃した後、前下方から西山二飛曹が固定銃で一撃を加える（７・７ミリ計１９０発）と、B-17は雲中に逃走したと報告している。

さらにギゾ水上機基地からもこのB-17を射撃していた。9時、青野機の攻撃とほぼ同じタイミングで撃ち上げた25ミリ対空機銃がB-17の左側エンジンを破壊、主タンク一個に火災を起こさせた。B-17はタンクを投棄した。基地の将兵は午後、密林内で、B-17が投棄した主タンクを発見、調べてみると3発が命中していたという。水上機母艦の戦闘詳報にはよく、B-17が燃料タンクを捨てて逃走という記述があるが、実際に投棄したタンクを発見したという記述は珍しい。

ギゾ島の水上機基地でも、今後、対空戦闘を継続するためには25ミリ機銃弾が足りない、緊急に補給を願いたいと要請している。青野三飛曹の零観は空戦後、電信機が不調となったため捜索を中止して帰途に就いた。

13時にヘンダーソン基地の索敵哨戒機は、医療品と糧食を積んでガ島に向かう「鼠輸送」の駆逐艦2隻を発見した。早速、攻撃隊が発進。まずVS-5のSBD艦爆4機と、TBF艦攻1機がニュージョージア島の北東で第七駆逐隊「漣」「天霧」を襲ったが爆弾は命中しなかった。さらに攻撃態勢に入っていたTBF艦攻は2機の機種不明機に攻撃され、爆弾の投棄を余儀なくされた。攻撃したのは「山陽丸」の零観2機である。零観2機は7・7ミリ機銃850発を放ち、1番機の今城一飛曹機が2発被弾している。

米攻撃隊は全機が生還した。7・7ミリ2門という貧弱な武装の零観で、よく防弾された米軍の攻撃機を撃墜するのは困難だったが、来襲した米軍の攻撃を妨げ、駆逐艦の上空掩護任務は十分に果たしたのである。第七駆逐隊の駆逐艦2隻は無事、揚陸を終えた。

15時5分、ギゾ島の水上機基地攻撃に向かった13機のSBDと4機のTBFは悪天候のため攻撃ができず、引き返してきたが、帰途、VMSB-231のSBD、スミス少尉機が行方不明になってしまった（後日救出）。

この日、午前2時30分と、19時45分、米軍の爆撃機が1機ずつ飛来してラバウルを爆撃。地上では零戦の炎上1機、大破2機、被弾5機の損害がでた。ラバウルにはまた、増援部隊として三空派遣隊が到着した。当時、三空は南西方面のセレベス島のケンダリー基地、チモール島のクーパン基地から、オーストラリアのポートダーウィンへの進攻を重ねていた。この三空から榊原飛行長率いる零戦21機がラバウルに派遣されたのである。この三空派遣隊は台南空の指揮下に入り、ガ島進攻に参加することになった。

レカタ基地、対空火器の残弾なし。零観、SBD艦爆を追い詰めて着水させる

9月18日は天候不良のためガ島進攻は中止となり、ラバウル基地哨戒や哨戒に飛んだ飛行艇も接敵はなく、空戦は一切なかった。ガ島ではVMSB-232のSBD艦爆が哨戒中、米艦艇の対空砲火の誤射で撃墜されてしまった。偵察員は救助されたが、パイロットのトーマス少尉は戦死してしまった。

この日、レカタ基地への補給として7・7ミリ機銃弾7千発（第1基地）、20ミリ機銃弾300発（神川丸）、機銃手入れ用布及び屑糸若干（讃岐丸）、行軍釜（主計科の調理用釜）2個（讃岐丸）、天幕（神川丸）を駆逐艦「秋風」で送ることになった。物品は（）内の艦船から融通されたものらしい。まだ対空機銃の補給はない。天幕は空襲で被害を受けた宿舎の代わりだろうか。

同日、これらとは別に第一飛行機隊にも、7・7ミリ約3千発、20ミリ200発と同弾倉1個、懐中電灯8個の輸送が命じられている。レカタでは前日の対空戦闘でそうとう撃ってしまい、急いで弾薬を補充する必要があり、空輸が命じられたのかもしれない。

この日、4時10分、城島少将はレカタの伊藤大尉に対して、基地に向かって右1600メートル地点におそらく空襲に対する囮のための模擬基地を設置せよと命じた。そこに張った

天幕は夜間には撤収するのである。

19日、台南空、六空の零戦39機がガ島に向かったが、ブーゲンヴィル島北部の驟雨のため、それ以上の進攻を断念、またも引き返して来た。

一方、4時15分に発進した東港空の九七大艇、古川一飛曹機は、13時47分に空戦を交えた。古川機は7・7ミリ100発を放って、交戦機を撃退したが被弾で方向舵を破壊されてサンタイサベル島沖に不時着、大破してしまった。乗員は機体を焼却し、レカタ基地に収容された。古川機と交戦したのは、14時にサンタイサベル島北方の哨戒中に四発飛行艇と遭遇したと報告しているVMSB-231のSBD艦爆ベアー少尉機であったと思われる。ベアー機は無事に帰還している。

12時、貨物船「白金丸」が雷撃を受けたとの知らせを受け、「山陽丸」の九五式水上偵察機（九五水偵）、安倍二飛曹機が発進。13時15分、潜望鏡を発見し、航跡を狙って6番2号特爆（60キロの対潜水艦用爆弾）2発を投下、至近弾となったが、効果不明のまま、駆逐艦を誘導、爆雷攻撃を続行させた。

九五水偵は複葉の単浮舟の水上機だが、機首に7・7ミリの固定武装があり運動性能も良く、中国空軍との空中戦ではよく撃墜戦果も挙げており、海軍が二式水戦を開発する契機にもなったといわれている。ただ、この時期にはもはや旧式化しており、対潜哨戒任務など二線級の任務に使われていた。

またギゾ島沖では、VS-5のSBD艦爆2機が哨戒中に2機の零観と2機の機種不明の水上機に追跡されている。フィンク少尉のSBDは1時間後の15時、燃料切れのために着水を余儀なくされた。フィンク機に空戦による被弾があったのかどうかは不明だが、同機の乗員はゴムボートに乗り移ったのを認められたものの、日没のため救助できず、いったん行方不明になったが、翌日救助された。

この日、R方面航空部隊は第一飛行機隊に第三水雷戦隊および、第二十四駆逐隊の上空直衛を行っている。一直は第一飛行機隊の水戦2機、零観3機。二直は第二飛行機隊の零観3機であった。第二飛行機隊なら戦闘詳報が残っているはずだが、この空戦については、まったく記載がないので、SBDを追跡したのは、一直の零観3機（「千歳」所属機）と水戦2機だったものと思われる。

13時40分、SBD艦爆6機と6機のF4Fがレカタを襲っていた。艦爆は爆弾を投下して、周辺を機銃掃射、思う存分暴れまわって帰った。この日の米軍報告は対空砲火についても何もしるしていない。被弾機もない。やはりレカタでは、17日の対空戦闘で弾薬をほとんど使い尽くしていたのだろう。

R方面航空部隊に増援、「國川丸」ショートランドに向かう

9月20日、午前4時20分、ラバウルから発進した台南空の天候偵察機までが天候不良で引き返してくるほどの悪天候だ

ったので、この日のガ島進攻は中止となった。

だが米軍の航空作戦は活発で、5時20分、レカタ基地にはB-17が1機来襲。上空警戒中だった「山陽丸」の渡部中尉が率いる零観3機が雨の中、マニング海峡上空で攻撃を加え、7・7ミリ540発を射撃。およそ20分間の空戦で、尾部と燃料タンクに被害を与え「敵は燃料槽を落下、東方に逃走せり、不時着確実」と報告している。どういう訳か「讃岐丸」の戦闘詳報にはこの空戦が22日と記録されている。いずれにしても交戦相手のB-17の素性はわからなかった。

またマキン基地を発進した十四空の九七大艇、田口飛曹長機はマキンから193度650浬地点で「コンソリ型飛行艇と約10分間空戦、撃墜はせず」と記録されている。使用弾薬は20ミリ35発、7・7ミリ570発。交戦の相手はVP-11のジョージ・クラート中尉のカタリナ飛行艇で日本軍の大型飛行艇と6分間、銃火を交わしたと記録されている。

さらに駆逐艦「春雨」とともに哨戒任務についていた特設水上機母艦「國川丸」は8時30分に触接中のカタリナ飛行艇を発見、邀撃のため零観3機を射出した。

このカタリナはまたも「マッキナック」VP-11のフリン曹長機で、高度300メートルで日本軍艦船2隻に触接中、2機の複葉水上機に襲われたと報告している。「1機は上方から、もう1機は左後方から襲いかかってきた。カタリナは高度90ないし150メートルまで降下退避したが左舷50口径機銃が故障してしまったため、射弾回避運動をしながら右舷の50口径機銃での反撃を試みた。そのうち機首の機銃も故障。空戦はおよそ1時間もつづき、50口径250発、30口径30 0発を放ち日本の水上機に反撃、被弾3発の損害」をこうむりつつもフリン機は無事に帰還した。フリン曹長は、戦場の恐怖心理のためか、この水上機はプロペラ軸から発射する20ミリ機関砲と同調式の7・7ミリ機銃2門を機首に、後部には7・7ミリの旋回機銃を装備している「九五水偵」に似た機影の新型機だったと報告している。

一方、日本側は「國川丸」の零観、1番機と2番機が後上方から反復攻撃をかけて飛行艇を撃退したが、1番機、武田茂樹大尉機は機位を失って不時着水、転覆沈没してしまった。搭乗員は「春雨」が救助した。射出された零観の3番機はカタリナを視界に捉えられず、空戦に参加することができなかったと記録している。

ガ島のカクタス空軍の攻撃機も島の中、そして周辺島嶼の日本軍部隊や船舶への対地攻撃を朝から反復していた。

16時35分、ギゾ島の丘にある建物を銃爆撃していたVMSB-231のSBD艦爆2機は、日没後の悪天候の中で機位を失い、島の上空を旋回中と発信してきた。指揮官のアイデン大尉は「僚機のズーバー少尉機は着水。自分も墜落しつつあり」と報告してきた後に、両機とも連絡を絶った。

以上のように20日は、零観1機、SBD艦爆2機が航法ミス

雨季の悪天候によって日本軍の空襲が途絶えていた9月20日頃、ガ島のヘンダーソン基地にはSCR-270B対空レーダーが設置された。

で着水しただけで、さかんに銃火を交わした空戦では日米双方ともに記録で確認し得る明確な損害も戦果もなく終わった。

カクタス空軍は悪天候によって日本軍の空襲が途絶えているこの期間に、新しく届いたSCR-270-Bレーダー2基を設置した。今後、このレーダーが、ヘンダーソン基地からのカクタス戦闘機隊の誘導に力を発揮する。地味であるが大きな戦力増強だった。

21日、22日も天候が悪く、台南空の零戦隊はラバウル基地の上空警戒と、船団掩護を実施したのみだった。米軍は相変わらず活発な航空作戦を実施していたが、日本海軍の基地航空隊は長距離進攻は実施せず、米軍同様、哨戒飛行や船団掩護を続けていた大艇や、水上機も、米軍機と接触することはなく、空戦はなかった。

だがレカタでは21日にまた空襲があった。2機のSBDが爆撃と機銃掃射をした。米軍は対空機銃による反撃があったと報告しているので、空輸を要請していた弾薬が届いていたのだろう。

22日、5時40分にはガ島西部の日本軍揚陸地点であるヴィセール地区を対地攻撃した第67戦闘飛行隊5機のP-400のうち、ファーナム少尉機が未帰還になった。対空砲火もなく、目撃者もいない。どうして落ちたのかは不明である。低空に降りすぎて木に接触したのか、日本軍の歩兵用小火器の反撃で落ちたのかもしれない。

駆逐艦「春雨」とともに哨戒任務についていた「國川丸」は、

この22日、第十一航空艦隊に配属され、R方面航空部隊の一員としてショートランド基地に向かうことになった。

この日、第三十六哨戒艇が補給のためレカタ基地に赴くよう命じられた。通常の補給物資に加え、13ミリ機銃2門と、「讃岐丸」の工作部に製作が依頼されていた20ミリ機銃の架台2基（出来上がっていたら）、そしてタバコの誉600個を送るのである。城島少将によるレカタ基地の防空戦備の強化の一環であろう。必要なのは「機関銃中隊を有する特別陸戦隊1個大隊、高角砲2門、13ミリ以上の機銃5門の増援」だったが、とりあえず自分たちで用意できる物を逸早く届けようという措置だったのだろう。

13ミリ機銃は横須賀海軍工廠で作っていた九三式十三粍機銃と思われる。オチキス13・2㎜重機関銃を元に正式化した双連の対空機銃である。そして20ミリ架台は付近に不時着した陸攻や大艇から取り外した20ミリ旋回銃を対空火器として活用するためのものであろう。

これは筆者が「神川丸」の戦闘詳報から見つけた一例にすぎないが、レカタの防空態勢が少しずつ整備されてゆく、その内容が具体的にわかる貴重な記録である。

ポートモレスビー攻略部隊に空中補給を実施

9月23日、雨季に晴れ間が訪れた。

6時30分、4機のF4Fが獲物を求めてレカタ湾に飛来したが、何も見つけられずに帰って行った。

ニューギニアでは、これまで、悪天候によって2回にわたって中止されていたポートモレスビー攻略部隊に対する食糧の空中投下が実施されることになった。三澤空の陸攻8機によるココダ食糧投下隊の掩護は山口定夫中尉が率いる三空零戦13機であった。三空零戦隊は7時に発進した。

ココダはブナからオーエンスタンレー山脈を越え、ポートモレスビー攻略を目指す南海支隊の中間補給基地であった。当時、悪路のため、地上からの補給が滞り、遥かポートモレスビーを遠望できる地点まで進攻していた攻略部隊は飢餓状態に陥りつつあり、再三にわたり食糧の空中補給が求められていたのである。

10時10分、空中補給直掩隊の一部、鈴木宇三郎中尉の2中隊6機がブナ飛行場の南東10浬で連合軍機1機（行動調書には機種の記載なし）を発見、追撃し、三撃（20ミリ140発、7・7ミリ360発）を加えたが東方海上にとり逃がしてしまった。鈴木隊も陸攻の掩護任務を投げ出して深追いすることができなかったのだろう。零戦による久々の空戦だったが、交戦相手と、被害の有無は特定できなかった。

この日、オーストラリア空軍のボーファイター7機がブナの日本軍対空陣地を攻撃し、1機が撃墜されている。オーストラリア軍は地上砲火で撃墜されたと記録している。ここで撃墜を免れたボーファイターの残り6機のうち1機が、鈴木中尉が率いる零戦隊と遭遇したのかも知れない。10時50分、空中補給隊は無事にココダの上空に到着、陸攻隊は食糧を投下し、直ちに帰途に就いた。

この頃、ブナ飛行場は連合軍による空襲で制圧され、ほぼ使用不能になっていた。この辺りの空は敵機ばかりという危険な地域だった。

この日は木更津空の一式陸攻3機も、二空の零戦9機の掩護でグッドイナフ島守備隊、第五特別陸戦隊に対する食糧投下に飛んでいる。陸攻数機による食糧投下では量も限られており、とても南海支隊の補給問題を解決はできなかったが、最前線で飢渇に苦しみながら戦っていた将兵にとっては、雨季の晴れ間がもたらした「干天の慈雨」に等しいものであった。

10時55分にはクーパン基地からチモール海の索敵哨戒に出た高雄空、松村司一飛曹操縦の一式陸攻が大型飛行艇と遭遇、20ミリ30発、7・7ミリ470発を放って交戦。陸攻は尾部に1発被弾しただけだったが、飛行艇も撃墜できなかった。

この日、米海軍の全喪失機リストによれば、VP-11とVP-23のカタリナ飛行艇が各1機、爆撃で失われているのだが、どこの部隊がどこを爆撃したものなのか、記録が見当たらない。

水戦隊の奮戦。ショートランド上空で「空の要塞」を撃墜

9月24日、6時50分、曇天のラバウルを発進した零戦40機からなるガ島攻撃隊は、ショートランド島付近で雲量10、雲高2500メートル、驟雨、蒙気による悪天候に接し、視界不良のため、攻撃を断念して引き返してきた。

ショートランド島が浮かぶトノレイ湾の岸辺にあるブインでは、当時、ガ島への航空攻撃の中継点となる陸上機の航空基地が建設されていた。当初、ブイン基地は9月25日までに不時着場として使用可能となり、10月5日には戦闘機27機の作戦用飛行場として完成する予定であった。しかし雨季の降雨のため、飛行場予定地への道路が冠水、泥濘と化し、工事は滞っていた。

ブイン沖のブイン泊地と、隣接するショートランド泊地にはラバウルからガ島方面へと派遣される日本軍艦船が頻繁に出入りしており「空の要塞」B-17がこれらの艦船を狙って連日のように来襲してきていた。日本軍はブイン泊地とショートランド泊地を区別しているが、米軍は二つを合わせてトノレイ泊地としている。当初は1機か2機ずつの来襲であったが、9月下旬になると10機前後が編隊を組んで現れるようになってきた。この空襲に立ち向かったのは、ショートランドから発進するR方面航空部隊の二式水戦であった。米軍の

記録には、零戦の邀撃を受けたとしるされているが、来襲したB-17と交戦したのはすべて水戦と零観であった。

この日は9時40分に4機のB-17が高度4千メートルで南東からショートランド泊地に来襲した。飛来したのは悪天候を突破して来た第11爆撃航空群、第42爆撃飛行隊の3機、第98爆撃飛行隊のB-17、1機である。

B-17の編隊は猛烈な対空砲火を受けて単機に分離して、泊地の艦船を爆撃した後、北東ないし南東方向へと散り散りになって帰還針路をとった。ショートランドでは水上機基地の警備と作戦支援に当たっていた特設水上機母艦の「讃岐丸」が9時11分には北北東、雲量8の曇り空の雲間に1機のB-17を発見していた。「讃岐丸」は空襲に備えてただちに北に向かって航進を始めた。9時34分、南東方向ショートランド上空遠距離、高度2千から2千500メートルに4機のB-17をふたたび発見。「讃岐丸」は折から入港中だった水上機母艦「國川丸」とともに全速航行に移り、9時43分、対空射撃を開始した。「讃岐丸」は単8センチ高角砲60発、25ミリ連装機銃600発、7・7ミリ機銃450発を射撃。至近弾6発を受け、25ミリ二番機銃が破損し、射手2名が戦死、6名が負傷している。

9時44分、1分遅れて「國川丸」も対空射撃を開始。「國川丸」は単8センチ高角砲45発、25ミリ機銃の通常弾840発、曳痕弾360発、7・7ミリ799発を射撃。「國川丸」に被害はなかった。

9時55分、両艦とも味方機の空戦を認め「打ち方待て」を命じ、対空射撃を控えた。

折から上空哨戒中だった「神川丸」川井一飛曹と丸山一飛の水戦2機は、友軍高角砲の炸裂によってB-17を発見した。丸山機は有効な射撃により、1機に小火災を生じさせ、30度方向に遁走させたと報告している。

さらに水上で待機中だった小野大尉と桑島一飛の水戦2機は、B-17を発見すると同時に発進、離水。川井、丸山の両機および「山陽丸」「讃岐丸」「千歳」の零観と共に最後尾のB-17を攻撃した。川井機の射撃によってB-17は左脚と尾輪を下げ、速力が著しく低下。そこで全機が傷ついたB-17に攻撃を集中した。水戦隊と零観は泊地の南東50浬付近までこのB-17を追撃、猛撃を加えた。B-17は左右内側エンジンがともに停止、高度30メートル、速度150ノットで重量物を投棄しながら120度方向に遁走して行った。日本側は全機が全弾を撃ち尽くしたため撃墜にはいたらなかった（川井機、丸山機20ミリ225発、7・7ミリ1500発、小野機、桑島機、20ミリ220発、7・7ミリ2400発）。しかし操縦者を除いてB-17乗員のほとんど全部を戦闘不能に陥れ、機体に重大な損傷を与えているため、不時着は確実と思われると、報告している。

この邀撃戦に参加した「山陽丸」の零観については戦闘詳

報に以下のようにしるされている。

零観1番機、今城金嘉一飛曹機は「他の水戦、観測機と協力しつつ多数の命中弾を与え、B-17は高度を下げつつ逃走、全弾を撃ち尽くしたため帰投」と報告（被弾1発）。2番機、吉村義郎三飛曹機は、このB-17を「水戦2機、観測機5機と協力して11回にわたって攻撃、エンジン2基に命中弾を見舞い固定銃の全弾を撃ち尽くし、なおも旋回銃で攻撃しようと試みたが、十分に接近できなかった」と報告している。3番機、安倍信二二飛曹機は「讃岐丸」を狙っていたB-17に前上方攻撃をかけて爆撃を断念させ、4番機、今田敏男三飛曹機も「讃岐丸」「國川丸」への爆撃針路に入っていたB-17に多数の命中弾を見舞い、爆撃を妨害したと報告している。さらに「山陽丸」からは山本正光三飛曹の古い九五水偵までが空戦に参加。味方艦船を狙っていたB-17に対して前下方から一撃。さらに10時、退避しようとしていた2機に遭遇、1機に対しては前下方から一撃、もう1機に対しては側方から一撃を加えている。「山陽丸」5機の弾薬消費は合計で2700発であった。

佐久間一飛曹が率いる「讃岐丸」の零観3機もこの空戦に参加。40分間にわたってB-17に攻撃を反復、7・7ミリ1650発を射撃し、全機が無事に帰還している。

「千歳」の零観については詳細がわからないが、少なくとも墜落機はなかったようだ。

この攻撃中、「神川丸」桑島一飛の水戦は数発の被弾にも屈せず、追躡（ついじょう）猛撃中にモノ島から140度、22浬付近でまた被弾、エンジンが停止したため着水したが転覆してしまった。

桑島一飛は顔面に軽傷を負っていたが、主浮舟に這い上がって漂流中、同一地点に不時着水していた「千歳」の零観、福島三飛曹機の二人とともに東港空の飛行艇に救助されて生還した。その他に、2機の被弾機があったがいずれも修理可能だった。不時着した桑島一飛の水戦も第九東洋丸によって曳航回収された。回収された水戦は発動機を交換すれば使用可能と判断された。海上で被弾、飛行不能になっても着水でき、搭乗員を救助、機体まで回収し、修理できるところが水上機の利点である。また川井一飛曹の水戦が1発、小野大尉機が3発被弾している。

桑島一飛等の水戦と零観が攻撃したB-17E型、第42爆撃飛行隊のチャールズ・ノートン中尉の「ジャップぶん殴り屋ベッシー」は水戦隊の推測どおり帰途、ガ島のそばに着水した。乗員のうち7名が戦死、ノートン中尉と射手のオズボーン軍曹の2名だけが岸に泳ぎ着いた。しかし彼らは30日に日本陸軍の兵隊に捕らえられ、処刑されてしまった。撃墜されたノートン機以外にも2機のB-17が被弾していたが被害は軽微で両機ともヘンダーソン基地に着陸した。

戦死したノートン中尉とその乗員には、その勇戦を讃える殊勲十字章が追贈された。ノートン中尉のB-17は8月24日には「山陽丸」の零観、米田大尉機と交戦、さらに9月の7日と9日（いずれも単機での索敵哨戒飛行中だった）には九七大艇と空戦を交えており、いずれも双方が被弾して引き下がるという相討ちに終わっていた。しかし四度目の水上機との戦いで遂に命運が尽きてしまったのである。

この日の空戦では喪失機こそなかったが、水戦、零観に転覆や被弾機が多く、R方面航空部隊指揮官の城島少将は、ブイン飛行場の完成まではブカに零戦隊を進出させて泊地の防空を担ってもらう必要があると要請している。

ショートランドの基地上空でB-17を攻撃、爆撃照準を妨げた「山陽丸」零観、3番機と4番機は、基地から40浬付近をガ島へと航行していた「鼠輸送隊」第二十四駆逐隊の上空を飛行中、10時30分頃、米軍機1機を発見、前下方から攻撃、命中弾多数を与え、その後30分間、駆逐隊の上空直衛を実施したと報告している。機種は明記されていないが、ショートランド爆撃から帰還中のB-17であったと思われる。第二十四駆逐隊は、そのままガ島への航進を続けていた。13時45分には「國川丸」小柳中尉が率いる「山陽丸」と「國川丸」の零観3機が上空直衛に飛来した。

一方、米軍は14時20分、索敵攻撃に飛んでいたVS-3のSBD艦爆2機がヘンダーソン基地から317度、370キロ地点で20ノットで90度に進む駆逐艦1隻を発見。各機、それぞれ投弾したが着弾は右舷に逸れた。2機が降爆から機体を引き起こした時、2機の複葉水上機に襲われた。ライト少尉機は水上機に追尾されながら雲の中に入ったが、被弾したのみで無事に帰還することができた。

次いで15時30分、ヘンダーソン基地から300度、240キロ地点で8機のSBD艦爆が25ノットで120度へ進む日本軍水上艦隊を発見。450キロ爆弾6発を投下、激しい対空砲火に迎えられた。付近に複葉の水上機3機がいたが、攻撃はしてこなかったと報告している。

日本側は15時30分、零観はサンタイザベル島西方海域で米艦爆12機を発見。零観は米艦爆と3分間交戦、7・7ミリ200発を射撃して撃退。爆弾6発が投下されたが第二十四駆逐隊の駆逐艦には命中しなかったと報告している。この報告は14時20分の空戦と15時30分の爆撃の報告が入り混じったものと思われる。

この24日、11時55分には同じく水上機基地のあるサンタイザベル島のレカタ湾にもB-17が飛来。米軍記録によれば、2機の二式水戦と1機の零観がこれを迎え撃った。この空戦で来襲したB-17（11V40）では被弾でパイロットが脚に負傷したが、射手が複葉機の撃墜1機を報告している。しかし「神川丸」「國川丸」「讃岐丸」「山陽丸」の戦闘詳報にはこの空戦に関する記述がない。B-17と交戦したのは戦闘詳報が残っていない「千歳」の零観だったのかも知れない。B-17

の11V40というのも、よくわからない。陸軍ではなく海軍所属の機体のようだ。11V40は機体番号であろう。PV-11の所属機ではないかと思われるが確認はできなかった。

この夜、第二十四駆逐隊と駆逐艦「浦風」計4隻からなる「鼠輸送隊」は無事にガ島へ到着した。高速の駆逐艦は航行中ならば航空攻撃を回避することができた。しかし補給品揚陸中、停泊しているところを襲われると弱い。カクタス空軍は照明弾を投下して夜間揚陸中の「鼠輸送隊」を銃爆撃し、駆逐艦の被害が増大していた。

そこでまた水上機に夜間揚陸中の上空掩護の任務が割り当てられた。夜間、レカタを発進した零観1番機は20時30分から21時まで、2番機は21時から21時30分まで駆逐艦の揚陸作業を上空から掩護することになったのである。

19時35分、ヘンダーソン基地からは9機のSBD艦爆と、1機のTBF艦攻が発進した。4機のSBDとTBFは目標を見つけられなかったが、4機のSBDが爆弾を投下、450キロ爆弾の命中1発を報じている。この攻撃で駆逐艦2隻が至近弾によって小破したため、揚陸は中止された。19時30分にレカタを発進した上空掩護の零観は夜間の悪天候を克服して、20時50分、ようやく揚陸地点に飛来したが、米軍が投下する照明弾が見えただけでSBDを捕捉することはできなかった。

22時25分、基地に戻った米攻撃隊のうちSBDとTBF各1機は燃弾を補給、ふたたび「鼠輸送隊」の追跡に舞い上がった。追いすがり爆弾を投下したが命中はなく、降雨で艦影を見失ったため引き返してきた。恐るべき執拗さである。

こんなことから、月が暗くなる10月まで「鼠輸送」は一時中断されることになった。

新兵器、空対空爆弾による攻撃。重爆と水上機との戦いは続く

翌25日は天候が悪く、ラバウルからのガ島攻撃隊は出撃するまでもなく中止になった。

しかし「空の要塞」は今日もやって来た。トノレイ泊地では5時3分から第二十四駆逐隊の上空直衛を行っていた小柳中尉率いる「國川丸」「山陽丸」零観3機は、6時、2機のB-17を発見した。泊地に来襲した米四発重爆が爆撃針路に入る直前、翼を翻して殺到した零観3機が協同連携攻撃を行った。零観は全部で17回にもわたって攻撃、7・7ミリ280発を放って、撃墜はできなかったもののB-17の爆撃照準を狂わせて撃退した。

同泊地を哨戒していた「神川丸」の水戦、丸山一飛機も6時15分にB-17、1機と艦爆2機を発見した。高度2千メートルにいた艦爆は日本機を発見するとすぐに逃げ出した。丸山機は高度6千メートルにいたB-17に機首を向けた。まず前下方から二撃、続いて後下方四撃、20ミリ40発、7・7ミリ800発を放った。B-17は50度方向に遁走した。

上空直衛機からの通報を受けて基地を6時40分に発進、離水した「神川丸」の水戦2機、川井一飛曹、渡辺一飛機はブイン泊地上空、4千メートルに1機のB-17を発見した。2機は前下方から攻撃を加え、追躡（ついじょう）に移ったが重爆は5千メートルの雲中に逃れ、攻撃困難となった。しかし水戦は追撃をつづけ、泊地より120浬地点まで追尾、さらに各二撃を加えB-17は60度方向に遁走す。2機は20ミリ全弾220発と、7・7ミリ400発を撃った。「讃岐丸」の零観2機は6時30分にB-17、1機を攻撃。しかし6時50分、2番機、大野隆二三飛曹機がファウロ島東岸に自爆してしまった。1番機、佐治特務少尉機の弾薬消費は7・7ミリ100発だった。

7時33分、第二十四駆潜艇から、大野機からの落下傘降下を目撃して救助に向かったが、回収したのは落下傘のみで、約1時間捜索したが人員は見当たらず、捜索を続行中との報告が入った。しかし彼らを救助することはできなかった。

高度4200メートルからトノレイ泊地を爆撃した第98爆撃飛行隊のダービン中尉機はおよそ15機の水上機による攻撃を受けた。「讃岐丸」の戦闘詳報には「零観2機がB-17と空戦、1機が体当たり自爆」との記述も見られる。しかしこれは何かを見間違えた誤認で、ダービン中尉の重爆は、襲ってきた水上機のうち3機を撃墜し、大きな被害もなく無事に帰還したとされている。

各水上機母艦の零観と水戦は、なぜかダービン中尉のB-17だけを繰り返し襲い、分離してやって来た僚機のB-17、ワスコヴィッツ中尉の青いB-17「ブルーグース」を攻撃した水上機はなかったようだ。2機のB-17が狙ったのは軽巡「川内」と「由良」で、「由良」には至近弾3発、1発は主砲の砲身に命中、艦上で1名が戦死している。

続く26日もまた悪天候だった。台南空の天候偵察機ですらガ島へ飛べない有様で、当然、攻撃も中止になった。

しかしその一方、米軍のトノレイ泊地への爆撃はつづいていた。6時26分、まず1機のB-17が高度1500メートルで東方から泊地に来襲、偵察の後、西方に離脱して行った。

R方面航空部隊は第十一航空艦隊司令部から、この日改めて、第1飛行機隊に泊地上空警戒に常時2機を在空させ、第二飛行機隊には第1、第2哨戒線の移動哨戒（各零観1機）を実施、また「千歳」水偵による索敵哨戒も命じられた。

6時20分、上空警戒任務に就こうとしていた「神川丸」松本二飛の水戦1機は離水の直後、前方千メートル、高度1500メートルにこのB-17を発見した。同航態勢で追い抜き、十分前方に出ると、まず前下方から一撃を加え、ふたたび追撃、また追い越し、今度は前上方からもう一撃を加えた。松本機は、20ミリ機銃が故障していたのか、2回の攻撃で7・7ミリだけ120発を放ったが、B-17にどの程度の被害を与えたのかわからないまま、雲の中に逃がしてしまった。

24、25日、そしてこの日の戦闘報告から、二式水戦や零観も強火力の米軍重爆に対して唯一有効な攻撃方法であるとされている、前方からの反航戦を辛抱強く反復していたらしいことがわかる。もっとも零観の場合は速度が遅く、陸上機を後方から追尾して射撃するが困難だったので、前方からの攻撃が多かったのかもしれない。

9時30分、ふたたび8機のB-17が編隊を組み高度２５００メートルで南方から来襲した。B-17はショートランド、ブイン両泊地（トノレイ泊地）の日本軍艦艇を銃爆撃した後、10時25分、東方に変針、帰還針路に入った。来襲したのは第5爆撃航空群、第72爆撃飛行隊のB-17、９機だった。９機は層雲の下、２２５０メートルを飛びトノレイ泊地の日本軍艦船を爆撃したが、米軍はB-17は正確で熾烈な対空砲火に迎えられた。「國川丸」は9時40分に対空射撃を開始、8センチ高角砲8発、25ミリ機銃は通常弾１９７発、曳痕弾84発を撃っている（他の艦船の対空射撃の詳細は不明）。9時55分「打ち方待て」となった。味方機の空戦開始を認めたのである。

泊地を哨戒中だったのは「神川丸」の水戦2機、前日もB-17と交戦した川井一飛曹機と丸山一飛機だった。彼らは高度２５００メートルで来襲した8機のB-17に対して、２機で前上方から攻撃した後、1機ずつに分離して追撃した。

川井機は5機に分かれたB-17に20ミリ50発、7・7ミリ７００発を放って三撃を加えたが効果不明のまま取り逃がした。丸山一飛の水戦は分離したB-17の2機編隊に肉薄、20ミリ１１０発、7・7ミリ８００発を放って猛撃し、基地から１２０度、30浬付近で前下方攻撃（50メートル）によってその1番機の胴体中央部右側に大火災を生じさせ、雲中に突入させて撃墜確実を報じた。「B-17の2番機は蹌踉として東方に遁走した」と報告している。

さらに空襲警報を受けて「神川丸」小野大尉以下の水戦２機が9時40分に発進した。小野大尉機は泊地上空で前上方からB-17に一撃を加えた。そのB-17は爆弾を投棄して雲の中に消えた。大尉は東方に遁走しようとするもう1機のB-17を追跡し、後下方から三撃を加えたが、効果不明のままこのB-17も雲の中に入って行った。小野機はこの攻撃で翼端に1発被弾した。

小野大尉の列機、渡辺一飛も泊地上空でB-17の３機編隊に対して前下方から一撃した後、後続の2機編隊に対しても前下方から一撃、さらに先に攻撃した3機編隊に対して前下方攻撃2回を反復、B-17の2番機に増槽を投下させたが雲の中に取り逃がした。これは爆弾倉内に収納できる約１５００リットルの大型増槽である。小野編隊の弾薬消費は２機で20ミリ１６０発、7・7ミリ１５００発だった。

また「神川丸」の零観、田中二飛曹機も空襲警報を受けて9時40分に離水。B-17の３機編隊に対して角度20度、高度差６００メートルで新兵器の三号爆弾を投下した。爆弾は

B-17の前方で爆発したため、投弾を修正して2発目を投下したが、今度は編隊の後方で爆発した。8月29日、台南空の工藤二飛曹の三号爆弾攻撃に続く、日本海軍の記録で確認できた二例目の空対空爆撃であった。

　空対空爆撃に失敗した後、田中二飛曹の零観は前下方から7・7ミリ固定銃を１００発射撃したが、これも効果不明のままB-17には雲に入られてしまった。

　B-17を攻撃した零観は「神川丸」所属機のみではなく、ショートランドで対空警戒中だった「山陽丸」零観2機のうち、2番機は「10時35分、基地よりの情報によって１０８度75浬に敵ボーイングB-17、6機を発見。重爆の1小隊1番機に対して前上方攻撃一回、２００発を放ち、東方に撃退せり」と報告している。

　また「讃岐丸」の渡部中尉が率いる零観3機は9時45分からB-17を攻撃。1番機（高安・渡部）は前下方攻撃四撃。2番機（佐久間・武田）は後下方攻撃三撃、3番機は前上方攻撃二撃、前側方攻撃二撃を反復し、小隊の総弾薬消費は7・7ミリ１８１０発だった。

　さらに「國川丸」の酒井一飛曹が率いる零観2機も9時45分に基地を発進、1番機（酒井・原田）は基地上空の「敵機2機に対して後下方から二撃を加え１２０度方向に撃攘。2番機は基地上空の敵機1機に対して前下方及び後下方より二撃を加え、更に3機に対して後下方から五撃を加え撃攘せり」と報告している。使った機銃弾計４２０発。

　米軍は「数機が対空砲火によって傷ついたが、いずれも被害は深刻なものではなく、全機がヘンダーソン基地に着陸、射手たちは二式水戦3機、複葉の水上機3機の撃墜した」と報告している。

　とはいえ、泊地ではこの爆撃による深刻な被害もなく、R方面航空部隊は防空任務を万全に果たしたといえる。

　R方面航空部隊の城島少将は、この日「泊地警戒は当隊兵力に依る外なき重大状況にあることは一兵に至るまで熟知し各飛行機隊員は半減以下の勢力を以て死力を尽くしつつあり」と報告。第八艦隊に、ブイン基地完成までの間、緊急にブカ基地に零戦隊を進出させて、もはや兵力が半減している水上機隊とブイン、ショートランド方面の防空共同作戦を行う必要があると再度訴えた。これを受けて二空の零戦三二型21機が28日、ブカに派遣されることになった。

　またR方面航空部隊の第1飛行機隊にはレカタへの空輸命令が出た。運ぶのは小銃弾薬包３００、椰子切り用鋸2挺、椰子切り用斧2挺と暗号書だった。椰子の木を伐採して基地施設を作っている様子が偲ばれる。レカタの陸戦隊が持っていた小銃が三八式歩兵銃だったとすれば口径は6・5ミリ、航空機銃用の7・7ミリ弾とは共用はできない。小銃弾は対空射撃に使っていたのだろうか。

R方面航空部隊、またも「空の要塞」を痛撃

9月27日、B‐17のトノレイ泊地への爆撃は執拗につづけられていた。6時40分、5機のB‐17が2機と3機の編隊に分かれ北東からショートランドに接近して来た。B‐17の2機編隊は高度2千メートルでショートランド泊地を爆撃したのち、東方に退避。3機編隊の方は高度3千メートルでブイン泊地を爆撃した後、東南に針路を転じた。

海上の「國川丸」では6時56分に「打ち方始め」となり、8センチ高角砲20発、25ミリ機銃通常弾128発、曳痕弾54発を射撃。24日の空襲では7・7ミリ機銃を撃っていたが、高空の重爆には届かないと悟ったのか、もう撃たなくなっている。

泊地上空では午前4時に発進して基地対空警戒に就いていた小柳中尉率いる「國川丸」の零観3機が6時55分「基地100度、50浬、高度3千メートルにB‐17を発見、後下方から二撃を加え、東南方向へ撃攘」と報告している。使った機銃弾は7・7ミリ810発だった。

同じく6時に対空哨戒のために発進していた「山陽丸」の零観2機もB‐17を発見。2番機は追撃したが追いつくことができなかった。零観の最高速度はB‐17とほぼ同じだったから、追撃捕捉は容易ではない。この編隊の1番機、宗像予備大尉機は追撃中に姿が見えなくなり、8時10分頃までは無線連絡があったが、その後消息を絶ってしまった。

ショートランド基地では邀撃のため待機中だった「神川丸」の水戦3機と零観1機の離水がはじまった。指揮官は小野大尉。7時に発進した「神川丸」西山二飛曹の零観は両翼にまた三号爆弾を搭載していた。

水戦3機と零観1機は、もともと上空で哨戒中だった水戦、丸山一飛機と合流してただちに攻撃を開始した。2機編隊のB‐17に対して小藤飛曹長、渡辺一飛と丸山一飛等の水戦3機が攻撃を行った。

丸山機は前上方から一撃、前下方からさらに一撃を加え、20ミリ110発、7・7ミリ300発を放ったものの撃墜はできなかった。丸山機は左翼端に1発被弾している。渡辺機は左翼端の浮舟に1発被弾した。小藤、渡辺両機は前下方から20ミリ220発、7・7ミリ400発を以て三撃を加えたが結局効果は不明だった。しかしB‐17の編隊は1機ずつに分離して遁走した。弾薬消費を見ると水戦は3機とも20ミリを全弾撃ち尽くしていることがわかる。

B‐17の3機編隊に対しては小野大尉の水戦と零観が攻撃を加えた。小野大尉機はまず1番機に対して前上方から一撃を加え、四番エンジンに小火災を生じさせた。同時に小野機もB‐17からの反撃でエンジンに被弾、潤滑油の漏洩が甚だしく、大尉は攻撃を断念して離脱、アウロ島の南端にあった島影に不時着水した。小野機の弾薬消費は20ミリ70発、7・

7ミリ100発であった。小野大尉の水戦は24日、26日の空戦でも被弾しており、その勇戦ぶりが偲ばれる。

西山二飛曹の零観は高度差千メートル、反航の態勢から三号爆弾2発を相次いで投下したが、2発とも不発に終わった。他の水上機母艦の戦闘詳報には三号爆弾使用の記録がないので、この新兵器は「神川丸」だけが持っていたようである。

不時着した小野機は砂浜に着岸。水戦は現地人に見張りを依頼して、小野大尉自身は「千歳」の零観で帰還。機体は後日、現地で浮舟を修理して監視艇が曳航、無事に回収した。他に被弾した2機の水戦がもその日のうちに修理が可能だった。

行方不明になった宗像予備大尉の零観は「山陽丸の」零観1機が三時間余も捜索したが発見できなかった。

この日、交戦したのはガ島を発進、トノレイ泊地の艦船攻撃に飛んだ第5爆撃航空群、第72爆撃飛行隊のB-17、4機と、第11爆撃航空群、第26爆撃飛行隊のB-17、1機だった。編隊から数キロ遅れた2機のB-17、クレーマー大尉機と、ブロック中尉機は15機ほどの零戦に襲われたと報告している。この両機を襲ったのは、前述のように水戦3機だったのだが、恐怖心理によって、その数が5倍にも見えたのだろうか。

クレーマー機の腹部銃塔に命中した20ミリ弾は、射手の眼と胸部に重傷を負わせ、機首に当たったもう1発は爆撃手と航法手を傷つけた。ブロック機では機関手が大腿部に負傷したが、彼は屈せず、上部銃塔で射撃をつづけ零戦の撃墜1機を認められている。2機のB-17はこの空戦で零戦の撃墜2機、不確実撃墜1機を報告している。B-17の2機編隊を狙った水戦は被弾はしたものの墜落機はなく、この戦果報告は誤認である。

ヘンダーソン基地に緊急着陸したクレーマー大尉のB-17を見た海兵隊員は、その腹部銃塔は血まみれの金魚鉢のようになっていたが、射手はまだ生きていたと回想している。

天候回復。ガ島攻撃を再開。精鋭三空零戦隊出撃

この27日は、ようやく天候が回復し、ほぼ二週間ぶりにガ島攻撃が実施された。南西方面からラバウルへと増援された三空派遣隊の零戦26機にとっては初めてのガ島進攻となった。倉兼義男大尉指揮の二空の零戦12機とともに、飛行隊長の相生高秀大尉が率いる三空が掩護するのは、木更津空、高雄空の陸攻18機であった。

8時30分、雨の中を発進した陸攻はラバウルの上空で掩護の零戦38機と合同。一路、ガ島への航進に入った。視界は10キロ、雨空はやがて曇りに変わったが、これまでのように突破不能の悪天候帯には遭遇せず戦爆編隊は進みつづけた。木更津空の1機がエルロン不調で引き返したので、陸攻の数は途中で17機に減った。

ガ島のヘンダーソン飛行場にはニュージョージア島の沿岸

監視員から「２個編隊に分かれた爆撃機18機と、その後方、２分遅れて１５００メートル上空に掩護の零戦13機が南西に進んでいる」という情報がもたらされた。空襲警報発令。これまでも何度か発令された警報はみな空振りに終わっていたが、今日は本当に来るのだろうか。邀撃のため35機のＦ４Ｆが次々に発進して行く。

11時30分、三空の零戦、１、２中隊の17機はガ島上空に突入した。そのままグラマン約50機（日本側報告）との空戦に入る。同時に陸攻隊は警戒を命じられた。射手たちは来襲機をいち早く見つけようと空の隅々に目を凝らし、襲われても複数機の集合火力で反撃できるよう編隊を引き締めた。

米海兵隊のＶＭＦ－２２３からは９機、同ＶＭＦ－２２４からは８機、米海軍ＶＦ－５からは18機のＦ４Ｆが発進して、18機の双発爆撃機と18機の零戦と交戦したと記録されている。

三空の３中隊と、二空の零戦は交戦しなかった。この日、視界は良好だったが積雲が出ていた。この雲に妨げられて接敵できなかったのだろうか。

ＶＦ－５の海軍パイロットたちが個々に提出した戦闘報告書を見て行くと、この日の空戦の模様がよくわかる。ＶＦ－５のＦ４Ｆは11時28分に、高度６３００メートルで緊密なＶ字編隊を組んだ双発爆撃機18機を発見した。海兵隊のＦ４Ｆは彼らに15分先行して発進していたが、その時、爆撃機を攻撃しているＦ４Ｆは見えなかった。ＶＦ－５は高度５１００メートルにおり、Ｆ４Ｆは爆撃機の編隊を狙ってできる限りの速度で上昇して行った。マクダーナル少尉の上昇速度は時速１８５キロだった。

三空の攻撃隊、１、２中隊の零戦は戦爆編隊に先行し、11時30分に陸攻の編隊を狙って上昇してくるＦ４Ｆ、おそらくＶＦ－５の12機を発見、逸早く攻撃態勢に入って行ったのだろう。

マクダーナル機とともに上昇していたジェンセン中尉は「双発爆撃機は北西から飛行場上空に接近して爆弾を落とした。そして左旋回してフロリダ島を越えて行った。そして爆撃機が視界から消え、Ｆ４Ｆが高度６８００メートルに達したとき、シンプラー大尉から集合せよとの無線が入った。空中集合地点に向かうと、その15分後、零戦に襲われた。

マクダーナル少尉が無線で警報を発したため、彼の方に旋回すると２機の零戦が攻撃しようとしているのが見えた。そしてマクダーナルが錐揉みに入ったのが見えたとき、操縦席で爆発が起こった。かれのワイルドキャットは操縦不能状態で急降下したが４０００フィートで機体を立て直し雲の中に逃げ込んだ。風防に命中した銃弾で頭部を負傷していたが基地に帰ることができた。機体には数発が命中、装甲板は少なくとも４発の銃弾を止めていた」と報告している。

マクダーナル少尉は「上昇中に左上方に零戦を発見。正面から攻撃するために旋回した。最初の零戦は反航戦を避けるため上昇して回り込んで来た。反航戦を挑むためもう一度旋回したが失速してしまった。失速から回復中、後方から銃弾が襲ってきた。1発は風防を撃ち抜き頸部をかすった。さらに飛散した風防の破片が目に飛んで来た。しばらく目が見えなくなり、見えるようになった時、機体は真っすぐ急降下していた。機体を引き起こしスプリットSに入れ、雲に逃げ込んだ。体からは出血がつづき、機体への被弾がどの程度なのかわからなかったので、空戦から離脱して帰還した。機体には数発が命中、装甲板は2発の銃弾を止めていた」と報告。

以上の戦闘報告で、もしワイルドキャットに装甲板がなかったら、ジェンセン、マクダーナル両機は未帰還になっていたことがわかる。

レジスター少尉は「爆撃機編隊の高度まで達し、攻撃のためさらに高く昇ろうとしていた時、我々4機のグラマンは6機の零戦に襲われた。小隊は散り散りになり、自分は1機になってしまった。1機の零戦が攻撃してきたが、急旋回でかわすことができた。零戦が眼前で急上昇を試みたので大きな角度から射撃、発火させた。その刹那、2番目の零戦から猛射撃を浴びせられた。射弾は命中せず少尉は急降下、螺旋飛行で零戦を振り切った。水平飛行に戻り友軍機を探して編隊を組もうとしていると1機の零戦が真っすぐ突っ込んで来るのが見えた。だが過速に陥っていたのか、命中弾はなかった。零戦を追尾射撃、零戦はそのまま機首を引き起こすことなく大地に突っ込んだ。銃弾が搭乗員を殺していたのは間違いない」と、報告している。装甲板に救われたジェンセン、マクダーナル両機とは比べ、装甲のない零戦のもろさが際立つ報告である。

ニュービット一等飛行兵は「爆撃機編隊と同じ高度まで達すると数分間、並行に飛び、前方に出て攻撃位置につこうとしていた。やがてマンキン一等飛行兵が翼を翻し編隊から離れ、攻撃に向かい、レジスター機とニュービット機がそれに続こうとした時、3機の零戦が襲いかかって来た。レジスター機は右旋回で姿を消し、ニュービットは左に旋回した。零戦を振り切るため600メートル急降下して機体を引き起こし、ふたたび零戦に挑戦した。自分は海兵隊のグラマンを追尾射撃していた零戦を狙って発砲。零戦は左旋回して姿を消した。その後、発煙して降下して行く海兵隊のグラマンを掩護しながら帰還した」と報告。

ニュービット一等飛行兵は自分が零戦に攻撃される前に2機の爆撃機が撃墜されるのを目撃している。彼は「ナゴヤタイプの零戦は際立って機動性が高く、水平速度もグラマンより60ノット（111キロ!!）も速かった。グラマンより加速も良い。しかし明らかに装甲も自動防漏タンクも装備しておらず、兵器としてはグラマンの方が良いと思う」と戦闘報告の最後に付け加えている。

零戦の水平速度がワイルドキャットよりも百キロも速いというニュービット一等飛行兵の証言は、零戦の過大評価も甚だしい。しかしそれでもなお、防弾防火に優れたＦ４Ｆの方が兵器としては優れているという彼の言葉の妥当性は、ガ島上空の零戦対ワイルドキャットの空戦の結果が明らかにしている。米軍の記録を見ると零戦はＦ４Ｆにそうとうな命中弾を見舞っているにもかかわらず、基地が近いこともあってＦ４Ｆの生還率は高い。いったいどれほど弾が当たっていたのかはわからないが、零戦の自爆機は多く、またすぐには落ちなくとも負傷や、機体の損傷で遠い基地まで帰って来れなかった行方不明機も多い。

未だブイン基地が使えず、特にこの日の零戦はラバウルから発進しているので（ブカ基地を経由すれば三二型でもガ島まで進攻できた）、ガ島に来たのは航続距離の長い零戦二一型だけである。従来の零戦と同じなのに、ニュービット一等飛行兵はなぜか、この日の零戦を新型ととらえ「ナゴヤタイプ」と呼んでいる。彼は零戦の新型が登場したという情報を得て、警戒を高めており、いつもの二一型を新型と錯覚したのかも知れない。

先行していた高雄空の陸攻９機はもっとも激しい攻撃にさらされた。先導する11小隊はまず激しい対空砲火に遭遇、中隊長の牧野滋次大尉機以下、小隊の３機全部が高角砲の弾片で傷ついた。

11時53分、Ｆ４Ｆの攻撃が始まり、高雄空の射手は６７２０発（弾種区分不明）を射撃。11時55分、２５０キロ爆弾９発、60キロ爆弾54発を投下。Ｆ４Ｆの攻撃は二番目の12小隊に集中して全機が被弾、小隊１番機、永田賦生予備中尉機には高角砲の弾片３発、機銃弾４発が命中し、機上で２名が負傷した。そしてつづく小隊２番機、三木賢治一飛曹１機が乗員７名とともに自爆した。

12時17分には被弾していた11小隊の佐藤好一飛曹機の左エンジンが停止、佐藤機は編隊から分離してしまった。12時22分、後尾編隊、13小隊の生沼節三一飛曹機がＦ４Ｆの射撃で被弾。左エンジンが停止、生沼機も編隊から脱落して行った。生沼機はレカタ湾に不時着水、同じく片舷になっていた佐藤機はブカ飛行場までたどり着き着陸した。

損害は大破１機（着水）、自爆１機、戦死７名、重傷２名。被弾は全部で34発。４機が高角砲の弾片で被弾、３機が高角砲と空戦で被弾、１機が空戦で被弾というものだった。

ＶＦ-５、海軍のＦ４Ｆが三空の零戦と戦っている間、海兵隊のＦ４Ｆは陸攻隊に襲いかかっていたのである。ＶＭＦ-２２４は爆撃機２機を撃墜、さらに爆撃機１機をＶＭＦ-２２３のカール大尉との協同撃墜したという戦果を報告。ＶＭＦ-２２３はカール大尉が爆撃機１機を撃墜、さらに協同で１機を撃墜した他に、爆撃機１機、零戦１機の撃墜を報じている。

木更津空の陸攻８機は、先行する高雄空の陸攻１機がＦ４Ｆに襲われて自爆するのを見守りつつ、熾烈な対空砲火を冒して、11時57分、目標上空に進入。２５０キロ爆弾６発、60

キロ爆弾44発を投下。地上にあった小型機40機のうち4機を弾着が覆い、飛行場西北燃料置き場3箇所に火災を認めた。11時59分、空戦開始、陸攻の射手は1800発を放ったが、12時8分、左右上方からグラマン3機が来襲して2小隊2番機の小川金之助一飛曹の陸攻が自爆した。その他に被弾が計12発、機上で1名が重傷を負った。

三空攻撃隊の零戦17機は20ミリ26発、7・7ミリ356発を射撃。グラマン撃墜3機、不確実2機、艦爆撃墜1機の撃墜戦果を報告している。撃墜戦果報告の割には消費弾薬が少ないように思える。一方、零戦1機、山ノ内義一飛長機が行方不明となり、相生大尉の列機、橋口嘉郎二飛曹機が1発被弾している。三空零戦が1機撃墜を報じている艦爆は哨戒中、11時50分にルッセル島の北東、高度3600メートルで双発爆撃機12機を認めたと報告しているVS-3のミルナー中尉機が率いるSBD艦爆2機と思われる。三空機はミルナー編隊を攻撃したのかも知れないが、SBDは撃墜されていない。

空戦による米軍の損害はF4F、6機が被弾、VF-5のジェンセン中尉とマクダーナル少尉が負傷、VMF-224のケネディ中尉機が被弾で飛行場に不時着したのみで、墜落機は1機もなかった。

三空は、二〇二空と改称された後に、ポートダーウィン上空での空戦でスピットファイアに対して損害比26対5（詳細は拙著「海軍零戦隊撃墜戦記1」）という圧倒的な勝利を収めたことからもわかるように、当時の海軍航空隊の中でも屈指の精鋭で、戦闘経験も豊富で練度の高い部隊だった。しかし長距離進攻ののち、初めて交戦するF4Fに対しては徹底した追尾と射撃ができなかったように思える。そして確実に弾を当てているのに落ちないF4Fの強靭さは、まだ認識していなかったのだろう。

陸攻3機と2組14名もの搭乗員を犠牲にした爆撃による被害は、地上にあったSBD艦爆が1機破壊され、3機のTBF艦攻が爆弾の破片で傷つき、1機に大修理が、その他2機に小修理が必要になっただけであった。

二空零戦21機、ブカ基地へ進出。陸攻被害続出、対策会議開催

9月28日、4時30分、東港空の九七大艇、小幡中尉機はショートランド基地を発進した。

東港空の行動調書によれば、基地から117度、152度方向への600浬哨戒に飛んだ小幡機は、11時30分から約40分にわたって3機のB-17と交戦、20ミリ135発、7・7ミリ1500発を射撃、被弾9発をこうむったものの、1機を撃墜。他は撃退したとされている。

一方、二十五航戦の戦時日誌によれば、東港空の九七大艇が、サンクリストバル島東方において1機のB-17と2回にわたって交戦、大艇は20発被弾したものの、これを撃退した

とされている。いずれにしても交戦した米軍B-17の記録は見つからなかった。

10時、駆逐艦「秋風」に護衛された水上機母艦「秋津洲」がブカに出航した。おそらくこの日、ブカ基地に進出する二空の基地員と機材を搭載していたものと思われる。

10時30分、久しぶりに晴れ渡ったラバウルにB-17が1機来襲した。邀撃のため台南空の零戦3機が発進した。奥村武雄一飛曹率いる小隊の2番機は、8月7日以来久しぶりに行動調書に名前が記載される西澤廣義一飛曹だった。エース2名を含む零戦3機の攻撃でB-17はエンジンから火災を発したが、そのまま逃げられてしまった。こちらも交戦したB-17を特定することはできなかった。

この日のガ島攻撃隊の掩護には、台南空15機と六空18機(台南空の行動調書には三空と誤記されている)、そして鹿屋空9機、計42機の零戦が出撃した。途中、不調で2機が引き返したため40機となった零戦が掩護する陸攻は三澤空、高雄空、鹿屋空の計25機であった。陸攻も不調で2機が引き返している。

制空と直掩の任務を担っていた零戦隊は11時40分にガ島上空に突入した。

六空零戦の突入高度は8千メートルだった。六空機は陸攻隊の直掩に当たって動かなかった3機を除いて14機が空戦に参加したが、そのうち発砲したのは8機のみだった。六空は20ミリ183発、7・7ミリ558発、計731発を撃ち、グラマンの撃墜4機、不確実1機の損害を報じている。被弾は3機だが、被弾しているのはいずれも発砲している機体だった。

六空零戦はこれまでなんどもガ島上空に突入しているが、実際にF4Fと交戦するのは9月12日(2中隊グラマン2機撃墜、被弾1発)以来、二回目だった。この日をはじめ、六空は、後に二〇四空に改称された後も、各機の弾薬消費を行動調書に細かく書き込んでいる場合が多い。

1中隊12小隊長の田上中尉はなぜか1発も撃っていないのにグラマン撃墜1機を報じている。追いかけていたら相手が操縦を誤って墜落してしまった無手勝流撃墜だったのか、詳細はわからない。

この日、ガ島上空は高度1500メートル付近が層雲に閉ざされ、断雲が散っていた。

台南空の零戦14機も空戦に突入、計1640発射撃した。こちらの行動調書には各小隊ごとの弾薬消費しか記録されていないので各機の射撃についてはよくわからない。台南空は約20機のグラマンと交戦する一方、一部、おそらくは大野竹好中尉が率いる2中隊の1小隊は艦爆5機と交戦。なかでも大野小隊の3番機、森浦東洋男三飛曹は、被弾3発を被っているものの個人でグラマン2機、艦爆1機の撃墜を報じている。

10時にレーダー調整のために発進した2機のSBD艦爆のうち、VMSB-231のレスリー少尉機はガ島北部を爆撃した後、ニュージョージア島上空を300度、高度6千メートルで飛行中に行方不明になった。米軍は時刻、場所から零戦と遭遇して撃墜されたものと推定している。

この日の空戦で艦爆撃墜を報じているのは、この森浦三飛曹だけなので、この日、空襲に巻き込まれて撃墜されたVMSB-231のSBD艦爆、レスリー少尉機を撃墜したのは、彼に違いない。そして、これがこの日、唯一確実な零戦による撃墜戦果だった。

VMF-223からはF4F、10機が邀撃に発進、爆撃機5機、零戦1機の撃墜を報告している。一方、ドラーリー少尉機はひどく被弾、エンジンが停まってしまったが、高度4500メートルまで急降下するとエンジンが息を吹き返したので、彼は無事帰還することができた。

VF-5のハルフォード大尉のF4F小隊は高度7200メートルで、高度6900メートルで進入して来る爆撃機編隊を発見した。しかし爆撃機の後上方には零戦がいた。彼の小隊は爆撃機への攻撃態勢に入ったところで、零戦に襲われた。ハルフォード機には3発の20ミリと8発の7・7ミリが命中した。操縦席に煙が充満したため、彼はエンジンを切った。しかしプロペラが停まったまま、1番近くにいた爆撃機に一撃を見舞ってから、滑空着陸に入った。

三澤空（1中隊）の陸攻9機は2機が引き返したため7機で、11時45分に空戦開始、グラマン40機と交戦、20ミリ45発、7・7ミリ1830発を射撃した。だがF4Fを撃墜することはできず、陸攻隊、3個中隊の先頭にいた指揮官機、森田林治大尉機（8名）が行方不明になり、3機が被弾（機上戦死1名）し、1機がブカに不時着してしまった。投下した60キロ270発は、飛行場の上にかかっていた断雲のため弾着は未確認。12時に空戦は終了したと報告している。

高雄空（2中隊）の9機は11時55分、ガ島飛行場を爆撃。60キロ爆弾90発を投弾した。11時56分、1機が空戦により左エンジンが停止、編隊から分離して行った。11時57分、もう小沢芳平二飛曹機は高角砲弾が左エンジンを直撃したため空中分解して自爆。3機が空戦によって被弾、編隊から後落、1機が自爆し、2機が行方不明になった。12時には空戦は終了。高雄空は行方不明2機、自爆2機、被弾4機、戦死14名、行方不明15名もの損害をこうむった。

鹿屋空（3中隊）の陸攻9機も11時45分に空戦開始。11時50分にはF4Fは姿を消したので、たった5分間の空戦で、鹿屋空の陸攻は40機のF4Fと、20ミリ811発、7・7ミリ5200発を放つ猛烈な射撃戦を交え、陸攻全機が被弾する満身創痍の空戦でグラマンの撃墜6機を報じた。空戦開始から3分後に爆撃、250キロ9発、60キロ36発を投下したが、邀撃機退避のため編隊で旋回運動をしたため弾着を確認できなかったが、概ね滑走路と地上の7機を破壊したと報告している。目標上空での墜落機こそなかったが、中隊長の仲斉治大尉機が28発被弾、つづく2番機の徳富忠雄一飛曹はなんと41発も被弾、さらに3小隊長、永園岩美飛曹長機が28発被弾している。

またそれぞれ何発被弾したのかは不明だが、帰途の13時40分、3小隊2番機、牧田登一飛曹機がレカタ湾に着水して大破。ついで13時56分、さらに2小隊2番機の江蔵哲二一飛曹機はブイン未開墾地に不時着して大破、搭乗員の死傷も戦死3名、重傷3名、軽傷7名にのぼった。

全部で34機が発進したF4Fは爆撃機の撃墜23機と零戦の撃墜1機を報告。損害は5機のF4Fが修理のため一時的に使用不能となったが、全機が帰還している。23機も落としたと主張する米軍の撃墜戦果報告からも、彼らが徹底的に爆撃機を狙ってきていることがわかる。

結局、この空戦では陸攻2機が自爆、3機が行方不明になり、さらに3機が不時着大破、計8機と搭乗員37名もが失われた。その他13機が被弾している。陸攻の射手と零戦は多数のF4Fの撃墜を報じているが実際には1機も落とせず、撃墜できたのはSBD艦爆1機だけだった。

この日、二空の零戦（二号零戦）21機がラバウルから、ブカ基地に進出した。ここからブーゲンヴィル島南東部へと飛び、造成中のブイン飛行場やショートランドの水上機基地や、ガ島に向かう輸送船が集まっている泊地へ来襲する連合軍機を邀撃するのである。派遣はブイン基地が完成する予定の10月5日まで一週間とされていた。


27日、28日のガ島攻撃で失われた陸攻の数（両日で12機）があまりにも多かったため、ラバウルでその原因を究明し、対策を考える研究会が開かれた。研究会の結果、陸攻隊をその麾下においている二十六航戦の参謀の柴田中佐は、28日の進攻では台南空の指揮官、河合四郎大尉機が不調で引き返すという不運があったためか、零戦と陸攻の間が開き過ぎ戦闘機の掩護行動が遅れたこと、陸攻が零戦による密着した掩護を望んでいたにもかかわらず、零戦隊は行動の自由を制限される直掩を好まず、大半を縦横に戦える制空任務に宛てていたことなどが陸攻に多くの犠牲を出した直接の原因としている。

間接的な原因は、悪天候によってガ島進攻が長期間中断し、戦爆隊進攻の前に米軍戦闘機隊の兵力を減殺できていなかったこと、また米軍の戦闘機が陸攻に攻撃を集中、一撃を加えると避退し零戦との空戦を避ける傾向があることが挙げられた。

対照的に、日米の攻防が逆となった18年11月以降のラバウル防空戦で、零戦隊は連合軍の掩護戦闘機に対してはかなり善戦し、実際に多数を撃墜したものの、撃墜できた米軍爆撃機は非常に少なく、爆撃によって地上では甚大な被害を被ることになる。これは火力が強大な米軍戦闘機の防御力貧弱な陸攻に対する一撃離脱が有効だった一方、防御力強固な米軍爆撃機を零戦の火力では一撃では撃墜できず、掩護戦闘機との空戦に巻き込まれざるを得なかったからであった。

しかし28日に開かれた研究会では、この根本的な問題には一切触れられていない。もっとも、前線部隊で敵味方の航空機の性能の差異を論じても早急には改善されるはずもない。

当時ラバウルで掩護の零戦隊を指揮下においていた二十五航戦司令部は、対策として戦爆連合による進攻に先立って、零戦のみの進攻を実施して米軍戦闘機を釣り上げて撃墜、あるいは陸攻による夜間爆撃、水上艦艇による夜間の艦砲射撃などで米軍戦闘機隊を弱体化させておくのが有効であると主張。翌29日、零戦隊のみによる戦闘機掃討が早速実施されることになった。

出撃するのは、27日の空戦では初交戦のワイルドキャットに対して、今ひとつ実力を発揮できなかった精鋭三空の18機、および鹿屋空の9機である。

零戦隊、邀撃戦闘機掃滅に飛来、ようやくF4Fを1機撃墜

9月29日、3時55分、暁闇の中、ヘンダーソン基地からは定例のサンタイザベル偵察攻撃機が発進した。2機のSBD艦爆は、黎明を迎えたばかりのレカタ基地の浜辺に2機の複葉水上機を発見。VS-3のキルン少佐機は奇襲のためエンジンを切り爆音を消し滑空で機銃掃射を二度反復。爆弾も投下して黒い水上機にかなりの被害を与えた。2番機、VMSB-231のリオフェル少尉のSBDは灰色の水上機を狙って同様の攻撃を行ったが、爆弾は逸れ、損害を与えることはできなかった。両機は20ミリ機銃で反撃してきた椰子林後方の家屋を機銃掃射、無事に帰還した。この米軍報告から当時、暗緑色に塗られた零観と灰緑色に塗られた零観（水戦かもしれない）が混在していたことがわかる。この日、レカタに係留されていた零観の所属については確認できなかった。少なくとも「神川丸」「山陽丸」「讃岐丸」の零観ではない。

5時25分、ブカ基地から6機の零戦が薄曇りの空に発進していった。

前日、ラバウルからここに進出していた二空の第一当直機である。任務はガ島への輸送船が中継点としているブイン、ショートランド（トノレイ）泊地の上空哨戒だった。一直の6機はなにごともなく帰着したが、7時15分に発進した二直、丸山龍雄二飛曹が率いる零戦6機は9時40分にブイン南方50浬で10機のB-17を発見した。各機、前方攻撃を以て4機のB-17に白煙を吐かしたが撃墜はできず、零戦4機が被弾。10時30分まで哨戒をつづけ全機が無事に帰還した。

二空ブカ派遣隊の行動調書は保存されていないため、その戦いぶりは第二十五航戦の戦時日誌から概要が窺えるだけで、空戦に参加した搭乗員の氏名や弾薬消費、被弾の詳細などはわからない。

来襲したのは第5、第11爆撃航空群のB-17だった。米軍は「目標に近づき、B-17の編隊が厚い雲を突き抜けるとおよそ15機の零戦が襲いかかって来た。ホワイト大尉機

のB-17では尾部射手が零戦を1機発火させた後、20ミリが命中したが、炸裂の破片は射手の肩先と脚のそばを抜けた。B-17の尾部射手の頭部は分厚い防弾ガラスで、胸部と下腹部は装甲板で防護されている。彼は射撃をつづけ零戦の撃墜4機を報じた。B-17の編隊は併せて零戦の撃墜8機を報告、損害は乗員が1名負傷したのみだった。しかしホワイト大尉のB-17は空戦で４５０発も被弾、とくに尾部銃座付近には17発も弾痕があり、第3エンジンと機首には大穴が開き、方向舵の羽布はぼろぼろで車輪はパンクしていた。だが乗員は1人も負傷せず、ヘンダーソン飛行場に無事着陸できた」と記録している。陸攻に比べるべくもない、驚くべきB-17の強靭さである。

11機のB-17は二空の零戦6機の攻撃を撃退したが、トノレイ泊地は靄に閉ざされていた。編隊は別の目標を求めてブーゲンヴィル島の西岸を進み、単独航行中の巡洋艦「青葉」を発見した。しかし巡洋艦を狙った爆弾は命中せず、対空砲火で第98爆撃飛行隊のB-17、ワスコヴィッツ中尉機が被弾。本書の冒頭に登場したワスコヴィッツ中尉の「ブルーグース」、青いB-17は発煙しつつ錐揉みに陥り墜落、乗員も全て機と運命をともにした。

ラバウルでは、ガ島、邀撃戦闘機掃滅戦のため零戦が次々と発進していた。

三空18機、鹿屋空9機、零戦計27機は、木更津空の陸攻9機に誘導されて、ガ島へと向かって行く。この9機の陸攻は米軍戦闘機を釣り出すための囮も兼ねていたと思われる。連合軍の沿岸監視員は10機の爆撃機がニュージョージア島の上空を通過して行ったが、引き返して来てヘンダーソン飛行場には向かわなかったと報告している。陸攻は全機が無事に帰着した。

空襲警報が発令されたヘンダーソン基地では空中回避のためか13機のＳＢＤ艦爆が発進、その他に33機のＦ４Ｆが邀撃のため発進した。だが交戦したのは、そのうちＶＦ-５の所属機、シンプラー大尉が率いるＦ４Ｆ、14機だけだった。

零戦隊の主力は依然航進をつづけ、この日の戦闘機掃討は18機で実施されることになった。11時40分、三空零戦隊はガ島上空に入った。高度5千メートル付近には層雲があり、その上方には断雲が散っていた。そんな悪天候による視界不良から三空の零戦は散り散りになり、山口定夫中尉率いる2中隊、6機は主力から分離、高度３６００メートルを付近を飛んでいた。

11時55分、断雲を抜けると左舷、5キロほど先、やや上方の雲を破って8機のＦ４Ｆが現れた。ＶＦ-５のシンプラー大尉が率いる邀撃隊だった。山口隊と反航針路をとっている。両軍の編隊は接近して行く。山口中隊の6機は3機ずつに分離、おそらく山口中尉の1小隊は素早く上昇、岩本六三二飛曹の2小隊は降下したものと思われる。

両軍の編隊は散り散りになり、格闘戦がはじまった。シンプラー大尉は下側に来た零戦を射撃、次の獲物を求めていると後方から撃たれた。機体に命中した2発の20ミリ弾は大破壊をもたらしたが機体の安定性に影響を及ぼすことはなかった。右昇降舵に当たった20ミリ弾は一枠分の羽布を剥ぎ飛ばした。７・７ミリ弾の破片がマイクロホンのコードを切断。もう1発の７・７ミリ弾は操縦席の後方から横に貫通、拳銃のホルスターで止まった。さらに破片で軽傷を負ったため、大尉は基地に戻り、無事に着陸した。

他のＦ４Ｆも降下して行った零戦を追撃、撃墜４機、不確実３機もの戦果を報告している。

高度２７００メートルまで降下したグリーン中尉は、優位から零戦に襲われたＦ４Ｆが高度９００メートルから海に落ちるのを目撃した。彼は当初、艦爆が海に爆弾を投下したのかと思った。Ｆ４Ｆを撃ち落とした零戦が艦爆、落ちたＦ４Ｆが爆弾に見えたのだ。落ちたＦ４Ｆはシューメイカー少尉機だった。

中尉がその「艦爆」に向かって行くと、1機のＦ４Ｆが「艦爆」、つまり零戦に向かって行くのが見えた。グリーン中尉は優位からその零戦の後方へと降下、追尾、真後ろから接近して行った。シューメイカー機を仕留めた零戦は二度横滑りしてから右斜めへの宙返りを試み、グリーン中尉が発砲すると発火、機首を下げ着水、海中に消えた。

一方、鹿屋空の零戦は11時30分にガ島の上空に突入、11時45分、ガ島とサボ島の中間において十数機の米軍機と空戦中の零戦３機を発見。33小隊1、２番機、大倉積飛曹長、阿倍健市三飛曹（小隊の３番機は不調のため引き返していた）が空戦場に突入したと、行動調書にしるしている。時間が十数分食い違っているが、優勢な米軍、つまりＶＦ‐５のＦ４Ｆと空戦中だった零戦３機は三空２中隊の1小隊か２小隊のいずれかであったのは間違いない。

大倉、阿倍機は20ミリ２２０発、７・７ミリ６００発、計８２０発を射撃、グラマン６機と交戦、３機撃墜、1機不確実の戦果を報じている。彼らの零戦は二一型だったはずだから20ミリは60発弾倉だ。いっぱいに装填すれば60発入る弾倉だが、送弾を円滑にするために5発くらいずつ少なく装填するのが普通だったので、２機で２２０発といえば、両機とも20ミリを全弾撃ち尽くしたことになる。２機で優勢なＦ４Ｆに立ち向かって行った大倉小隊の奮戦ぶりが偲ばれる。

三空機は20ミリ２７1発、７・７ミリ1７９０発を射撃、撃墜８機、不確実３機の戦果を報じているが、２小隊２番機の野津吉郎二飛曹機が自爆、３番機の小川誉三飛曹機は帰途海上に不時着（救助）した。

帰途も天候は好転せず、三空の13機、鹿屋空の6機はラバウルまで帰り着けずブカ基地に着陸した。

以上のようにこの日は天候不良で視界が悪かったため、進攻して来た零戦のうち8ないし9機と、邀撃に上がってきたワイルドキャット33機のうち、14機だけが交戦。米軍は零戦の撃墜４機、不確実３機を報告する一方、シンプラー大尉機がひどく損傷した他、シューメイカー少尉のF4Fが未帰還となっている。グリーン中尉の報告が正確だったとすれば、シューメイカー機を撃墜したのは自爆した野津吉郎二飛曹の零戦だったということになる。

こうして二十五航戦の戦闘機掃討は零戦2機と搭乗員1名を失い、実際の戦果はF4F撃墜1機のみという結果に終わったのである。

ショートランドでは27日のB-17邀撃戦で行方不明となった宗像予備大尉の零観を探し続けていた。28日、29日と連日、捜索範囲をギゾ島付近にまで広げて探したがとうとう見つからなかった。

この日の夕刻、18時45分、ガ島の日本軍後方地域に潜入している沿岸監視員からの報告がヘンダーソン基地にもたらされた。「当地区にはおよそ2千名の日本軍将兵、労務者（飛行場設営隊員）、遭難者（沈没船の乗組員）がいるが、飢餓と疾病でその約25パーセントは勤務不能状態にある」という内容だった。24日、カクタス空軍による執拗な空襲にたまりかねて駆逐艦による「鼠輸送」が中断されたため、ガ島では徐々に飢餓が広がり始めていたのである。

9月、零戦隊は辛勝。攻撃機はまたも惨憺たる大損害をこうむる

9月30日は雨のち曇りだった。4時46分、東港空の九七大艇、栄崎留記一飛曹機がショートランド基地を発進、10時13分に1機のB-17と遭遇し5分間にわたって空戦を交え、20ミリ20発、7・7ミリ50発を射撃し、被害を受けることもなく、そのB-17を撃退した。

10時、サンタイザベル偵察攻撃隊のSBD艦爆2機は基地の水上で修理中だった機体を機銃掃射し、帰途、オルテガ海峡の北西で装甲艇5隻を発見した。さらに13時15分、2機のSBDがレカタの浜辺にあった複葉水上機2機を機銃掃射し、農園家屋の南にあった天幕を225キロ爆弾で爆撃。命中を示す灰色の爆煙が上がった。しかし2回目の降爆の時、背後の建物から対空射撃が始まり、VMSB-141のターターズ少尉機のカウリングに1発が命中した。以上のように、R方面航空部隊の前線基地、レカタは連日、偵察、監視され執拗な攻撃を受けていた。

9月の最終日は、九七大艇がB-17と交戦した他は、台南空の九八陸偵がラバウル、ブカ間の天候偵察に出ただけで進攻も空襲もないまま終わった。

天候不良がつづき空戦が少なかった9月は零戦12機が自爆、行方不明、不時着などで失われた。戦死した搭乗員は11名であった。不時着水した零戦のうち、二空の輪島由雄飛曹長機はエンジン不調による着水で、行方不明機のうち1機、六空の村上繁次郎一飛機は空戦による喪失ではない可能性が高く、他の行方不明および未帰還機にも長距離進攻による故障、航

法ミスなどによる喪失も含まれている可能性がある。

その一方、零戦との空戦で墜落、行方不明、不時着、帰着後の全損などで失われたＦ４Ｆは17機と喪失機は多かったが、戦死したパイロットは日本側よりも少ない８名だった。その他、ＳＢＤ艦爆1機（戦死２名）と、カタリナ飛行艇1機（戦死８名）が零戦に撃墜されている。米軍の損害については、一部が零戦に落とされたのではなく、陸攻の防御砲火で撃墜された可能性もあるが、米軍の損害報告では空戦による被害と事故による被害は明確に分けられているので、この19機は落としたのが零戦であれ、陸攻であれ、間違いなく空戦による喪失である。

９月の空戦では、水上機型の零戦、二式水戦４機も空戦で撃墜され搭乗員４名が戦死したが、水戦は1機のＢ-17（戦死7名、捕虜2名、撃墜には零観も協力）と、ＳＢＤ艦爆1機（戦死２名）を確実に撃墜している。

零観はカタリナ１機を撃墜しているが、零観も３機がＢ-17との交戦で撃墜され６名が戦死、さらにＦ４Ｆとの空戦で５機が失われ、さらに６名が戦死している。

９月には哨戒任務に就いていた九七大艇がＢ-17などと戦う、大型機、哨戒機同士の空戦が13回も起こった。東港空の九七大艇はＢ-17と6回、カタリナ飛行艇と3回、機種不明機と1回、Ｆ４Ｆと3回交戦し、1機がＦ４Ｆに撃墜され、機種不明機と交戦した1機が被弾で不時着水して大破しているが、1機のＢ-17を間違いなく撃墜、その他の交戦でも被弾はしたもののいずれも交戦相手を撃退している。

その他、二式陸偵、零式三座水偵各1機が撃墜され３名が戦死。そして９月のガ島攻撃では悪天候に妨げられて進攻の回数が少なかったにもかかわらず、ガ島の上空で26機もの陸攻が自爆、行方不明、不時着などで失われた。搭乗員の戦死、行方不明は１３８名にものぼっている。

しかも爆撃戦果はカクタス空軍の活動を制圧するにはほど遠いものであった。陸攻の損害のすべてが空戦によるものではなく、一部は対空砲火によるものであるが、９月の空戦は零戦隊こそ、損害12機に対して撃墜19機と辛勝を得たものの、米軍の空戦による損害は水戦、零観、大艇に撃墜された４機を加えた計23機（戦死47名）で、日本側が失った54機（一部は対空砲火による）の半分以下で、海軍航空隊は９月も、８月につづき惨敗を喫したのである。

第二十五航空戦隊戦時日誌によれば、９月の損害は、零戦の自爆未帰還機12機、炎上２機、大破４機、事故機４機、被弾機26機、戦死1名、行方不明10名。艦爆、行方不明３機、行方不明６名。陸偵自爆1機、被弾２機、行方不明３名。飛行艇自爆２機、事故による大破８機、被弾２機、戦死８名、行方不明18名、戦傷10名。その他、戦傷４名とされている。

昭和17年10月南太平洋海戦

ガ島への「鼠輸送」再開。駆逐艦での挺身輸送作戦成功

10月1日、ラバウルでは台南空の大野竹好中尉以下、零戦6機がグッドイナフ島を偵察する陸攻を掩護するために発進した。しかし大野中尉等は目標の上空で雲の中に入った陸攻を見失ってしまった。それから25分間、零戦隊は必死で陸攻を探したが発見できぬまま帰還した。陸攻も偵察を終え、無事に帰還している。

一方、二空の零戦3機はマンダ海峡の上空を哨戒した。台南空、二空ともいずれもまったく接敵せず、損害も戦果もなかった。

その頃、日本陸海軍はガ島の飛行場を奪回するため第二師団の派遣を画策していた。仙台で設立された第二師団は日清戦争以来の精鋭師団である。しかしいかに精鋭でも海の上を歩いてガ島へ進出できるはずもない。そして重火器、弾薬、糧秣の補給がなければ戦えない。脆弱な輸送船をどうやって護るのか、もはや正攻法での輸送はできなくなっていた。

当時、ガ島への輸送を大きく阻害していたのは主にカクタス空軍による空爆であった。特に輸送船を使った本格的な輸送は完全に途絶している。そこで9月27日からは大発（大発動艇、百トン程度の舟艇）が蟻のように少しずつ増援部隊と補給品を運ぶ「蟻輸送」がはじめられた。

また月が9月下旬の満月から新月に代わり夜が暗くなって、カクタス空軍の夜間空襲の脅威が減少したため、10月1日からは夜間に駆逐艦が米軍警戒網の隙をついてこっそりと兵員と物資を運ぶ「鼠輸送」も再開された。ガ島では9月の下旬から将兵が飢餓状態に陥りつつあった。補給の再開は急がなくてはならない。しかし大発や駆逐艦で運べる兵員と携帯火器だけでは攻撃の成功はおぼつかない。そこで3日に砲兵火器、弾薬、砲兵牽引車などの重火器を搭載した水上機母艦「日進」による強行輸送が計画されていた。この輸送作戦を完遂するため、3日の一日だけでも、カクタス空軍の活動を麻痺させなければならない。

12時、VMSB‐141が哨戒に発進させた1機のSBD艦爆は、20ノットで110度の針路を進む日本軍の駆逐艦4隻を発見した。カクタス基地からの方位285度、336キロの地点だった。哨戒機は日本の水戦5機が上空警戒していると報告。

20ノットでガ島へ向かっていたのは、鼠輸送に当たっていた第十一駆逐隊の駆逐艦「吹雪」「白雪」「初雪」「叢雲」であった。駆逐艦を掩護していたのは水戦ではなく、零観2機だった。米艦爆はすぐに攻撃隊を呼び寄せた。2時間後、5機のSBDと5機のTBF艦攻が飛来したが、日本艦隊を発

見することができなかった。米艦爆と艦攻がようやく目標を発見したのは16時40分、辺りに闇が包まれる頃だった。もはや上空掩護の零観はいない。

米攻撃隊は対空砲火を冒して攻撃に入る。しかし命中弾はなく、輸送隊の被害は回避運動中に舵が故障した「初雪」が引き返したのみである。この攻撃でＶＴ-８のＴＢＦ艦攻３機が帰途、おそらく航法ミスによって燃料を使い尽くして着水、乗員は米駆逐艦に救助された。この日、鼠輸送隊は無事だったが、こんな幸運がつづくとは考えられない。第二師団の輸送を成功させるには、カクタス空軍の弱体化、できれば無力化がどうしても必要だった。

8機撃墜。
悪天候に阻まれつつも大成功に終わった航空撃滅戦

翌２日、午前３時40分、ラバウル港上空では対空砲火の閃光が暁闇を引き裂き、砲声が轟きわたった。米軍の四発重爆が港内の船舶を狙って７５０メートルという低空から単機ずつ侵入して来たのだ。ガ島へ向かう兵力を出発する前に叩こうという訳である。

Ｂ-17は1機また1機と現れては４５０キロ爆弾を投下してゆく。探照灯の光が交差する激しい対空射撃音の合間に、低空を飛ぶ自らの機体を傷つけないように5秒の遅延信管を装着した爆弾が轟然と炸裂する。爆撃は4時10分までつづいた。

ポートモレスビーから飛来した第43爆撃航空群、第63爆撃飛行隊のＢ-17は6機すべてが被弾したが死傷者はなく無事に帰還した。この爆撃では、哨戒中の「天龍」が直撃弾1発を受けて死傷30名の被害を受けた他、輸送船３隻も至近弾で傷つき死傷者を出している。

未明の空襲から夜明けを迎えたラバウルでは、９月29日につづいて、陸攻９機を囮にして米軍戦闘機を誘い出し、一号零戦の稼働全機を投じて、これを一掃する作戦が企てられていた。だが日本側が画策するこの種の作戦は、29日にも失敗したように、あまり思惑通り進んだことがない。

10月1日の夜に報告されていたカクタス空軍の翌２日の稼働兵力は、Ｆ４Ｆが37機、ＳＢＤが19機、ＴＢＦが1機、Ｐ-４００が4機だった。ＴＢＦ艦攻は1日の着水事故により兵力が大きく減っている。問題は零戦が、陸攻を襲うＦ４Ｆと、何より急降下爆撃で日本軍艦船攻撃に威力を発揮していたＳＢＤ艦爆をどれだけ退治できるかであった。

早朝の哨戒飛行中、ＶＳ-71のガレット少尉のＳＢＤ艦爆が機械故障で海に墜落。偵察員は救助されたがパイロットは機体とともに沈没してしまい、ＳＢＤの数が1機減った。

7時5分、木更津空の陸攻９機はラバウル上空で、六空の小福田租大尉が率いる六空の18機、河合四郎大尉が率いる台南空の18機、計36機の零戦と合同した。だがラバウル発進後、空には雲が多くなり、８時、ブカ基地上空で陸攻隊は零戦27

機と分離してしまった。零戦隊の主力を見失った陸攻隊の指揮官、岡秀雄大尉は天候悪化のために零戦隊が進攻を中止して引き返してしまったものと思い込んで反転、これにつられて台南空の1中隊、河合大尉を含む零戦8機も一緒に引き返してしまった。

だが台南空1中隊の1小隊から離れてしまった小隊長の山下佐平飛曹長機と、大野竹好中尉が率いる2中隊9機と六空の18機、計28機の零戦は、それとは知らず、ガ島への航進をつづけていた。ヘンダーソン飛行場の上空には断雲が散っていたが、視界は良好だった。

米軍のレーダーはヘンダーソン飛行場に向かって来る高速の小型機の編隊を捉えていた。

10時30分に、空襲警報が発令され、VF-5の14機、VMF-223、VMF-224の各11機、計36機のF4Fが邀撃に発進した。発進したF4Fの数が前日の夜に報告された稼働機数よりも1機少ないのは、その後、不調機が発見されたのか、パイロットが1名足りなかったのか、詳細はわからない。

行動調書によれば、10時10分、大野竹好中尉が率いる台南空2中隊の9機と、山下佐平飛曹長機の零戦計10機は高度8500メートルでガ島上空に侵入。10分後、グラマン約20機を発見、空戦に入った。一方、六空は零戦18機で10時30分からグラマン約30機と空戦に入った。台南空機が六空機よりも10分先に空戦に入っていたのか、単に行動調書への記述の誤差なのか、それはよくわからない。

零戦隊が発見したのは海兵隊のF4F、3個小隊13機だった。VMF-223のスミス少佐が率いる先導の第1小隊、ワイルドキャット5機は層雲を何層か抜けながら7500メートルまで上昇して来ていた。F4Fは翼端から飛行機雲を曳いている。

スミス少佐の第1小隊5機は目映い陽光の中に入って行く。零戦隊の真下である。スミス少佐は600メートル上方に零戦を発見、驚く間もなく6機の零戦が襲いかかって来た。スミス小隊は雲に逃げ込もうとしたが、もはや遅く、まずウィリス・リーズ少尉のF4Fが撃墜されてしまった。落下傘が開いたが、少尉を救助することはできなかった。

スミス少佐機も零戦に掃射され主翼を穴だらけにされた。銃弾はオイルクーラーをも貫いていた。雲を抜けて降下避退した彼は、下方に零戦の3機編隊を発見して攻撃、1機を発火させたと報じている。しかしスミス機のエンジンは過熱し、彼は不時着を余儀なくされた。

後続していたVMF-224のドゥビン少佐の第2小隊4機は、当初、急降下するスミス機を見て、彼が下方に爆撃機を発見したのかと思った。ところが頭上に多数の零戦が現れ、リーズ機が墜落、曳光弾が飛び交い、第2小隊は逃げ出さざるをえなくなった。

同じくVMF-224のゲイラー少佐が率いる第3小隊の

4機は高度6900メートルで12機の零戦を上方に発見した。小隊のディーン・ハートリー少尉機はひどく撃たれたが、かろうじて帰還することができた。

海兵隊の主力から遅れて上昇して来ていたVMF-224のジョージ・トレップトウ少尉のF4Fはいつの間にかいなくなり、後に残骸が発見された。トレップトウ機の残骸には弾痕がなかったため、酸素装置の故障で墜落したのではないかとも言われている。しかし密林の中にあった機体の調査は短時間で完全なものではなく、海軍の全喪失記録では空戦による喪失とされている。ゲイラー機は零戦に追尾され機体の端から端まで掃射されてエンジンが停まり、不時着水した。

高度5400メートルでツラギに向かっていた海兵隊F4Fの3機は、1200メートル下方に7機の零戦を発見した。ただちに降下攻撃に入ったが、たちまち形勢は逆転、VMF-224のチャールズ・ケンドリック少尉機が行方不明になってしまった。

海兵隊のF4Fが零戦と戦っている間、先に発進した海軍、VF-5の14機は高度8千メートルまで上昇していた。いつもこのくらいの高度で飛来する陸攻隊を待ち伏せていたのだ。

28機対22機で、数的にも優勢だった零戦隊は海兵隊のF4Fを圧倒、一方的に撃墜して行った。この空戦で海兵隊は5機のF4Fとパイロット3名を失っている。海兵隊は零戦の撃墜3機を報告しているが、行動調書によれば、零戦隊には被弾機すらない、一方的な空戦だった。

一方、高度8千メートルにいたVF-5、海軍のレジスター中尉は2400メートル下方に零戦8機を発見していた。これは行動調書にしるされた時間が正しければ、逸早く戦場に突入した大野中尉等、台南空の2中隊機と思われる。だがレジスター中尉の小隊は「爆撃機が来る」と言われていたので、そのまま高度を維持し、そのうち、せっかく見つけた零戦を見失ってしまった。

ハルフォード中尉の小隊も高度8千メートルで爆撃機の襲来を待っていたが、1500メートル下方に零戦5機が見えたので、今にも爆撃機が来るかも知れないと気兼ねしながらも、毎分300メートルだけじりじりと高度を落としていた。

VF-5の指揮官、シンプラー大尉は6機のF4Fを直率して、高度8千メールで爆撃機を待っていた。20分後、大尉は無線でもっと低い高度で零戦との空戦がはじまっていることを知った。彼は旋回降下に入り高度6千メートルまで下降するとクカム沖の米軍艦船の上空1200メートルで、対潜哨戒に飛んでいたSBD艦爆が2機の零戦に追跡されているのが見えた。

シンプラー大尉は降下突進して1機の零戦を捕捉、後方から奇襲した。射弾は機体に命中、機体内からの閃光が見えた。焼夷弾による発火であることは明らかだ。零戦は白煙を曳きながら海面に降下して行った。その刹那、自分のF4Fの機銃6門のうち、5門が故障、射撃停止した。零戦は海面すれすれで急激に機体を引き起こし、西に向かって逃げ出した。もう1機の零戦は最初に見かけたきりで、どこかに行ってしまった。大尉が使った弾薬は１８０発だった。

　シンプラー編隊のネスビット一等飛行兵は「零戦は大尉が射撃すると燃料を噴出しはじめた。その零戦は水面に向かって垂直に近い角度で降下して行った。私はその後方に入り、零戦が機体を引き起こすとともに撃ちはじめた。零戦は海岸に向かって飛び、海面から3メートルから45メートルの高度を飛びながら、ありとあらゆる回避運動を試みた。三回にわたって連射を放ち、零戦は燃料を吐いたが、噴出はすぐに止まってしまった。わたしは搭載弾薬１４４０発の全弾を撃ち尽くしてしまった。別のグラマンがやって来たので、機体を引き起こし、そのＦ４Ｆに場所を譲った。この零戦の搭乗員は並外れた腕前だ。さらに個人的な意見だが、ナゴヤ型の零戦は燃料タンクに自動防漏装置を装着しているのではないかと思う」と報告している。ガ島に進攻して来る零戦は、一号零戦、つまり米軍が見慣れた零戦二一型で、当然、飛行性能も変らないのだが、なぜか、零戦「ナゴヤ」型と呼ばれ、性能も向上したと報告されていることが多い。日本側に新型の二号零戦、零戦三二型が登場したという情報に対する恐怖心理が作り出した錯覚と誤解なのではないかと思われる。

10月2日、ガ島上空の空戦で、六空の零戦小隊長を務め、F4Fと艦爆の撃墜各1機の戦果を報じている江馬友一一飛曹。

　またネスビット一等飛行兵を感嘆させた並外れた腕前の搭乗員は六空の23小隊長、江馬友一一飛曹機ではないかとも思われる。彼はこの空戦で被弾7発を被ったものの、20ミリ１１０発、７・７ミリ６００発を放ち、Ｆ４Ｆと艦爆の撃墜各１機を報告、さらにＦ４Ｆが２機、空中衝突で墜落したと報告している。

　シンプラー小隊と相前後して、VF-5のレジスター小隊と、ハルフォード小隊のＦ４Ｆ、８機も下方の零戦への降下攻撃を開始した。

　レジスター中尉もシンプラー大尉と同じく、20分後、輸送船のそばにいる零戦を発見した。彼は「明らかに機銃掃射している。我々は急降下に移った。だが我々がその高度まで降りた時、残っていた零戦は1機だけだった。その零戦は6機のF4Fに追跡されていた」と報告している。追っていた6機とは、シンプラー小隊ではないかと思われる。

襲われたのは、ヘンダーソン飛行場上空で海兵隊のワイルドキャットと戦い勝利を収め、帰途、11時10分、サボ島付近の海上でBセクターの対潜哨戒中だったSBD艦爆3機を発見して、追い回していた六空の零戦と思われる。台南空は10時40分にルッセル島付近で艦爆2機と交戦したと記録しており、六空の行動調書と交戦場所と時間が合わない。

おそらく台南空のエース奥村武雄一飛曹と、六空の零戦7機、計8機で代わる代わる攻撃して、すでにVS-71のペリット中尉機、VMSB-141のアイリス少尉機の2機を撃墜。最後に生き残っていた1機、VMSB-141のウォーターマン少尉のSBD艦爆を、六空の江馬一飛曹と小林勇一一飛の零戦が追っていたのではないかと思われる。2機の零戦はウォーターマン機の追跡に夢中になり、上空から襲って来た14機ものF4Fに奇襲されてしまったのだ。

レジスター中尉は「降下速度がついていたので簡単にその零戦に追いつき、無修正で射撃した。零戦は発火し、木々の間に墜落した。使用弾薬は360発」と報告している。

ハルフォード小隊は螺旋急降下中、2機ずつの2編隊に分離してしまった。彼は戦闘報告書に「その時、見えたのは零戦1機だけで、同機は友軍戦闘機の攻撃から急降下で逃げて海面で引き起こし岸辺へと針路を向けた。列機、カリー少尉と私は急降下して、降下加速でその零戦が浜辺に達する前に後ろについた。零戦は岸辺を横切ると内陸へとゆっくり針路を転じた。私は撃ちまくり、当たったと思った。零戦は木の梢すれすれで乱暴なSターンを行なった。それまでに私はうまく連射を浴びせ、零戦は発煙し、機首を海に向けた。その時、右上方から別のF4Fがその零戦に射撃を浴びせた。零戦は発火し、木々の間に墜落した。大地に激突する寸前、その零戦の搭乗員が操縦席の中で立ち上がるのが見えた。私は操縦桿を引いて上昇、カリー少尉とふたたび合同し、高度をとると後上方から零戦が撃ちながら迫って来た。すると2機のF4Fがその零戦の右側から攻撃してきた。それから眼の回るような格闘戦になり、私は基地に戻った。機銃5門（1門故障？）の銃弾の半分を撃ち尽くした」としるしている。

シンプラー大尉とネスビット一等飛行兵が取り逃がした零戦が江馬一飛曹機で、レジスター中尉とハルフォード中尉が攻撃した零戦（明らかに同一機）は、この空戦で唯一自爆したと報告されている六空の小林勇一一飛機だと思われる。あるいは小林機は、シンプラー大尉、ネスビット一等飛行兵がまず傷つけ、レジスター中尉とハルフォード中尉がとどめを刺したのかもしれない。

VF-5では、この空戦でジョージ・モーガン少尉のF4Fが行方不明になった。モーガン機は、おそらくエンジン不調のため主力の上昇に付いて行けず、単機で帰還中、零戦に撃墜されたのではないかと言われている。

米戦闘機を誘い出す囮の陸攻9機は悪天候で引き返してしまったのだが、VF-5は幻の爆撃機編隊を待ちぼうけて空戦のチャンスを逸するところであった。最初の空戦で海兵隊のF4Fが零戦に圧倒されたのはVF-5の空戦参加が遅れたことによるものかも知れないが、遅れたおかげで高空からの奇襲になり、零戦隊の完全勝利に終わりそうだった空戦で、小林機を撃墜してようやく一矢を報いることができたのである。この日の空戦では六空の零戦1機が自爆した他、1機が被弾、台南空の1機が故障に依り、ブカ基地に不時着して大破（搭乗員は無事）している。

カクタス空軍はこの邀撃戦でVMF-224が4機のF4Fを失い、2機が被弾、VMF-223とVF-5が各1機、計6機のF4Fとパイロット4名を失った。海兵隊の戦死者、飛行場から4マイルの地点に墜落したケンドリック中尉の遺体は残骸の中から発見された。トレップトゥ少尉の遺体もジャングルの中に落ちた残骸にあった。VMF-224の指揮官にしてエースのスミス少佐のF4Fも被弾して飛行場の南方に不時着したが、彼は無事に救出された。マンドリアーナ島の1・6キロ沖で撃墜されたゲイラー少佐もこの空戦でいったん行方不明になったが、ゴムボートで漂流した後、現地人の助けで翌日ツラギで救出された。


1機を失ったのみで6機を撃墜したこの日の空戦は、8月7日の空戦以来、久しぶりに零戦隊が大量の撃墜を果たしたみごとな勝利となった。特に六空では10機が発砲し、うち7機が20ミリ110発全弾と7・7ミリ数百発ずつを撃っている。米軍機を確実に捕捉して、確信を持って発砲した証拠であろう。その他の機の射撃も合わせると、六空は全部で20ミリ870発、7・7ミリ2370発を射撃している。

台南空は9機で計1500発を撃っているが、例によって各機の細かい弾薬消費は省かれている。

この日の進攻が終わった後のカクタス空軍の稼働兵力はF4Fが26機、SBDが16機、TBFが3機、P-400が4機だった。

零戦隊は確実に撃墜戦果を挙げて、カクタス空軍の兵力をかなり減殺したのである。とくに6機が撃墜されたF4Fは発進した36機から、翌日の稼働機は26機へと10機も減っている。撃ち落とされた6機の他にもVMF-224のニコライ大尉機と、ハートリー中尉機がひどく撃たれエンジンを損傷し、VF-5のルーズ少尉のF4Fは空戦中、酷使し過ぎたのかエンジンが焼き付いている。さらにもう1機、空戦で無理な使い方をしたためか不調となって整備補修が必要になった機体があったのであろう。

ヘンダーソン基地上空で空戦が始まった頃、10時30分、レカタでは逆にヘンダーソン基地から発進してきた2機のSB

D艦爆が2機の単発水上機を機銃掃射して1機を発煙させていた。地上からの反撃でVS-71のエルドリッチ・ジュニア少佐機は7・7ミリ2発を被弾した。

こうして、この日は零戦がF4F6機とSBD2機を撃墜したのである。

とはいえカクタス空軍は未だ壊滅的状態というにはほぼ遠く、SBDが空戦と事故で3機減った分は、おそらく整備完了によって戦力復帰したTBFで補われており、彼らは依然としてガ島へ第二師団を運ぶ日本軍艦船にとっては大きな脅威であった。

15時、それぞれ60キロ爆弾4発を搭載した「山陽丸」垣野内飛曹長が率いる零式三座水偵2機がショートランドを発進した。垣野内機はガ島への途上、日没を迎え、18時15分、ヘンダーソン基地に向かって緩降下、次第に増速し高度3千メートルで投弾。1番機は大型機が炎上するのを認めた。20分遅れて投下した2番機の爆弾は効果不明だった。しかも19時45分、帰着した2番機は着水時に転覆、機体は沈没してしまった。以上、戦闘詳報を読むと、大成功に終わった航空撃滅戦を仕上げる夜間爆撃は、あまりうまくゆかなかったように思えるが、全喪失機リストによれば、地上ではヘンダーソン基地にやって来たばかりの元「ワスプ」の戦闘機隊VF-71のF4Fが3機、爆撃で破壊されている。実は水上機による爆撃も成功していたのである。

不思議なことにGR23の日誌には、同じ「ワスプ」の艦爆隊、VS-71の来着（9月28日に3機、10月3日に6機）と動静については記述があるのに、VF-71については一切記述がない。ないにもかかわらず、ガ島での損害の記録だけが、これから何度も全喪失機リストに現れるのである。

撃沈されてしまった「ワスプ」の遺児たち、VS-71もVF-71も戦時日誌と戦闘報告書が現存していないので、その活動の記録はGR23の日誌と、全喪失機リストから追ってゆくしかないのである。

この日の日付が変わる頃。日本海軍はさらに勝利を重ねた。オーストラリア空軍、第100飛行隊のブリストル・ボーフォートがショートランド沖の日本軍艦船に対する夜間雷撃に飛来。うち1機、ドナルド・スタム大尉機を巡洋艦「青葉」が対空射撃で撃墜したのである。その結果、乗員2名が捕虜になり、尋問によってポートモレスビー方面の情報を得た他、所持していた暗号書を入手して連合軍の暗号の一部が解読可能になるという成果を得たのである。

捕虜になった2名はその後の運命は不明で、オーストラリア空軍の記録では乗員4名全員が戦死したとされている。

戦闘機掃討、一転して未帰還零戦8機の惨敗

10月3日、午前1時、ヘンダーソン飛行場から、第26爆撃

飛行隊のB-17がブカ基地偵察に発進した。同機は長距離飛行に備えて爆弾倉の一つに増加燃料タンクを装着していた。ブカでは上空哨戒中だった二空の零戦、山本留蔵一飛がこのB-17を攻撃。被弾1発の被害をこうむったものの、射撃でエンジン1基を停止させたと報告している。B-17の被害の詳細については確認できなかった。

ラバウルからは、前日、大成功を収めた戦闘機掃討をふたたび実施するため零戦27機がガ島へと飛んだ。零戦はまた米戦闘機を誘い出す囮の陸攻15機に先導されている。今回は予定通り、陸攻はルッセル島まで飛んで引き返して行った。

10時30分、三空の零戦9機と、10月に入ってから七五一空と改称された旧鹿屋空の零戦18機は満を持して高度8500メートルでガ島に突入した。

米軍は「ヘンダーソン基地では、沿岸監視員から「爆撃機28機、カクタスに向かう」との情報を得ていた。邀撃のため海兵隊のVMF-223からは5機、VMF-224からは9機のF4Fが緊急発進したが、レーダーは基地の136キロ手前で引き返して行く機影を捉えた。

しかし「約30機の零戦が基地に接近してきた」としるしている。海軍のVF-5の戦時日誌には「14機のF4Fが発進したが1機の撃墜戦果も報じられず、1機のエンジンが焼き付いて不時着、機体が全損になった」と記録されているだけで、いつもの詳細な戦闘記録は残されていない。GR23の戦時日誌によればVF-5と、VMF-224の5機は発進はしたものの交戦はしなかったとされている。

1、2中隊を構成する七五一空の零戦18機は、3中隊として参加していた三空の零戦9機と飛行場上空を左旋回で制空、米軍機を捕捉しようとしていたが何も発見できなかった。

制空開始から5分後、3中隊の零戦1機をグラマン約10機(行動調書の記載)が奇襲してきた。3中隊は主力と分かれて空戦に入った。3中隊機を襲ったのは高度1万メートルで待ち伏せていたマリオン・カール大尉が率いるVMF-223のF4Fで機数は10機ではなく、5機だった。雲の切れ目に11機(米軍報告、実際には9機)の零戦を認めたカール大尉が後上方から急降下、奇襲に成功したのだ。彼と僚機のフライツァー少尉は3中隊、3小隊の1、2番機を撃墜した。

3中隊長の山口大尉の零戦はカール大尉機の後方に食らいついた。しかし、その後方からフライツァー機が発砲、被弾した山口機は下方に姿を消した。降下突進してきた3機目のF4Fはバウアー中佐機だった。バウアー機は2小隊の2番機を発火させた。急降下して来た4機のF4F、ウィンター少尉機は3小隊の3番機を撃墜。たった4機(リンチ少尉機が急降下に追随できなかった)のF4Fの奇襲で3中隊の零戦5機がたちまち撃墜されてしまったのである。しかも、空中無線がなかったため、零戦隊の主力はこの惨劇に気づいてもいなかった。

三空同様、高度８５００メートルで飛来し、飛行場上空を大きく旋回しながら米軍機を求めて次第に高度を下げて行った七五一空の零戦2個中隊は途中で三空の3中隊が分離しているのに気づいた。零戦隊の高度が4千メートルになった時、2中隊（七五一空）の零戦は、飛行場の北方で海兵隊のＦ４Ｆと空戦中の3中隊機を発見。2中隊21小隊の馬場政義中尉機と、澤田友次二飛曹機はただちに扶援に赴き、グラマン2機を追跡したが取り逃がしてしまった。この2機はカール機とウィンター機であったと思われる。この21小隊の3番機、後にラバウルの撃墜王としてその頭角を現すことになる本田稔二飛曹はグラマンを追って飛去った1、2番機を見失い、単独でグラマン数機と交戦、20ミリ50発、7・7ミリ600発を放って撃墜2機の戦果を報じている。

本田機が撃墜したのは、立て続けに零戦2機を撃ち落としたものの、編隊から離れて単機となり、突然機体下面に20ミリ機銃弾を撃ち込まれ、給油パンプを切断されたフライツァー少尉なのではないかと思われる。フライツァー機は雲に逃げ込んだが、エンジンから発火した。

ただしカール小隊に襲われた三空（3中隊）の零戦もＦ４Ｆの撃墜戦果を報じているので、大損害をこうむった三空機がフライツァー機を落として一矢を報いたのかも知れない。

さらに2中隊の23小隊は制空中、グラマン1機の奇襲を受け、小隊長の岩田年一二飛曹機と、末松津一飛が行方不明になってしまっている。先行の4機の降下突進について行けなかったカール編隊の5番機、リンチ少尉のＦ４Ｆが扶援に駆けつけた2中隊の零戦を眼下に発見。降下加速で末松機の後方に入り一撃で発火させたのだ。小隊長の岩田機は、降下攻撃後、いったん雲の中に入り、ふたたび現れたバウアー機に不意を打たれて撃墜されたのではないかと思われる。

同2中隊22小隊の零戦3機は米軍機の姿を見かけることもなく帰還している。

ヘンダーソン飛行場を周回中、3中隊、2中隊が次々と米軍機に挑戦するため分離して行く中、伊藤俊隆大尉が率いる1中隊の9機は米軍機を発見することもできず、一時間半余りも空しく旋回をつづけていた。その間、1中隊13小隊の零戦3機は中隊を見失ってしまった。小隊長の今橋猛一飛曹はこのまま1発も放たずに帰還するのは無念と感じたのか、小隊を率いて独断で対地攻撃を試みた。

ヘンダーソン飛行場にいた第67戦闘飛行隊の地上員は「低く垂れ込めた層雲を破って飛行場の北方から、銀色に輝く機体に日の丸を描いた3機の零戦が出現、囮のために意図的に残していたＰ-４００の残骸を掃射した。50口径機銃の対空射撃が零戦を捉え、2機が発煙して飛行場の西側に墜落。墜落現場に行くと燃える残骸の中に搭乗員の遺体らしきものが見えた」と回想している。行動調書によれば対空砲火で撃ち落とされたのは2機ではなく、今橋機のみで2番、3番機はそれぞれ被弾3発、被弾9発の被害を受けたものの撃墜はされなかった。しかし今橋一飛曹が対地攻撃で炎上させたと行動調書記載されている大型機1機の戦果も完全な誤認であった。

VMF-224に派遣されていたVMF-212のバウアー中佐は単独で零戦4機もの撃墜を主張する一方、5機が発進して、4機だけが交戦したVMF-223では各機1機ずつ、フライツァー少尉が2機、計5機の撃墜戦果を報告している。米軍側で他に撃墜戦果を報告しているパイロットはなく、戦果が2機余分だったバウアー中佐の報告を除いて、米軍の戦果報告が極めて正確だったことがわかる。

この空戦で、3中隊を構成していた三空では指揮官の山口定夫大尉がガ島に不時着（救助）、山口小隊の2番機、3番機もそれぞれ4発ずつ被弾。さらに2小隊では2番機の富田正士二飛曹が行方不明、3番機の伊藤清一飛がギゾ島西方沖に不時着水（救助）している。その上、3小隊では1、2番機が行方不明になった。小隊長の大住文雄一飛曹は26日に生還したが、2番機、谷口譲二二飛曹は帰って来なかった。

9機の三中隊機のうち、帰って来たのは4機だけだった。4機の弾薬消費は20ミリ660発、7・7ミリ2000発、おそらく被弾生還した1小隊機はほとんど全弾を撃ち尽くしていたのでないだろうか。前述した七五一空の本田二飛曹の撃墜報告2機に加えて、三空はグラマンの撃墜確実3機、不確実2機の撃墜戦果を報じているが、この空戦で米軍が失ったのは、零戦の撃墜2機を報じた後に撃ち落とされたフライツァー少尉機のみだった。少尉は落下傘降下の後、漂流中に救出されている。

零戦15機と7機のF4Fが交戦したこの日の空戦では、零戦7機と搭乗員4名が空戦で、さらに零戦1機と搭乗員1名が対空砲火で失われた。米軍の空戦での損害はF4Fが1機のみだった。2日の大勝利は一転、大敗北に転じてしまった。

空戦では不利な状況で奇襲を受けることも多い。そんな場合に防弾のない零戦は一撃で発火し、一方的な敗北をこうむりやすい。この日の空戦はその典型的な例である。厳重に防弾された米軍機は零戦の奇襲を受けてひどく被弾しても、容易には撃墜されず、空中無線を活用した連携戦闘で加勢を呼び寄せ、むしろ形勢を逆転してしまう例も少なくない。

「日進」への連続空襲と戦う上空直衛隊

一方、この3日、ガ島突入を計画していた「日進」は駆逐艦「野分」「舞風」とともに予定通りに航進していた。ブカ基地を5時15分に発進した二空の零戦一直から、14時45分に天候が悪化して飛べなくなるまで五直、延べ32機が上空警戒を実施した。

13時30分、五直の零戦8機は「日進」に接近してきたSBD艦爆2機を発見。零戦に攻撃された艦爆は旋回機銃弾千発を放って撃墜3機を報じて去って行った。零戦は1機も撃墜されていないが、SBDの被害もVMSB-141のズーバー少尉機の左水平安定板に被弾があったのみである。

15時17分、「日進」では「敵機発見。配置につけ、対空戦闘」が命じられた。1分後、速度は第3戦速（23ノット）に増速。「日進」の戦闘詳報にはその2分後「味方観測機2機、哨戒中。敵艦爆10機、本艦南東上空より降爆運動を始める」としるされている。

15時25分、上空直衛中だった「國川丸」の小柳中尉が率いる「山陽丸」と「讃岐丸」の零観2機、計4機も方位20度、高度1100メートルにSBD艦爆10機を発見した。2小隊「讃岐丸」の零観2機は爆撃態勢に入っていたSBDを直ちに追撃し、1番機、佐治特務少尉機は一撃で艦爆1機の撃墜を報じた。その後、7・7ミリ1300発を射撃、有効な攻撃を行ったが他の艦爆は雲の中に取り逃がしてしまったと、戦闘詳報には記録されている。

15時28分、「日進」は対空射撃のため之の字運動を止め、2分後、主砲14センチ高角砲の火蓋を切った（8発）。15時40分、「日進」は戦闘詳報に「敵は7機編隊のまま本艦艦尾上空に至るや高度2千メートルより急降下爆撃に移らんとする直前、本艦機銃の猛撃(25ミリ三連装機銃8基、2644発)を受け編隊乱れるもそのまま横滑り突入す。本艦は面舵転舵一杯、敵機は高度500メートルまで急降下して爆弾7発を投下。いずれも至近弾にして、最も近くに落ちた1発は左舷中央の2、3メートル外側に水柱をあげ、上甲板は飛沫に洗われて弾片によって6名が負傷。艦外板が一箇所破損、その他、前部外板と上甲板に弾片による弾痕が多数生ず。爆撃終了後、敵は機銃掃射を行いつつ避退。この間、本艦機銃が猛撃、1機撃墜を認む」としるしている。

零観1小隊2番機「山陽丸」の今城一飛曹機は、来襲機発見後、ただちに急降下に入り、7・7ミリ200発を放って前上方攻撃を加え、SBDに爆撃を断念させ、爆弾を投棄、遁走させた。今城機は追撃を試みたが速度差が大きくこちらも逃げられてしまった。

1小隊1番機、「國川丸」小柳中尉機は爆撃を終えた艦爆3機を追撃、有効な射弾を送り、120度方向に撃退、同じく高度2千メートルで退避中の1機を追跡して攻撃、追い払った。使用弾薬は7・7ミリ440発だった。

来襲したのはカクタス空軍VS-3とVMSB-141のSBD艦爆7機と、VT-8のTBF艦攻3機だった。この攻撃で前記のように「日進」には7発の至近弾があり、6名が負傷したが、艦体への損傷は軽微だった。

米軍は「日本の水上艦は全艦、円を描いて激しい回避運動を行い、猛烈な対空砲火を撃ち上げてきた。SBDが大型艦に至近弾3発、TBFが225キロ爆弾の直撃1発、さらにSBDは駆逐艦に至近弾数発を見舞った。攻撃後、6機の零戦（米軍報告のママ）に襲われたが、ＳＢＤとＴＢＦの後部射手が約千発を射撃、それぞれ1機を撃墜した」と報じている。損害は2小隊1番機、佐治特務少尉の零観が5発被弾したのみだった。

結局、零観による撃墜戦果もなかったが、空戦を挑んだことによって米艦爆は有効な攻撃を妨げられた。零観はその後、日没の16時30分まで上空直衛をつづけ、完全にその任務を果たしたのである。

日没後、「日進」は揚陸予定地点に無事進入した。しかし20時23分、「日進」戦闘詳報には「敵味方不明飛行機4機艦上空を飛翔中」としるされている。これはヘンダーソン基地から発進した5機のＳＢＤ艦爆だった。だが米軍にとっても夜間空襲は困難で、なかなか目標を発見できなかった。

20時54分、「日進」は揚陸作業開始。22時15分、「航空灯なき飛行機5、6機上空旋回飛翔す」。22時40分「敵飛行機、本艦後方上空に照明弾を投下。本艦光芒に曝される。揚陸作業中断、機銃打ち方始め（２００発）。敵機本艦上空を通過、味方駆逐艦付近に投弾」と戦闘詳報にはしるされている。「日進」は抜錨し第1戦速（20ノット）で航進に入った。

米軍も散々探し回った挙句、結局、目標を発見できたのは2機だけ、しかも自ら爆撃は効果なしと記録している。つづいてヘンダーソン基地からはＳＢＤ艦爆5機が、また照明弾を搭載して離陸。今度も1機、リオフィル少尉のＳＢＤだけがエスペランス岬の北方で目標を捕捉。命中弾を報じている。

22時45分「日進」は上空の米軍機を猛撃。22時55分、左前方に爆弾投下。23時02分、右後方に爆弾投下。この至近弾によって、機関室漏水、重軽傷4名の損害をこうむった。だが、この空襲では対空砲火がＶＭＳＢ-１４１のＳＢＤ艦爆1機、ハル少尉機（後に救助）を撃墜した。

しかし23時52分、執拗な空襲を警戒して、艦内に揚陸できなかった兵器、資材を残し、とうとう揚陸作業は中止と決められ、「日進」は帰還針路をとった。

一方、重巡「古鷹」の三座水偵、田代特務少尉機は20時50分、ニグロ島から米軍飛行場上空へと侵入していた。滑走路の四周には無数の灯火があった。カクタス空軍は揚陸作業中の「日進」への攻撃隊を発進させるため大わらわだったのである。田代機は滑走路を狙って高度３２００メートルから投弾。2発の60キロ陸用爆弾は飛行場の西端に着弾。もう2発は飛行場の東方2千メートルに着弾した。

重巡「青葉」からも渡辺大尉操縦の三座水偵が射出され、22時4分、ガ島上空に侵入した。だが天候不良のため飛行場を発見できず30分あまりも探し回ったあげく、飛行場と思われる辺りに火災を発見。先の田代機の爆撃で何かが燃えていたのだろうか。渡辺機が接近して行くと滑走路の四周に赤青の灯火数個があった。「日進」攻撃隊を発進させていた米軍は、渡辺機を敵とも味方とも判断しかねていたのだろうか。

渡辺機は灯火を狙って高度２５００メートルから60キロ陸用爆弾3発を投下。これで不明機の正体を知った米軍が対空機銃の火蓋を切った。マライタ島へと帰途につくと、その東方洋上で飛行機1機を認め、渡辺機は避退。24時35分、レカタ東方30浬に不時着水。翌朝、レカタに帰投した。

夜間揚陸を支援する水上機隊のささやかな爆撃だったが、ヘンダーソン基地のＧＲ23は戦時日誌に「2機がずっと基地上空を飛び回り、4発の爆弾を投下したので、この夜の作戦は非常に困難になった」と記している。物的な被害はあまりなかったようだが、水偵の爆撃が「日進」に対するカクタス空軍の夜間出撃を妨げる撹乱効果があったことは窺える。

この日、R方面航空部隊、待望の増援、十四空の水戦9機、搭乗員10名、整備員80名を搭載した「聖川丸」が横須賀を出港した。ラバウル到着予定は10月11日とされていた。

零観、「空の要塞」を撃墜。水上機隊「日進」掩護を完遂

10月4日、夜が明けるとともにＳＢＤ艦爆7機、ＴＢＦ艦攻4機からなる攻撃隊がヘンダーソン基地を発進した。目標はふたたび「日進」である。

揚陸を中途で切り上げ、ガ島からの退避針路に入った「日進」は駆逐艦「秋月」と合流。3時53分には水戦2機、零観5機が曇天の薄明かりの中、上空警戒についていた。

4時38分、「日進」戦闘詳報には「敵機４機３４０度に発見、2分後、第4戦速、右砲戦、その3分後、砲撃始め（主砲2発、機銃１３５８発）。そして4時50分、B-17、1機撃墜、味方観測機体当たり。左後方より敵雷撃機4機が低空（50メートル）より迫る、B-17、4機上空通過するも投弾せず」としるされている。

悪天候の中でヘンダーソン基地からの攻撃隊は散り散りになり、目標上空に達したＳＢＤは4機だけだった。しかも降爆に入ろうとした時、零観が襲いかかって来た。ＳＢＤは雲の中に逃げ込み、目標を見失ってしまった。ＳＢＤ艦爆2機が、この空戦で被弾した。交戦した零観は「國川丸」小柳中尉が率いる「千歳」の零観4機であった。

同時に現れたB-17は午前1時にヘンダーソン基地を発進している。しかし目標はブカ基地だった。途中で悪天候に遭遇、目標を発見できなかったため、爆弾を抱えたまま戻ってきたのだ。B-17の編隊は偶然「日進」を中心とした日本艦隊に遭遇したのである。

高度4千メートルを哨戒中だった「神川丸」水戦、小藤飛曹長機と丸山一飛機は4時55分、西方から緊密な編隊を組んだ米軍の四発重爆5機が高度3千メートルで来襲するのを発見した。「神川丸」の水戦は、零観4機と協力して攻撃に向かった。

迎え撃つB-17の射手は零観2機、零戦（米軍報告）2機

の撃墜を報じた。水戦1番機、小藤飛曹長機は、B-17の3番機に対して前下方から一撃を加え、左内側エンジンから白煙を噴出させた。使用弾薬は20ミリ70発、7・7ミリ250発だった。小藤機の攻撃で第3エンジンを破壊されたのはリヴィングストン中尉のB-17F型である。

水戦2番機、丸山一飛機は攻撃の機会を得られなかった。

零観「千歳」の宝田三千穂三飛曹機は編隊の先頭にいた第5爆撃航空群、第72爆撃飛行隊のB-17E型、ディヴィッド・エヴリット中尉機に体当たりした。「日進」への投弾を阻止しようと、前下方から肉薄して行った宝田機は右翼がB-17の主翼翼端に接触して跳ね上がり、さらに垂直尾翼に当たってしまったのである。零観は空中分解し、搭乗員は2名とも落下傘降下。駆逐艦「秋月」に救助された。

宝田機を操縦していた甲木清実一飛は、後に水戦「強風」に乗り、水上機エースとして名を馳せることになる。

米軍は「明らかに操縦不能となっていた水上機の衝突で垂直安定板を破壊されたエヴリット機は錐揉みで層雲に入って行く姿を目撃された後、乗員9名とともに行方不明になった」と記録している。「千歳」艦長からこの功績を讃えて甲木一飛に対して送られた褒状には「前下方50メートルから猛撃を加え、激突直前に急転、中翼を以て主翼を切断、同時に自らも空中分解、落下傘降下」と記され、体当たりの状況が、目撃した僚機の証言による米軍の記録と一致している。

意図的な体当たりであったと言うよりも、正面下方からの攻撃を終え、左に急旋回離脱を試みた際に互いの翼端が接触、零観はその衝撃で操縦不能となって巨大なB-17の垂直尾翼に衝突、空中分解、機外に投げ出され自動開傘索で落下傘が開き、生還できたのではないかと思われる。

水上機隊の指揮官「國川丸」の小柳中尉は「4時55分、北方、高度4千メートル敵B-17爆撃機5機を発見。前下方150メートルより攻撃を加えると（7・7ミリ150発）敵1機は左に旋回、高度200メートル付近まで降下、角度50度にて墜落。海中に突入。4機は40度方向に撃攘す」と、報告している。おそらく小柳機が前下方から攻撃したその直後、

水上機母艦「千歳」の零観操縦員、甲木清実一飛は10月4日、体当たりでB-17を撃墜。偵察員の宝田三飛曹とともに生還した。

宝田機がこのB‐17に激突したのだろう。この時点では、体当たりに気づいていなかった歴戦の小柳中尉はこれまで難攻不落であった「空の要塞」が自分の一撃で呆気なく墜落して驚愕したに違いない。

B‐17エヴリット機が墜落して間もなく、4時56分、「日進」は「雷撃機4機は高度50メートル、距離千メートルにて本艦に向かう。魚雷発射後は機銃掃射を繰り返す。魚雷2本が本艦の左を馳走するのを発見。面舵回避」と記録している。

雷撃したVT‐8のTBF艦攻は直撃2発を見舞い、「日進」は停止、激しく発煙していた、と報告している。しかし前記のように「日進」に魚雷は命中していない。

水上機隊の奮戦で空襲による被害を免れた「日進」は5時30分からは零戦の上空掩護を受けて、11時30分には無事ショートランドに帰港した。

水上機と「ホーネット」攻撃隊との血戦死闘

翌5日の未明、「國川丸」2機「山陽丸」1機、計3機の零観がレカタ基地で発進準備を整えていた。発進予定は午前3時40分だった。太田飛曹長の指揮で、ガ島に兵員と糧食を運び、帰途に就いていた「鼠輸送隊」第二十七駆逐隊の上空警戒に向かうのである。

ところが午前3時25分、ヘンダーソン基地を発進したSBD艦爆6機とTBF艦攻3機が来襲した。

太田晴造飛曹長の1番機は3時30分、離水中を襲われ、偵察員の迫井三二一飛が旋回銃で反撃。1機撃墜を報じたが、同機が投下した爆弾によって機体は炎上、搭乗員は2名とも重傷を負った。

2番（中川一彌三飛曹・志村隆三二飛曹）、3番（大久保成治一飛、吉村義郎三飛曹）機は離水し、低空の不利な態勢から延べ7機と交戦、7・7ミリ1530発を射撃。2、3番機の協同で艦爆1機を海に撃ち落とした。2機はそのまま上空警戒地点まで赴いたが、第二十七駆逐隊を発見できず、7時40分、ショートランド基地に帰還した。

一方、米軍は「非常な悪天候を突破してレカタに到着。攻撃機はそれぞれ目標を求めて散開して、（VS‐3の2機だけで50口径300発、30口径450発を）射撃。機銃掃射で水上にいた水上機2機、小型のモーターボート1隻を攻撃、炎上させ、落下タンクをつけた零戦1機を撃墜。さらに浜辺の対空機銃陣地と物資集積所を225キロ爆弾で爆撃。対空陣地は沈黙し、天幕から発火、煙が立ち上った。2、ないし3機の複葉水上機がSBDを攻撃してきた」と報告している。

ミアーズ少尉のSBDの後部射手は零戦1機と、複葉の水上機2機の撃墜を報じているが、日本機に追尾されていたVS‐71のジョン・エルドリッジ少佐のSBDが未帰還になった。

米海軍の全喪失機リストでは、エルドリッジ機は燃料が切れてサンタイザベル島の東端に墜落したとされている。ＧＲ23の戦時日誌には、乗員は2名とも救助され、射手は襲って来た零観を1機を撃墜したと報じている。ＶＳ-3の戦闘報告書にはエルドリッジ機が水上機の攻撃を受けた後、着水したと記録されている。

エルドリッジ機が、７・７ミリ１５３０発を放った零観の2番機「國川丸」志村機と、３番機「山陽丸」吉村によって協同撃墜されたのはほぼ間違いない。被害は志村機が3発被弾しただけだった。

4時、Ｒ方面航空部隊の本拠地ショートランドでは、突如、雨模様の雲を破って米戦闘機2機が飛行艇基地を機銃掃射した。「神川丸」の水戦2機がただちに発進したが、戦闘機を捕捉することはできなかった。

来襲したのはＶＦ-72、空母「ホーネット」から発艦した2機のＦ４Ｆだった。この攻撃で基地に係留されていた東港空の九七大艇が2機大破、2機が被弾するという損害を受けた。「ホーネット」から発艦した第一波攻撃隊掩護のＦ４Ｆは8機だったのだが、荒天のため目標までたどりついたのは、この2機だけだったのだ。

4時22分、ふたたび「トノレイ上空敵艦上機、数機見ゆ」との警報が出た。「讃岐丸」では4時39分に２００度に爆音を聞き、4時47分「前進一杯、対空戦闘」が命じられた。同時に艦爆8機が右5度、高角30度に認められ、1機また1機と降爆態勢に入ってきた。左舷前方20メートル付近で爆弾が次々に炸裂した。さらに右舷前方10メートル、後方10メートルに6発が水柱を上げた。

4時40分、高度５００メートルで哨戒中だった「神川丸」の水戦2機、川井一飛曹機、丸山一飛機はブーゲンヴィル泊地、六戦隊の上空５００メートルで急降下に入っていたＳＢＤ艦爆1機を発見、まず側方から一撃を加えた。艦爆は爆弾を投下せずに退避した。次いで反航戦に入った後に追撃、射程３００メートルで三、四撃を加えると胴体下部に小火災を生じたが、2、3秒間で消えてしまった。しかし旋回機銃による応射がなくなったので偵察員は戦死したものと推定されている。5時、結局、艦爆はショートランド南方3海里地点で雲に逃げ込んでしまった。

この艦爆は「ホーネット」から発艦した18機のＶＳ-8か、ＶＢ-8のＳＢＤ艦爆と思われる。ＳＢＤ艦爆も、掩護のＦ４Ｆ同様、悪天候の中で散り散りになっていたのである。だが被弾したり、未帰還になったというＳＢＤの記録は見つけられなかった。

4時55分、ショートランド西方に13機が来襲したという空襲警報が発令された。これは「ホーネット」の第二波攻撃隊であった。邀撃のため「神川丸」水戦3機、零観1機が発進。水戦の小藤飛曹長機は離水の直後、先に被弾して逃走中だった艦爆と思われる1機を発見、追撃したが、結局、攻撃することはできなかった。また「神川丸」の零観、田中二飛曹機は離水の直後、VF-72のF4Fに空戦を挑んだが、5時にバラレ島の沖で撃墜されてしまった。

田中機と交戦したのはハッセル中尉以下5機のF4Fで、水上機の撃墜1機を報じている。田中機は基地の北方5浬付近の海上で転覆しており、カッター（短艇）が搭乗員の救助に向かったが、弾痕のある主フロートのみが発見され、搭乗員、田中二飛曹と中川一飛の姿は見当たらなかった。捜索のためさらに零観2機と、大発2隻が派遣されたが、とうとう救助はできなかった。

4時50分に来襲した米艦爆が銃撃を行ったため急遽離水した「讃岐丸」の零観2機の2番機、高安上飛曹機はブイン泊地上空で艦爆と反航。反転して後上方から7・7ミリ200発を放ったが撃墜するにはいたらなかったと記録されている。

4時48分、「讃岐丸」は左艦尾付近に現れたSBD艦爆が急降下爆撃態勢に入ったため、対空射撃を開始。爆弾は右30度100メートルに落下、銃撃を受けたが着弾は遠く外れ、対空砲火で1機を撃墜、右前方に水煙を上げて落下、降雨のため視界が悪く機体の沈没は見えなかったと報告している。この日の射撃は8センチ高角砲25発、25ミリ機銃は通常弾405発、曳痕弾165発だった。だが撃墜はやはり誤認だった。

水戦2機は南方に逃走中の艦爆6機を発見して追撃したが、捕捉することはできなかった。水戦が追ったのはSBD艦爆ではなく、実際にはVT-6のTBF艦攻だった。「ホーネット」から発進した攻撃隊は全機が無事に帰還した。悪天候での作戦であったにもかかわらず事故機もなく、後日、ニミッツ提督から賛辞が送られたほどである。

この日の空戦による被害もあって、R方面航空部隊の使用可能機は水戦5機、零観12機、水偵4機（その他、重巡などから派遣されている水偵5機）になってしまっていた。

時刻は不明だが、レカタにはB-17も爆撃に来た。第72爆撃飛行隊のロバート・クリーチ中尉機は爆弾を投下した後、これまでろくな対空火器もなかったレカタ基地を侮ったのか、機上射手に機銃掃射をさせるため、600メートルの低空まで降りてきた。しかし日本軍の対空機銃の反撃を受けて、第1エンジンに被弾、這々の態でヘンダーソン基地へと逃げ帰った。9月22日に第三十六哨戒艇が輸送を命じられた対空火器はどうやら無事、レカタに着いているらしい。

ラバウル零戦隊、B-25、B-17を相次いで撃墜

この5日の5時には、ラバウルにも「空の要塞」6機が来襲した。高度は7200メートル。ポートモレスビーから飛来した第5航空軍、第19爆撃航空群、第30爆撃飛行隊のB-17である。目標は陸攻隊の基地、ラバウル第2飛行場、ブナカナウだった。しかし目標は雲に覆われており、編隊は

一度大きく旋回し、爆撃進入を再試行することになった。

空襲警報が発令され、ラバウル第1飛行場、ラクナイからは台南空の零戦5機がまず発進。10分遅れて六空の7機、さらにその5分後、三空の2機が発進した。

米軍はおよそ25機の零戦が出現し、編隊を先導する指揮官のローズ少佐機に攻撃を集中してきたと報告している。零戦は前方からの攻撃を反復し、最初の攻撃でローズ機の機首には小口径銃弾と20ミリの炸裂弾が命中、爆撃手に風防の破片が飛び軽傷を負わせた。

爆弾投下後も零戦の攻撃はつづいた。零戦の二度目の攻撃ではローズ少佐機の第2エンジンと、僚機ハーゲマン中尉機の第3エンジンが破壊された。三度目の攻撃ではローズ機の航法手が重傷を負い、エンジン3基で飛ぶローズ少佐機は編隊から脱落。第3エンジンからも発煙しはじめていたハーゲマン機は、11機もの零戦に追跡されながら小さな雲の中に入り、乗員9名ともどもそれきり未帰還となった。

ローズ機はかろうじて帰還できたが、ギディングス大尉機の上方銃塔の射手が重傷を負うなど、他のB-17もひどく被弾し、空戦は50分も続いたという。

台南空では零戦2機が被弾したがB-17を1機、協同で撃墜。他のB-17にも大損害を与えたと報じ、六空は4機が被弾したものの、20ミリ、410発、7・7ミリ3010発を射撃、協同でB-17を2機撃墜したと報告している。7・7ミリだけ670発撃っている鈴木軍治一飛曹、同じく780発撃っている福田博二飛曹はそれぞれ2発ずつ被弾している。この2機は故障か、何かの原因で20ミリが撃てず、7・7ミリだけを使って執拗に攻撃したため被弾したのかも知れない。

ラバウルでB-17邀撃戦が始まった、その5時にポートモレスビーからはさらに2機のB-25が発進していた。任務はニューギニア北岸、特にブナ沖、オロ湾の哨戒爆撃であった。哨戒中、かれらは駆逐艦2隻に護衛された輸送船「山浦丸」を発見した。爆撃と機銃掃射を試みるため2機が高度1200メートルで接近中、山浦丸の上空警戒に当たっていた大野竹好中尉が率いる台南空ラエ派遣隊の零戦9機が出現した。このB-25編隊にはもともとP-39の掩護がつくはずであったが、空中集合がうまくゆかず、この時点でP-39の姿はなかった。

第38爆撃航空群、第71爆撃飛行隊のB-25、テレンス・カーリー中尉機は6機の零戦に攻撃されて急降下で逃げ出した。カーリー機はポポンデッタの西方まで飛んだが、とうとう撃墜されてしまった。

もう1機のB-25、ブランドン中尉機は輸送船に至近弾を見舞ったが、残りの爆弾は投棄して逃げ出した。零戦はオーエンスタンレー山脈まで追跡してきた。同機の射手が零戦の不確実撃墜戦果2機を報じて、無事に帰還した。

カーリー中尉ともう1名の乗員は捕虜になったが、日本兵かニューギニアの原住民に斬首された。

行動調書によれば、台南空は6時10分に船団を発見、来襲した3機のB-25と、4機のP-39と交戦、3千発を射撃して1機を撃墜したと報告。米軍記録によれば、P-39はB-25の掩護に失敗したとされている。だが台南空は4機のP-39とも交戦したと記録している。詳細は不明だが、掩護のP-39は、零戦に追われるB-25の近くまでは来ていたのだろう。

3千発を撃った台南空では大野中尉自身の零戦をはじめ2機が被弾したが、喪失機はなかった。この日の2小隊長は西澤廣義一飛曹だった。墜落したB-25には、この日本海軍を代表する撃墜王の銃弾も当たっていたのかもしれない。

5日の空戦で零戦隊はB-17、B-25各1機を一方的に撃墜するという勝利を収めた。その一方、手不足の零戦隊の間隙を補って水上艦船の上空警戒を行なっていたR方面航空部隊の水上機は、4日に零観の体当たりでB-17を1機撃墜、5日には空戦で零観1機を失ったものの、来襲したSBD艦爆1機を追跡して墜落させ、両日とも掩護していた水上部隊を空襲から守り抜くという成果を挙げている。

しかし、ショートランド防空に忙殺され、R方面航空部隊が上空直衛を出せなかった5日の14時から16時の間、鼠輸送のためガ島に向かっていた第二駆逐隊と第九駆逐隊の駆逐艦6隻はカクタス空軍の集中攻撃を受けてしまった。

まず飛来したのはVS-3のキルン少佐率いるSBD艦爆9機の攻撃隊だった。キルン隊は15時12分、110度に25ノットで進む駆逐艦6隻を発見した。掩護の日本機はいない。キルン機は「駆逐艦の左舷中央部に命中弾を見舞い、つづく僚機が投下した爆弾も同艦に命中。転覆、沈没させた（左舷への至近弾で損傷した「村雨」と思われる）。その他3機が別の駆逐艦を攻撃し、大損害を与えた」と報告している。

15時10分「峯雲」が至近弾で大破、作戦を中断して「夏雲」の護衛で帰港。また「村雨」も至近弾3発で損傷、反転帰港を余儀なくされている。いつも上空直衛はわずか2、3機の零観だったが、それでもいないとSBDはやりたい放題。水上部隊はこの有様である。

米軍は、40分後、第二攻撃隊を発進させた。米軍の攻撃はこれから夜間も通して連続で12時間もつづくことになる。もっとも夜間攻撃では揚陸作業中の駆逐艦3隻を発見できなかった。この間、原因は詳しくわからないが、VT-8のTBF艦攻2機が海に墜落し、3名が戦死している。

六空の増援部隊、ブイン基地に到着

10月6日、早朝から米軍機動部隊の艦載機による空襲のおそれがあるとの情報があったため、台南空の零戦は二空の零戦とともに7機ないし9機に分かれて3回にわたり、ショートランドの上空哨戒を行なったが、終日、空襲はなかった。

いずれにせよ、機動部隊機の攻撃を警戒してショートランド泊地にいた艦船は5日の夜半にすべて出航してしまっていた。

一方、ガ島沖では未明からVS-3のキルン少佐が率いる7機のSBD艦爆が帰還針路についた鼠輸送隊をつけ狙っていた。5時、キルン隊はとうとう3隻の駆逐艦を発見した。しかし3グループの日本機が掩護していると思われたため、攻撃はするなと命じられた。前日から12時間も集中攻撃を実施していたキルン隊の疲労困憊を考えて、こんな命令が出たのかもしれない。キルン攻撃隊は空中で解散し、編隊ごとにそれぞれの目標を攻撃して帰還した。

この米軍記録に現れた「掩護機」に該当すると思われるのは「國川丸」の小柳中尉が率いる零観3機である。小柳隊は第二と第九駆逐隊の上空直衛のため3時35分に発進、5時に直衛予定付近に飛来した。しかし駆逐艦が見つからず、一時間半にわたって探して、ようやく見つけて直衛を開始したが間もなく時間切れ、7時には基地へ戻った。キルン少佐のSBDは、零観にはなかなか見つけられなかった駆逐艦をすぐに見つけ、さらに上空の零観まで見つけたのに、直衛兵力を過大評価して攻撃を諦めてしまった。日本海軍の無手勝流防空戦である。

7日、六空の二号零戦30機が空母「瑞鳳」から発艦し、空輸されてきた。操縦していたのは、未来のエース、杉田正一二飛、大原亮治二飛等である。しかし天候不良のため2機が海上に不時着、行方不明になってしまった。その上、不時着機の捜索中に1機がカビエンに不時着、搭乗員が戦死してしまった。

六空は完成間近のブイン基地に移動した。ブインからなら航続距離の短い二号零戦でもガ島へ進攻できるため、移動に際して六空が保有していた一号零戦はラバウルに残る台南空に引き渡されることになった。

七五一空の田中實二飛曹の零戦は8時30分、高度5千メートルに機影を発見し、カビエンの上空から単機で追撃を開始した。9時10分、田中二飛曹は来襲機をB-17と確認。9時12分、第一撃を見舞い、その後、執拗に第十二撃まで攻撃を反復した。

だが9時30分、第十二撃目を終えると、B-17は雲に入ってしまい、取り逃がした。9時32分、田中機は帰還針路につき、10時10分に無事着陸。機体には2発の被弾があり、消費した弾薬は20ミリ30発、7・7ミリ250発だった。行動調書には「多大の損害を与え撃攘す」としるされているが、交戦したB-17の所属や被害の詳細などはわからない。18分間という短い時間内に十二撃も見舞い、消費弾薬や被弾が少ない状況から、田中機はB-17から少し離れた位置に留まりながら、隙を見ては距離を詰め、短い射撃を反復するような戦い方をしていたのではないかと想像される。

第二次「日進」輸送。切れ目のない上空直衛でガ島へ

10月8日、5時44分、ショートランド泊地から第二師団への重火器を搭載した水上機母艦「日進」と駆逐艦「秋月」がふたたびガ島へと向かった。第二次「日進」輸送である。途中、兵員と物資を搭載した鼠輸送隊の駆逐艦、第九、第二駆逐隊が合流した。

ラバウルからは七五一空、三空、台南空より、それぞれ1個中隊ずつ抽出された零戦27機によるヘンダーソン飛行場への制空進攻が実施された。「日進」を空襲から守るための進攻作戦だった。しかし制空隊は天候不良により目標まで辿り着けずに引き返し、制空作戦は不発に終わってしまった。

この日も水上部隊の上空直衛に活躍したのは、R方面航空部隊の水上機だった。

5時40分、第二十七駆逐隊の上空直衛についていた「國川丸」零観3機は、東方高度2千メートルに戦闘機2機を発見した。指揮官の小柳正一中尉は「3機で追撃、攻撃を加え南東方向に撃退。その10分後、南方方向、高度1500メートルに艦爆2機を発見。3機で側後方から攻撃。1、2番機が三撃を加えると発煙、1機を撃墜。1番機（小柳機）被弾3発、2番機（酒井史郎一飛曹機）被弾1発」と報告している。使用弾薬は固定銃430発、旋回銃40発であった。

交戦したのは戦闘機ではなく、索敵哨戒中の5時45分に「駆逐艦5隻が20ノット針路300度で航行中」と報告したカクタス空軍VS-3（海軍第3偵察飛行隊）のSBD艦爆バレンティ中尉機と、ダヴィットスン中尉機だった。両機は4機の複葉水上機と交戦。20発も被弾したSBDのパイロット、バレンティ中尉が脚に負傷している。SBDは空戦で零観2機を撃破、バレンティ機の偵察員が旋回銃で1機を発煙させ、両機とも雲に逃げ込み、ガ島に生還したと報じている。

零観とSBDとのかなり激しい空戦だったが、まだまだこれは序の口だった。

7時55分、「日進」の上空に零戦が飛来した。「日進」は潜水艦の雷撃を警戒して、第1戦速20ノットで之の字運動をしつつ進んでいた。上空直衛についたのは、ブカ基地に移動していた二空、六空、台南空の零戦である

8時30分、「日進」は同行の各駆逐艦に向けて発光信号を送った。「敵機発見せば直衛機誘導の為、早目に砲撃、共に其の方向に向首、煤煙を出され度」、直衛機への協力命令である。上空直衛の零戦に来襲機の方角高度などを知らせるため、米軍機を発見したら早めに対空砲火を放ち、艦首を来襲機の方向に向け、煙突から煤煙を出せと言うわけだ。

8時38分、第42爆撃飛行隊のB-17、ホール大尉機は「日進」を中心とした船団を発見した。

同時に「日進」の戦闘詳報にも「B-17発見右10度、対空戦闘」

としるされている。

ホール機が爆撃を試みると「零戦が前上方、正面から攻撃して来た。ほぼ反航状態の上方航過で空対空爆弾が投下された。射手は戦闘機1機を撃墜。対空射撃はきわめて軽微。B-17の損害は左翼に複数の穴が開き、補助翼、昇降舵、天測窓にも穴が開き、第2プロペラに深い切れ込みが入った(以上、三号爆弾による損傷と思われる)」と記録している。

日本側の行動調書には台南空の零戦2機、二空1機がB-17、1機を発見、20分間にわたって攻撃、燃料を吐かせたが撃墜にはいたらなかったとある。三号爆弾による損害が明確にわかる珍しい戦例なのだが、行動調書には三号爆弾については何もしるされていない。零戦に損害はなかった。

ホール大尉は爆弾が巡洋艦(「日進」の誤認と思われる)に命中、火災と黒煙を発生させたと主張している。しかし実際に命中弾はなかった。故意に煙突から出していた濃い煤煙が被弾炎上の黒煙に見えたのだろうか。

13時30分、2機のSBD艦爆がふたたび触接。VMSB-141のヴォーペル少尉機と、ブルーメンシュタイン少尉機であった。また同時に「日進」も「敵艦爆6機(ママ)30度方向に見ゆ、対空戦闘」との警報を発している。「日進」は「左砲戦」を命じたがスコールが来襲し視界が妨げられてしまった。

ヴォーペル少尉機が情報を打電していると零戦2機が攻撃して来た。SBDは反撃し、零戦1機を撃墜、もう1機を発煙させたと報じている。

13時58分、「日進」は「味方戦闘機追撃、空戦中、敵機は爆弾を投棄して雲中に逃走」と記録している。

しかし触接機は零戦の妨害を受けながらも、百キロあまりも船団を追跡しつつ情報を送りつづけた。「日進」も戦闘詳報に14時10分に「敵機2機、右遠距離に触接続行」と記している。SBD両機の乗員計4名のうち3名が零戦の射撃で負傷したが、SBDは無事に帰還することができた。

2機のSBDと交戦したのは大野竹好中尉が率いる台南空と六空の零戦9機で、SBD数機と交戦して撃墜確実1機、不確実1機の戦果を報告している。日米双方が撃墜戦果を報じて被弾機は出ていたが、結局、まだどちらにも墜落機はなかった。

「打ち勝つには粘り強さが必要だ」22機対8機。零観隊、満身創痍の掩護

ヴォーペル少尉等の触接報告を受けて、8日の14時55分、VF-5のワイルドキャット11機の掩護で、VMSB-141とVS-71のSBD艦爆7機、VT-8のTBF艦攻4機がヘンダーソン基地を発進した。

この日は途切れ途切れの層雲が高度4千メートルから6千メートル付近に広がっており、雲量は9、視界の九割が雲に塞がれているという天候だった。

16時、「日進」は戦闘詳報に「126度方向高角7度、敵飛行機群を認む、対空戦闘」、16時5分、「之の字運動止め、右27度敵艦爆7機戦闘機9機、雷撃機4機本艦に向かう、右砲戦」、16時12分「主砲打ち方始め」(14発)、16時15分「味方水上機空戦中」、そしてその2分後「機銃打ち方始め。敵艦爆6機、味方観測機の攻撃を回避しつつ、本艦上空に迫り左後方より約500メートルまで急降下。これに対して機銃猛射(1855発)」、1分後、爆弾回避のため「面舵転舵」と記している。

米軍は層雲の切れ目から「日進」を中心とする駆逐艦5隻からなる日本海軍の水上部隊を見つけ、攻撃開始は16時25分と記録している。

その時、上空直衛に就いていたのは渡部金重中尉が率いる第二飛行機隊の零観5機、第一飛行機隊の零観3機、計8機であった。1小隊は「讃岐丸」零観3機、2小隊は「山陽丸」零観2機、3小隊は「千歳」零観3機だった。日没を20分後に控えた雲の多い海上で、22機対8機の空戦が始まろうとしていた。艦爆、艦攻はともかく、11機のF4Fだけでも8機の零観には手に余る強敵だった。

この空戦に関しては「讃岐丸」「山陽丸」の戦闘詳報と、VF-5の戦闘報告書に詳しい記述がある。これらの資料をもとに空戦の推移を整理すると以下のようになる。

渡部中尉が米攻撃隊を発見したのは、米軍の目標発見よりも5分早い16時20分だった。第二飛行機隊は「敵艦爆7機、戦闘機9機、雷撃機4機発見」と来襲機の数をほぼ正確に把握している。

一方、雲の切れ目に日本艦隊を発見した米軍は、当初、直衛の零観の存在に気づいていなかった。SBD艦爆とTBF艦攻が攻撃位置へと動いてゆく中、VF-5のシンプラー大尉機は「日進」の右舷後方にいる駆逐艦を機銃掃射するため、雲の切れ目へと降下しはじめた。

その時、ローチ少尉のF4Fから「左後方、高度およそ3千メートルに黒い水上機がいる」との報告が入った。シンプラー大尉は、マイヤーズ中尉とローチ少尉の編隊に水上機の撃墜を命じた。2機のF4Fは相次いで水上機に攻撃航過を加えたが、猛烈な回避運動で逃げられ、命中弾を見舞うことはできなかった。攻撃から機体を引き起こしたローチ少尉はマイヤーズ中尉機を見失ってしまった。

代って、多数のグラマンが水上機を狙って降下してゆく。渡部中尉が率いる1小隊、2小隊がSBD艦爆へと殺到してゆく中、F4Fと交戦していたのは、どうやら鈴木飛曹長が率いる3小隊「千歳」の零観3機だったようだ。「千歳」の戦闘詳報は現存していないので詳細は不明だが、この空戦で鈴木飛曹長機は行方不明となり、川添一飛曹の2番機は被弾、八木二飛曹の3番機も被弾着水してしまった。

一方、今城金嘉一飛曹操縦の零観、2小隊1番機は、今まさに降下爆撃に移ろうとしていたＳＢＤ艦爆を射撃。艦爆は爆弾を投棄して逃げ出した。今城機は追跡したが撃墜することはできず、更に下方にいた艦爆２機に対して後上方から二撃を加え、追い散らした。

16時17分、「日進」は戦闘詳報に「本艦に対して爆弾６発投下。最至近弾20メートル。本艦の後方に向かえる敵機４機中の２機、後方より魚雷発射、転舵回避。敵雷撃機は発射後、本艦左海面を低く飛翔しつつ艦橋を掃射」、16時22分「敵機遠ざかる」と記録している。

一方、大久保茂治一飛が操縦する２小隊２番機は敵機発見、編隊解散後、降爆避退中のＳＢＤ艦爆に対し後上方から二撃を加えた。そのＳＢＤは高度２００メートルより急激に降下、海中に没入。海面から火炎が燃え上がった。

その後、２小隊の今城機と大久保機は協同で、爆撃後に低空から退避中の艦爆４機を攻撃。射撃すると間もなく１機が海上に墜落炎上するのが認められた。このＳＢＤは大久保機が射撃した機体と同一だったのではないかと思われるが、ＳＢＤに墜落機はないので、海上で炎上していたのは「千歳」の鈴木機だったのではないだろうか。

一方、駆逐艦を機銃掃射するため右に降下していたＦ４Ｆは高度３千メートル付近で「６機の零戦に追われている！」というＳＢＤ艦爆からの救援無線を受信した。もちろんこれは誤認で、追跡していたのは零観である。

おそらく２小隊「山陽丸」零観２機だけでなく、１小隊「讃岐丸」の零観３機も、降爆後に低空で避退行動中だったＳＢＤを襲っていたのだろう。高安三郎一飛が操縦する「讃岐丸」の１番機（渡部中尉の指揮官機）は艦爆撃墜確実１機、不確実１機の戦果を報じている。同２番機、佐久間喜一一飛曹機も艦爆の撃墜１機と、ＳＢＤ艦爆の偵察員射殺１名を、同３番機、川元義人一飛が操縦する零観も艦爆の撃墜２機を報告している。この３機は７・７ミリ２７５０発を射撃している。

Ｆ４Ｆ中隊の最下層編隊にいたタッカー中尉機は降下態勢のまま右から左へと旋回を切り替えた。真下に複葉、単浮舟、複座の日本機がいた。グリーン中尉機が翼を翻し攻撃に入る。

タッカー中尉はその後の経過を「我々は敵機を視界内に保つために急激な運動が必要だった。グリーン機と私の攻撃を避けるため水上機は私の内側へと急旋回してきたため、頭上に捉えるため横転せざるを得なかった。その回避機動はとても効果的で、引き起こした時、私はブラックアウト状態となり、一時的に戦闘不能になった」と報告している。

水上機に一撃を見舞った後、長機のマイヤーズ機を見失ったローチ少尉は、水上機を狙って殺到して来た何機かのグラマンに合流した。

ローチ少尉は「その時、右側に別の水上機を発見、攻撃にかかったが照準に捉えることができず、発砲はできなかった。もう一度、同じことを繰り返した。次いで、同高度からその水上機の真後ろについて、撃ちながら下方に抜けた。機体を引き起こし、振り返ると水上機は発火していた。だが操縦席内には煙とオイルの臭いが充満。油圧計を見ると針は零を示している。送油管が切断されたのだ」。ローチ機は零観を真後ろから射撃中、後部射手からの反撃で被弾していたものと思われる。

大久保機と協同でSBD艦爆1機を撃墜した「山陽丸」の今城一飛曹機は、2機編隊の艦爆を発見。正面から反航で一撃を加えた。しかし今城機も被弾、エンジンから発火してしまった。

シンプラー大尉機は日本艦隊を捕捉して攻撃位置につくため層雲を抜けて降下して行った。すると2機の複葉機が旋回し、反対方向から非常に近くへ接近して来た。その時の高度は4200メートル。1機は発砲せず、本機の左側に離れ、降下して行く。もう1機は反方位から迫って来た。両機は互いに2秒間撃ち合い離れ、降下して行った。今城機と反航で撃ち合ったのは艦爆ではなく、このシンプラー大尉のF4Fだったのである。今城一飛曹が機種を見誤ったのだ。今城一飛曹はエンジン火災を消火するため機体を急降下に入れた。この操作で炎が衰えたため、彼は機体を立て直し、帰投針路をとった。

シンプラー大尉は自分と反航戦を交えた「この複葉機はVF-5の最後尾編隊によって撃墜された」と証言している。大尉はマイヤーズ中尉、グリーン中尉等の2機に降下して行った1機を追跡するよう命じ、残りの戦闘機は巡洋艦の右舷にいる駆逐艦への機銃掃射に向かわせたのだ。

グリーン中尉は「1機に2回攻撃をかけた。その水上機はエンジンの後方から小さな炎を発し、降下、やがて引き起こし、搭乗員が1名脱出、すぐに落下傘が開いた。機体は海に落ち、燃え始めた。上方から2機の水上機が迫って来たが、私は集合地点に向かった。1隻の駆逐艦が燃える水上機の方角に進んで行った。搭乗員を救助しようとしていたのだろう」と報告している。彼の僚機マイヤーズ中尉も、グリーン中尉が1機を発火墜落させるのを目撃したと証言している。

今城機は帰投針路をとると間もなく燃料タンクが引火爆発、やむをえず落下傘降下したと証言している。今城機はシンプラー機とグリーン機に相次いで撃たれたのだろう。

16時40分、日没の直前、零観の搭乗員は両名ともに駆逐艦「春雨」に救助された。しかし今城一飛曹は火傷で重傷を負っていた。着水した「千歳」の八木二飛曹機の搭乗員も無事救助された。

グリーン中尉は「複葉の水上機は非常に運動性がよく、速かった。グラマンより少し遅い程度だ。他のグラマンが数えきれないほど攻撃していたが撃ち落とすのは見えなかった」と報告している。

機銃掃射に向かったシンプラー大尉機の曳光弾は駆逐艦の

上部構造物に当たって跳弾。彼は対空砲火から逃れるため高速で退避した。上方に2機の零観が見えた。退避中、彼は誰かが無線で「攻撃されている」と言うのを聞いた。左前方でSBD艦爆が2機の複葉機と戦っている。1機の零観は近距離から射撃中で、もう1機は射撃位置につこうとしていた。シンプラー機は攻撃しようとしている零観を射程には捉えれなかったので、その鼻先に遠距離から扶援射撃を放った。次いでF4Fが向かって行くと、零観2機は姿を消した。もうその頃には非常に暗くなっており、曳光弾以外、飛行機も海上の目標も見えなくなっていた。大尉は部下に空中集合を命じ、無線で「墜落中」と報せて来たローチ少尉機を捜索したが見つけられないまま引き上げた。

今城機がシンプラー大尉のF4Fと向かいあった時、左に離れ降下していった大久保一飛操縦の「山陽丸」2番機は高度1500メートルで索敵中「敵グラマン戦闘機1を発見。後上方攻撃一撃を以て之を撃墜。敵機は海中に突入せり」と報告している。このグラマンこそ、旋回銃で撃たれ編隊から脱落していたローチ少尉機だったのではないかと思われる。

大久保機はこの空戦で7・7ミリ機銃950発を射撃、艦爆とF4F各1機を撃墜、さらに艦爆1機を1番機と協同で撃墜したと報告している。

こうして20分間にわたる空戦は幕を閉じた。

VF-5のパイロット達は「日本軍の複葉機の速度はSBDよりわずかに速かった。同機は非常に運動性がよく、上昇力も優れている。打ち勝つには粘り強さが必要だ。だが日本機は射撃を急ぎ過ぎ、射程が遠かったため命中弾はなかった」と報告している。

三菱の技師が、水上偵察機に空戦能力を持たせるため、速度を犠牲にしても上昇力と旋回性能を向上させようと零観を複葉にした判断は間違っていなかったのである。

この空戦で零観隊は全部でF4Fの撃墜1機とSBDの撃墜7機、不確実1機もの戦果を報じている。

実際に米軍が失ったのは、VF-5のローチ少尉(後に救助)のF4Fだけだった。VF-5は零観の撃墜確実3機、不確実1機を報じ、VS-71のSBDの後部射手が旋回銃30口径600発、VMSB-141のチェイニー中尉機が固定銃50口径300発を放って、それぞれ複葉機を各1機を撃墜したと報じている。

この空戦で失われた零観は「千歳」鈴木機、八木機、「山陽丸」の今城機の3機。その他「讃岐丸」渡部機が1発被弾、「千歳」の川添機も被弾していた。

しかし投下された3本の魚雷も6発の爆弾も命中はしなかった。この空戦で零観が実際に撃墜できたのは1機だけだった。しかし執拗な攻撃によって爆撃の照準を妨げ、3機と搭乗員2名を犠牲にしたものの、圧倒的な劣勢の中で水上部隊の掩護を全うしたのである。

17時30分、不利な空戦で九死に一生を得た「山陽丸」吉村義郎三飛曹の零観2番機がレカタに帰ってきた。日没から1時間近くがたち、辺りは闇に包まれている。

レカタには、第二駆逐戦隊、第九駆逐戦隊の上空哨戒のため16時20分に到着した「神川丸」水戦2機、川井一飛曹、丸山一飛機がいた。暗い中を滑水していた吉村機は係留中されていたこの水戦に接触してしまった。両機とも中破。ただでさえ少ない可動水上機はまた数が減ってしまった。

攻撃を終え、ガ島に帰って行った米軍も帰途、闇の中でVMSB-141のSBD艦爆ノーマン中尉機が航法ミスで行方不明(乗員2名戦死)になり、飛行場に帰り着いたVF-5のF4F、ブレア中尉機は着陸の際、泥濘に脚をとられ機体は全損となってしまった。

20時28分、「日進」はガ島の揚陸地点に無事に到着して揚陸作業を開始。高射砲6門、10センチ榴弾砲2門、牽引車1両、弾薬、糧食、兵員180名が無事に揚陸された。22時41分には揚陸作業を終え、「日進」はただちに帰途についた。この日「日進」が揚陸した十榴と、3日の「日進」第一次輸送で揚陸された15センチ榴弾砲、十五榴4門は、山中から滑走路を狙って射撃をつづけ、後々までヘンダーソン飛行場の米兵を脅かすことになる。

この夜も「日進」の揚陸を援護するため、ショートランド基地から、まず軽巡「由良」時枝大尉の九四水偵が発進、レカタを経由して20時55分、ガ島飛行場を爆撃。60キロ陸用爆弾4発を投下、7・7ミリ機銃により50発の機銃掃射も行った。

つづいてショートランドからは、重巡「衣笠」渡辺大尉の零式三座水偵が発進、レカタを経由して22時20分、ガ島上空で爆撃針路に入った。しかし「由良」の水偵の攻撃を受けて警戒していたのか、渡辺機は直ちに探照灯で照射され高射機関銃による猛烈な射撃を受けたため一時南方に退避。ふたたび爆撃針路に入り、23時50分、高度4千メートルから60キロ陸用爆弾4発を投下した。しかし断雲が多く弾着は不明だった。

GR23も戦時日誌に夜間2機が相次いで来襲して飛び回り、時々爆弾を投下したと記録している。そして、どうやら爆撃による被害もなかったようだ。

帰港する「日進」。水上機隊の血戦死闘はつづく

明けて9日、3時20分、ヘンダーソン基地から6機の第67戦闘飛行隊のP-39に掩護されたVS-3のSBD艦爆9機が発進した。4時55分、米攻撃隊は基地から240キロ、方位310度、ニュージョージア海峡、レヴァー港北東16キロ沖で日本軍艦隊を発見した。前夜、揚陸を終え帰途についた「日進」を中心とした部隊である。

SBDは高度3千メートルから急降下、高度600メートルで爆弾7発を投下。対空砲火は猛烈で照準も正確だった。

しかも降爆からの退避時、SBDには上空警戒に当たってい た水戦が襲いかかって来た。米攻撃隊とほぼ同じ3時25分に ショートランド基地を発進した「神川丸」の水戦3機と零観 1機、「讃岐丸」「山陽丸」と「國川丸」の零観各1機である。

5時6分、「日進」は「機銃打ち方始め（1272発）。主砲発砲(2発)。敵艦爆、味方水戦3、観測機5左前方で空戦中」と記録している。「神川丸」の戦闘詳報によると、水戦は4時45分頃ニュージョージア島北部を高度4千メートルで哨戒中、水上艦艇が撃ち上げる対空砲火と、米軍機が投下した爆弾の弾着でいち早く空襲を知ったのである。

水戦2番機の小藤飛曹長は艦爆1機撃墜、1機不確実の戦果を報告。3番機の渡辺一飛はP-39を奇襲して1機は黒煙を噴出して海上に墜落、さらにもう1機のP-39を撃墜したと報じた。渡辺機は右主翼と尾翼、方向舵に1発ずつ被弾したが、修理可能な損傷だった。小藤、渡辺両機の弾薬消費は併せて20ミリ165発、7・7ミリ700発だった。水戦の1番機、小野大尉機は交戦しなかった。

零観隊の指揮官「山陽丸」の松永飛曹長機は2機を率いて5時8分に「日進」上空に飛来。高度3千メートルで上空警戒中、南東方向、高度3500メートルに艦爆12機、ベル戦闘機6機を発見した。零観はP-39と5分間にわたり主に正面から十数回撃ち合った。「山陽丸」松永機は650発、「讃岐丸」京井機は750発、「國川丸」太田機は650発を射撃。

岡村信五郎一飛操縦の「讃岐丸」零観は艦爆の指揮官機に対して左後上方から追躡（ついじょう）攻撃、一撃で撃墜した。撃墜されたのはVMSB-141クック軍曹のSBD艦爆である。米軍は艦船の対空砲火で撃墜されたと記録しているが、艦爆の撃墜を報じている小藤飛曹長の水戦か、京井一飛曹の零観、あるいは両機が協同で落としたのである。

5時7分「敵艦爆7機、右前方より反航急降下爆撃を開始、付近にスコールあり乱雲飛来す。逐次投弾す。本艦右上空で空戦、敵艦爆を1機撃墜。敵艦爆は右真横を航行中の朝雲の艦尾約10メートルに墜落す」と、「日進」の戦闘詳報も空戦による撃墜を確認している。

その後、京井機は、戦闘機1機と交戦中、胴体左側から被弾。偵察員の京井一飛曹が機上戦死し、操縦の岡村一飛も右腰および右下腿を負傷したうえ、燃料タンクと操縦索にも被弾、機体は一時背面錐揉み状態となったが、岡村一飛は左足だけを使って姿勢を回復させた。しかし5時10分、帰投は困難と判断して着水。彼は駆逐艦「朝雲」に救助されたが、機体は回収できず、沈没処分にされた。

同機と交戦したのは「零観を追尾、20ミリと50口径機銃で撃った。零観が錐揉みに陥った時、機銃が故障したため、空戦域から離脱せざるを得なかった」と報告している第67戦闘飛行隊パーネル中尉のP-400であると思われる。

同ミッチェル大尉のP-39は水上機を後上方から降下攻撃

し、37ミリ機関砲の直撃で粉々にしたと報告している。一方、シャープスティーン大尉のP-39は水戦と真っ正面から向き合ったが、機銃がすべて故障、発砲できず、撃たれて飛散した風防の破片で顔面を負傷した。撃ち合ったのはおそらく渡辺一飛の水戦であろう。

1機を撃ち落したが1機を失い、空戦の勝負は五分五分だった。しかし水上機隊の奮戦で、またも爆弾は命中せず「日進」は無事ショートランド泊地へと帰還できたのである。

14時、「神川丸」の水戦2機と零観1機が軽巡「龍田」と第十五駆逐隊の上空掩護に出撃することになった。零観はまず観測機隊指揮官との打ち合わせのため水上滑走で第二飛行機隊の基地に向かったが、到着の際、桟橋に接触。左翼端浮舟を破損してしまい出撃できなくなってしまった。このため「神川丸」の水戦2機だけで軽巡「龍田」と第十五駆逐隊の上空掩護を実施、17時にレカタ基地に帰還した。

空戦での被弾に加えて、8日、9日と事故もつづき「神川丸」の使用可能機は水戦2機、零観2機となってしまった。補修整備によって明日以降、使用可能になりうる機体としてさらに水戦1機（この日、被弾した渡辺機か?）、零観5機（2機は隊内修理2日、1機は工廠での修理が必要だった）があったが、「神川丸」は「ガ島増援部隊の日の出、日没前後の上空警戒だけでも万全には実施し難い状況だ」と報告している。

戦果確認機を痛撃。B-17夜間空襲の報復を果たす

この9日、米第5航空軍はラバウル市街を焼き払うため、これまでで最大規模の爆撃を実施した。午前2時過ぎにポートモレスビーを発進した36機のB-17のうち、6機は途中で引き返したが、30機がラバウル市街に向かった。B-17の大編隊が到着する前に、オーストラリア空軍のカタリナ飛行艇4機が市街地に焼夷弾を投下、火災でB-17の目標を照らし出す手筈になっていた。

B-17は熾烈な対空砲火に迎えられた。日本軍は探照灯の光で来襲機を追い回し、激しく射撃。B-17はほとんど全機が被弾したが1機も撃墜はできなかった。225キロ爆弾300発が投下され、ラバウル市街一帯は火の海となった。

夜間戦闘機のない海軍航空隊は未明の空襲に対しては一矢も報いることができなかった。だが7時にまたB-17が1機飛来した。第435爆撃飛行隊、ジョンスン中尉のB-17E型が夜間爆撃の戦果確認に来たのである。対空砲火を避けるため高度8千メートルで飛ぶB-17を邀撃するため。台南空の零戦7機が発進。六空からも零戦が邀撃に発進したがB-17を捕捉できなかった。しかし行動調書によれば、台南空機もB-17を攻撃できたのは7機のうち1機だけだった。

ジョンスン機が写真偵察を終え、ラバウルを離れてから15

分後、零戦が最初の攻撃をかけてきた。銃弾は副操縦士の操縦桿を貫き、衝撃で昏倒させた。ようやく8千メートルまで達した零戦の第一撃は正面からの攻撃だったのだろう。米軍の報告によれば、零戦は10回以上も攻撃を繰り返し、尾部射手を射殺、さらに第4エンジンが被弾、フェザリング状態になった。最後の攻撃では第3エンジンが停止、ジョンスン中尉は無線で戦闘機の救援を要請したが、零戦は引き上げて行き、ジョンスン機は気息奄々としながらも基地に帰り、着陸することができた。彼は零戦4機に襲われたと報告しているが、台南空の行動調書によればB-17を攻撃できた零戦は1機だけである。

たった1機でB-17を、おそらく全弾を撃ち尽くすまで繰り返し襲い、墜落の寸前まで傷つけた搭乗員の氏名は、行動調書では発進した7名のうちの1名とされているだけで特定されていない。この7名の中に著名なエースの名はない。無名の搭乗員が並外れた勇戦で夜間空襲の大被害に対するささやかな一矢を報いたのである。

B-17の射手も零戦の撃墜1機を報じているが、これはもちろん誤認で、台南空の零戦は全機が無事に帰還している。

この日も、三空、台南空、七五一空の零戦隊27機がガ島上空に進攻した。しかし空戦はなかった。ガ島ではVF-5のタッカー中尉のF4Fが緊急発進後、行方不明になった。米海軍の全喪失機リストでは空戦での喪失と記録されている。しかし行動調書によれば、零戦隊はいずれも交戦はしていない。またGR23の戦時日誌にはタッカー機の未帰還の原因は「酸素吸入器の故障と思われる」としるされている。全喪失機リストの記載は誤りであろう。

またカクタス空軍には20機のF4Fと、5機のSBD、3機のTBFが増援された。これによって、翌日の稼働機はF4Fが46機、SBD17機、TBF6機、そして陸軍のP-400が4機、P-39が8機となった。

直衛水上機隊全滅。44機対4機の絶望的劣勢での空戦

10月10日の未明、ラバウルはふたたび18機のB-17に爆撃された。9日と10日の爆撃でラバウル市街は大きな被害を受け、陸海軍将兵の死傷は200名以上に達したという。夜が明けると、また戦果偵察のB-17が飛来したが、今回は零戦の邀撃もなく無事に帰還した。

ヘンダーソン基地を発進した米攻撃隊は午前4時40分、夜間にガ島への兵員物資の揚陸を終えて帰航中の鼠輸送隊、軽巡「龍田」と駆逐艦5隻を発見した。

SBD艦爆15機、TBF艦攻6機からなる攻撃隊は15機のF4Fに掩護されていた。同じく同行していた8機のP-400は掩護ではなく爆弾を搭載し、20ミリ機関砲による水上艦艇の機銃掃射も命じられていた。

鼠輸送隊の上空直衛機は僅か4機。零観2機、水戦2機だった。この水戦は前日も「龍田」と第五駆逐隊の上空掩護を実施して、17時に帰還した2機であると思われる。ただし搭乗員は川井一飛曹、丸山一飛に代っている。

指揮官「讃岐丸」の零観、1小隊1番機、佐治正一特務少尉は4時25分に発見した米戦爆連合40数機に対し、怯むことなく敢然と突撃して行った。

4機対44機の空戦が始まった。ただし米軍は15機の水上機が艦隊の上空警戒に当たっていたと報告している。この過大な報告こそ、数少ない水上機の排除に米軍戦闘機がどれだけ手を焼いたのか、十分の一以下という圧倒的な劣勢に屈せず戦った水上機隊の奮戦ぶりを示すものであるように思える。

戦闘詳報では「佐治機は反航、一撃を以て戦闘機1機を撃墜。更に戦闘機1機を追跡中、後方から戦闘機6機の連続攻撃を受け、エンジンより発火、背面となり偵察員の武田幸児一飛は機外に抛り出され落下傘降下、しかし佐治特務少尉はなおも米戦闘機の追躡（ついじょう）をつづけ、その戦闘機とともに海中に自爆した。武田一飛は軽傷を負っていたが、駆逐艦「舞風」に救助された」と、されている。

1小隊2番機「讃岐丸」山本楠弘一飛曹機の奮戦は「まずP-39を1機撃墜、更に3機編隊の戦闘機隊を攻撃中、後方から戦闘機8機の連続攻撃を受け、空中火災を起こしたが、その間も偵察員の山本一飛曹は旋回銃で1機を撃墜、（9月14日の空戦で奇跡の生還を果たした）操縦の川元義人一飛は機体を横滑りさせ消火に努めたが火は消えず、落下傘降下を決意、駆逐艦「野分」に救助された」と記録されている。

零観2機の戦闘記録からは、低空に降りて水上部隊を機銃掃射していたP-39や、P-400を攻撃中、優位から多数のF4Fの攻撃を受け、袋叩きにされた苦戦が窺われる。米軍は戦闘機の掃射によって水上艦艇の対空火器はほとんど沈黙させられたと記録しており、第67戦闘飛行隊の陸軍機はまったく撃墜戦果を報じておらず、撃墜を主張しているのはすべて海兵隊のF4Fだった。

2小隊「神川丸」水戦2機も米軍機3機以上を撃墜した後、自爆、9月24日にB-17を撃墜した殊勲の川井一飛曹、丸山一飛の両名は行方不明になった。「神川丸」の戦闘詳報には落下傘降下した零観の搭乗員（氏名不詳）による「1機の水戦が米軍機に体当たりした」という目撃証言が記録されている。

この空戦では実際に第67戦闘飛行隊のP-400、バンフィールド少尉機とVMSB-141のSBD艦爆スミス少尉機が撃墜された。米海軍の全喪失機リストでは、作戦中の事故で墜落したとされているスミス少尉は救助されたが、彼のSBDの偵察員と、空戦で落とされたと思われるバンフィールド少尉は行方不明となった。

ちなみに掩護していた海兵隊のF4Fは全部で水戦3機、零観6機もの撃墜戦果を報告している。同じ2機しかいなかったのに、零観の撃墜戦果報告が多いのは、前日のＶＦ－５の空戦記録から推して、この日戦ったＶＭＦ－２２３のパイロットも敏捷な零観の撃墜に手間取り、数多くのＦ４Ｆがよってたかって攻撃し、銘々が戦果を報じたからかも知れない。

8日に22対8の空戦を戦い抜いたR方面航空部隊の水上機隊も44対4ではいかんともし難く、敢えなく全滅してしまった。しかし死力を尽くした奮戦は爆撃をおおいに撹乱した。この空爆による輸送隊の損害は、駆逐艦「野分」が小破され死傷11名を出したのみであった。

10月1日から10日まで、R方面航空部隊は輸送隊の上空警戒中に努め、空戦で零観9機と搭乗員6名、二式水戦2機と搭乗員2名を喪失した他、3機が被弾、衝突、接触事故等の損傷機もあり、「神川丸」「山陽丸」の水戦、零観に可動機はなくなってしまった。だがこれらの空戦で水上機隊はB-17、1機、ＳＢＤ艦爆2機、Ｆ４Ｆ、Ｐ－４００各1機を撃墜した。しかも輸送隊に大きな被害はなかった。R方面航空部隊の水上機は文字通り死力を尽くし、身を盾にしてカクタス空軍の執拗な攻撃から輸送隊を守り抜いたのである。

16時、零観との接触事故によって破損していた水戦を修理、ショートランドまで空輸するため、小藤飛曹長が補用品を携えて「千歳」の水偵に乗ってレカタへと飛んだ。

零戦隊、新掩護戦術で撃墜戦果を挙げる

10月11日、ふたたびガ島へ重火器の輸送、揚陸に向かった「日進」「千歳」を援護するため、零戦と陸攻隊によるヘンダーソン飛行場の制圧が実施された。この作戦は、9月下旬の陸攻掩護失敗の戦訓をもとにしていた。陸攻の被害を防ぐため、戦爆編隊が目標上空に突入する前にまず零戦隊が進攻、米戦闘機に空戦を強いる。次いで米軍機が着陸した頃合いを狙って陸攻隊が爆撃するという手筈になっていた。

戦爆百機以上が参加する大規模な進攻だった。だが天候は思わしくなかった。

戦爆編隊に先立ってヘンダーソン基地に暴れ込むのは百戦錬磨の中島正少佐が直率する台南空の零戦16機だった。中島少佐には台南空随一のエース、奥村武雄一飛曹が2番機として付き添っていた。1中隊3小隊長は西澤廣義一飛曹である。台南空零戦は当初18機が発進、途中で不調のため2機が引き返した。残った16機は木更津空の陸攻9機の誘導でガ島へと向かった。

10時25分、木更津空の陸攻はルッセル島の上空で反転、帰途につく。予定通りだ。陸攻の役割は誘導と米戦闘機を釣り出す囮だった。

11時、台南空の零戦16機はガ島上空に突入。ヘンダーソン

基地のレーダーは10時20分に未確認編隊２個を２２０キロ先に感知していた。39機ものＦ４Ｆと、19機のＰ-４００とＰ-39が厚い雲に覆われた空に発進した。５機のＴＢＦと６機のＳＢＤがおそらく空中回避のため発進した。

最初に飛来した台南空の零戦16機と交戦したのは、海兵隊のＶＭＦ-２２３と２２４のＦ４Ｆ、16機だった。陸軍のＰ-39は酸素装置の不備で零戦が侵入して来た高度まで上昇できなかった。他のＦ４Ｆは交戦しなかったと記録されている。

台南空は11時から半までの30分間、Ｆ４Ｆと空戦を交え、1中隊と、２中隊がそれぞれ３００発ずつ、計６００発を射撃。1中隊の西澤一飛曹と2中隊の高橋茂二飛曹がそれぞれグラマンの撃墜1機を報じている。どちらかが確実撃墜で、もう1機は不確実撃墜だったのだが、誰の戦果が確実なのか行動調書でも不明とされている。この日、２機のＦ４Ｆが失われている。１機は不時着水してヒギンズボートに救助されたＶＭＦ-１２１のネフ少尉のＦ４Ｆ、もう1機は不時着して全損になったＶＦ-5のマグダーナル中尉機だ。両機とも海軍の全喪失機リストでは空戦による損害となっているが、ＧＲ23の日誌ではＶＭＦ-１２１もＶＦ-5の両飛行隊とも邀撃には発進したが、交戦しなかったとされ、喪失の原因は何も書いていない。だがマグダーナル機はプロペラの故障で不時着したとの資料もあり、どうやら台南空が撃墜できたのはネフ少尉機だけのようだ。

ＶＭＦ-２２４のＦ４Ｆは零戦の撃墜４機を報じているが、台南空機には被弾機すらない。最初の空戦は日本側の一方的な勝利に終わったのである。

台南空機が去って30分、今度は零戦29機に掩護された陸攻45機が進入して来る手筈になっていた。ところが11時30分、陸攻の大半は天候不良を理由にガ島攻撃を断念、引き返してしまった。ただ主力が引き返したことを知らない七五一空の陸攻18機のみが目標に向かって飛びつづけていた。この陸攻隊は同じ七五一空の零戦９機が掩護していた。11時45分、ガ島上空に侵入、しかし雲のため爆撃不能で、零戦隊は雲の中に入った陸攻隊を見失ってしまった。

零戦隊から離れた陸攻隊は11時55分、グラマン６機に襲われた。18機の陸攻は20ミリ１１８７発、７・７ミリ１０６６0発を放って反撃。12時24分に60キロ爆弾１７８発を投下。爆撃を終了しても空戦はつづき、陸攻1機、田代栄武一飛曹機が編隊から分離して行方不明になってしまった。その他に8機が計47発も被弾、山内実角一飛曹機と、新木彰文一飛曹機で併せて３名が機上で重傷を負い、うち２名が戦傷死している。

陸攻を襲ったＦ４Ｆは台南空の零戦と戦い、着陸をしようと低空に降りていたＶＭＦ-２２３と２２４機だった。新たな空襲を知って、およそ1ダースのワイルドキャットはふたたび上昇。11時57分、空戦に入ったが海兵隊機はみな燃料が乏しく一撃しかかけられなかった。帰還したＦ４Ｆの中には接地して、地上滑走中に燃料が零になった機体もあった。

雲のため、60キロ爆弾はみな飛行場から南東に数キロも離れたジャングルに落ちた。だが陸攻の到着がもう少し遅く、天候も良かったら海兵隊のＦ４Ｆは日本海軍の思惑通り、給油に着陸したところを滑走路で捕捉できたかも知れない。もっとも、天候が良かったら陸攻隊の進攻は連合軍の沿岸監視員に発見されて、別の米戦闘機隊が飛行場の上空で陸攻を待ち伏せていただろう。

七五一空の零戦９機はとうとう陸攻もグラマンも見つけられず12時に帰途についた。同じく二空の零戦８機も11時45分にガ島上空に突入したが交戦相手を見つけられず引き上げて行った。

12時にガ島上空に入った三空の零戦12機のみが米軍機を発見した。三空機は15機と交戦、20ミリ２６６発、７・７ミリ６６０発を射撃、撃墜確実２機、不確実１機を報じている。三空は交戦した機種を記録していない。三空の零戦が遭遇したのは、邀撃に発進してスターン中尉のＰ‐39を失った第３３９戦闘飛行隊ではないかと思われる。第３３９戦闘飛行隊は被弾して編隊から脱落した爆撃機１機を撃墜したと報告している。これはＦ４Ｆに撃たれて編隊から落伍して行方不明になった七五一空機に違いない。七五一空の被弾機はさらに１機、松尾常吉飛曹長がブインに不時着、大破してしまった。零戦は全機が無事に帰還している。

従って、この日の空戦では、米軍がＦ４Ｆ、Ｐ‐39各１機とパイロット１名を失い、日本側は陸攻２機と搭乗員９名を失うという結果に終わったのである

囮の陸攻で釣り出して零戦で撃墜し、その後、給油で着陸するはずの敵機を今度は陸攻の爆撃で潰す。こういった技巧を凝らした作戦は、日本軍だけではなく米軍も試みているが、たいがいはうまくゆかない。だが、この空襲のおかげで「日進」と「千歳」はまったく空襲を受けることなく揚陸に成功、無事に帰港した。この空襲、本来の目的は十分に達成されてたのである。しかし、両艦の上空警戒に飛んだ六空の零戦は悪天候によって３機が行方不明になった他、無理な掩護計画によって６機が駆逐艦のそばに着水、２名の搭乗員は救助できず戦死してしまった。六空は「日進」と「千歳」を掩護するため零戦９機と、５名もの搭乗員を失ってしまった。

悪天候は貴重な水上機母艦２隻を中心とした輸送隊を空襲から守ったが、戦爆連合百機のガ島進攻を不調に終わらせ、掩護の零戦隊に痛恨の損害をこうむらせたのである。これまで洋上での水上部隊上空直衛を一手に引き受けてきたＲ方面航空部隊の水上機が相次ぐ空戦と、レカタ基地への襲撃で戦力を消耗し、その任務を果たせなくなってしまったことでの犠牲でもあった。

５時45分、ショートランドに「神川丸」の小藤飛曹長が操

縦する修理水戦1機がレカタから帰着。修理を終えて「國川丸」に貸与中だった零観も1機戻ってきた。

そんなことで、ショートランドでは8時20分に空襲警報が発令されたが、邀撃に発進できた水上機は「神川丸」の水戦、たったの1機だった。1時間後、水戦は来襲機を捕捉できずに帰ってきた。

ヘンダーソン基地、大火災中。挺身攻撃隊の艦砲射撃

10月12日、特設水上機母艦「聖川丸」がショートランドに入港した。横須賀から、十四空の二式水戦9機と補充の零観4機を運んできたのである。ガ島への船団の上空警戒で損害を重ね、10日の空戦で全滅に瀕していたR方面航空部隊は、この増援でふたたび作戦能力を取り戻した。

ショートランドから155度線に索敵哨戒に出ていた東港空の大艇、加藤不二夫一飛曹機が6時45分以来消息不明になった。行動調書にはこの大艇が九七なのか、二式なのか、行方不明の原因を推測する記載も一切ない。また米軍側の撃墜戦果報告も見当たらず、喪失原因はまったく不明である。

ツラギ方面への艦船偵察に出た台南空の九八陸偵、工藤重敏二飛曹機は8時にルッセル島上空で米戦闘機13機に追撃されたが逃げ切り、8時40分にはツラギ上空に侵入、10分後には米巡洋艦2隻を発見。その50分後、今度は6機のB-17とすれ違い、12時35分には無事、ラバウルに帰還した。

防衛省が発刊している「戦史叢書、南東方面海軍作戦2」には、この日、ラバウルの152度線に索敵に出た陸偵も索敵線の先端付近で消息を絶ったとしるされているが、どの部隊の機体なのか特定できなかった。こちらも対応する米軍機による撃墜戦果報告はない。

両機とも対空砲火で撃墜されたのだろうか。

翌13日、早くも「聖川丸」でやって来た十四空の水戦に初交戦のチャンスが巡ってきた。

5時55分にショートランド基地を発進した水戦2機の1番機、五十嵐敏雄中尉機は泊地上空を哨戒した後、7時45分に5機のB-17を発見したのだ。来襲したのは第26爆撃航空群、第431爆撃飛行隊のB-17だった。B-17は2つの3機編隊に分かれてブカ基地の爆撃に向かっていた。B-17は第1目標であるブカ基地を爆撃した後、第2目標であったブイン泊地に針路を転じた。燃料が乏しくなったB-17が第2編隊から1機脱落していたので、残ったB-17は5機だった。

米軍は「零戦3機が出現、2機に減っていた第2編隊を追ってきた。第2編隊長、エドマンスン少佐機の尾部射手は発砲、零戦は車輪のような錐揉み状態に陥って墜落。他のB-17の側方銃手たちも撃墜を報じている」と記録している。2機のB-17は数発ずつ被弾したものの、機上に死傷者はなく、高度3300メートルで目標上空に達し、激しい対空砲

特設水上機母艦「神川丸」の艦上で試運転中の二式水戦。水上機母艦の甲板や、水戦の搭載状況がよくわかる。

火に迎えられた」と、記録している。もちろん零戦というのは、二式水戦である。2機の水戦はB-17に、それぞれ五十嵐敏雄中尉が二撃、奥山穂二飛曹が三撃を加えた。

しかし五十嵐機は二撃後、雲の中に入ったきり行方不明になってしまった。米軍の報告では零戦は前記のように後方から攻撃して来て、撃墜されたとされている。

「神川丸」の戦闘詳報は、五十嵐中尉は前下方攻撃により相当な損害を与えたとしている。五十嵐中尉は一撃目を前方から、次いで後方からの第二撃を試みて撃墜されてしまったのだろうか。水戦2機の使用弾薬は20ミリ220発、7・7ミリ1900発とされている。おそらく五十嵐機の搭載弾薬は全弾が使用されたものとされているのだろう。それにしても奥山二飛曹は20ミリを全弾射撃する猛烈な攻撃を反復したことになる。

空襲警報で発進した十四空の南飛曹長の水戦は離水の直後、前方1万メートル、高度2千メートルを飛行中のB-17を発見した。

警報に接して相次いで離水した4機の水戦と1機の零観がいずれも「敵を雲中に逸す」と報告し、交戦できなかった中、南飛曹長機だけが単機で15分も追撃した。結局、最初に見つけたB-17は捕捉できなかったが、右横の高度500メートル、距離2千メートルに別のB-17、1機を発見。全速で前方に出て、前下方から一撃を加え、右内側エンジンを停止させた。さらに前上方から一撃を加えた。対重爆戦のセオリー通り、辛抱強い反航戦を反復したのである。

8時30分、この損傷機は雲に入り、東方に消えて行ったため、南飛曹長はB-17の不確実撃墜戦果を報じている。使用弾薬は20ミリ90発、7・7ミリ350発だった。

9時35分、五十嵐機捜索のため零観1機が飛んだが見つけられなかった。しかし13時5分、機体は見つからなかったが顔面に火傷を負っている五十嵐中尉は救出された。行動調書では戦死とされているが、五十嵐中尉は生き延びて「聖川丸」で羅春（ラバウル？）まで送られて入院した。

米軍は「爆撃後、ガ島への帰途、およそ10機の零戦に追撃され、6機を撃墜したものの、B-17の乗員1名が機上で戦死、2名が負傷した。B-17は全機が対空砲火と零戦の銃火で大なり小なり損傷していた。エドマンスン少佐のB-17の燃料は乏しく、機銃は全弾を撃ち尽くしていた」と記録している。3機の水戦、五十嵐機、奥山機、南機の追撃戦の激しさが偲ばれる。やがて零戦が厚い雲の中に消え、ようやくヘンダーソン基地が見えるところまで来たが、基地には日本軍の戦爆連合が殺到しつつあった。米戦闘機が零戦、陸攻と空戦し、沿岸の米艦艇からはさかんに対空砲火が撃ち上げられ、海岸線では米軍の増援部隊が舟艇で上陸中。B-17の乗員は高空を旋回しつつ、この戦争スペクタルを見物しながら着陸の許可を待った。ヘンダーソン基地を襲っていたのは七五三空9機、三澤空9機、木更津空9機の陸攻隊と掩護の零戦隊であった。9時30分には42機のF4Fと7機のP-39、6機のP-400が緊急発進していた。

空戦が始まったのは10時の爆撃終了直後だった。七五三空は10時6分、グラマン4機と空戦を開始、20ミリ150発、7・7ミリ3000発を放ち7機が被弾。三澤空機は10時7分から6機と空戦、20ミリ62発、7・7ミリ1028発を放ったが6機が被弾した。木更津空機は10時10分から4機と交戦、20ミリ81発、7・7ミリ363発を射撃、6機が被弾して機上戦死、軽傷各1名の損害をこうむっている。

この爆撃で木更津空は爆撃で一箇所大爆発、3箇所炎上と報告している。実際、米軍記録によれば、第1、第2滑走路が被爆し、B-17が1機破壊され、各種12機がわずかに損傷した他、航空燃料が5千ガロン燃えた。投下された爆弾はまだ到着したばかりで壕を掘っていなかった第164歩兵連隊の揚陸地点にも落ち、戦死1名、負傷2名の損害を与えた。

七五一空の零戦9機は陸攻隊の爆撃後に現れたグラマン4機と空戦、落伍した陸攻1機を掩護しつつ帰還して、撃墜1機、不確実1機の戦果を報告している。

三空の零戦9機は、10時に目標上空に突入、米戦闘機3機と協同交戦、20ミリ120発、7・7ミリ180発を放って1機を撃墜した後、帰途、洋上で戦闘機1機と交戦したが不確実撃墜に終わった。また落伍の陸攻1機を掩護しつつ同行していた、伊藤万里一飛の零戦がレカタ湾に不時着水した。着水の原因は、行動調書でも明らかにされていない。

結局、戦爆編隊と交戦できたのはＶＭＦ-１２１のＦ４Ｆ、4機だけだったのだ。

米軍の損害は飛行場東方の海上で撃墜されたＶＭＦ-１２１のフリーマン中尉のＦ４Ｆだけであった。中尉は救助されている。邀撃戦を終えた米軍戦闘機は燃弾を補給するためヘンダーソン基地に着陸した。

爆撃が終わるや否やシービーズ（米海軍設営隊）が滑走路の修理に駆けつけ、ブカ、ブイン爆撃から戻り上空で待っていたB-17にも着陸の許可がでた。

ところが12時、七五一空陸攻15機、台南空零戦18機が高度8千メートルでふたたび飛行場上空に突入。第二次攻撃がはじまったのだ。ＶＭＦ-１２１のＦ４Ｆ、12機が邀撃に上がった。爆弾は大半が目標から逸れたが、ようやく着陸して滑走路沿いに分散したばかりのB-17が1機、爆弾の破片で損傷した。

七五一空の陸攻15機はグラマン4機と交戦。7・7ミリ790発を発砲したが4機が被弾した。台南空は河合四郎大尉の指揮下、グラマン7機、艦爆5機、P-40、4機と交戦、機銃弾６５０発を射撃、撃墜3機、不確実2機を報じている。内訳は、1中隊、2小隊長の西澤一飛曹が2番機の中本正二飛曹と協同で４００発を射撃、グラマン撃墜1機、1機不確実を報告。3中隊2小隊では3機が２５０発を射撃、グラマン2機、不確実1機を報告したというものであった。

ＶＭＦ-１２１のジョー・フォス大尉は零戦の撃墜1機を報じたが、別の零戦から撃たれてエンジンが停止。だが、高度と速度があったため、そのまま飛行場に滑空着陸。滑走路のそばにあった椰子に危うく衝突しかかったが無事に済んだ。これが最終的に撃墜26機を認められ、海兵隊の超エースとなるフォス大尉の初撃墜戦果だった。

13日の空戦では七五一空か三空の零戦がＦ４Ｆを1機撃墜したが、三空の零戦1機がレカタ湾に不時着水して失われた。米軍のパイロットも救出されたが、三空の伊藤万里一飛も救助されたものと思われる。伊藤機の着水原因は空戦中の被弾によるものかどうかは不明である。

海軍航空隊の戦爆連合による攻撃はあまり揮わなかったが、ヘンダーソン基地には海から恐るべき脅威が迫っていた。駆逐艦に護衛された戦艦「金剛」「榛名」を中心とするの挺身攻撃隊である。その任務は艦砲射撃によるヘンダーソン基地の無力化であった。

16時18分、陸軍の重砲「ピストルピート」が飛行場への射撃をはじめた。最初は射程が短かった。やがて砲撃は試射から効力射に移り、砲弾が滑走路に落ちるようになってきた。射撃間隔はまちまちだったが、およそ1時間に4発くらいの間隔で砲弾が落ちて来た。シービーズはトラックに土砂を積み込んで待機し「ピストルピート」が滑走路に穴をあける度、即座に弾痕を埋め戻していた。

23時35分、巡洋艦「古鷹」「衣笠」から発進した零式三座水偵の照明弾投下につづいて、挺身攻撃隊が主砲、副砲を使ってヘンダーソン飛行場への艦砲射撃を開始した。

戦艦の主砲弾918発、副砲弾48発は、在地の米軍機各種、合計57機を破壊するか損傷させるという壊滅的な打撃を加えた。第67戦闘飛行隊の隊員は「着弾の閃光、誘爆する弾薬と航空燃料による火災で飛行場は真昼のようだった」と、日記に記している。防空壕を直撃した砲弾は海兵隊の艦爆パイロット5名を含む基地将兵少なくとも11名を戦死させ、爆弾庫への直撃では大規模な誘爆で海兵隊員12名が戦死した。

日本側の陸上の観測点および観測機からは「滑走路を含む2200米平方一面火の海と化し特に滑走路付近十数箇所大火災を生じルンガ河付近弾薬らしきもの盛んに誘爆しつつあるを認む」と報告されている。

戦艦2隻による艦砲射撃は、ヘンダーソン飛行場にこれまでどんな航空攻撃でもなし得なかった大きな損害を与えたのである。

不死身のカクタス空軍。一分間で陸攻3機撃墜

10月13日夜半から始まった戦艦「金剛」「榛名」の艦砲射撃は、14日の零時56分に終わった。艦砲射撃終了後の午前1時32分と42分、2回にわたって三澤空の陸攻、斉藤少尉機がヘンダーソン基地に60キロ爆弾8発を投下。つづいて同じく三澤空の陸攻、岡田特務少尉機が3回にわたって60キロ爆弾8発、20ミリ39発、7・7ミリ120発の機銃掃射を実施した。

防空壕を出たカクタス空軍の将兵は戦艦の艦砲射撃によって荒廃した基地のあまりの惨状に茫然自失となったが、ようやく気を取り直し、今日もまた来るに違いない日本海軍の戦爆連合を迎え撃つため、不眠不休で損傷機の整備補修にとりかかった。

4機のF4F、SBD艦爆13機、TBF艦攻9機と2機のB-17は完全に破壊されていたが、その他の損傷機のうち何機かは日本海軍の定期便が来る頃までには修理することができた。陸軍の第67戦闘飛行隊はほとんど被害を受けなかったため、陸軍の整備兵は多数が損傷していた海兵隊のF4Fの補修に手を貸していた。戦闘機パイロットに死傷はなく、滑走路も一本が使用可能だったので、飛行機さえ揃えば日本軍に一矢を報いることができる。

その一方で、日本軍に飛行場を奪回されてしまう場合にそなえて、当時の最高機密兵器であったノルデン爆撃照準器とIFF（味方識別装置）は捕獲されないよう、砲撃で破壊された2機のB-17から取り外しておくよう命じられた。また航空燃料の大半が燃えてしまったため、損傷したB-17から

抜いた燃料までが海兵隊機に注入された。破壊されたＢ-17のうち1機は前日、ブインで水戦に襲われた第４３１爆撃飛行隊の機体だった。

指揮官のエドマンスン少佐は残り４機のＢ-17をヘンダーソン基地から連れ出すことにした。５時に日本陸軍の重砲がまた砲撃をはじめた中、４機は離陸して基地を去った。

10時30分、陸攻26機、零戦18機がヘンダーソン基地に来襲した。カクタス空軍からは24機のＦ４Ｆと、Ｐ-39が発進。前日、邀撃に上がって来たＦ４Ｆが42機であったことを考えると、艦砲射撃の効果が絶大であったことがわかる。しかしこの第一次空襲で、零戦隊は10時30分に空中退避中の艦爆６機、グラマン数機と1機のＢ-17を追撃、８００発を放ったが撃墜できなかった。戦闘機同士の空戦は起こらず、陸攻５機が対空砲火で傷ついた以外、双方ともに損害も戦果もなかった。

1時間後、ガ島への第二次攻撃が発起された。

七五一空の陸攻12機、七五三空の９機は７時にラバウル上空で零戦15機と合同。陸攻隊は高度８千メートルから目標に向かって緩降下に入り、次第に増速してゆく。

11時２分、行動調書によれば、七五一空の陸攻は米戦闘機10機との交戦に入った。目標の上空は雲量４、雲高は８千から９千メートルだった。

襲いかかって来たのはゲイラー少佐が率いるＶＭＦ-２２４のワイルドキャット９機だった。10時45分、すでにガ島上空に突入していた三空の零戦６機は、９機の米戦闘機と交戦、20ミリ40発、７・７ミリ１５０発を放ったが1機も撃墜できていない。

11時３分、陸攻とＦ４Ｆの空戦開始からたった1分で、七五一空の陸攻は1中隊1小隊３番機、荊木彰文一飛曹機と、同２小隊の３番機、遊佐孝男一飛曹機が自爆、２小隊ではさらに２番機の丸尾徳次郎一飛曹機が行方不明になってしまった。11時６分には同２中隊２小隊一番機、上田茂中尉機の操縦者が重傷を負い、編隊から分離して行った。

11時７分、七五一空の陸攻２中隊の５機が爆撃。次いで11時８分、1中隊の３機が爆撃。両中隊を併せて２５０キロ12発、60キロ48発を投下した。この爆撃か、10時30分の爆撃でＶＭＦ-２２３のＦ４Ｆが６機地上で破壊されている。空戦で撃墜されなかった陸攻が撃ちまくったとして記録されているのは、20ミリ１１２０発、７・７ミリ１２９００発で、１中隊の陸攻がＦ４Ｆの撃墜1機を報じている。

11時10分、米戦闘機は引き上げて行った。11時15分、1機の右エンジン停止がして、編隊から分離、同機はブカ島に不時着した。同時に編隊から分離していた七五一空の上田機はレカタ湾に不時着水した。

掩護の零戦、二空の９機がガ島上空に突入したのはこの11時15分になってからだった。二空機は陸攻隊攻撃に向かってきたグラマン２機と交戦、1機に白煙を吐かせたと報告している。掩護の零戦隊とともに遅れてガ島上空に来た七五三空の陸攻は3機が被弾したのみで250キロ3発、60キロ78発の爆弾を投下して、全機が無事に帰ってきた。

結局、直掩の戦闘機や後続の陸攻隊からも分離して逸早くヘンダーソン基地上空に突入した七五一空にF4Fの攻撃が集中し4機もの陸攻が失われた。搭乗員には戦死16名、重傷1名、軽傷3名、行方不明7名の犠牲者が出た他、陸攻7機が計125発も被弾していた。

VMF-224のF4Fは双発爆撃機の撃墜5機、不確実1機、零戦の撃墜2機、不確実1機の戦果を報じている。この空戦ではVMF-121のブランドン少尉のF4Fが未帰還になっている。おそらくこのブランドン機が、七五一空の陸攻が一矢を報いた1機に違いない。

VF-5ではジェンセン中尉が率いるF4Fが4機、高度7800メートルで飛来した8機と、6機の爆撃機編隊に対して側上方から一撃をかけ、ジェンセン中尉が2機、その他の3名も各1機ずつの爆撃機を撃墜したと報告。各機が240発ずつ射撃したとされている。このジェンセン隊が攻撃したのが、七五三空の陸攻隊だったように思われる。

零観、三連続出動で上空直衛を実施。

戦艦の艦砲射撃で大損害を受け、戦爆編隊の波状攻撃の邀撃に忙殺されていたカクタス空軍の隙を衝いて、日本海軍は駆逐艦8隻に護衛された輸送船6隻からなる高速輸送船団をガ島へと送り出していた。輸送船はどれも選りすぐりの高速船で、自らも対空兵器を備えている。さらに基地航空隊の零戦と、R方面航空部隊の水上機が代わる代わる上空警戒を務めていた。

六空の零戦は4時40分に一直が発進したが、チョイセル島付近の悪天候を突破できずに引き返してしまい、二直、三直も天候不良のため中止。初めて船団上空に飛来した四直の6機が14時50分に船団への触接機1機を発見して追撃したのみで空戦はなかった。追い払われた触接機は、ヘンダーソン基地に「輸送船6隻、駆逐艦8隻、25ノットで130度に航進中、基地からの方位335度、距離290キロ」という情報の打電をすでに済ませていた。

R方面航空部隊の零観8機は4時30分にショートランド基地を発進。零戦隊が越えられなかったチョイセル島付近の悪天候帯を突破して、6時10分から小柳正一中尉の指揮で船団の上空直衛を開始。8時20分にいったんレカタに着水した。9時15分、小柳中尉はふたたび8機の零観を率いて発進。9時55分から上空直衛を実施。だが朝昼とも接敵せず13時30分、零観はレカタに着水し、燃料を補給した。

8機だった零観は不調機が出たのか7機に減り、14時30分にレカタから離水した。ショートランド発進からちょうど10

時間。間に一時間ずつ2回、給油のため着水しただけで、この日、三回目の直衛任務に舞い上がったのである。

指揮官は「讃岐丸」の渡部金重中尉に代わった。

7機の内訳は「讃岐丸」1機（高安・渡部）、「山陽丸」1機（大久保・吉村）、「國川丸」3機（河村・辻、酒井・原田、浅沼・志村）、「聖川丸」2機（植村・松岡、柴田・田村）。

15時15分、カクタス空軍の第一次攻撃隊、SBD艦爆4機がサンタイザベル島の西方で船団を襲っていた。米軍は輸送船1隻に直撃弾を見舞ったと報告しているが、実際には命中していなかった。

渡部隊が船団の上空に飛来したのは空襲直後の15時20分。だが空襲は一度では済まなかった。16時20分、またやって来た。零観は、午前中の悪天候から一転した快晴の空に戦闘機6機、艦爆3機を発見した。

第二次攻撃隊はVS-3のSBD艦爆9機、指揮官のキルン少佐は16時20分にサンタイザベル島東方で目標を発見したと報告している。攻撃隊は猛烈な対空砲火に迎えられた。砲火はイザベル島南東端の小島からも撃ち出されていた。輸送船は3隻ずつ2列になり、それぞれ駆逐艦が掩護していた。彼は数発の直撃と至近弾を報じている。

さらにヘンダーソン基地からはそれぞれ225キロ爆弾を抱いた3機のP-39と、5機のP-400が発進していた。陸軍戦闘機は爆弾を投下した後も、ほとんど全弾を撃ち尽くすまで機銃掃射を繰り返し、燃料が残り少なかったため、散り散りになって帰還した。

渡部隊の零観が交戦したのは、この第二次攻撃隊に違いない。しかし日没間際で視界が限られていたためか、米軍は零観の存在すら記録していない。1小隊1番機、高安三郎一飛操縦の渡部機はおそらく低空に降りてきた戦闘機を攻撃、7・7ミリ300発を射撃して戦闘機の撃墜1機を、同じく、2小隊1番機「國川丸」の辻正巳飛曹長（河村一郎三飛曹が操縦）も戦闘機の撃墜1機をそれぞれ報じている。

米軍は「エドガー・ベイアー中尉のP-400は急降下爆撃を終えて退避中、対空砲火を受けて撃墜されてしまった」と記録している。対空砲火で傷ついたベイアー機を零観2機が相次いで射撃して撃ち落としたのかもしれない。

日本側の戦闘詳報には「全機が激しく攻撃したため、SBD艦爆は爆弾を投棄して南方に遁走」とするされ、米軍は艦爆も戦闘機も急降下爆撃で直撃と至近弾を見舞ったと記録している。いずれにしても船団に空襲による被害はなかった。

20分にわたったこの空戦での弾薬消費は「山陽丸」吉村義郎三飛曹機が395発、「國川丸」の3機が合計450発、「聖川丸」は2機で250発だった。零観隊はその後も日没から20分後の16時40分まで上空警戒をつづけたが、暗さで敵味方の識別が困難になり、17時30分、レカタに帰還した。

22時、船団は無事に揚陸地点に入った。

この日、ヘンダーソン基地にはVB-6のSBD艦爆8機が増援に飛来していた。23時50分、水偵がこれら新人歓迎の照明弾を投下した。赤々と照らし出された飛行場を狙って、ルンガ沖を遊弋していた揚陸の支援部隊、重巡洋艦「鳥海」「衣笠」と、駆逐艦「望月」「天霧」がふたたび飛行場への艦砲射撃の火蓋を切った。

15日、揚陸地点上空の大空中戦。零観、佐久間一飛曹の闘魂

日付が10月15日へと変わって間もなく、午前零時17分、725発目の砲弾がヘンダーソン飛行場に着弾し、重巡2隻の艦砲射撃は終わった。VF-5は、死傷者こそ出さなかったものの、前夜の艦砲射撃で4機のF4Fを破壊され、この夜の艦砲射撃でもさらに2機を破壊されたと記録している。

二夜にわたる艦砲射撃で航空燃料が大量に焼失したが、米兵は基地の回りを探しまわり、なんとか攻撃隊を2回出撃させられるだけの燃料をかき集めた。

午前4時、夜明けとともにVMF-121のデイヴィス少佐が率いる6機のF4Fがヘンダーソン基地を発進した。目標は前夜からつづく揚陸作業に大わらわの高速船団である。

F4Fは輸送船と揚陸作業に当たる大発を機銃掃射して、作業を大きく混乱、遅延させた。この攻撃で、トンプスン軍曹のF4Fが行方不明となったが、米海軍の全喪失機リストによれば墜落の原因は、空戦でも対空砲火でもなく機体の機械故障とされている。

5時、台南空の零戦6機、三空3機が船団の上空警戒のためブカ基地を発進した。この零戦隊が到着するまでの間、零観が未だ揚陸作業中の船団の上空哨戒を行なっていた。

ヘンダーソン基地を発進したVF-5のルーニー中尉はストーヴァー中尉機とともに高度2千メートルまで上昇、クルーズ岬沖8キロにいた6隻の輸送船に向かって降下して行った。2機のF4Fは駆逐艦からの対空砲火を受けながら、2回にわたって輸送船を機銃掃射した。

ストーヴァー中尉のF4Fはこの攻撃中に1機の「SOCシーガル（米海軍の複葉水上機）に似た」日本軍複葉機と交戦して撃墜したが、接触で右翼を大きく損傷した。彼は「交戦した日本の複葉機は、米海軍のいかなる複葉機よりも高速で、機動性能も武装も優れていた」と報告している。ストーヴァー中尉は撃墜の模様を以下のように報告している。

「我々2機のF4Fは輸送船と大発を掃射した後、対空砲火に追われて谷間に逃げ込み、丘の陰に入った。もう一度、掃射を試みるため2千メートルまで上昇すると後方から1機の水上機が降下してきた」。戦闘詳報によれば、F4Fに挑戦したのは「讃岐丸」の零観、佐久間喜一一飛曹機である。零観6機の上空警戒機の中で、2小隊3番機だった佐久間一飛曹だけがF4Fを発見し単機で空戦を挑んだのである。彼

は零観でB-17（9月26日）など米軍機と幾度も空戦を交え、9月14日（F4F）と10月8日（SBD艦爆）には撃墜戦果をも報じている歴戦の搭乗員である。

ストーヴァー中尉の戦闘報告はつづく「私は上昇旋回して正面から向かって行った。水上機は高度2400メートルにいた。水上機は800メートル、この遠距離から2門の機首同調機銃の火蓋を切った。おそらく20ミリ機銃だった。銃弾は機体の右側を流れて行った。450メートルで私も火蓋を切ったが、射撃による目立った効果は見受けられなかった。機銃は6門のうち4門しか火を噴かなかった。両機は正面から急速に接近、引き起こしが遅れたため、空中で互いの右翼が接触してしまった。だがまだ操縦できた。振り返ると日本機は明らかにおかしくなっていた。もう一度、攻撃したがもう機銃は1門しか撃てない。1発でも当たったかどうかわからないが、水上機は錐揉みに陥った。ルーニー中尉が同機の墜落を目撃している」。

佐久間機の自爆は5時。これは日本の水雷戦隊が目撃、記録している。もちろん零観から20ミリ機銃で撃たれたというのは、戦闘の恐怖心理が生み出したストーヴァー中尉の思い込みである。正面から迫って来た7・7ミリの曳痕弾がよほど恐ろしかったのだろう。

ストーヴァー中尉機が、ようやくヘンダーソン基地に着陸すると、60センチにわたって傷ついた右翼の前縁には黒地（暗緑色）にグレイで縁取りされた日の丸を描いた羽布が付着していた。右翼のフラップは一部が千切れ、変形している。「機体後部にはさらに4つの大穴が開いていたが、これは対空砲火による損傷と思われる」と、彼は報告を締めくくっている。この被害によって、この朝、もう3機しかなかったVF-5の稼働機はさらに減って2機になってしまった。

輸送船、炎上中。零戦隊、燃料切れまで掩護を続行

同じ頃、ブイン基地から発進した六空の零戦12機が船団の上空哨戒、第一当直に当たっていたはずだが、この空戦には気づかず、行動調書には「敵を見ず」としるされている。だが「ワイルドキャットのように、翼端が四角く整形された」二号零戦（三二型）2機がストーヴァー中尉等、VF-5のF4Fを追跡して来たと、海兵隊の対空砲兵が報告している。これがガ島上空で初めて目撃された二号零戦であった。ブイン基地が使えるようになったため、二号零戦もようやくガ島上空まで飛んで来られるようになったのだ。六空の二号零戦はVF-5のF4Fを捕捉できぬまま飛去って行った。

7時5分、二直の零戦9機のうち3小隊の3機が船団の上空に到達した。1小隊と2小隊は台南空、3小隊は三空の所属機だった。指揮官は台南空の大野竹好中尉である。

揚陸中の船団は、225キロ爆弾を1発ずつ搭載してヘン

ダーソン基地から飛来した第67戦闘飛行隊のP‐39、2機と、45キロ爆弾を搭載したP‐400、4機に5分前から攻撃されていた。P‐39は零戦と空戦に入り、シャープスティーン大尉が零戦の撃墜1機を報じた。

行動調書によれば10分後の7時20分、二直の1、2小隊の零戦6機が船団上空に現れた。これら台南空の零戦6機が空戦に入ったのは、P‐39につづいて、5機のF4F、SBD艦爆12機と雷装したPB5Yカタリナ飛行艇1機がやって来た8時10分からだった。このカタリナは、もともと人員輸送用だったが、基地に使えるTBF艦攻が1機もなかったので、パイロットのクラム少佐が雷撃を志願して攻撃隊に加わったのである。

8時40分、船団上空哨戒機として1時間半以上も空戦をつづけていた3小隊の2番機、三空の前田真一二飛曹機が被弾して帰途についた。その2分後、同1番機、橋口嘉郎一飛曹機は全弾を撃ち尽くしたため帰途についた。さらにその8分後、3番機、津田五郎一飛も被弾（4発）のため戦場を離れた。こうして3小隊機は全機が戦場を離脱した。3小隊の弾薬消費は20ミリ256発、7・7ミリ2180発だった。三空機の被弾状況と使用弾薬数については、三空の行動調書と台南空の行動調書では食い違っている。台南空の行動調書では三空機の弾薬消費が計1300発となっているが、三空では2436発だ。台南空機の弾薬消費記録はいつも戦果報告に比べてかなり少ないと感じていたが、これは調書の作成者に原因があったのだということがわかる。

行動調書に残された台南空の弾薬消費はいつも20ミリと7・7ミリの区別がなく、1小隊350発、2小隊350発というような、均等に数を合わせていたり、切りのいい数字の記述で、消費弾数自体も毎回かなり少なく、とうてい実情を正確にしるしているとは思えない。消費弾薬の数は個々の空戦の様相を推定する手がかりのひとつにもなるので、台南空の行動調書作成担当者の大雑把な記述はたいへん残念である。

台南空の6機は、その後も戦いつづけた。1小隊では、二直の指揮官でもある大野竹好中尉がグラマン1機撃墜、P‐39撃墜不確実1機を、2番機の森浦東洋男二飛曹は艦爆2機撃墜、艦爆1機の協同不確実撃墜を報じたが、3番機の本田秀三一飛は被弾2発の被害をこうむった。1小隊3機の弾薬消費は合計で1300発だった。

2小隊では小隊長、1番機の奥村武雄一飛曹が艦爆3機撃墜、P‐39撃墜1機、艦爆5機不確実撃墜を、2番機の矢沢弥一二飛曹はグラマン撃墜2機、艦爆の不確実撃墜1機の戦果を報じたが、3番機の岩坂義房一飛機が行方不明になってしまった。2小隊、2機の弾薬消費は計800発だった。

空戦時間が長く、撃墜戦果報告が多い割には弾薬消費が少ない。米軍艦爆や戦闘機は単機、または少数機で散発的に来襲したようだ。どんな攻撃で、どんな防戦であったにしろ、上空哨戒の零戦隊はまだ船団に大きな被害は出させなかった。

米軍側では、シャープスティーン大尉のP-39の他、SBDのパイロットと別のSBDの後部射手が零戦の撃墜を報告している。岩坂機はこれら米軍機のいずれかが撃墜したものと思われる。

この日の空戦ではVMSB-141のSBD艦爆3機が失われている。それぞれ詳しい時間は不明だが、ビーンディット少尉機と、ルブラン少尉機は空戦で、タートラ少尉機は空中衝突で墜落したと記録されている。もしかすると、岩坂機はこのタートラ機に衝突して墜落したのかも知れない。

台南空零戦隊のエース達がこれら喪失機の一部、あるいは全機を撃墜したのである。未帰還になっているVMF-121のラトリッジ少尉のF4Fも彼らの犠牲になった可能性がある。しかしラトリッジ機は米海軍全喪失機リストとGR23の戦時日誌で、14日の艦船攻撃の際に対空砲火で落とされ行方不明になったとされているのに、15日の艦船攻撃でも空戦により行方不明になったと、両資料に共に損失が重複して記載されている。この時期はVMF-121の戦闘報告書も戦時日誌も現存しないため確認できず、詳細は不明で、どちらとも確定できない。

一方、航空燃料が枯渇しつつあったヘンダーソン基地では燃料ドラム缶を12本ずつ搭載したダグラスC-47輸送機が、ピストルピートによる砲撃が断続的につづくなか、着弾の合間を縫って次々と決死の着陸を断行していた。灼熱した弾片が1発でも当たれば輸送機は火だるまになる。燃料ドラム缶200本を積んだ水上機母艦「マクファーランド」もガ島へと向かっていた。届いたばかりの燃料を補給して、海兵隊の攻撃機はふたたび船団上空へと発進して行った。

二直の零戦が次々と現れる米軍機とまだ戦っていた8時30分、三直、指揮官の山下佐平飛曹長以下、零戦8機が船団の上空に到達、一時的に上空掩護の零戦が倍増した。

しかしその12分後、8時42分、ついに輸送船「笹子丸」が被爆炎上してしまった。

8時55分、二直、台南空の零戦6機も1時間35分の哨戒を終えて船団の上空から離れて行った。

その頃、三直の零戦数機は船団を雷撃したカタリナ飛行艇、クラム少佐機を攻撃していた。台南空のエース、太田敏夫一飛曹機は低空を逃げ回っていた飛行艇は墜落したものと見なして離れて行った。しかし桜井忠治二飛曹と、菅原養蔵一飛の零戦2機だけはまだ落ちていなかったクラム機を追跡していたものと思われる。被弾したクラム機はヘンダーソン飛行場の上空まで逃げ延びた。

9時、船団上空の空戦からひどく発煙して戻り、飛行場の上空で旋回しながら着陸を待っていたVMF-121のヘイバーマン少尉のF4Fは偶然、目前に出て来た零戦を撃ち落とした。これが彼の初めての撃墜戦果だった。同機が行方不明になった桜井機だと思われる。長機を失った菅原機は、気息奄々として超低空を飛ぶクラム機に最後の連射を放って、飛行場上空から離れた。

菅原機は600発を射撃、飛行艇1機の協同撃墜を報じたが、機体には4発被弾していた。

9時45分、「笹子丸」が被爆したため、輸送船「海南丸」と駆逐艦「有明」は抜錨、揚陸地点から離れた。ほぼ同時に、揚陸地点上空に、エスピリッサントから第11爆撃航空群のB-17、9機が飛来した。高度3300メートルから投弾。それぞれ3機からなる3つの編隊のうち、第1編隊は目標を外したが、第2編隊が投下した225キロ爆弾が目標を捉えた。

9時50分、輸送船「吾妻山丸」に爆弾が命中、大火災を起こした。「およそ12機の零戦が太陽の中から、爆撃を終えたB-17に襲いかかって来た」と米軍は報告。三直機は「12機のB-17、双発飛行艇1機、戦闘機15機、艦爆数機」と交戦したと行動調書にしるしている。米軍の20機というのはかなり過大な報告で、この時点で、もし桜井機が飛行場上空で落とされていたとすれば、零戦の数は最大でも7機だったはずだ。実際には山下小隊の3機だったのではないかと思われる。

米軍は「零戦はいつになく獰猛で、数えきれないほど攻撃を反復し、3機のB-17でそれぞれの爆撃手が負傷、うち7・7ミリ機銃弾で負傷した1名は帰還後に入院した」と報告している。B-17「フィジー・フー」の尾部射手は後方から体当たり寸前まで迫って来た零戦に200発の連射を放ち、衝突寸前で撃ち落としたと回想している。だがいずれも機体への損傷は軽微でB-17は零戦の撃墜4機（10機という資料もある）を報じ、全機が無事に帰還した。墜落する零戦のうち1機は写真撮影にも成功したという。

輸送船を発火させられた復仇の念に燃えていた山下佐平飛曹長以下、三直の8機は、8時30分の上空哨戒開始から10時10分まで、1時間40分も船団の上空を離れなかった。三直のブカ基地発進は6時だったので、総飛行時間は8時間40分。燃料切れぎりぎりまで粘ったのである。しかし実はすでに限界を越えていた。山下機がブインに不時着して大破したのをはじめ、小隊の残り2機も着水して機体は沈没、いずれも搭乗員は救助されたが、1小隊は全滅してしまった。空戦による被弾もあったのかも知れないが、いずれも燃料切れによる不時着と思われる。

さらに太田敏夫一飛曹が率いる2小隊の3番機、福森大三三飛曹機も不時着沈没した。福森三飛曹も救助された。こちらも燃料切れによる不時着と思われる。三直、8機の零戦のうち、1機は行方不明、1機が不時着大破、3機が着水沈没してしまったのである。残り3機も、1機はブカに、2機はブインに着陸して給油した後、14時40分、ようやくラバウルに帰還している。

三直の戦果は、太田一飛曹が艦爆1機撃墜、飛行艇1機の協同撃墜、グラマン1機の不確実撃墜を報じたのをはじめ、太田小隊の2番機、遠藤桝秋三飛曹はグラマン1機撃墜、協同1機、不時着沈没した3番機の福森機もグラマン1機の不確実撃墜を報告している。2小隊の弾薬消費は計1300発だった。また山下機が艦爆撃墜1機、3小隊の菅原機は太田二飛曹との協同による飛行艇撃墜1機の戦果を報じている。

台南空の零戦隊は航続距離の限界を越える戦意で船団の掩護に奮闘したのである。

VF-5、最後のガ島航空戦

この15日もヘンダーソン飛行場爆撃の陸攻隊を掩護する三空の零戦3機は5時にラバウルを発進。10分後、七五一空の零戦6機が発進した。零戦隊は、ガ島上空での滞空時間を延ばすため、いったんブカ基地に着陸して燃料を補充、発進後、7時45分にブカ上空で陸攻隊と合同した。

三空の零戦3機は、七五一空の馬場中尉の指揮下、陸攻隊を掩護してガ島へと向かっていた。しかし三空機は馬場中尉の零戦隊と分離してしまったのか、行動調書によれば10時にヘンダーソン飛行場上空に侵入、邀撃に上がっていた7機のF4Fとの空戦に入った。

10時、ヘンダーソン基地からは空襲警報を受けて12機のF4Fが発進していた。

VF-5では残った最後のF4F、2機が邀撃に発進。F4Fは高度6900メートルで来襲した爆撃機の編隊目指して上昇中、零戦に攻撃された。まだ高度は爆撃機の下方1500メートルだった。空戦による被弾か送油管の故障でエンジンが停止(本人もどちらが原因かわからないと報告している)、ルース中尉のF4Fが降下して行った。海兵隊のF4F、2機が付き添って降下。ルース機は着水。彼は軽傷を負ったが救助された。僚機のリチャードスン中尉は零戦と格闘戦に入り、撃墜1機を報じている。翌日、VF-5は前線からの後退を命じられ、これがカクタス空軍での最後の空戦となった。

邀撃に上がったF4Fのうち零戦と交戦したのは5機だけであった。VF-5の2機とVMF-224の3機である。VMF-224隊の一員として、邀撃に発進していたVMF-121のオルスン中尉のF4Fは飛行場から13キロ東、日本軍の支配地域に不時着した。米海軍の全喪失機リストによれば原因は不明とされている。

以上のように、陸攻隊の露払いとして飛行場上空で5機のF4Fと戦った三空の零戦3機は行動調書で「10時にグラマン7機と交戦、1機撃墜、不確実3機」の戦果を報じた後、10時30分には船団の上空哨戒についた。F4F、ルース機、オルスン機が撃墜されたのだとすれば、三空機の手柄である。

三空機の飛行場突入から20分遅れて、馬場中尉の零戦6機が飛行場上空に現れたが、もう邀撃のF4Fの姿はなかった。

さらに10分後、七五三空の陸攻9機、木更津空の陸攻8機が、ガ島上空で爆撃針路に入った。熾烈な対空砲火を浴びながら七五三空が10時43分、2分後の45分には木更津空が爆撃、合計250キロ4発、60キロ141発を投下した。対空砲火で13機が被弾した。行動調書には「防御砲火烈し、敵を見ず」としるされ、米戦闘機との空戦は記録されていないのに、木更津空機は、なぜか20ミリ120発、7・7ミリ1140発を射撃している。記載に間違いがあって、空戦があったのだろうか。それとも、7、8千メートルという高々度から機銃掃射を試みたのだろうか。いずれにしても陸攻隊は木更津空機につづいて投弾した三澤空の陸攻9機も全機が無事に帰還しており、米軍も陸攻の撃墜は報じていない。

七五一空の零戦6機は米戦闘機と遭遇しなかったため10時40分に陸攻隊と分かれ、船団の上空へと向かった。ちょうどその時、米艦爆5機、戦闘機2機が来襲、10分前から船団の上空哨戒に入っていた三空の零戦との空戦がはじまっていた。

10時55分、七五一空の指揮官、1小隊の馬場政義中尉（被弾1発）は、彼の2番機で後のエース、阿部建市三飛曹とともに船団の上空で艦爆5機と交戦、馬場機は20ミリ60発、7・7ミリ200発、阿部機は20ミリ90発、7・7ミリ300発を放って、2人で艦爆の協同撃墜1機を報じている。

また2小隊1番機の澤田友次二飛曹と3番機の岩川良一一飛（2番機は脚故障で引き返していた）も、艦爆5機と交戦、両機とも1発も撃っていないのに艦爆1機を撃墜、行動調書には「海中に激突せしむ」としるされている。これが米海軍の全喪失機リストに「空中衝突により喪失」と記録されているVMSB-141のSBD、タートラ少尉機だったのかも知れない。

三空の零戦3機は、船団上空でもふたたびグラマンの撃墜1機を報じている。20ミリ256発、7・7ミリ1844発を放った三空の総合戦果はF4Fの撃墜確実2機、不確実3機。弾薬消費が多く、米軍記録に喪失機もあるので、うち2機のF4Fは実際に墜落している可能性が高い。

七五一空の零戦から1時間遅れでラバウルを発進した二空の零戦9機は同じくブカで給油した後、11時15分、二神秀種中尉に率いられてガ島に突入した。

11時30分、輸送船「九州丸」に爆弾が命中、大火災を起こし座礁してしまった。このため、高速輸送船団は12時、ついに揚陸作業を中止して、全速でサボ島北方への避退をはじめた。二空機はこの船団の上空で、米戦闘機十数機と、艦爆と交戦した。同じ頃、9機のP-400がまた爆弾を搭載して船団を攻撃していたのである。二空機と交戦したのは、このP-400と同じく輸送船を攻撃中だったSBD艦爆だったと思われる。米軍は13時20分「日本軍艦船は揚陸地点を離れつつある。輸送船1隻が沈没、2隻は大損害を受けて座礁している」と、状況を正確に把握して報告している。

10月15日、零戦隊による上空掩護も虚しく、ガ島沖で物資の揚陸作業中に被爆、撃沈されてしまった高速輸送船団の「九州丸」。

二空の1小隊では2番機の石川四郎二飛曹が55発を撃って、艦爆の不確実撃墜1機、3番機の山本留蔵一飛は205発射撃して艦爆撃墜1機の戦果を報じた。2小隊長の輪島由雄飛曹長は350発を射撃して艦爆1機の撃墜と1機の不確実撃墜、さらにP-39の撃墜1機を報じ、2番機の横山孝三飛曹は129発撃って艦爆の協同撃墜1機を報じている。3小隊は2番機の松永留松三飛曹が162発を射撃、艦爆の協同撃墜1機を、そして3番機、後に海軍有数のエースとなる長野喜一一飛も200発を使ってP-39の撃墜1機を報じている。

米軍では、船団攻撃の約10分後、編隊に戻って来ていたファロン中尉のP-400が未帰還になった。ファロン機は、対空砲火か零戦に撃墜されたとされている。輪島飛曹長か長野一飛に撃墜された可能性が高いのは言うまでもない。

時間や状況など詳細は不明だが、VMSB-141のナップ・ジュニア少尉のSBD艦爆がルンガ岬沖で墜落、乗員2名が救助されたとGR23の戦時日誌にしるされている。このナップ・ジュニア機は、米艦爆の協同撃墜を報じている七五一空の馬場中尉と阿部三飛曹か、同じく艦爆を落としたと報じている二空の零戦に撃墜されたのではないかとも思われる。

二空機は被弾機すらなく、撃墜確実5機、不確実2機を報じ、13時まで船団の上空警戒をつづけ帰途についた。

13時40分、零戦に代って十四空の水戦8機と零観7機が一時避退のため全速で航行していた船団の上空哨戒に飛来、14

時40分まで在空したが空襲はなかった。15時、船団はいったんは揚陸地点に戻り作業を再開しようとしたが結局中止、15時45分、ショートランドへの針路をとった。

船団が去った揚陸地点では、カクタス空軍の艦爆と戦闘機が揚陸した物資と対空陣地への攻撃を続行し、海軍が多大な犠牲を支払って届けた物資への被害が増大しはじめていた。

17時15分にも4機のP-39と、1機のP-400が機銃掃射にやって来た。しかし早朝からの攻撃と防戦ですでに力を使い尽くしていた日本海軍航空隊にこれを阻止する術はなかった。とはいえ、この攻撃でモートン中尉機が行方不明になった（GR23の戦時日誌では、14日に戦死したはずのベイアー中尉のP-39もこの攻撃で未帰還になったとされている）。米軍も揚陸阻止に死力を尽くしていたのである。

それに応えるように重巡「摩耶」と「妙高」、第三十一駆逐隊の駆逐艦がふたたびヘンダーソン基地への艦砲射撃を実施するためガ島へと向かっていた。

この日の空戦で海軍は零観1機と搭乗員2名、零戦6機と搭乗員2名を失った。また東港空では大艇、矢口利充飛曹長が飛行機発見を意味する「ヒ」連送を発信した後、音信不通、未帰還となった。交戦相手は特定できなかったが、空戦で撃墜されてしまったことは明白である。

一方、米軍は4機のSBD艦爆と乗員6名、4機のF4Fとパイロット2名、各1機のP-39とP-400にパイロット2名を失った。この日、断続的に続いた長い空戦は混乱を極めていたので、さすがの米軍も克明な記録を残しておらず、この日、失われた10機の喪失原因は対空砲火なのか空戦なのか、あるいは事故なのか、今ひとつはっきりしない。

以上の他、米海軍の全喪失機リストにはVS-71のSBD艦爆3機が15日の空戦で失われたとしるされている。だがリストにパイロットの氏名がない。VS-71と72は9月15日に沈められた「ワスプ」の艦爆隊で17機が9月の下旬から順次ガ島に飛来して、作戦に参加しつつあったが、13日の艦砲射撃でVS-71と72で各4機ずつ、計8機のSBD艦爆が破壊されている。だが、この15日のVS-71の空戦損失についてはGR23の戦時日誌に記述がない。全喪失機リストと各部隊の日誌、戦闘報告が食い違うのはよくあることだが、真相はどうだったのか判断に苦しむ。15日の空戦は混乱を極めていたので、GR23の記録に不備があり、実際にVS-71の艦爆が3機撃墜されていた可能性も考えられる。VS-71はこれ以前にも3機を空戦と事故で失っており、艦砲での損害と併せれば計14機。もう3機しか残っていない計算になる。

この日、ヘンダーソン基地には増援のSBDが6機到着した。しかし22時27分、重巡によるヘンダーソン基地への艦砲射撃が開始された。

米海軍の全喪失機リストによれば、この夜、VF-71のF4Fが3機、ガ島への艦砲射撃で破壊されている。VF-71

も「ワスプ」の戦闘機隊で、生き残りは８機だった。ＶＦ-71のワイルドキャットはいつガ島にやってきたのか不明だが、10月２日の爆撃ですでに３機が破壊されている。

　以上の他、15日の夜の艦砲射撃による損害の詳細ははっきりわからないが、米軍は13、14、15日の夜間に実施された艦砲射撃による損害を以下のように記録している。三夜の艦砲射撃で、合計６機のＦ４Ｆが完全に破壊され、３機が損傷し修理された。またＳＢＤ艦爆は13機が完全に破壊され、13機が損傷して修理され、10機が大きな修理が必要な損傷を受けた。ＴＢＦ艦攻は５機が完全に破壊され、３機が大きく損傷し大修理が必要になった。その他に４機のＰ-39が完全に破壊された。しかし貴重な空中勤務者の死傷は少なく、物的な損害は増援でみるみる補填されていった。

16日、陸軍への揚陸物資、空襲で灰燼と化す

　カクタス空軍は前日の船団攻撃で10機を失った他、猛烈な対空砲火と零戦の攻撃で多数機が被弾していた。さらに夜間の艦砲射撃で何機かが傷ついている。しかしそれにも屈せず、10月16日は夜明けとともに残存機による揚陸地点への対地攻撃が開始された。

　４時45分、最初の攻撃に発進したのは10機のＦ４Ｆと、６機のＳＢＤ艦爆だった。揚陸地点は飛行場からわずか24キロ。帰って来た攻撃機は損傷さえしていなければ、すぐに燃弾を補給してふたたび発進した。２回目の攻撃は５機のＳＢＤ艦爆で実施されたが、ＶＭＳＢ-１４１のウォーターマン少尉機と、コムザック軍曹機が対空砲火で撃墜され、乗員は４名とも戦死した。

　３回目の攻撃には６機のＳＢＤ艦爆と、４機のＰ-39、３機のＰ-４００が参加、２２５キロおよび45キロ爆弾を搭載した戦闘機は、25隻から40隻に上る大発を爆撃し、機銃掃射した。４回目の攻撃は８機のＳＢＤと、３機のＰ-４００で、５回目は２機のＳＢＤと３機のＰ-４００、３機のＰ-39。６回目の攻撃は２機のＰ-39、７回目は３機のＳＢＤによる攻撃だった。揚陸地点では陸揚げされた物資が炎々と燃え上がりつつあった。

　この日はガ島から１５０キロの海上を遊弋していた空母「ホーネット」からも攻撃機と戦闘機が発進、日本軍艦船を求めてガ島周辺の海域を飛び回っていた。一部はレカタ基地を襲い、４機のＦ４Ｆは揚陸地点で大発を機銃掃射している。

　一方、日本側は哨戒機を飛ばして米機動部隊を躍起になって探していた。７時42分、東港空の九七大艇、日向大尉機がガ島南東１００キロに米機動部隊を発見した。しかし発見の情報を打電中、上空警戒に当たっていたＶＢ-８のＳＢＤ艦爆が大艇に襲いかかった。このＳＢＤクリストファースン中尉機は５回にわたって攻撃、全弾を撃ち尽くしたところで日

向機の尾部20ミリ機銃の反撃で被弾、着水した。

しかし大艇は、さらに襲いかかってきた2機のＦ４Ｆに撃墜されてしまった。ＳＢＤの乗員は駆逐艦に救助されたが、日向機の搭乗員は全員が戦死した。

日向機とともに3時38分にショートランドを発進した東港空の佐藤末二郎飛曹長機は7時3分に「敵コンソリ1機と空戦、撃退」と報告している。使用弾薬は20ミリ8発、７・７ミリ１２２発で被弾もなかったようだ。この時期のコンソリはカタリナ飛行艇である。

同じく索敵哨戒のためショートランド基地を発進した「聖川丸」小崎特務少尉の零式三座水偵はインディスペンサブル礁で浮上していた潜水艦「伊十五」で給油した後、5時30分にふたたび離水。８時にインディスペンサブル２８８度２３０浬地点で、20ノットで針路３１０度へ進む戦艦４隻、巡洋艦2隻、駆逐艦7隻を発見。1時間半にわたって触接した後、帰途に就いたが、10時50分、ベロア島西方で双発機２機と遭遇、交戦した。戦闘詳報によれば７・７ミリ６００発を射撃して撃退したが、7発被弾し、エンジン不調となり機体の震動も激しかったため、14時10分、ギゾ島沖に着水。17時、搭乗員3名は救援機に収容されてショートランドへ帰還した。

零式三座水偵の武装は後席の旋回銃7・7ミリ1挺だけである。この1挺で６００発を撃つというのは、いったいどんな空戦だったのか。搭載していた全弾を撃ち尽くしたものと思われる。交戦相手は双発ということでおそらくカタリナ飛行艇ではないかと思われるが、小崎機が攻撃を続けたのか、カタリナがしつこく追って来たのか。他に資料が見つからず詳しいことはわからない。

これら索敵哨戒機が発見した米空母の捜索攻撃のため、12時55分、ブインからは三十一空の九九艦爆９機が発進した。各機とも60キロ爆弾2発を懸吊している。捜索のため長距離を飛ぶことが予想されたためなのかも知れないが、艦船攻撃に60キロ爆弾では心もとない。六空の零戦12機が掩護についていた。戦爆編隊は米空母が発見されたガ島南東１００キロ付近まで進出したが空母は発見できず、天候が悪かったこともあって15時10分に反転、ガ島へと向かった。行動調書によれば、20分後、艦爆隊は「ガ島沖で油槽船1隻を発見」した。見つけたのは、ヘンダーソン基地に航空燃料を届けた水上機母艦「マクファーランド」である。ルンガ沖２７０メートルに投錨していた同艦は、すでにヘンダーソン基地に緊急輸送していた魚雷12本と航空燃料4万ガロンの半分の揚陸を終えていた。また燃料を揚陸する一方、ＧＲ14と交代で帰国するＧＲ23の、主に地上勤務の将兵を乗船させつつあった。

この日、８月20日以来、カクタス空軍の主力であったＧＲ23が後退し、代ってＧＲ14がガ島に進出する大きな配置転換が行なわれていたのである。

三十一空の艦爆9機は次々と降爆に入り「マクファーラン

ド」に命中弾を見舞った。爆弾は搭載していた航空燃料に引火。猛火は乗員、乗艦者に戦死９名、行方不明18名、負傷28名もの人的被害を生じさせた。「マクファーランド」の20ミリ機銃の反撃によって艦爆1機が撃墜された。

残った８機は降爆から機体を引き起こし、高度60メートルで避退して行った。

ちょうどその時間、ヘンダーソン飛行場にはＶＭＦ-２１２の19機のＦ４Ｆと、ＳＢＤ艦爆７機の増援が到着して着陸中だった。まだ高度９００メートルで旋回中だったＶＭＦ-２１２のバウアー少佐は低空を飛ぶ艦爆の縦隊を見つけた。もう燃料が乏しかったが全速で追跡。艦爆４機を撃墜したと報告している。

実際、三十一空の最後尾にいた３小隊の艦爆３機がバウアー機の餌食となったと見られる。行動調書では対空砲火による自爆としるされている。しかし海辺では海兵隊員が艦爆３機が次々に墜落して行く、この空戦を目撃している。

こうして三十一空の艦爆９機のうち４機が撃墜され搭乗員８名もが戦死した。さらに帰還は日没後になり、ブインでの夜間着陸事故で1機が大破してしまった。六空の零戦は高空にいた４機のＢ-17への攻撃にかかりきりで、超低空での空戦にはまったく気づいていなかった。六空では零戦1機が1発被弾したもののＢ-17、1機にそうとうの損害を与えたと報告している。実際、第42爆撃飛行隊のＢ-17、プルータ大尉機はこの空戦でエンジン1基を破壊されている。だが同機は、無事、ヘンダーソン基地に着陸した。

この日、ガ島の海兵隊員はまた「ドイツのＭｅ１０９が1機、陣地を機銃掃射していった」と回想している。掩護していた艦爆をむざむざと撃墜されてしまった翼端が角ばった二号艦戦、六空の誰かがせめてもの報復に掃射して行ったのではないかと思われる。

三十一空の艦爆は「油槽船撃沈1隻、駆逐艦1隻に大火災を生じさせた」と報告している。しかし損害を受けたのは「マクファーランド」のみだった。同艦はもともと四本煙突の旧式駆逐艦を水上機母艦に改装した艦艇だった。大火災中の姿が駆逐艦にも見えたため、戦果報告が重複してしまったのか。

同艦は大破したが沈没は免れた。やはり60キロ爆弾では威力不足だったのである。前夜、保有８機のうち３機を艦砲射撃で破壊されてしまったＶＦ-71のワイルドキャット５機が新着のＶＭＦ-２１２に配属されて戦うことになった。ＶＦ-71機は10月２日の爆撃でも３機が破壊されているので、補充機が到着したのか、あるいはＶＦ-71のパイロットがＶＭＦ-２１２のＦ４Ｆに乗って出撃したのかもしれない。

一方、揚陸地点は米軍の砲爆撃で補給された物資の多くが灰燼と化していた。増援部隊のガ島への輸送は、この高速船団によるもので終了する予定であったが、結局、輸送量が足りず、軽巡「川内、由良、龍田」および駆逐艦15隻による輸送が17日にまた実施されることになった。

GR23所属部隊による撃墜戦果報告、1942年8月20日から10月16日

VMF-223、零戦51機、爆撃機51と1/2機、単浮舟複葉機2機、四発飛行艇1機、双発双尾翼爆撃機1機、水戦4機、計111、1/2機。

VMF-224、零戦17機、爆撃機34と1/2機、単浮舟複葉機8機、水戦1機、計60、1/2機。

VF-5、零戦13機、爆撃機15機、単浮舟複葉機6機、水戦4機、計38機。

第67追撃飛行隊、零戦4機、爆撃機1機、単浮舟複葉機3機、計8機。

VMSB-232、単浮舟複葉機1機。

VMSB-231、零戦1機、単浮舟複葉機2機、計3機。

VMSB-141、単浮舟複葉機1機、零戦2機、計3機。

VS-3、零戦1機、単浮舟複葉機1機、計2機。

TB-8、零戦2機。

VS-71、単浮舟複葉機1機。

VMF-121、零戦2機、爆撃機1機、計3機。


撃墜戦果報告は実際の日本海軍の喪失機数よりも過大だが、目を引くのは水上機の撃墜戦果報告の多さである。これはR方面航空部隊の水上機、特に単浮舟複葉の零観がどれほど頻繁に米軍機と空戦を交えたかという証拠でもある。

同期間中、GR23の所属飛行隊は22名のパイロットを失った。うち3名は艦砲射撃によるものであった。さらにGR23の指揮下にあった他の飛行隊は33名のパイロットを失い、うち5名が艦砲射撃によるものであった。

二航戦「隼鷹」艦攻隊、ルンガ沖で全滅

10月17日、南雲機動部隊主力の一航戦（第一航空戦隊）の前進部隊を務めていた二航戦の空母「飛鷹」「隼鷹」はガ島の米軍の増強を妨げるためルンガ沖に認められた米軍輸送船を目標とする攻撃隊を発艦させた。両艦からの九七式艦上攻撃機、各9機は八十番、800キロ対艦爆弾を懸吊していた。

5時20分、攻撃隊は高度3600メートルで「飛鷹」艦攻、「隼鷹」艦攻、そして最後尾に直掩零戦隊という隊形でガ島に飛来した。ルンガ沖に飛来した攻撃隊は目標を視界に捉えた。行動調書には「突撃」と簡単にしるされている。だが彼らが見つけたのは輸送船ではなく、増援部隊の揚陸点を艦砲射撃するためルンガ沖にやってきていた米駆逐艦隊だった。

停泊中の輸送船ならば八十番の水平爆撃でも命中弾を見舞うことはできる。しかし高速で回避運動中の駆逐艦に水平爆撃で有効な打撃を加えるのは難しい。それでも艦攻は爆撃態

勢に入った。

5時24分、先行していた「飛鷹」機はグラマン15機を発見。F4Fは「飛鷹」艦攻隊が今しがた通過したばかりの雲の隙間から、後続していた「隼鷹」艦攻隊に襲いかかって行った。以後は「隼鷹」の行動調書に記載されている戦況であるが、「飛鷹」の記録と10分ほどの誤差がある。5時32分、エンジン不調で引き返した1機を除く「隼鷹」艦攻隊8機編隊のうち編隊右側の3機と左側の1機がF4Fの攻撃で発火して編隊から脱落して行った。うち2機は不時着して搭乗員の一部は救助された。

この日、直掩零戦隊にいた「隼鷹」の原田要一飛曹も断雲の上から12、3機のグラマンが逆落としで攻撃をかけ、一撃で艦攻4機が火だるまになったと自著「最後の零戦乗り」(宝島社2013年)で回想している。

2分後、今度は対空砲火で「隼鷹」の艦攻がまた1機自爆。1分後、残った艦攻3機が爆弾投下。しかしその1分後、この3機も対空砲火で自爆してしまった。

二航戦の攻撃隊を邀撃したのは在空していた8機のF4Fであった。ワイルドキャットは5時20分に13ないし14機の急降下爆撃機と掩護の零戦8機と交戦、急降下爆撃機6機と零戦2機を撃墜、さらに対空砲火が急降下爆撃機5機ないし6機を撃墜したと報じている。

一方、眼前で艦攻4機を発火させられてしまった直掩隊の原田一飛曹は、一撃をかけたF4Fが降下離脱して行く中、1機だけ急反転してきたF4Fに向かった。両機は正面から撃ち合い、原田一飛曹は被弾で負傷、不時着を余儀なくされた。相手のグラマンも発煙し落ちて行くのが見えたという。

この空戦ではVMF-121のF4F、クラフト中尉機が未帰還となった。米軍の損害はこの1機のみである。この時期のVMF-121の戦時日誌は保存されていないので、米軍側から見た空戦の詳細はわからないが、原田一飛曹と撃ち合ったのは、このクラフト機だったのかも知れない。

椰子林に不時着した原田一飛曹は、同じく不時着していた艦攻搭乗員と合流して生還した。こうして「隼鷹」の艦爆隊は8機が失われ全滅してしまった。「隼鷹」の零戦9機は6140発を放って5時40分まで空戦を交え、撃墜6機を報じている。「飛鷹」攻撃隊でも艦攻9機のうち1機が自爆、1機が不時着、掩護の零戦も原田要一飛曹が空戦で負傷している。「飛鷹」零戦隊9機も6640発を射撃、撃墜7機を報じた。

両空母の艦攻隊は米艦への至近弾計4発を報告している。どんな戦況だったのかは、米駆逐艦の戦闘記録から僅かに窺い知ることができる。米軍の記録は「飛鷹」の行動調書の時間に合致し、「隼鷹」の行動調書にしるされている時刻と10分ほどのずれがある。

狙われた米駆逐艦のうち1隻「ラードナー」は5時にカク

タス基地から日本機接近中の警報を受けて西に向かって航進を開始、5時23分、米軍戦闘機に攻撃されつつある日本機13機を発見。駆逐艦は即座に増速、針路を変更した。5時25分、3機が爆弾を投下、左舷前方およそ100メートルに着弾。投弾した際の高度は1800メートルだった。「ラードナー」は5インチ砲と20ミリ機銃の対空射撃で2機ないし3機を撃墜。5時32分、米戦闘機は視界内の日本機をすべて掃討し、2分後、もはや目標がないため対空射撃も終了した。

おそらくこの時点で掩護の零戦が空戦に入り、戦闘機同士の空戦域が駆逐艦の視界外に去って行ったのだろう。しかし零戦の空戦開始はあまりにも遅過ぎ、この時までに艦攻が少なくとも4機、墜落または着水に至る被害を受けていた。

対空射撃を終えた「ラードナー」は視界内で、少なくとも6機が同艦および駆逐艦「アーロンワード」の高角砲と沿岸の90ミリ高射砲部隊の射撃によって墜落するのが認められたと記録している。

僚艦の「アーロンワード」は5機の爆撃機に狙われ激しい回避運動に入り艦尾90、270メートル付近に3発の着弾があったが、対空砲火で2機を撃墜したと報告している。空母艦攻隊の至近弾4発という報告は正確だったが、駆逐艦にはまったく被害を与えられなかった。

攻撃隊の喪失機は零戦1機、艦攻10機、計11機。搭乗員の戦死は23名、重傷3名、軽傷1名であった。いつもなら過大に流れやすい米軍の戦果報告が正確だったのは、艦攻が一撃で呆気なく撃ち落とされてしまったからだと思われる。おそらく駆逐艦の対空砲火の射程に入る前にF4Fが18機のうち4機ないし5機の艦攻を撃墜。残った艦攻13機が駆逐艦を攻撃、2分間の対空射撃でさらに5機ないし6機が撃墜されてしまったのであろう。艦攻のあまりの脆さに眼を覆いたくなるような損害である。

二航戦による攻撃を撃退した米駆逐艦2隻は6時41分から日本軍の物資揚陸地点への艦砲射撃を開始、10時10分までに897発を撃ち込んだ。7時45分に揚陸地点に飛来した三空の零戦4機は、到着前から軽巡2隻が揚陸点を射撃中、三カ所で火災が起きていたと報告している。三空機は8時55分に飛行場の西北、高度2千メートルで米戦闘機1機を発見、2小隊の2機が追撃、20ミリ34発、7・7ミリ100発を放ったが撃墜はできなかった。彼らが追いかけたのは、9時に揚陸点を爆撃、機銃掃射していた3機のP-400と1機のP-39だったと思われる。

一方、台南空では零戦12機が午前4時40分にラバウルを発進。6時にブカ基地に着陸して燃料を補給し、7時50分に発進、九八陸偵1機を掩護してガ島へと向かっていた。

陸偵の任務は行動調書に「書類投下」、または「写真投下」とるされている。総攻撃を前に、飛行場攻略部隊に米軍陣地の航空偵察写真を投下したのである。

10時10分、ガ島上空に入り、5分後、陸偵は書類を投下した。掩護の零戦隊は米軍の艦攻1機を発見。指揮官の河合四郎大尉と2番機、西澤廣義一飛曹が攻撃して協同で撃墜した。撃墜されたのは対潜哨戒中に行方不明となったVMSB-14 1のギルスピー少尉のSBD艦爆ではないかと思われる。米海軍の全喪失機リストでは「作戦中の原因不明の喪失」とされている。これは日本海軍随一の撃墜王とされている西澤一飛曹の撃墜戦果として確認できる貴重な記録である。

台南空機のガ島突入から1時間後、二空と七五一空の零戦各6機、計12機に掩護された三澤空と木更津空の陸攻16機が現れた。陸攻は米軍陣地を狙って11時15分に250キロ爆弾14発、60キロ爆弾96発を投下した。爆撃後、グラマン7機が陸攻隊を襲い、木更津空は20ミリ45発、7・7ミリ480発を射撃して1機の撃墜を報じたが、5機が被弾。帰途、搭乗員は救助されたが立見友尚予備少尉機がレカタに不時着水してしまった。三澤空でも陸攻3機が被弾、搭乗員1名が機上戦死した。

二空の零戦はグラマン7機を追撃したが捕捉できず、空戦にはならなかった。七五一空の零戦は爆撃後に襲ってきたグラマン3機を追撃、2小隊3番機、藤田保三飛曹が20ミリ110発、7・7ミリ1280発を射撃して、文字通り全弾を撃ち尽くして1機を撃墜したと報告している。

ちょうどその11時30分に、台南空の零戦12機は陸偵と分離したと行動調書には記録されている。しかし10時15分に書類を投下してから1時間以上も陸偵はガ島周辺で何をしていたのだろうか。偵察をしていたのかも知れないが、行動調書には何も書いていない。ちなみのこの陸偵の操縦員は、後に斜銃を装着した夜間戦闘機「月光」で活躍、夜戦エースになる工藤重敏二飛曹であった。

陸偵から離れた台南空の零戦は揚陸点でグラマン8機と空戦、西澤廣義一飛曹が1機撃墜を報じ、爆撃を終えて帰還針路に入っていた陸攻隊を発見して掩護しながら帰途についた。河合、西澤機など2機が撃墜計2機を報告している1中隊1小隊3機の弾薬消費は計240発。ちなみにまったく戦果を報じていない1中隊2小隊は120発、2中隊1小隊も120発、同2小隊120発と記録されている。例によって数字がきれいに揃いすぎている。

邀撃に上がって来たのは16機のF4Fだが、米軍はこの空戦では撃墜もできず、未帰還機もなかったと記録している。

水上機対SBD艦爆。レカタ襲撃、双方1機を失い相討ち

17日はR方面航空部隊の水上機にもまた撃墜戦果があった。15時15分、レカタ湾を偵察に来たカクタス空軍のVS-71マイスターズ中尉等のSBD艦爆2機は海面に伸びる航跡で離水中の複葉水上機3機を発見した。SBDは銃撃でうち1

機を撃墜したが、その直後、4機の複葉水上機と1機の水戦に奇襲されたと報告している。

襲われたのはガ島への増援部隊を運ぶ水上艦艇の上空直衛のため、ショートランドからレカタへ進出、燃料補給の上、発進しようとしていた零観だった。

日本軍はガ島での第二次総攻撃を前に軽巡、駆逐艦の全兵力を使ってガ島に増援を送り込む計画だった。基地航空隊、R方面航空部隊はこの水上部隊の上空直衛を担うのである。

レカタで離水していたのは、直衛に飛ぶため燃料補給を終えたばかりの「山陽丸」1機、「聖川丸」2機からなる2小隊の零観3機だった。マイスターズ中尉のSBDを襲ったのは先に給油を終えて発進、すでに上空警戒中だった「國川丸」1小隊の零観2機である。戦闘詳報には、指揮官、小柳正一中尉の1小隊1番機（操縦は酒井史郎一飛曹）と2番機の三井龍太郎一飛曹機（操縦、中川一彌三飛曹）は米艦爆の偵察員を射殺、同じく上空警戒中だった十四空の水戦と協力してこれを撃墜した。使用弾薬は950発だったと記録されている。

SBDの攻撃を受けながら離水した2小隊の「山陽丸」1番機、吉村義郎三飛曹機（操縦は大久保成治一飛）もSBDの2番機に対して後上方攻撃を加えて撃墜。続いてSBDの1番機を水戦と協力して撃墜、使用弾薬は610発であったと報告している。

零観「國川丸」機と「山陽丸」機の戦果報告が重複しているが、離水直後を襲われた大混乱の中で、2機のSBDを多数の水上機で攻撃した乱戦だったのだろう。「神川丸」の戦闘詳報によると、この空戦に参加した十四空の水戦は後藤英郎大尉率いる4機。15時25分に米艦爆を発見、地頭久雄三飛曹が20ミリ110発、7・7ミリ400発を放って1機を撃墜。もう1機は零観が撃墜したとしている。

マイスターズ機は墜落後も機銃掃射された。「國川丸」の零観が偵察員を射殺したと報告しているが、実際にマイスターズ機の偵察員は重傷を負っていた。だが2人とも沿岸監視員に救助されて生還した。

水上滑走中にSBD2機の銃撃を受けて発火したのは2小隊の「聖川丸」2番機だった。同機は大破沈没してしまい、操縦員の柴田正司一飛曹は顔面に軽い火傷を負ったが、偵察員の佐藤武千代二飛曹は無傷だった。彼は襲われながらも旋回銃で20発応射している。

水戦と零観は、空戦後そのまま増援部隊の上空直衛に向かったが、レカタ帰還時、空戦で被弾していた十四空の奥山穣二飛曹の水戦が水際で転覆、彼は救助されたが水戦は沈没してしまった。

またショートランド基地を発進して索敵哨戒中だった東港空の大艇、伊東中佐機は7時50分にB-17、1機を発見。空戦を挑み撃退したと報告されている。使用弾薬は不明だが、被弾などもなかったようだ。

ガ島増援部隊は22時、無事に揚陸を終え、ガ島から陸海軍傷病者と輸送船の遭難者２３１名を収容して帰途についた。22時から22時10分まで増援部隊の揚陸を支援するため駆逐艦「村雨」「時雨」がルンガ地区を艦砲射撃。22時45分、増援部隊の揚陸を終えた駆逐艦「天霧」と「望月」はヘンダーソン飛行場を砲撃。両艦で約４００発を放ち、飛行場ではＶＳ-３のＳＢＤ艦爆３機が破壊された。

艦砲射撃が終わっても、山岳地から飛行場を散発的に砲撃する陸軍重砲の射撃はつづいていた。ヘンダーソン基地には３本の滑走路があったが、爆撃と、この「ピストルピート」または「マウンテンジョー」と呼ばれる陸軍重砲の射撃で「ファイター・ワン」以外の滑走路は使えなかった。

毎日のようにこの重砲を見つけ出すために艦爆や戦闘機が爆装して飛んだが、日本軍砲兵の偽装は巧みでどうしても見つけることができなかった。

この日の空戦の結果を整理すると、日本側では艦攻7機が撃墜され、艦攻3機、零戦、陸攻、零観各1機が被弾のため不時着水して搭乗員23名が失われ、米軍はＳＢＤ２機とＦ４Ｆ1機、乗員計３名を喪失したということになる。

惨敗。分離して各個撃破された戦爆編隊

10月18日、5時30分、9機の零戦がラバウルを発進した。任務はガ島を攻撃する戦爆編隊の露払い、先行しての制空だった。指揮官は七五一空の馬場政義中尉、1、2小隊の6機は七五一空、3小隊は三空の所属機だった。

零戦隊は6時45分、ブカに到着して燃料を補充、7時40分にブカを発進。一号零戦はラバウルからガ島まで往復することができた。しかし先行制空隊の零戦は、ガ島の上空で燃料の余裕を持って米戦闘機に空戦が挑めるようブカで燃料を補給したのである。空戦になって最大出力でエンジンを回すと燃料の消費は大幅に増大する。それを見越した処置であった。

10時15分、制空隊はガ島に突入した。

だが零戦9機では、先行制空隊としてはあまりにも非力だった。この日の稼働Ｆ４Ｆは30機である。発進の際にＶＭＦ-２１２のエドワード・アンドリュウ中尉機がグランドループで駐機していた別のＦ４Ｆに衝突。中尉は戦死してしまったが、30機の大半は邀撃に上がって来ていた。

行動調書によれば、三空の3機は10時20分、16機のＦ４Ｆとの空戦に入った。橋口嘉郎二飛曹率いる三空機はまだ上昇中だったグラマンを奇襲、Ｆ４Ｆ撃墜1機、不確実1機の戦果を報じた。撃墜されたのはおそらくＶＭＦ-１２１のローウェル・グロウ少尉のＦ４Ｆである。グロウ機は日本軍支配地域の後方に着水した。

行動調書によれば七五一空の零戦6機が25機のＦ４Ｆと交戦に入ったのは、その5分後、10時25分だった。三空と空戦

開始時間が違うのはガ島への航進中に3小隊が分離してしまったのだろうか。それとも行動調書への誤記なのか。

三空機は劣勢の中でも損害を免れたが、七五一空は圧倒的な米軍機の優勢の中で苦戦、3機が行方不明になってしまった。前日、グラマンの撃墜1機を報じた藤田保三飛曹も行方不明になった。しかし藤田機は撃たれながらもサンタイザベル島の沖まで飛んで着水。彼は近くの小さな島に泳ぎ着いた。

指揮官の馬場政義中尉機も13ミリ2発、7・7ミリ2発を被弾した。馬場機に当たっていたのが本当に7・7ミリ弾だったとすれば、これは流れ弾か零戦の誤射である。こんな乱戦、苦戦の中で、2小隊2番機の本田稔二飛曹だけが20ミリの全弾110発、7・7ミリ600発を撃って、かろうじてグラマンの撃墜1機を報じた。

七五一空と三空の生き残り、零戦6機はさらに5分後の10時30分、空戦域から離脱した。

10分後の10時40分、台南空の零戦7機（うち2機は三空機、三空機は七五一空と台南空に分散配属されていた）に直掩された木更津空、三澤空の陸攻15機が現れた。七五一空機から離れた橋口嘉郎二飛曹以下、先行制空隊、三空の零戦3機は陸攻を発見して掩護のために接近。10時45分、三空の3機はまた6機のF4Fと空戦を交え、同時に台南空と、陸攻の直掩隊として同行していた三空の零戦2機も空戦に入った。

台南空では指揮官の大野竹好中尉が不調のため引き返してしまっていたが、1小隊2番機、エースの太田敏夫一飛曹がグラマンの撃墜2機、同3番機の森浦東洋男三飛曹が撃墜1機を報じた。

2機の零戦に低空に追い込まれ、サボ島沖に着水したVMF-121のロバート・フラハーティ中尉のF4Fが彼らの戦果だったのかも知れない。1小隊の弾薬消費は350発だった。

同じく350発を撃った3小隊では小隊長の田中三一郎飛曹長が撃墜1機、2番機の岡野博三飛曹は被弾1発をこうむったものの撃墜1機を報じた。しかし3番機の菅原養蔵一飛が、行方不明になってしまった（後に救助）。

台南空とともに戦った三空の2機は20ミリ220発、7・7ミリ1360発を放って撃墜3機、不確実1機の撃墜戦果を報じている。20ミリ射撃220発ということは、1機当たり110発、両機は揃って20ミリを全弾撃ち尽くしたことになる。2機とも無事に帰還した。

一方、橋口二飛曹以下三空の零戦3機は、またも撃墜4機、不確実1機の戦果を報告、3機は20ミリ330発、7・7ミリ1380発を射撃、全機が無事に帰還した。こちらでも3機はそれぞれ20ミリの全弾を撃ち尽くしたということになる。

陸攻隊は爆撃直前に木更津空と三澤空機が分離してしまった。両航空隊は11時50分に250キロ15発、60キロ88発を投下した。爆弾は飛行場西側にいた工兵隊の中で炸裂。7名が戦死し、18名が負傷した。

爆撃後、三澤空の9機は15機のＦ４Ｆと交戦、１１０５９発を撃って反撃したが、３機が急降下、編隊から分離してしまった。結局、杉本光美予備少尉と東秀一二飛曹の２機はそのまま行方不明になった。東機は着水し、太田力雄三飛曹と、加藤正武二飛は米軍に救助されて捕虜になった。３機目の加藤公平一飛曹機は、ファウル島付近に不時着水して搭乗員1名は救助されたが、2名が戦死、その他4名は行方不明である。

6機の木更津空は20分間にわたって空戦を交え、20ミリ２５０発、７・７ミリ２８００発を射撃、撃墜2機を報じたが、6機が被弾、1機の被弾はひどく、機上で2名が戦死、さらに重傷1名、2名が軽傷を負った。

この日、零戦も陸攻も少数機ずつがばらばらに戦い、圧倒的な数のＦ４Ｆに包み込まれるように撃ち落とされて行った。16日に19機のＦ４Ｆで増強されたカクタス空軍は爆撃機の撃墜7機、零戦の撃墜13機もの戦果を報告、空戦で未帰還になったＶＭＦ－１２１のフラハーティ中尉と、グロウ中尉は両名共、後に救助されて生還した。

この日、米海軍の全喪失機リストによると「ワスプ」のＶＦ－71のＦ４Ｆが2機、空戦で失われたことになっている。実際、ＶＦ－71からはブラウン中尉、トレイシュ中尉、ルーニー中尉とケントン少尉などのＦ４ＦがＶＭＦ－２１２の一員として出撃している。しかし全喪失機リストにはパイロット名がなく、ＧＲ23の戦時日誌ではフライ機とともに、未帰還の記録がない（ブラウン中尉、トレイシュ中尉はＧＲ23の日誌で撃墜戦果を認められている。ただし所属はＶＦ－５と誤記）。この日、２機が撃墜されたとすると、もともと８機だったＶＦ－71は全滅したことになる。しかしＧＲ23の日誌には相変わらず何の記載もないまま、米海軍の全喪失機リストには、これから先もＶＦ－71の損害が記載されつづけるのである。15日のＶＳ－71の空戦損失といい、このＶＦ－71も「ワスプ」の遺児たちには謎が多い。

ＧＲ23の日誌の最後には、翌日の可動機数がしるされていることが多く、10月17日に記録された18日の予定可動Ｆ４Ｆは30機、18日には翌日の予定可動機の記録がなく、19日に記録された20日の予定可動機は17機に減っている。

つまり18日朝には30機あった可動機が、18日と19日の空戦で13機も減っているのである。

これがＶＦ－71のＦ４Ｆが18日の空戦で失われたかどうかを判断するひとつの手がかりになるのではないかと思う。この２日間の空戦と事故で、ＧＲ23が日誌で喪失を認めているのは5機。米海軍の全喪失機リストによればここにＶＦ－71の２機と19日に行方不明となるＶＭＦ－１２１のエドウィン・フライ中尉のＦ４Ｆが加わって8機となる。8機の喪失に、被弾と故障でさらに5機が飛べなくなっているというのは、いかにもありそうな数字である。この記録からＶＦ－71の２機はやはり空戦で落とされているのだとも考えられる。

日本側の損害は零戦4機と搭乗員4名、陸攻3機と搭乗員の戦死、行方不明は21名（うち2名は米軍に救助されて捕虜になっていた）にものぼった。

飛行場攻撃、船団掩護に連日酷使されつづけた日本海軍航空隊はおそらく消耗しきっていたはずだ。出撃できる機体が激減し、この日の結果を招いたのであろう。

飛行場に対する夜間の艦砲射撃、「ピストルピート」による撹乱射撃に痛めつけられ、悩まされていたカクタス空軍も、連日の航空戦で酷使されていた。前記したように、18、19日の空戦でF4Fの可動機は13機も減っている。しかし戦場は基地の目と鼻の先だった。例えば、この日の台南空零戦隊のラバウル発進は7時、ガ島での圧倒的に不利な空戦を終えて、ラバウルに帰還したのは15時30分。8時間半も飛んだのである。搭乗員たちの疲労は甚だしいものであったであろう。

六空、二号零戦隊の鮮やかな勝利

10月19日、ヘンダーソン基地は久しぶりに艦砲射撃のない静かな夜を過ごし、落ち着いた朝を迎えた。4時には対潜哨戒の艦爆が発進したが、何も見つけられなかった。5時、航空燃料を陸揚げしている船団の上空警戒に4機のF4Fが発進したが、結局、何も起こらなかった。

しかし日本海軍航空隊は前日の惨敗の報復を計画していたのである。

「ガ島上空制圧および航空兵力撃滅」を命じられたのは、ブイン基地にいた六空の二号零戦であった。18機の零戦が2回にわたってガ島上空に侵入、米戦闘機を釣り出して撃滅するという作戦だった。この空戦を、実際に参加した大原亮治一飛（当時の階級）に筆者が伺った内容と、第二〇四航空隊の戦記「ラバウル空戦記、朝日ソノラマ1993年」、六空の行動調書、GR23の戦時日誌などの記述をもとに再現すると、おおよそ以下のような状況であったと推測される。

6時、一直、宮野善次郎大尉が率いる3個小隊、9機の零戦がブイン基地を発進した。宮野小隊の3番機は大原亮治一飛だった。初めてガ島へと進攻する大原一飛は、宮野大尉に「絶対に編隊から離れるな。俺が撃ったら、お前は狙わなくてもいいから撃て」と噛んで含めるように空戦の心得を教えられていた。

8時15分、ヘンダーソン基地ではレーダーが未確認機を感知、8機のF4Fが緊急発進した。宮野隊はちょうど8時15分、ガ島上空に達し、やや散開した編隊で高度7千メートルを旋回していた。

8時55分、前方の雲の隙間、下方7、800メートル下方に同航しつつ上昇中のF4Fが見えた。宮野大尉は「敵機発見」の信号として翼を振ると降下突進に入った。宮野小隊は3機が密集した隊形でF4Fに接近。大きく左に旋回をはじめたF4Fを狙って宮野大尉の零戦の機銃が火を噴いた。大原一飛も夢中で発砲。一撃を見舞うと宮野小隊は急上昇離脱した。大原一飛が左後方を見るとそれぞれ発火、あるいは黒煙を曳くグラマン2機が墜落中だった。あっ、と言う間の早業で、2小隊の2番機として、この攻撃に参加していた島川政明一飛は、後続していた森崎予備少尉の2小隊には攻撃の暇もなかったと、自著「サムライ零戦隊、光人社NF文庫1995年」で回想している。

邀撃に上がったF4F編隊は「とうとう零戦の姿を見ることもなかったが、高度5400メートルを飛行中、フロイド・リンチ少尉のF4Fは突然、翼を翻すと真っ逆さまに海へ墜落した」と報告している。米軍は酸素吸入機の故障でパイロットが失神したのではと推定しているが、雲の隙間から奇襲して一撃で退避した宮野小隊のあまりにも鮮やかな攻撃に、襲われたことにすら気がつかなかったのではないだろうか。

行動調書には、宮野大尉はこの一撃に20ミリ100発、7・7ミリ200発を放ち、G戦2機を撃墜したとしるされている。宮野小隊2番機、3番機の発砲は「無」とされている。二号零戦が搭載していた九九式20ミリ機銃一号三型の発射速度は毎秒8・6発、2門で17・2発になる。100発を撃つには5・8秒かかる。空戦で5・8秒の射撃というのはかなり長い。リンチ機の撃墜が編隊を組んでいた他の米軍パイロットも気づかなかったほどの早業だったとすると、20ミリ100発というのは、宮野大尉機だけの射撃数ではなく、宮野小隊3機の合計発砲数だったのではなかったのかと思われる。そうなると1機あたり2秒弱の射撃になる。「行動調書には撃ってないと書いてますが、私も宮野隊長と一緒に撃っているんですよ」と筆者に語ってくれた大原さんは、初めての空戦だっただけに、この日の出来事をはっきりと記憶している。

行動調書と、戦時日誌や戦闘詳報の記述が少々食い違っていることはよくある。この日の空戦の場合は20ミリ機銃の発射速度や、米軍が気づいていなかったことから、行動調書の記載よりも大原さんの証言がより正確なのではないかと思う。

その間、3小隊の零戦3機は2機のB-17を発見して攻撃したが、撃墜はできなかった。3小隊の射撃数は、尾関機の7・7ミリ100発、玉井機が20ミリ55発、7・7ミリ300発と比較的少ないので、あまり執拗には攻撃しなかったようだ。交戦したB-17の記録は見つけられなかった。宮野大尉の一直は9時35分に戦場を離脱した。

8時30分、二直の川真田勝敏中尉が指揮する零戦9機がブインを発進した。二直は10時15分にガ島上空に入った。15分後、グラマン9機と交戦した。ヘンダーソン基地からは16機のF4Fが邀撃に上がっていた。VMF-121のジェイムス・フェライトン曹長のF4Fは高度6千メートルで零戦に奇襲されて墜落、曹長は落下傘降下して救出された。またVMF-212のF4Fも被弾、クレア・チェンバレン中尉は

20ミリ弾の破片で肩を負傷、飛行場には帰って来たが本国送還となった。本当に20ミリが当たっていたのだとすれば、フエライトン機を落としたのは7・7ミリ85発しか撃っていない川真田中尉、チェンバレン機を撃ったのは20ミリ35発、7・7ミリ300発を放った高垣進平三飛曹ということになる。

二直は11時30分に戦場から離脱した。六空の零戦は1発の被弾もなく、全機が無事に帰還した。

この日の空戦は六空の完璧な勝利だった。F4Fを2機撃墜し、1機を撃破、パイロット1名を戦死させ、1名に戦列脱落の重傷を負わせたのである。

R方面航空部隊の水上機は、この日も水上艦艇の上空警戒任務についていた。眼下を一路ガ島に向かう第十九駆逐隊の駆逐艦3隻は陸軍第十七軍の参謀長を乗せていた。

15時30分、ガ島へ向かう第十九駆逐隊の上空掩護中だった十四空の水戦3機と「神川丸」水戦1機、「聖川丸」宮本三飛曹機などの零観6機はまず来襲した5機のB-17を撃退した。さらに16時頃には米艦爆10機が高度4千メートルで来襲。

南飛曹長機の水戦は前下方からの一撃で艦爆1機を撃墜。だが萩原二飛曹の水戦は追撃中に、艦爆の後部射手からの反撃でエンジンに被弾したために不時着水を余儀なくされた。搭乗員は「千歳」の零観に救助されたが、機体は転覆沈没してしまった。この空戦での水戦4機の弾薬消費は20ミリ400発、7・7ミリ3000発。ほとんど全弾を消耗している。

駆逐隊を攻撃して来たのは、15時55分に6機ないし10機の複葉水上機と1、2機の水戦に掩護された駆逐艦3隻を攻撃したと報告しているVS-71と、VMSB-141のSBD艦爆12機だった。後部射手が水戦または複葉水上機の撃墜1機を報じている。この空爆による至近弾で、駆逐艦「浦波」が被害を受け、ショートランドに帰港した。しかし未帰還になったSBD艦爆の記録は見つからなかった。南飛曹長の戦果報告は誤認だったらしい。

「日米決戦の戦機は熟せり」ガ島上空の鍔迫り合い

10月20日、第二師団のガ島への輸送作戦は終了し、第十七軍と海軍はヘンダーソン基地に対する総攻撃の発起日についての調整協議に入っていた。

この日もヘンダーソン基地の航空兵力を減殺するため、海軍航空隊の攻撃が実施された。ブイン基地から発進する六空の二号零戦15機がラバウルから飛来する戦爆編隊に先行してガ島上空を制空し、入れ替わるように台南空と二空、三空の一号零戦27機に掩護された七五三空の陸攻9機が飛行場を爆撃するのである。陸攻掩護の零戦も先行する制空隊12機(台南空、三空)と、陸攻に寄り添って進む直掩隊15機(台南空、二空)とに分かれていた。

8時17分、ニュージョージア島にいた沿岸監視員がガ島方面へと飛ぶ六空の零戦隊を発見、ヘンダーソン基地へと通報した。6時50分にブインを発進した六空の零戦は、ニュージョージア島通過後、8時25分頃から上昇をはじめた。ガ島に高度8千メートルで突入するためであった。同じ頃、ヘンダーソン基地ではまずVMF-212のF4Fが7機発進した。率いるのはガ島上空の空戦で数多くの撃墜を報じ、海兵隊の高位エースとなるジョー・フォス大尉であった。つづいてまた8機が発進した。基地にはさらに8機のF4Fが予備として待機していた。

六空、川真田勝敏中尉が率いる二号零戦15機は8時40分、ツラギ上空でグラマン12機を発見した。一方、フォス隊はルンガからサボ島に向かう航程を半分ほど過ぎた辺りで、零戦6機と交戦したと報告している。

交戦したのは川真田隊の2中隊、田上健之進中尉以下の6機であった。2中隊機は8時45分に、戦闘運動を開始、そのまま空戦に突入した。この時点でフォス隊は川真田中尉の1中隊の存在には気づいていなかったようだ。

フォス大尉は零戦を1機、2機と撃墜していったが、3機目の零戦に撃たれ発煙、エンジンが停止してしまった。大尉はまたも12日の空戦のように傷ついたF4Fを滑空させて基地まで辿り着いた。2中隊では玉井勘一飛の零戦が行方不明になった他、1機が被弾している。もし川真田隊とフォス隊との立場が逆で、F4Fが長距離進攻している側だったらフォス大尉も玉井一飛のように未帰還となって、偉大な海兵隊エースは誕生しなかったはずだ。フォス隊では、大尉以外のF4Fも零戦の撃墜2機を報じているので、玉井機を落としたF4Fのパイロットは特定できない。

その空戦に1中隊の零戦が割り込んで来た。F4Fの優勢は逆転され、ユージーン・ヌーワー少尉のF4Fが、零戦に追尾され降下して行く姿を目撃された後、行方不明になった。

六空の零戦14機は9時20分から、25分にかけて戦場を離脱、11時にはブインに帰着した。

ラバウルの零戦隊はブインから制空進攻に出た六空よりも50分早い、6時に発進していた。しかしラバウルからガ島は遠い。六空が戦場から離脱して10分が過ぎた9時35分、戦爆編隊はようやくルッセル島付近にさしかかり、三空の山口定夫中尉が率いる制空隊の零戦が12機、増速して、陸攻隊と直掩隊をおいて前方に出た。制空隊の三空2中隊の6機は戦爆編隊に先行してヘンダーソン飛行場上空を遊弋し、9時40分、投弾直前の陸攻を襲おうとしていたグラマン7機を発見して攻撃。この空戦で2機撃墜、1機不確実の戦果を報じた。

交戦したのは遅れて発進して来たVMF-212のF4F、予備の7機だった。予備は8機いたのだが、不調で1機は引き返してしまっていた。F4Fは高度7800メートルで来襲した9機の陸攻に一撃を見舞うと散開、一部はそのまま陸攻を追跡、残りが零戦に挑戦してきたのである。

直掩隊は陸攻の後方上方に位置しながら9時40分にガ島上空に突入。二空の8機（1機は不調で引き返した）は、グラマン約13機と交戦。1小隊、指揮官の二神秀種中尉は206発を放ったが撃墜はなし、2番機も120発撃ったが撃墜なし、3番機、山本留蔵一飛は56発射撃してグラマン1機を協同撃墜。3小隊、小隊長の角田和男飛曹長は229発を射撃、グラマンの撃墜2機を報じた。2番機、長野喜一一飛も130発射撃し、グラマン1機の撃墜を報告している。

同じく直掩隊の台南空6機は9時35分にグラマン5機と空戦。陸攻隊が爆撃をはじめた9時40分にはツラギ上空でグラマン6機と空戦。帰途、ルッセル島上空まで追跡して来たグラマン2機と交戦、空戦は10時10分までつづいた。直掩隊2中隊の1小隊長を務めていた西澤一飛曹はグラマン撃墜1機、列機の後藤三飛曹もグラマン不確実撃墜1機を報じ、2小隊の小隊長、奥村一飛曹もグラマン撃墜1機を報じている。台南空直掩隊6機の弾薬消費は計4558発だった。

戦爆編隊との空戦で、VMF-212のジョン・キング中尉のF4Fが被弾してサンタイザベル島沖に着水、中尉は沿岸監視員に救出された。この空戦では台南空の西澤、奥村両一飛曹が各1機、二空の角田飛曹長が2機、長野一飛が1機など、名高い海軍のエース達がそれぞれグラマンの撃墜を報じているが、実際に墜落したのはキング機だけだった。

二空機と台南空直掩隊は13時に、台南空制空隊は14時20分、三空機は14時35分、ラバウルに帰着した。結局、この日の空戦では零戦1機と搭乗員1名、ワイルドキャット2機とパイロット1名が失われたのである。

だが、米海軍の全喪失機リストを見ると、この日もVF-71のF4Fが2機、また空戦で失われたことになっている。機体のシリアル番号はあるが、例によってパイロットの氏名は記録されていない。「ワスプ」沈没の時の道連れを免れた8機はとうに全滅しているので、ガ島のVF-71は機体を補充されているということになる。

15時、連合艦隊司令部は第十七軍から「日米決戦の戦機は熟せり」ではじまる、総攻撃予定日決定の通知を受けた。総攻撃は22日に発起されることになった。

一方、米機動部隊との決戦を求めて22日からの南下を予定していた一航戦の空母機動部隊の前方を進んでいた前進部隊、二航戦の空母機動部隊では、23時に空母「飛鷹」が機関故障を起こし、速力が16ノットに低下してしまった。「飛鷹」は搭載機の一部を空母「隼鷹」に移し、トラック基地に帰還した。「飛鷹」の零戦16機と艦爆17機はブイン基地航空隊に派遣された。

10月21日、台南空トップエース、太田敏夫最後の撃墜戦果

10月21日、8時40分「10分前に3個編隊に分かれた敵機35

機が頭上を通過」と、ヘンダーソン基地に警報が入った。発信したのはニュージョージア島の沿岸監視員だった。カクタス空軍は稼働F4Fの全機に発進を命じた。9時10分、17機のF4Fのうちパイネ少佐が率いる3機だけが、かろうじて零戦の侵入高度に達した時、空戦が始まった。零戦隊とパイネ小隊は正面から撃ち合い、零戦とF4Fがそれぞれ1機ずつ撃墜された。

3機のF4Fに向かって来たのは、台南空の大野竹好中尉が率いる1小隊の3機だった。台南空の残り5機は交戦しなかった。パイネ少佐は零戦と正面から撃ち合い、ドラーリー中尉がもう1機と撃ちあった直後、3機目の零戦がドラーリー機のそばを過って行った。彼は急上昇旋回して照準に捉え、無理な姿勢で失速状態に陥るまで撃ちつづけた。零戦は煙を噴出し、飛行帽が吹き飛ぶのが見えた。零戦は発煙しながら姿を消した。ドラーリー中尉が見回すと米軍の落下傘が見えた。VMF-212のテックス・ハミルトン曹長である。落下傘はルンガ川の東南に落ち、彼は行方不明になった。ハミルトン機は太田敏夫一飛曹が撃墜されてしまう直前に、差し違えで撃ち落としたのだと言われている。台南空のトップエース、太田一飛曹は大野中尉の2番機を務めていたこの日、とうとう行方不明になってしまった。大野小隊の残り2機は計1410発を撃っているが、台南空の撃墜戦果報告は、僚機が撃墜を目撃したとされる太田機によるものだけだった。

木更津空の陸攻7機は、9時10分にサボ島上空で爆撃針路に入った。9時20分、激しい対空射撃の中で爆撃、250キロ7発、60キロ42発を投下して、全弾が命中、一箇所で大爆発が起こった。爆弾は米軍の航空写真現像所を粉砕していた。投弾後、4機のグラマンが陸攻に襲いかかって来た。9時25分から28分、3分間の空戦で陸攻は20ミリ275発、7・7ミリ1845発を放ってグラマンを撃退した。結局、空戦と対空砲火によって7機が被弾、1機が片発になって編隊から離脱したが、陸攻は全機が無事に帰還できた。米軍は対空射撃によって爆撃機1機を撃墜して、1機を発煙させたと報告している。

台南空の8機とともに陸攻隊の掩護についていた二空の零戦6機は、途中で1機が引き返したため、5機で9時にガ島上空に突入。爆撃の直前、陸攻隊を襲おうとしていた米戦闘機4機を発見、ただちに攻撃して1機を撃墜、その他を撃退したと報告している。この二空機がパイネ小隊と戦い、ハミルトン機を落とした可能性もある。

その後、二空の零戦は空中集合中に攻撃して来た米戦闘機6機と交戦した。この空戦で二空は3機の撃墜と1機の不確実撃墜を報じた。9時20分、空戦をやめ、全機が帰途につく。

二空機を追撃して来たのは、爆撃後、帰途についた零戦隊と交戦したと報告しているルーニー中尉の小隊と、バスチアン編隊の2機、計6機のF4Fと思われる。この空戦では、

VMF-212のバスチアン機が被弾、パイロットが負傷した他、VMO-251（第251海軍観測飛行隊）のF4F、エメット・アンダースン軍曹機が撃墜された。以上、いつも参照しているGR23の日誌には載っていないが、全喪失機リストによればこの日もVF-71のF4Fが1機、またまた空戦で失われている。これでVF-71の損害はF4F計11機となったが、喪失機のパイロットの氏名は1人として記録されていない。だが、謎はこれでは終わらないのである。

二空で撃墜戦果を報じているのは2名で、両機とも各小隊の3番機だった。普通ならもっとも練度が低い搭乗員の配置である。1小隊の3番機、山本留蔵一飛は270発を放ってグラマン1機の撃墜を報じ、2小隊の3番機、生方直一飛が625発を射撃、被弾3発をこうむったが、グラマンの撃墜3機を報告している。

山本一飛が3番機を務めていた1小隊は陸攻の掩護位置から離れず、1番機、2番機とも1発も射撃せずに帰還している。生方一飛がいた2小隊長は角田和男飛曹長、2番機は長野喜一一飛。いずれも数多くの撃墜を報じることになるエースだったが、角田飛曹長は陸攻の掩護に徹して1発も撃たず、長野一飛は不調で引き返している。

両小隊とも、若い3番機の搭乗員がF4Fを見かけて、夢中で編隊を逸脱して単独戦闘を挑んだのだろうか。だとすれば非常に危険な行為で、2人とも帰還後、撃墜を褒められるどころか、ひどく叱責されるのが普通だが、角田飛曹長は自著の中で、自らの日記の記述として21日に「生方3機を撃墜、その真価を発揮し、重囲を脱す。武勲を祝す」としるしたことを紹介している。日頃は目立たないが、いざと言う時には豪胆になったという彼の活躍は無謀な逸脱行為ではなく、タイミングのよい奇襲となって戦果につながったのか。今となってはどうにも判断できない。

VF-71のルーニー中尉とブラウン中尉のF4Fは零戦の協同撃墜戦果を報じている（相変わらずGR23の日誌ではVF-5所属と誤記されている）。生方機に4発を命中させたのはルーニー機だったのかも知れない。

七五一空の零戦9機は、三空の零戦3機ともに高度7900メートルで9時10分にガ島の上空に着いた。9時15分、七五一空機は、グラマン14機、艦爆1機と空戦。20ミリ120発、7・7ミリ1680発を発砲して撃墜4機と不確実2機を報じた。三空の零戦も、米軍機十数機と交戦、20ミリ220発、7・7ミリ1276発を放って2機の撃墜と2機の不確実撃墜を報じている。行動調書には三空の戦果のうち1機は台南空との協同撃墜だったとしるされている。損害は被弾1発のみだった。台南空で撃墜戦果を挙げたと報告されているのは太田一飛曹だけなので、三空の協同撃墜戦果が、もし実戦果だったのなら、太田機との協同撃墜となる。

この空戦では、零戦1機と搭乗員1名の損害に対して、米軍は2機のF4Fとパイロット2名を失った。しかし行方不明になった台南空の太田一飛曹はこの日の撃墜を含めて34機の撃墜戦果を認められ、南東方面でもっとも撃墜のペースが速かった一騎当千のエースだった。二空のおそらく若く未熟だった搭乗員2名が撃墜を果たしたのに対して、経験豊富で並外れて優秀な搭乗員が戦死してしまったのである。

三空と七五一空の空戦については、行動調書での報告が簡単過ぎて詳細がわからない。米軍の記録との対照のしようがないため、本書ではこの日の撃墜を、米軍の記録と合致するところがある台南空と二空の戦果だったかのように記述しているが、あくまで推定に過ぎず、実は、ハミルトン機とアンダースン機を落としたのは三空機か七五一空機だったのかも知れない。

この日、エスピリツサントから、ヘンダーソン基地に12機のF4Fが空輸された。操縦してきたのはVF-5のパイロット達だった。だが、空輸中、ローズ少尉のF4Fがエンジン不調に陥って着水、戦友たちは彼がボートに這い上がるのを確認したが、とうとう救助はできなかった。空輸を終えたVF-5のパイロットたちは輸送機で帰り、カクタス空軍の翌日のF4F可動機は30機となった。

翌22日、コカンボナ（位置不明）で米軍戦闘機パイロットが捕虜になり、尋問によって「ヘンダーソン基地の使用可能機が戦闘機28機、爆撃機16機と判明した」という一節が戦史叢書「南東方面海軍作戦」にある。この尋問情報はほぼ21日の使用可能機数に合致する。そこから、この捕虜は21日に12機の飛来を見た後、出撃、撃墜されてジャングルへ落下傘降下して行方不明になったハミルトン曹長だったと推測される。

ガ島では陸軍将兵がいよいよ翌日に迫った総攻撃に向けてジャングル内を移動していたが、地形が想像以上に複雑だったため、攻撃発起のために予定されていた展開線に到着できず、総攻撃は1日延期されることになった。

同時に、基地航空隊は接近が予想される米機動部隊を捜索するため大艇、陸攻による周辺海域の哨戒をいっそう強化していた。機動部隊の所在を躍起になって探しているのは米軍も同様で、この日も哨戒機同士が遭遇して空戦になった。索敵哨戒中だった東港空の大艇、16日にもコンソリと交戦した佐藤末二郎飛曹長機が10時50分にまた「コンソリ1機発見、空戦、撃退」と報告している。この場合のコンソリもおそらくPBY5カタリナ飛行艇ではないかと思われる。使用弾薬は20ミリ32発、7・7ミリ42発なので、前回同様、双方ともあまり執拗には戦わなかったようだ。

六空零戦隊「ガ島上空制圧敵航空兵力撃滅」を実施

10月22日、ラバウルからの攻撃隊は悪天候のため引き返し、作戦は中止になった。

その一方、ブインからは六空の零戦12機がガ島制空のために発進、つづいて三十一空と二空の艦爆12機が発進して、ルンガ沖の米駆逐艦を緩降下爆撃した。三十一空の6機は60キロ爆弾22発を投下したが命中弾は得られなかった。艦船攻撃なのに、どうして艦爆は250キロ爆弾を搭載して行かなかったのだろうか。ブイン基地にはまだ250キロが届いていなかったのかも知れない。

海兵隊はF4F、28機でこの攻撃を迎え撃ち、二空の艦爆1機が自爆、三十一空でも1機が自爆、もう1機が大破して1名が戦死してしまった。12機の艦爆は全部で機銃千発を射撃、悪天候のため投弾を諦めて引き返した。二空の艦爆はグラマン2機と遭遇して、固定銃を150発も撃っているのでF4Fに空戦を挑んだらしいことがわかる。制空のためガ島へと先行していた六空の零戦隊は、ガ島への航程に立ちふさがっていた積乱雲を突破不能と判断して引き返してしまっている。艦爆は掩護戦闘機なしでF4Fに空戦を挑んだのである。

翌23日、小福田租大尉が率いる六空の二号零戦12機は「ガ島上空制圧敵航空兵力撃滅」のためブインを発進。天候は回復しており、小福田隊は8時40分に高度8千メートルでツラギ北東5浬に進入した。六空機は、しばらくの間、大きく旋回しながら索敵していた。9時20分、視界に、台南空と二空、七五一空の零戦17機に直掩された陸攻16機が入って来た。

直掩零戦隊の総指揮官は七五一空の馬場政義中尉だった。零戦隊は1中隊が七五一空の6機、2中隊が台南空6機、3中隊が二空の6機だったが、二空ではエースの長野一飛機が途中で引き返してしまったので、機数は5機に減っていた。

行動調書によれば六空機は9時25分に米軍の10数機を発見して、直ちに空戦に入ったとしるされている。空戦に入るため、六空の零戦は燃料供給を翼内タンクに切り替えて、一斉に増槽を捨てた。しかし小福田小隊の3番機を務めていた大原一飛の零戦からは、投下ハンドルを何度引いても増槽が落ちなかった。大原一飛は、そのまましばらくは小隊から離れずに行動していたが、手頃な位置を飛ぶグラマンを発見、無断で編隊を離れて攻撃に向かった。だが増槽が落ちず速度が十分に出ない状態のままで、攻撃に手間取っている間に、孤立した大原機を狙ってF4Fが集まり、そこに救援に飛来した零戦も加わり乱戦となった。

直掩隊、1中隊の七五一空6機は、行動調書によれば9時15分にガ島上空に突入、9時20分から馬場中尉の1小隊がグラマン4機と空戦に入っていた。だが1番機の馬場機と3番機の光永八郎二飛機が協同でグラマン1機を不確実撃墜したとの目撃報告があったものの、両機とも行方不明になってしまった。1中隊の残り4機は5分後の9時25分には戦場から離脱している。2中隊、台南空機は、同じく行動調書によれば9時10分にガ島上空に突入。9時15分にはグラマン6機と交戦。9時20分に陸攻隊が爆撃、フロリダ島上空でさらにグラマン6機と交戦したのち、帰途についている。3中隊、二空機は10時35分にグラマン6機を発見、二神中尉等4機（1機は発砲なし）が計378発を射撃、撃墜1機を報じている。

木更津空の陸攻は9時25分、激しい対空砲火を浴びながらルンガ川周辺の米軍陣地に250キロ8発、60キロ48発を投下して、9時30分まで米戦闘機と空戦、20ミリ151発、7・7ミリ755発を放ったが、対空砲火と空戦で8機が被弾した。9機で発進した木更津空ではガ島到着前に1機が引き返しているので、爆撃した全機が被弾したということになる。

三澤空8機には、9時28分の爆撃前から5機ほどのグラマンが、後上方および右上方より射撃を加えて来ていた。陸攻隊は4464発を放って反撃しつつ、250キロ8発、60キロ48発を投下。空戦で6機、対空砲火で2機が被弾し、2名が機上で重傷を負った他、1機が行方不明になってしまった。

9時25分から45分まで、20分間にわたってF4Fと空戦を交えた六空では747発を射撃、グラマン撃墜3機、不確実1機を報じたものの。零戦4機が行方不明になった他、救助はされたものの大正谷宗市三飛曹機が、レカタ湾に不時着水してしまった。

一方、二空の零戦6機は、10時30分にガ島突入、10時35分から45分にかけてグラマン6機と交戦、1機を撃墜したと、行動調書に記録されている。この通りであれば、なんらかの理由でガ島への突入が他の零戦中隊から1時間も遅れたことになる。

米軍は8時50分にレーダーとニュージョージア島の沿岸監視員からの通報で、空襲を知った。緊急発進で最後の1機が発進したのは9時14分、もう戦爆編隊がガ島上空に現れる直前だった。しかしそうなると、不思議なことに8時40分にはツラギ付近に来ていた六空機には、まったく気づいていなかったことになる。

カクタス空軍は「来襲した爆撃機16機と零戦25機を、24機のF4Fと4機のP-39で9時30分に邀撃。零戦20機と爆撃機3機を撃墜、さらに3機を発煙させたと報告している。日本軍の銃火で1機が全損となり、作戦中に7機が損傷したがいずれも修理可能で、パイロットの損失は皆無であった」と記録している。

この日の空戦では零戦7機と搭乗員6名、そして陸攻1機が失われた。米軍の詳しい戦闘報告書が見つからなかったので、どんな戦況だったのかは不明だが、零戦隊の稀に見る一方的な敗北であった。零戦と格闘戦を交えた海兵隊のパイロットの中には「零戦パイロットの技倆が大幅に低下していた」と報告している者もいる。

この日、3時30分にショートランドを発進、R2地区の哨戒に飛んだ十四空の九七大艇、下山田武一飛曹機が未帰還となった。原因はまったくわからない。

降雨の中で行方不明。グッドイナフ島陸偵掩護

10月24日、連日のガ島進攻で疲労を蓄積させ、損害を重ねていた基地航空隊は休養と整備を兼ねて、基地での艦船攻撃待機を命じられた。23日の空戦での敗北も、あるいは零戦搭乗員たちの累積疲労が耐えうる限界を越え、集中力や反射神経が鈍化していたことが原因のひとつだったのかも知れない。だとすれば、海兵隊のF4Fパイロットが零戦搭乗員の技倆低下を感じたというのもうなづける。

だが零戦搭乗員の全員が完全に休みだったわけではない。6時15分、天気が悪い中、ラバウルからは零戦6機と九八陸偵1機が発進した。目的地は連合軍が上陸中との情報が入ったグッドイナフ島だ。台南空の陸偵、岩山孝二飛曹機を掩護していた零戦、1小隊3機は三空機、2小隊3機は台南空機だった。

8時15分、グッドイナフ上空に到達。北方から海岸線に沿って左回りで目的地点に向かったが、降雨のため視界が悪く、1小隊の零戦3機は一度フェルグッリン島の北側まで戻り陸偵を待っていたが現れず、そのまま1小隊は陸偵と分離してしまった。

8時30分、2小隊の零戦3機も陸偵を見失ってしまった。さらにその10分後、2小隊は上陸中の連合軍部隊を発見。500トン級の船舶と上陸中の兵員を各機が三撃ずつ機銃掃射、計1800発を放って船舶を炎上させたと報告しているが、その際に対空砲火を受け、1番機の奥村武雄一飛曹と2番機、高橋茂二飛曹機が被弾、9時30分には戦場を離れ、11時45分、陸偵1機と零戦5機はラバウルに帰ってきた。だが、降雨の中で1小隊3番機、三空の池田光二三飛曹機は編隊から離れてしまい、三空零戦は懸命に捜索したが発見できず、池田機は未帰還となってしまった。

曇り空の中、インディペンサブル礁から135度、250浬まで索敵哨戒に飛んでいた「山陽丸」の零式三座水偵、橋本二飛曹機は5時15分に飛行艇1機を認めた他、索敵線上に何も見つけられず帰還中、11時20分に1機のB-17と遭遇。いったいどういう状況だったのかわからないが、橋本機は7・7ミリ旋回銃1挺しかついていない零式三座水偵で「空の要塞」と交戦。60発を撃って西方に撃退。無事、ショートランド基地に帰ってきた。

Q区哨戒のため、レカタ基地を発進した十四空の九七大艇、石本勝郎一飛曹機がまた消息不明となり、そのまま帰ってこなかった。原因はわからない。

この24日、一航戦の空母「瑞鶴」「翔鶴」「瑞鳳」を中心とする南雲機動部隊は米機動部隊を求めて南下を開始した。ガ島での総攻撃も深いジャングルと米軍の妨害で準備が遅れ、攻撃が開始されたのは24日の夜間だった。

総攻撃失敗、またも大損害。零戦13機喪失、撃墜は1機

日付が24日から25日に変わる直前。第十七軍から連合艦隊司令部に「バンザイ」の電報が入った。ヘンダーソン飛行場占領の暗号である。司令部は勝利に沸き立った。しかしこれは、夜間、深いジャングルと降雨、死傷者続出の中で戦っていた将兵が混迷を極めた末の誤認であった。第十七軍はただちに訂正電報を発信したが、海軍航空隊は9月13日にも飛行場占領が占領されたのかも知れないとの憶測を確認するために水戦を偵察に派遣したように、ふたたび自らの航空偵察によってヘンダーソン飛行場の状況確認を試みようとしていた。

天明とともに三空の零戦8機に掩護された独立飛行第76中隊の三菱、百式司令部偵察機がラバウルを発進した。百式司偵は陸軍航空隊から借用した高速偵察機である。

7時40分、ガ島上空に突入。司偵はまず高度3千メートルで飛行場を東から西へよぎって偵察した。8時、ヘンダーソン飛行場の上空を旋回していた零戦隊は下方にF4Fを発見、司偵と分離して空戦に入った。7時45分に発進したジョー・フォス大尉以下6機のF4Fである。F4Fは離陸中、東からの風に妨げられていた。さらに前日の豪雨で泥濘となっていた滑走路の泥が付着して致命的な結果を招くのを恐れてフラップを降ろさずに離陸を試みたため、ワイルドキャットは滑走路の端でようやく浮揚。零戦が現れた時、高度はやっと450メートルだった。

フォス大尉はこの不利な態勢を逆転、零戦2機を撃墜したと報告、さらにもう1機のF4Fも零戦の撃墜1機を報告している。零戦隊は20ミリ453発、7・7ミリ1672発を放ち、グラマンの撃墜5機、不確実2機を報じた。だが前田直一二飛曹と、岩本六三一飛曹の零戦2機が行方不明になり、3機が計42発も被弾、帰途、さらに1機が不時着大破(搭乗員軽傷)した。米軍の損害はオスカー・ベイト少尉のF4Fが被弾発火、墜落、落下傘降下しただけであった。少尉はすぐに救助された。

ふたたび姿を現した司偵は飛行場の様子を詳細に見極めるため今度は高度300メートルで東から西へと飛んだ。基地の50口径対空機銃が一斉に火を吹き、司偵を発煙させた。米軍は「双発のハインケル爆撃機」だったと報告している。司偵は飛行場とマタニカウの間に落ち、発火、爆発した。これで海軍は、飛行場が間違いなく未だ米軍の掌中にあることを知ったのである。

8時45分、ヘンダーソン飛行場が占領されたら直ちに進出するよう命じられていた二神秀種中尉が率いる二空の零戦5機と七五一空の零戦3機がガ島上空へと飛来した。若く経験の浅い二神中尉の後見に同行するはずだった古参の角田和男飛曹長はマラリアを発病したため基地に残っていた。

この時点で、二神中尉の混成中隊がヘンダーソン基地が、日米どちらの掌中にあるのかを知っていたどうかは、今やよくわからない。七五一空の行動調書には、上空に敵機が認められなかったため、次第に高度を下げ、2千メートルまで降下した時、飛行場から離陸するグラマン1機を発見、直ちに空戦に入ったとしるされている。

来襲の15分前、8時30分、VMF-212のF4F、6機が発進を試みたが、離陸中、1機がエンジントラブルを起こし、もう1機に衝突したため、発進できたのは4機だった。離陸したワイルドキャットは間もなく零戦がやって来るとは夢にも思わず、日本海軍の駆逐艦を機銃掃射し、弾薬が残り少なくなったので、着陸のため基地に帰って来た。

その時、地上掃射中の零戦3機を発見した。二神小隊だ。ジャック・コンガー中尉のF4Fはまず1機を発火させ、さらに手近な零戦を射撃。基地の地上員が見守る中、この零戦は地面に激突した。もともと残り少なかったコンガー機の弾薬はここで尽きた。彼は高度450メートルで、零戦の指揮官機と正面から向き合った。彼は衝突寸前にプロペラで零戦の水平尾翼を切断してやろうと決意した。だがプロペラは零戦の胴体に食い込んだ。コンガー中尉は機体が海に墜落する前に落下傘降下して生還した。

落下傘降下中のコンガー中尉のすぐそばを発火した零戦が横切り、30メートル先に墜落した。ローレンス・フォールカー中尉のF4Fが発火させたと報じている零戦に違いない。その搭乗員は彼のすぐそばに着水した。間もなくヒギンスボートが救助に現れ、抵抗する零戦搭乗員をジェリ缶で殴りつけて捕虜にした。手向かうので射殺しようとする海兵を制止してコンガー中尉が捕虜にしたのは、顔面と手に火傷を負っていた19歳の石川四郎二飛曹であった。

ロバート・スタウト中尉のF4Fは「零戦3機後方にあり、我、弾薬なし」と無線で救援を求めつつ逃げ回ったが、なんとか無事に着陸できた。もう1機のF4Fも無事に帰って来た。七五一空の河崎勝彦三飛曹20ミリ全弾の110発と、7・7ミリ380発を撃ち、グラマンの撃墜2機を報告。二空の長野喜一一飛も706発を撃って、3機撃墜、1機の不確実を報じたが、彼は3発被弾している。

この交戦では零戦4機が撃墜され、3名が戦死、1名が捕虜になった。全滅した二神小隊の3番機はいつもなら角田小隊の3番機を務めていた生方一飛だった。21日に撃墜3機を報じたあの生方一飛である。練達の角田飛曹長がマラリアに倒れなければ小隊全滅という悲劇も避けられたのではないかと思わざるをえない。米軍が失ったのは体当たりを敢行したコンガー中尉のF4Fだけだった。

しかし河崎機、長野機などの弾薬消費も大きく、被弾もしているので、かなり激しい空戦があったものと思われる。両航空隊の行動調書には米戦闘機約30機と交戦したと記録されており、米軍記録のほとんど弾薬を残していない4機だけとはあまりにも大きな食い違いがある。

零戦8機がさらに低空に降りて行くきっかけとなった七五一空の行動調書にある「離陸中のF4F」もどの部隊の所属かわからない。さらに解せないのが、米軍の撃墜戦果記録はコンガー機が2機、フォールカー機が1機と、零戦の撃墜3機のみだ。ヘンダーソン飛行場の防空部隊は超低空で機銃掃射をしていた零戦の撃墜1機を報告しているので、もう1機の零戦は対空砲火で撃墜されたのかも知れないが、いつも過大になりがちの戦果報告が実際に落ちた零戦の数よりも少ないのは不自然である。

この日もまた米海軍の全喪失機リストによれば、VF-71のF4Fが2機、空戦で失われている。もともと8機しかなかったのに、これまでの損害をすべて併せると、これで13機になる。パイロットが生き残っていたので、途中で機体の補充があったのだろうか。しかしどの損害にも機体の製造番号はしるされているものの、パイロットの氏名や、戦死、行方不明、救助などの記載はない。

だが、これまで米海軍の全喪失機リストとGR23の記載が食い違い、他の資料との照合で、全喪失機リストの方が正しいと判明したこともある。今回もそれを探したが、見つからなかった。VF-71の戦時日誌や戦闘報告書、編入されていたVMF-212のそれもこの時期のものはない。

しかし行動調書にある米戦闘機30機と交戦という記述や、河崎機、長野機の撃墜戦果報告が完全な誤認ではなく、4機以上のF4Fがこの空戦に参加して、2人の搭乗員が実際にF4Fを落とした可能性は残されている。

ガ島制空の一直、二直は六空の二号零戦が担当したが空戦はなく、10時35分に三直、台南空の一号零戦6機がガ島上空に現れた。指揮官は古参の山下佐平飛曹長だった。台南空機はグラマン12機と空戦、山下飛曹長や、2小隊長の奥村武雄一飛曹などが、計5機撃墜、1機不確実の戦果を報じたが、零戦1機が自爆、1機が行方不明、さらに山下機が14発も被弾して大破するという大きな被害を受けた。

交戦したのはジョー・フォス大尉以下、5機のF4Fである。上方からの奇襲攻撃でまず零戦1機が空中で爆発、零戦の編隊は散り散りになった。その間にF4Fは再度の攻撃のために余力上昇に入った。

零戦の搭乗員1名が落下傘降下するのが目撃されたが、この搭乗員のその後の運命はわからない。

弾薬をほとんど撃ち尽くし燃料も乏しくなり飛行場に帰って来たフォス大尉は、水平飛行中のF4Fが2機の零戦に襲われ曳光弾に包まれるのを見た。救援に赴くには遠過ぎた。F4Fは錐揉みに陥り、1機の零戦は勝利のスローロールを見せ、飛去って行った。しかしこのF4Fは姿勢を立て直し、無事に帰還している。F4Fは零戦の撃墜4機を報告、損害は2機が被弾したのみだった。

1機が脚の不調で引き返したため、5機になってしまった制空の四直、大野竹好中尉が率いる台南空の零戦5機は12時にガ島に突入、12時20分にグラマン約7機、P-39、2機と交戦。零戦1機が行方不明になったが、グラマン3機撃墜、1機不確実、P-39、1機撃墜の戦果を報じている。

ほぼ同時に二航戦の空母「飛鷹」の零戦15機に掩護された木更津空などの陸攻が来襲。邀撃に発進した11機のF4Fと交戦した。台南空の大野隊が交戦したと報じているP-39は、同時刻に艦船攻撃に出動していた第67戦闘飛行隊のP-39、3機ではないかと思われる。

藤田怡與蔵大尉が率いる「飛鷹」零戦15機は、木更津空陸攻9機、七五三空陸攻8機を掩護して、12時15分にガ島突入した。「飛鷹」零戦隊は前述したように母艦が火災事故を起こしたため基地航空隊に編入され、陸攻隊の掩護任務を割り当てられたのである。

高度7800メートルで飛来した木更津空も七五三空も、12時30分までにはルンガ河付近の米軍陣地を狙って250キロ爆弾17発、60キロ爆弾102発を投下、その直後からグラマンとの空戦に入った。木更津空は20ミリ130発、7・7ミリ885発を射撃、1機自爆、被弾4機の損害をこうむり、七五三空は2250発を射撃したが12時34分に1機が発火、自爆してしまった。

ほぼ同時に空戦に入ったと思われる「飛鷹」零戦隊はグラマン約10機と交戦、3機撃墜、1機不確実の戦果を報じている。しかし七五三空は行動調書に、雲のため零戦の掩護は十分ではなかった、としるしている。この空戦で「飛鷹」の零戦2機が被弾。この空戦に先立ち、行方不明になった零戦、荻野奉一郎一飛曹機は不調でギゾ島に不時着、連合軍側についていた原住民に捕らえられ捕虜になっていた(後に自決)。

その後、来襲した艦爆隊はヘンダーソン基地を攻撃、滑走路の列線に命中弾を見舞い、全機が無事帰還した。しかし列線に並べられていたのはスクラップ置き場から持ち込んだ囮の残骸機だった。

この日、零戦13機と搭乗員11名(捕虜2名)、陸攻2機と搭乗員14名が失われた。喪失零戦のうち1機は航法ミス、もう1機は超低空で地上掃射中に対空砲火で落とされた可能性もある。

米軍の空戦による損失は2機のF4Fのみ、パイロットは1名も失われていない。しかも1機は体当たり撃墜の結果落ちた機体である。少なくとも10機を失った零戦隊が間違いなく撃墜できたのはF4F、1機(VF-71の2機は未確認のため除外)だけだったということになる。

ヘンダーソン飛行場への陸上からの攻撃も失敗に終わった。第二師団の歩兵は、何箇所かで海兵隊の防御線を突破したが、突破した将兵は包囲され、やがて掃討されてしまった。日本軍は2千名もの死傷者を出して後退せざるをえなくなった。

海上では軽巡「由良」がカクタス空軍の航空攻撃によって大破、航行不能になり、結局、友軍駆逐艦の雷撃で沈められた。この25日、日本軍は陸海空で惨敗を喫し、大きな損害をこうむった。ヘンダーソン基地への総攻撃は完全な失敗に終わったのである。

この日、T区哨戒のため、レカタを発進した十四空の滝沢孟元飛曹長の九七大艇が8時45分に、飛行機を意味する「ヒ」連送の後、消息不明となった。滝沢機を落としたのは第42爆撃飛行隊のB-17、ヘンスリー中尉機であった。十四空は23、24、25日と3日連続で索敵哨戒に出した九七大艇を失っている。

サンタクルーズ沖、南太平洋海戦

日付が10月25日から26日に変わった頃も、第一航空戦隊、空母「瑞鶴」「翔鶴」「瑞鳳」を主力とする南雲機動部隊は南下をつづけていた。この日の19時に再興される予定になっている、陸軍の飛行場攻撃を支援するためであった。母艦飛行隊と基地航空隊の索敵機は米機動部隊を見つけるため躍起になっていた。だが無線傍受に依り、南雲機動部隊は逆に米軍機に触接されていることを知った。

米軍もハルゼー中将が率いる空母「ホーネット」「エンタープライズ」を主力とする第61機動部隊が、日本の空母機動部隊との決戦を求め、その位置を探り出すため、母艦と基地航空隊から多数の索敵機を飛ばしていたのである。

そんな中、零時5分過ぎ、空母「瑞鶴」の右舷300メートルに爆弾4発が投下された。ガ島の北東海域を捜索していたレーダー搭載の飛行艇5機のうちの1機、VP-11のPBY飛行艇、グレン・ホフマン中尉機が投下した500ポンド爆弾だった。命中はしなかったが、南雲機動部隊はこのまま南下をつづければ米軍の術中にはまると危惧し、急遽、反転。24ノットで北へ針路をとった。

午前3時45分、黎明とともに南雲機動部隊は北上しながら捜索機を発進させた。

4時50分、索敵機がついに米空母を発見した。

5時25分、南雲機動部隊では、各母艦で発進準備のブザーが鳴り響き、搭乗員が音を立ててラッタルを駆け上がる。エレベーターが鐘を鳴らしながら雷爆を重々しく懸吊した艦爆、艦攻を飛行甲板へと持ち上げて行く。空母「翔鶴」「瑞鶴」「瑞鳳」から第一次攻撃隊の発進がはじまったのだ。零戦21機、艦爆21機、雷装した艦攻20機が轟音を上げて1機、また1機と発艦してゆく。同時に「瑞鶴」と「瑞鳳」からの艦攻各1機が米空母につきまとい、その動静を逐一報告する触接機として発進した。もっとも危険な決死の任務である。「瑞鳳」の触接機、田中茂市飛曹長の九七艦攻はこの任務から帰還しなかった。

ほぼ同じ頃、米機動部隊も、5時30分から6時15分までの間に三波にわたる攻撃隊を発進させた。5時30分、最初に空母「ホーネット」から発進したVS‐8のSBD艦爆15機が、母艦から140キロほどの地点で高度3600メートルに浮かぶ巨大な積雲に遭遇した。近づいて行くと、日本海軍の第一次攻撃隊が頭上を反対側に進んで行くのが見えた。しかし零戦隊の指揮官は米艦爆隊に気づかず、空戦にはならなかった。「ホーネット」の艦爆15機と掩護のVF‐72のワイルドキャット4機も敢えて戦いは挑まず、南雲機動部隊へと進んで行った。

一方、米空母が索敵のために四方に放っていた16機のSBD艦爆のうち2機、VS‐10のストロング中尉編隊は4時50分に機動部隊を発見してから、雲を利用して巧みに見え隠れしながら、執拗に触接をつづけていた。4時52分、南雲機動部隊はこの米艦爆を発見。上空警戒の零戦、各艦3機、計9機が撃墜を試みたが果たせず、5時40分、高度4200メートルまで上昇したストロング編隊は携行して来た500ポンド爆弾で「瑞鳳」を急降下爆撃した。この奇襲で爆弾は発着甲板の後部を直撃、約15メートルの破孔を生じさせ、発進態勢にあった零戦3機が破壊された。この被害で「瑞鳳」は発着艦が不能になってしまったため、駆逐艦の掩護でトラック基地への撤退を余儀なくされた。

降爆後、低空で機体を引き起こしたストロング編隊に零戦3機が迫って来た。直衛任務に就いていた「瑞鶴」の吉村博中尉が率いる零戦が5時32分に「瑞鳳」を襲う米艦爆を発見したのだ。吉村小隊は70キロにもわたって艦爆を追撃した。吉村小隊は全機が被弾しつつも、艦爆の撃墜1機を報じている。しかし実際にはSBDを1機も撃ち落とすことはできず、両機の後部射手からの反撃で零戦の3番機、中上喬一飛機が未帰還となってしまった。

こうして日本側は機動部隊の決戦が開幕した早々から、空母1隻を無力化させられてしまったのである。

それにしても、たったの2機で強大な南雲機動部隊への触接を長時間つづけ、遂には奇襲で空母1隻を戦列から脱落させた上、追撃して来た零戦まで撃墜して生還するというこの米艦爆の勇敢さと有能さは恐るべきものである。掩護の零戦隊に護られ、大挙襲撃して、戦果は上がっても大損害を受けることが多く、死屍累々といった有様の九九艦爆隊との違いはいったいどこにあるのだろうか。SBD艦爆の厳重な防弾性、連装でベルト給弾式の後部機銃による反撃火力の強さが大きな要素であることは確かだが、米軍の冷酷と言ってもいいほどの大胆な戦術や、パイロットたちの冒険気質や勇敢さも、その要因のひとつであろう。そして、彼らの勇気は、例え撃墜されてもあらゆる手段を講じて救助を試み、そして多くの場合、実際に助け出してくれる軍への信頼に支えられていたのだ。

その頃、南雲機動部隊では第一次攻撃隊につづいて第二次攻撃隊の発進準備が進められていた。6時10分、「翔鶴」からは艦爆19機、零戦5機が発進した。「瑞鶴」からは魚雷の搭載に手間取り、第一次攻撃隊の発進に間に合わなかった艦攻16機と零戦4機が6時45分に発艦して行った。

いつ米攻撃隊が来襲するかわからない状況下だったので、「翔鶴」と「瑞鶴」の攻撃隊が分離してもやむをえないと判断し、準備が整い次第、発進して行ったのである。飛行甲板上で攻撃態勢を整えた飛行機が襲われて爆発炎上するというミッドウェーでの惨害を繰り返さぬためであった。

「瑞鳳」零戦隊、「エンタープライズ」攻撃隊を奇襲

一方、第一次攻撃隊は6時40分、米機動部隊まで90キロの地点に迫っていた。攻撃隊の最後尾にいた「瑞鳳」零戦隊9機はほぼ正面下方、高度2700メートルで反航してくる米軍編隊を発見した。先に第一次攻撃隊とすれ違った先行の「ホーネット」艦爆15機と合同できぬまま、南雲機動部隊攻撃に向かっていた「エンタープライズ」からの攻撃隊である。

先頭は、VS-10のSBD艦爆が3機。VT-10のTBF艦攻2機ずつの編隊4つ、計8機が後続し、さらに最後尾、900メートル上空に攻撃隊総指揮官が乗ったのTBF艦攻が1機いた。編隊の左右両前方、300メートル上方では掩護のF4Fが4機ずつ、ちょうどその時、上昇にかかり、さらに低速になっていた攻撃機（222キロ／時）に速度を合わせるため、緩やかに蛇行しつつ飛んでいた。この8機はVF-10の所属機だった。艦爆の数が3機と少ないのは、同艦から20機のSBD艦爆を南雲機動部隊の索敵へと発進させてしまっていたからである。

「瑞鳳」の日高盛康大尉は高度4600メートルにいた3個小隊の零戦を率いて大きく180度旋回すると、太陽を背にして米攻撃隊の後上方から襲いかかった。完璧な奇襲だった。この空戦の様子は空母「エンタープライズ」の戦闘報告書に詳しく記録されている。

零戦がまず狙ってきたのはTBF艦攻だった。最初に突進して来た零戦2機は、指揮編隊のTBF、コレット大尉機のエンジンを発火させた。炎は操縦席に吹き込み、落下傘3つが開いた。さらにノートン中尉機と、バッテン中尉機がひどく傷つけられ編隊から脱落、帰艦針路をとった。結局2機は途中で不時着水し、乗員は米駆逐艦に救助された。TBFの後部銃塔の射手達は50口径機銃で応戦、3機が計450発を射撃、零戦の撃墜3機を報じている。

TBF編隊の前方左側、300メートル上方にいた掩護のF4Fは零戦が三、四撃を終えたあと、ようやく襲撃に気づき、反転降下してきた。F4Fは緩やかに蛇行していたので

零戦の発見が遅れたのである。しかも南雲機動部隊まではまだまだ遠いと油断していたためか、Ｆ４Ｆの一部は機銃に装塡さえしていなかった。

12機の零戦（米軍記録のママ）と格闘した４機のＦ４Ｆは、不利な態勢、圧倒的な劣勢のもとで戦ったが少なくとも零戦２機を撃墜、さらに数機の不確実撃墜を報じた。だが母艦に帰って来たのは４機のうちレッディング少尉のＦ４Ｆだけだった。彼は、列機のライリー・ロードス少尉は落下傘降下したが、発煙していた２機のＦ４Ｆはどうなったのかまったくわからないと報告している。零戦２機に追撃され、特に最後の１機は彼のＦ４Ｆを海面から30メートルの高度にまで追って来た。なんとか撃墜を免れたレッディング機も左翼の補助翼と、操縦席の計器盤に20ミリ１発ずつが命中、機体中に７・７ミリ弾が当たり、電気系統が完全にいかれてしまったので、機銃もプロペラも、無線もコントロールできない状態で、ようやく母艦まで帰ってきたものの、母艦は第二次攻撃隊の空襲を受けている真っ最中で、11時まで着艦できなかった。

編隊の前方、右上方で緩やかに蛇行していた４機のＦ４Ｆは、厳重な無線封止もあって、左側のＦ４Ｆがかれらの真後ろ、やや下方で零戦との格闘戦に入るまで空戦にまったく気づかなかった。ほぼ同時に１機の零戦が前下方からＴＢＦへの攻撃位置に入ろうとしていた。右舷掩護のＦ４Ｆの指揮官機はこの零戦が接近して来ると、降下旋回し目一杯の見越し射撃を見舞った。零戦はただちに上昇すると退避した。Ｆ４Ｆは次の攻撃に備えて高度をとり、零戦を後方、遠距離から射撃、発煙させた。そして側上方からの攻撃で、Ｆ４Ｆはこの零戦を海中に墜落させた。その間に１機のＴＢＦがエンジン不調で引き返してしまったので、攻撃隊はＳＢＤ３機、ＴＢＦ４機、Ｆ４Ｆ４機に減ってしまった。

９機の「瑞鳳」零戦隊は、ほぼ搭載弾薬のすべて、20ミリ９９０発、７・７ミリ９１００発を射撃（この数字には未帰還機の搭載弾薬も含まれている）。ＳＢＤ艦爆の撃墜８機、グラマンの撃墜６機を報じたが、零戦はこの空戦で２機が自爆してしまった。残った零戦７機は弾薬を使い切り、燃料も乏しくなったので攻撃隊の後は追わず、母艦への帰途についたが、帰艦方位を失った内海小隊の２機は途中で行方不明になってしまった。

「ホーネット」攻撃隊、直衛零戦を突破「翔鶴」に命中弾

一方、先に第一次攻撃隊とすれ違った「ホーネット」攻撃隊は機動部隊の上空直衛機と遭遇していた。まず攻撃して来たのは「翔鶴」の直衛機、12、13、16小隊の零戦７機だったのではないかと思われる。

「翔鶴」零戦の数は３個小隊で計９機だったが12小隊の１、２番機は交戦していない。12小隊３番機、河野茂三飛曹は20

ミリ9発、7・7ミリ200発を放ち艦爆2機と交戦したが、行動調書に「射撃の効果は不明」と記録されている。

13小隊1番機の大森茂高一飛曹の零戦は、どんな状況だったのか詳細は不明だが、米艦爆に体当たり、火だるまとなって墜落した。2番機の小手好直一飛曹は被弾3発をこうむったものの20ミリの全弾110発と、7・7ミリ600発を放った。3番機、小町定三飛曹も20ミリ全弾110発、7・7ミリ400発を射撃したが9発も被弾。両機は米艦爆5機と交戦したと記録されている。

16小隊の1番機、安部安次郎特務少尉は20ミリ80発、7・7ミリ140発を発砲、3発被弾。2番機の大原廣司二飛曹は1発被弾しながらも20ミリ80発と7・7ミリ140発を射撃しつつ米艦爆2機と交戦、うち1機に白煙を噴出させたが撃墜は確認できなかったと報告している。そして同3番機の伊東富太郎一飛は、13小隊の大森一飛曹とともに米艦爆二十数機を発見し、20ミリ200発、7・7ミリ500発を射撃、被弾1発を受け、不確実ながらうち2機を撃墜したと報告。20ミリを200発撃ったということから、伊東機が20ミリ機銃に新しい100発弾倉を装着した二号零戦に乗っていたらしいことがわかる。

7時25分、もし行動調書にしるされているこの時間が正確なら「翔鶴」機からやや遅れて、「瑞鶴」の荒木茂中尉の14小隊と伊藤純二郎一飛曹の18小隊の零戦5機が「翔鶴」を攻撃しようとしていたSBD15機との空戦に入ったことになる。

7時45分には巡洋艦や駆逐艦からなる機動部隊の前衛部隊上空に来襲した米雷撃機十数機を「瑞鶴」零戦のうち1機が発見、1機を撃墜した。しかし一連の空戦で、荒木小隊の亀井富雄一飛曹が不時着水（戦死）し、伊藤小隊の高山孝三飛曹は未帰還となったうえ、零戦2機が被弾している。

一方、米軍記録には「ホーネット」の攻撃隊は「6機」の零戦に襲われ、掩護のF4Fが艦爆から分離したとしるされている。まず襲って来た零戦が、7機だった「翔鶴」機だったのか、5機だった「瑞鶴」機だったのかはわからない。しかし奇妙なことに、両零戦隊の行動調書には「艦爆と交戦した」としるされているだけで、F4Fと交戦したという記述はない。

だがこの空戦で、VF-72のウィリアム・ロバーツ中尉は負傷、同トーマス・ジョンスン中尉のF4Fが行方不明となった。またジョン・ボウワー中尉のF4Fは海上への墜落を目撃されている。その他に「ホーネット」艦爆隊の指揮官機、ウィデルム大尉の艦爆が撃墜された（PBYで救助）他、グラント中尉機など2機、計3機のSBD艦爆が、この空戦で撃墜された。

「ホーネット」のSBD艦爆15機は投弾前に零戦の攻撃で2機が撃墜され、さらに被弾で2機が引き返しているので、「翔鶴」を狙って降爆に入ったのは11機だった。降爆で千ポンド爆弾4発が命中、飛行甲板と格納庫で火災が発生。火災は12時30分まで鎮火しなかった。

7時15分、高度3千メートルまで上昇してふたたび目標への針路をとっていた「エンタープライズ」攻撃隊の生き残りは南雲機動部隊の前衛部隊を構成している巡洋艦と駆逐艦を発見した。しかし空母の姿はなく「エンタープライズ」隊はそれからさらに10分間、空母を探した。その間に3機のＳＢＤが分離してしまったので攻撃隊は各４機のＴＢＦとＦ４Ｆだけになっていた。とうとう空母を見つけられなかったので、2機のＴＢＦは雲の間を縫って高度１８００メートルまで降下して、発見した重巡を雷撃、Ｆ４Ｆは機銃掃射を行なった。前衛部隊の巡洋艦を狙って発射された魚雷は1本も命中しなかった。

7時45分、前述したように「瑞鶴」の零戦1機が前衛部隊の上空で、雷撃機を1機、撃墜したと報告しているが、ＴＢＦ艦攻は墜落していない。同じ頃、一度、ＴＢＦ艦攻から分離した3機のＳＢＤが姿を現し、急降下爆撃で重巡に千ポンド爆弾2発を命中させた。命中弾を受けたのは前衛部隊の重巡「筑摩」と思われる。この3機のＳＢＤは降爆後に空中集合し、その際に後部射手が零戦の撃墜1機を報告している。もしかすると「瑞鶴」の零戦が攻撃したのはこのＳＢＤで、零戦もＳＢＤも誤認の撃墜戦果を報じたのかも知れない。

9時30分、「エンタープライズ」の攻撃隊は母艦の近くに帰って来たが、母艦は「翔鶴」艦爆（第二次攻撃隊）の急降下爆撃を受けているところだった。攻撃隊は高度１２００メートルで旋回しながら米軍艦艇から撃ち上げられていた対空砲火が収まるまで待つ以外なかった。5分後、攻撃隊は3機の「ナゴヤ型」零戦に襲われた。しかし燃料、弾薬ともにほとんど残っていなかったので「サッチ・ウィーブ」を繰り返して難を逃れた。着艦できたのは11時、4時間10分の飛行であった。機動部隊が射撃を停止した時には、空戦で被弾、負傷していたロバーツ中尉のＦ４Ｆが艦隊から8キロの地点で着水し、そのまま行方不明になっていた。駆逐艦が捜索に向かったがパイロットは救助できなかった。

「エンタープライズ」の攻撃隊はもはや2時間も飛んでおり、零戦との空戦の際に翼の増槽も落としてしまっていた。4機のＴＢＦのうち2機は母艦に帰り着く前に燃料切れで着水。着艦できたＦ４Ｆにも5ガロンから18ガロンの燃料しか残っていなかった。結局、発進した9機のＴＢＦ艦攻のうち無事に着艦できたのは2機だけだった。乗員は7名が戦死または行方不明となっている。

第一航空戦隊、第一次攻撃隊「ホーネット」を痛撃

一方、南雲機動部隊から発進した第一次攻撃隊は6時55分、24ノットで航進中の米空母1隻、重巡、軽巡各1隻、駆逐艦

4隻を発見した。「ホーネット」を護る対空弾幕を形成する輪形陣を組んだ一隊である。ここから北西10浬付近にいた「エンタープライズ」隊はちょうど局地的なスコールの中に入っていた。

6時58分、「瑞鶴」零戦隊8機は直衛のグラマン約20機との空戦に入り、20ミリ880発、7・7ミリ7800発を射撃、7時20分までに空戦でうち2機を撃墜した。零戦の損害は自爆、未帰還各1機、着水1機、戦死2名だった。弾薬消費は喪失機の分をすべて消耗として計算しているようだが、帰って来た零戦も全弾を撃ち尽くしていた。

「翔鶴」零戦隊の4機は20ミリ400発、7・7ミリ3600発を放ち、雷撃前にはグラマン6機と交戦、3機を撃墜。雷撃後にはグラマン2機と交戦して1機の不確実撃墜を報じたが、零戦1機が未帰還となり、1機が不時着、搭乗員1名が戦死した。「翔鶴」の零戦隊も「瑞鶴」隊同様、零戦はほぼ全弾を撃ち尽くしている。

これら両空母の零戦12機と交戦したのは直衛に当たっていたVF-72「ホーネット」(ブルーベース)のF4Fと、VF-10「エンタープライズ」(レッドベース)のF4Fであった。直衛機は全部で38機だったが、「エンタープライズ」機の中で艦爆の攻撃がはじまるまでに所定の高度に達していたのは「レッド2」の4機だけだった。以下「エンタープライズ」のVF-10所属、各「レッド」小隊のF4Fは、この空戦に関する詳細な記録を残しているが、「ホーネット」のF4Fの交戦記録は母艦とともに失われてしまっているため、ほとんど何もわからない。

7時2分、VF-10「レッド2」小隊長、アルバート・ポロック中尉機は、母艦「エンタープライズ」の航空管制官からの「方位230度、距離50キロに敵機」との情報を受信した。第一次攻撃隊がレーダーで捕捉されたのだ。4機のF4Fは、ただちに上昇を開始。4分後、高度6600メートルで「ホーネット」の南方16キロ地点に達したポロック小隊はふたたび母艦の管制官から「敵機の高度は2千メートル、南方を索敵せよ」と指示され、F4Fは旋回しながら機銃を装填した。すると高度2、3千メートル付近で燃える機影が見えた。

7時、一航戦、第一次攻撃隊には「突撃」が発令されていた。7時10分、「瑞鶴」の艦爆は「ホーネット」への攻撃を開始。艦爆隊は250キロ爆弾21発を投下、7・7ミリ機銃3270 0発を射撃、米空母に大火災を起こさせたと報告しているが空戦と対空砲火で12機もが未帰還となった。搭乗員は救助されたものの、さらに5機の艦爆が燃料切れのため母艦の近くに着水するという甚大な損害をこうむった。「瑞鶴」機が投下した250キロ爆弾は3発が「ホーネット」を直撃し、対空砲火で発火した1機の艦爆は「ホーネット」のアイランド(艦橋)に体当たりした。この体当たりで7名が戦死、航空燃料が飛行甲板に燃え広がっていった。さらに傷ついた艦

10月26日、サンタクルーズ島沖で、米空母「ホーネット」を狙って急降下する九九艦爆。「瑞鶴」攻撃隊の所属機と思われる。この攻撃で飛行甲板に250キロ爆弾3発が命中。「ホーネット」は飛行機の発着艦ができなくなった。水平に飛んでいる機影は魚雷を抱いた九七艦攻のように見える。急降下爆撃につづいて「翔鶴」の雷撃機が攻撃。航空魚雷2本を命中させた。

爆、もう1機が「ホーネット」の左舷艦首付近に体当たりした。

ポロック中尉のF4Fは「ホーネット」を中心とした掩護艦艇の輪形陣から撃ち上げられていた対空砲火の南側で急降下中の艦爆を、北側では高度4800メートルで対空弾幕の周囲を旋回している艦爆3機を発見した。戦闘機管制官は「レッド2」に攻撃を命じた。ポロック中尉はまず艦爆の後部射手を沈黙させてから高度400メートルで1機を腹部から発火させた。彼は燃える艦爆に衝突しないように機首を上げて急回避しなければならなかった。「レッド2」の3番機が2機目の艦爆を撃墜、次いで4番機が3機目の艦爆を撃墜した。

高度が低いところから見て、「レッド2」が捕捉したのは降爆を終えた艦爆であろう。「レッド2」は別の艦爆を捕捉しようとふたたび上昇したが、もう交戦はなく4番機、ライマン・フルトン少尉のF4Fが未帰還になってしまった。ポロック中尉は艦爆との交戦後にも僚機に姿を目撃されているので、その後、燃料切れによって不時着水して行方不明なったのではないかと推測している。しかし同空域で「瑞鶴」「翔鶴」の零戦がグラマンの撃墜戦果を報じているので、空戦で撃墜された可能性も高い。

VF-10の「レッド7」小隊は発進命令で離陸、高度3600メートルでさらに上昇中、頭上に緩い直列編隊で飛ぶ艦爆を発見した。「ホーネット」はすでに別の方角からの急降下爆撃を受けている。1機の艦爆が下方の雲に入り出て来たので「レッド7」は側面上方から攻撃して発火墜落させた。別の艦爆が攻撃のため、頭上600メートルを通過して行った。「レッド7」は降下して、降爆を終えた艦爆2機を捕捉して撃墜した。

艦爆による急降下爆撃と踵を接して「翔鶴」の艦攻が雷撃を開始していた。

VF-10の「レッド4」小隊は戦闘機管制官に、雷撃機と魚雷を見つけろと命じられていた。高度1800メートルを飛行中に、海面すれすれを艦船に向かって飛ぶ2機を発見。小隊長機は翼を振ると降下突進に入った。だが、それは偵察から帰って来たSBD艦爆だった。小隊はふたたび3600メートルまで上昇、すると頭上を緩降下して行く日本軍爆撃機2機が見えた。ウィッケンドール少尉のF4Fは側面から攻撃したが彼の機銃は2発出たところで射撃停止してしまった。装塡動作を反復すると左翼外側の機銃だけは撃てるようになった。その直後、彼と列機は零戦2機に遭遇、慌てて互いを掩護するための旋回に入った。その後、彼は2機の艦爆に4回攻撃を試みたが左の外側銃だけでは命中弾は与えられなかった。3機を追尾射撃中、後部射手の反撃で彼のF4Fは発火。しかし燃えていたのは落としていなかった主翼の増槽だった。燃える増槽を捨て、彼は着艦した。

F4Fの攻撃を免れた「翔鶴」艦攻は航空魚雷2本を命中させた。「ホーネット」は機関と電気系統をひどく損傷。これで飛行機の発着艦ができなくなってしまった。これから帰って来る「ホーネット」機はすべて「エンタープライズ」に着艦するか、着水するしかない。第一次攻撃隊による攻撃はわずか15分ほどで終わった。「翔鶴」艦攻隊は単機または小隊ごと7時9分から13分にわたって、「瑞鶴」艦爆隊は7時20分には戦場からの離脱をはじめた。しかし「翔鶴」の艦攻は9機が自爆、1機が行方不明になった。さらに艦攻6機が燃料切れのため母艦の近くに不時着水（搭乗員17名救助）してしまった。

第一次攻撃隊は零戦3機（戦死3名）、艦爆12機（戦死24名）、艦攻11機（戦死30名）が自爆または行方不明となり、零戦2機、艦爆5機（戦死1名）、艦攻6機が不時着水するという大損害をこうむった。行方不明機のうち少なくとも2機は無線で方位測定を求めていたが、それに答えられず未帰還になったという。また「翔鶴」被弾の混乱の中でせっかく帰って来ても円滑に帰艦できず、数多くの不時着水機を出してしまった。この他に、進攻途上、「エンタープライズ」隊と交戦した「瑞鳳」の零戦4機（戦死4名）、と触接の艦攻1機（戦死3名）が失われた。

米軍はこれら一連の空戦で、少なくとも7機のF4Fとパイロット6名、TBF艦攻4機と乗員6名、SBD艦爆3機（死傷者数不明）を失った。

一航戦の第二次攻撃隊「エンタープライズ」「ホーネット」を攻撃

一航戦の各母艦飛行隊の行動調書によれば8時20分に第二次攻撃隊の「翔鶴」艦爆19機が攻撃を開始した。同じく「瑞鶴」の艦攻16機が雷撃に移ったのは9時だった。

8時30分、第一次攻撃隊と戦って母艦上空に帰って来たVF-10「レッド2」のポロック中尉のF4Fは弾薬も燃料も残りが乏しかったので着艦しようしていた。しかし許可が出ず、母艦の上空は混乱状態だった。母艦上空、高度1800メートルでは、少なくとも12機のF4Fが「エンタープライズ」に着陸しようと旋回している。

一航戦の第二次攻撃隊が、すでに第一次攻撃隊の爆弾と魚雷で傷ついていた「ホーネット」と、無傷の「エンタープライズ」への攻撃を開始したのはそんな最中だったのである。

8時32分、ポロック中尉は高度2400メートルでドウデン少尉と編隊を組んだ。しばらくすると「エンタープライズ」の左舷450メートルに停泊していた駆逐艦2隻のそばを魚雷が走っているのが見えた。駆逐艦は不時着水したVT-6のTBF艦攻の乗員を救助するためにやって来ていたのである。着水したのは「瑞鳳」零戦隊の襲撃から逃れ、前衛部隊を雷撃し、燃料ぎりぎりで母艦の上空まで帰って来た例のVT-6のTBF艦攻だ。9機のうち5機が撃墜され、ようやく帰って来て4機だが、2機はかろうじて「エンタープライズ」に着艦できたものの、2機はとうとう燃料が切れて着水してしまったのである。

魚雷は駆逐艦「ポーター」の前方45メートルを左舷から右舷へと横切って行った。この魚雷はどこから来たのか。付近に日本の雷撃機はいない。着水機の乗員を収容するため停まった駆逐艦を狙って日本の潜水艦が魚雷を発射したのか。

ポロック中尉のF4Fは魚雷を銃撃で爆発させるか、少なくともその航跡を駆逐艦に知らせるため急降下追跡を試みた。「ポーター」の艦首をよぎった魚雷はぐるりと一周。中尉は魚雷を狙って長い連射を2回放った。2回目の射撃から機体を引き起こすと、彼のF4Fは駆逐艦からの激しい対空砲火に曝されていた。駆逐艦はポーター機を日本の雷撃機と思い込んでいたのである。彼は無線で駆逐艦に射撃停止を要請したが、3回目の銃撃に入る前に魚雷は針路を変え、「ポーター」の左舷、ど真ん中に命中して大爆発した。

戦後、日本軍の記録と照合した調査で、米軍はこの魚雷を放ったのが日本軍の潜水艦でなかったことを知った。「瑞鶴」の艦攻が雷撃を開始したのは、この30分後であり、魚雷がどこから来たのか、全くの謎だが、現在では投下機の故障で発射できず、魚雷を搭載したまま不時着水したVT-6のTBF、マッコノーヘイ中尉機から着水の衝撃で発射され、迷走をはじめたのではないかと推測されている。「ポーター」では、この雷撃で10名が戦死した。そして結局、艦自体も救えず、夕刻、「ポーター」は米軍駆逐艦の砲撃で沈められた。

8時40分、「エンタープライズ」の航空管制官は戦闘機に上昇を命じた。高度3600メートルで「レッド2」は降爆に向かう艦爆8機を発見。だが捕捉するとはできなかった。しかし2機のF4Fがその編隊を降下攻撃しており、後に彼らが艦爆2機を撃ち落としたことを知らされた。この2機のF4Fはあらかじめ高度6千メートル辺りにいたに違いない。2回目の空襲がはじまった時、12機のF4Fは着艦のため高度1800メートルで旋回をしており、機体の重いF4Fは急に上昇しろと命じられてもなかなか所定の高度まで達せなかったのである。

日本側は「翔鶴」の艦爆は攻撃前に十数機のF4Fと空戦、2機が自爆したと報告している。それがこのポロック中尉が報告している空戦に違いない。米軍の記録を見ると「翔鶴」艦爆の視界内に、VF-10のF4Fが確かに十数機いたが、実際に襲って来たのは2機だけだったのではないかと思われる。

艦爆に狙われていた「エンタープライズ」は降雨帯の中に入り、降爆態勢に入ろうとしていた艦爆は目標を見失って水平飛行に戻った。輪形陣の米軍艦船は艦爆を狙って対空砲火をいっそう激しく撃ち上げた。しかし雲隠れする前に「翔鶴」艦爆隊は「エンタープライズ」の飛行甲板に、250キロ爆弾3発を命中させていたのである。

フィターサ中尉の率いるF4F小隊「レッド7」も、航空管制官の指示で高度3千メートルまで上昇、旋回しながら「エンタープライズ」へと高速接近中の雷撃機を探していた。「レッド7」は管制官の指示通りに飛んだが、見つけたのは高く頭上を飛ぶ艦爆だった。2機のF4Fが艦爆を追撃中で、もの凄い対空砲火の弾幕の中まで追って行くのが見えた。この艦爆とF4Fは「レッド2」のポロック中尉が目撃した機体であろう。

降爆を終え、低空にいた数機の艦爆が対空砲火で発火、生き残りは高度2千メートルまで上昇して去って行った。

しばらく後、無線にリーダー少尉のF4Fから「タリーホー(敵機発見)、9時下方」の声が入った。その時、「レッド7」の高度は3900メートルだった。ついに雷撃機が見えた。翼も胴体も暗い艶やかな色で塗られている。3機編隊が3つ、2機編隊が1つ、全部で11機いた。

「翔鶴」艦爆隊の攻撃とほぼ同時に「瑞鶴」の艦攻隊20機も攻撃に入っていたのである。

フィターサ中尉機は列機とともに雷撃機の3機編隊を襲い、それぞれ1機ずつを発火させた。振り返ると別のF4Fが攻撃中で、その編隊は雲の中へと入って行った。小隊長はそれを追跡、短い二連射で艦攻の2番機を爆発させた。さらに艦攻の1番機の方向舵を撃ち飛ばして発火させ、浅い旋回を試みる3番機に長い連射を放ち発火させた。その艦攻は急激な回避運動もせず、旋回機銃での反撃もして来なかったと記録されている。すでに雷撃針路に入り、目標に向かってまっしぐらに向かっていたのだろうか。

フィターサ中尉機はもう1機の雷撃機を側下方から攻撃したが、弾はひどく外れた。彼は艦攻を追って雲に入り、雲から出た。艦攻の高度は母艦を雷撃するには高過ぎ、速度も出て過ぎているようだった。対空砲火が激しく集中してきたので、巻き添えを恐れ、中尉は追撃をやめた。艦攻（すでに発火していたとの目撃報告もある）はそのまま、真っすぐ駆逐艦に向かって行き、魚雷を抱いたまま体当たりした。第1砲塔の前方で大爆発が起こった。この爆発で、駆逐艦「スミス」は大破、57名が戦死または行方不明となり、12名が負傷した。

彼が戦場を旋回していると、また2機の雷撃機がやって来た。フィターサ中尉は追尾発砲したが、とうとう弾が切れた。雷撃機のパイロットは機体を激しく横滑りさせて射線を外そうとしていたが、射撃が終わる前に海中に落ちた。艦爆3機、艦攻6機の撃墜を報じた「レッド7」小隊機は、全機が弾薬を撃ち尽くし燃料も乏しくなっていたが、11時20分には1機も欠けず「エンタープライズ」に着艦した。

一方「エンタープライズ」を狙った「瑞鶴」の艦攻隊は機銃弾4千発を射撃、グラマンの撃墜2機を報じている。しかし対空砲火と空戦で9機が自爆、または未帰還となり、戦死者は27名にものぼった。

ポロック中尉が率いる「レッド2」も、全機が戦闘機管制官から、雷撃機を見つけて撃ち落とせと命じられていた。しかも左舷方向に行けと言われたり、右舷に回れと命じられたり、指示は混乱を極めている。いずれにしてもVF-10のＦ４Ｆは大半がもはや弾薬を撃ち尽くしていた。さらにＦ４Ｆは同士討ちを避けるためか、艦船の自動火器の射程外に留まれとも言われていた。

だが結局、攻撃が終わり「レッド2」が母艦に近づいて行くと、彼らを掩護の米艦艇の対空弾幕が迎えた。この時、もう3機のＦ４Ｆが燃料切れで駆逐艦のそばに不時着水していた。うち1機、デイヴィス少尉のＦ４Ｆは米軍の対空砲火に撃ち落とされたのかも知れない。「奴ら、誰を撃っているかなんて気にしてないから」と、僚機のゴードン少尉が苦々しく報告している。「レッド2」は艦隊の周囲を三度旋回して待っていたが、航空管制官から「敵機がやって来るので、友軍機は退避せよ」と指示された。米軍のレーダーが捕捉したのは、二航戦「隼鷹」が放った第一次攻撃隊だったのではないかと思われる。Ｆ４Ｆは南下して行き、彼らも不時着水を覚悟した。もう数分で燃料計の針は零を指すに違いない。

ようやく対空射撃が止んで「レッド2」が着艦できたのは11時40分、発進から5時間後であった。

第二次攻撃隊「瑞鶴」零戦隊は6機撃墜、1機不確実の戦果を報じたが、2機が不時着水してしまった。その他に不確実ながらPBY飛行艇の撃墜1機を報じている。

同じく「翔鶴」隊では艦爆10機が自爆、2機が不時着水、18機が被弾、搭乗員20名が戦死した。艦爆隊は攻撃の前に十数機のF4Fと空戦し、固定銃1850発、旋回機銃1754 8発を射撃、2機が自爆している。一方「翔鶴」零戦隊の5機は20ミリ320発、7・7ミリ1530発を射撃、2機が被弾しつつも、PBY飛行艇の撃墜不確実1機を報告している。「瑞鶴」「翔鶴」の零戦に攻撃されたPBYは、機動部隊に触接中に零戦3機の攻撃を受けて被弾、パイロットが戦死したVP-23のロバート・ウィルコック中尉機と思われる。同機は20分間にわたって攻撃されたのち水上機母艦「カーチス」に戻ることができた。さらにVP-11のジョージ・プーロス中尉のPBYも触接中に零戦4機の攻撃を受けて、海面すれすれを逃げ回り無傷で生還している。

第二次攻撃隊の損害は艦爆10機（戦死20名）、艦攻9機（戦死27名）が自爆または未帰還、零戦2機、艦爆2機、艦攻1機が不時着水したというものであった。


第二航空戦隊、空母「隼鷹」からも攻撃隊が発進

一方、「隼鷹」から発進していた二航戦第一次攻撃隊の艦爆17機、零戦12機は9時20分に空戦を開始。零戦隊の撃墜戦果は、グラマン11機（うち不確実4機）、TBDデバステーター艦攻1機、カーチス艦爆（SBCヘルダイバー）1機とされている。その他に飛行艇1機の不確実撃墜も報じている。飛行艇との交戦は、一航戦第二次攻撃隊の「瑞鶴」「翔鶴」零戦隊も報告している。全零戦隊が寄ってたかって同一機を攻撃したのだろうか。この飛行艇の所属や、被害状況は確認できなかった。

また「隼鷹」零戦隊が交戦したF4F部隊も確定できなかった。あるいは攻撃や直衛から帰って来て、着艦を待って旋回していた「エンタープライズ」や「ホーネット」のF4Fを攻撃して、燃料切れで次々と着水するのを認めて、撃墜を報じたのかも知れない。

古いTBDデバステーター艦攻を落としたという撃墜戦果は、先に「瑞鳳」零戦隊と交戦して引き返し、米海軍の全喪失機リストでは帰途、空戦で撃墜されたとされているVT-10のTBF艦攻、リード少尉機だったのかもしれない。

しかし二航戦では艦爆9機が自爆（戦死18名）、2機が不時着水（戦死1名）してしまった。

13時10分には零戦8機に掩護された艦攻7機からなる二航戦の第二攻撃隊が飛来した。「ホーネット」はすでに航行不能になり、重巡「ノーザンプトン」に曳航されていた。「ノーザンプトン」は日本機の接近を知ると曳航を中止、曳航索を切り離された「ホーネット」は海を漂っていた。

艦攻隊は対空砲火で2機が撃墜されてしまったが、「ホーネット」の右舷に魚雷1本を命中させた。魚雷は「ホーネット」に移乗していた修理班を壊滅させ、回復しつつあった艦の電気系統をふたたび破壊、艦体を右に傾斜させた。

しかし掩護の零戦隊では3小隊の2機が行方不明になり、2機が被弾、搭乗員は救助されたもののさらに3機が不時着水してしまった。この攻撃隊と交戦したF4Fについての詳細はよくわからない。戦ったのは記録が残っていないVF-72の所属機だったのか、零戦による撃墜戦果報告もないので、空戦自体なく、零戦隊の損害は対空砲火によるものだったのかも知れない。

13時25分から45分にかけて、一航戦の第三次攻撃隊、零戦5機、艦爆2機、艦攻6機（爆装）が米機動部隊を攻撃した。艦攻は13時55分に水平爆撃によって「ホーネット」の飛行甲板に８００キロ爆弾1発を命中させた。さらに二航戦の第三次攻撃隊、零戦6機、艦爆4機が発進、15時10分、「ホーネット」に爆弾1発を命中させた。両攻撃隊とも米軍機とは遭遇せず、対空砲火による被弾機を出しただけで、全機が帰還した。

以上の航空攻撃による度重なる損傷で、米軍はもはや「ホーネット」を救うことはできないと判断し、米駆逐艦2隻が魚雷3本を撃ち込み、艦砲で３００発あまりも射撃、撃沈を試みたが、同艦は沈まず、日本の水上艦隊が接近して来たため、そのまま放置して退避して行った。

やがて大きく傾き、火災によって誘爆をつづける「ホーネット」を発見した第二水雷戦隊の駆逐艦2隻は、捕獲を命じられたが燃える「ホーネット」はもはや手の付けられない状態だったので、魚雷4本を撃ち込み沈没させた。同艦の戦死者は１３１名であった。爆撃でひどく損傷した「エンタープライズ」も戦死44名、負傷75名の死傷者を出している。

南太平洋海戦で沈没したのは、この「ホーネット」とTBF艦攻の魚雷の事故で失われたとみられる駆逐艦「ポーター」のみである。しかし大破した「翔鶴」と「筑摩」の戦死者は計３３６名にも昇り、沈没または損傷した米軍艦艇の戦死者の合計２５４名を上回っている。

航空機の損失は、自爆及び未帰還が零戦15機（戦死15名）、九七艦攻23機（69名）、九九艦爆31機（62名）。喪失原因は空戦か対空砲火なのか、判然としない。

複数資料のクロスチェックで割り出した零戦の撃墜戦果は、F4Fが13機（戦死6名）、SBD艦爆が3機（人的損失不明）、TBF艦攻2機（戦死3名）であった。

日本側の喪失計92機（自爆、未帰還69機、着水23機）に対して、米軍は80機で内訳は、（The First Team and the Guadalcanal Campaign/John B.Lundstrom naval institute Press 1994によれば、被撃墜18機、着水34機、母艦とともに沈んだ28機。米海軍全喪失機リストでは、空戦による喪失21機、燃料切れによる着水18機、「ホーネット」とともに沈んだ機体12機が特定されている）を失っている。だが航空機搭乗員の喪失は米軍の35名（うち4名は捕虜）に対して、日本海軍航空隊は148名。こちらの人的損失も米軍を大きく上回っている。

日本の喪失機、特に艦爆、艦攻の多くは、米空母を護る戦艦、巡洋艦、駆逐艦による輪形陣「スクリーン」が撃ちだす猛烈で正確な対空砲火で撃ち落とされている。この海戦の直前に配備されたばかりの40ミリ連装高射機関砲も威力を発揮し、生還した艦攻、艦爆の搭乗員が「米軍の対空砲火は統一指揮されていた」と報告しているように、優れたレーダーおよび通信、射撃、指揮統制装置によって、対空射撃能力は日本側を大きく凌駕していたのである。

日本側の未帰還機の中には燃料切れ、故障、航法ミスによる行方不明機が含まれているはずだ。米軍の着水機の中には空戦または対空砲火による被弾で着水した機体も含まれているものと思われる。

従って一概に、空戦と対空砲火などによる日米の損失に69機対18機という大差があったとは言い切れない。しかし喪失の原因はどうあれ、結果として米軍は数多くの搭乗員を救助生還させ、日本海軍はかけがえのない歴戦搭乗員を機体とともに海の藻くずとしてしまったのである。

よく訓練され、戦闘経験を積んでいた乗組員と搭乗員の大量喪失は、日本海軍にとって取り返しのつかない大打撃だった。

零戦隊に関してのみ言えば、空戦で15機を失い、米海軍の18機を撃墜したことになる。だが、この18機の中には対空砲火または艦攻、艦爆の後部射手の反撃によって撃墜された機体も含まれていたかも知れない。その一方で、前述のように、米軍の着水機の中にも零戦の銃火によって損傷して着水に至った機体があった可能性もある。

空母「ホーネット」を失い「エンタープライズ」も傷つけられた米機動部隊は、南雲機動部隊との決戦に破れ、戦場から離脱した。しかし南雲機動部隊投入のそもそもの目的であった陸軍のヘンダーソン飛行場総攻撃の再興は、この日の19時、とうとう断念されたのである。

零戦搭乗員とアエロコブラパイロットの船旅

10月27日、カクタス空軍では海兵隊のF4Fが防空任務を担い、陸軍のP-39やP-400が対地支援任務に飛んでいた。この日も、第67戦闘飛行隊の戦闘機はガ島周辺の海岸を捜索、日本軍の大発狩りを試みたが、獲物はなかった。また艦船攻撃、対地支援に八面六臂の活躍をつづけている海兵隊と海軍のSBD艦爆は日本軍の砲兵陣地を攻撃した。艦爆の乗員は、前回攻撃した時よりも日本軍の対空砲火が弱くなっており、対空陣地への攻撃は効を奏しているようだと報告している。米軍機は戦場から目と鼻の先のヘンダーソン基地から飛来し、弾薬を撃ち尽くすまで攻撃、ふたたび弾薬を搭載して舞い上がり日に何度も地上の日本軍部隊を襲っていた。この日、日本機の来襲はなかった。

翌28日、5時10分、ニューアイルランド島のカビエン基地で空襲警報が発令され、七五一空の零戦、前辻勝俊二飛曹以下4機が発進した。離陸から20分後、来襲機を探しているうちに、3番機の越智三飛曹機が編隊から分離、行方不明になってしまった。

さらにその20分後の5時40分、前辻小隊は高度8千メートルでようやく目標を発見した。編隊はただちに攻撃位置に入り、第一撃にかかった。6時30分、4番機の福留二郎二飛機は4発被弾、攻撃を切り上げて単機で帰還した。福留機はそれまでに20ミリ20発、7・7ミリを400発射撃していた。

残った1番機と2番機は、それからさらに30分も攻撃をつづけたが、目標が積乱雲の中に突入したため追撃を諦めて帰還した。1番機、前辻勝俊二飛曹は20ミリ20発、7・7ミリ240発を射撃。2番機の川畑一郎三飛曹は20ミリ50発、7・7ミリ400発を放ち、2発被弾している。

行動調書によれば、七五一空の零戦隊は5時40分から7時まで1時間20分にわたって計15撃を加えている。しかし1機当たり5回という攻撃回数の多さと、かかった時間が長かったわりには消費弾薬が少ない。おそらく、攻撃ごとに根気よく目標機の前方に出て反転、真っ正面から突進する反航戦を繰り返したものと思われる。双方から高速で接近する正面反航戦では衝突の危険が大きいため、照準と射撃の時間が極端に短く、弾薬消費も少なくなるのである。正面から突進したが照準の軸線がうまく合わず、発砲できずにすれ違った攻撃もあったに違いない。交戦したのは単機で偵察に飛来したB-17と思われるが、所属部隊、この空戦による被害などは特定できなかった。

零戦3番機、越智三飛曹機はとうとう帰って来なかった。空戦20分前に姿を消しているので、空戦以外のなんらかの原因で墜落、未帰還になってしまったものと思われる。

一方、東部ニューギニアのラエには3機のB-25が来襲。行動調書には、一・空のエース、長野喜一一飛の零戦が8時15分、単機で発進、攻撃を加え、1機から黒煙を噴出させ、エンジンの停止を認めたものの雲の中に逃げ込まれ、撃墜は確認できなかったと記録されている。この日、オーストラリア空軍、第6飛行隊のハドソン、ゴーリンジ中尉機は5時30分、ミルン湾の飛行場を偵察飛行に発進したが、その後、行方不明になった。オーストラリア空軍は「ミルン湾から東の東部ニューギニアのどこかで墜落したものと思われる」と記録している。B-25もハドソンも、双発、双尾翼で機影は似ている。しかしラエの位置はミルン湾から西である。従って長野機がゴーリンジ機を撃墜した可能性は乏しい。

この日は、サンタイザベル島の水上機基地、レカタへの空襲もあった。5時40分、カクタス空軍のSBD艦爆4機、3

機のP‐39、8機のF4Fが来襲したのである。米軍機は「浜辺に係留されていた水上機7機を確認。4機を炎上させ、3機を破壊、燃料または弾薬の集積所を炎上させた。8または10個所に20ミリないし、7・7ミリの対空機銃陣地が認められた」と報告している。この攻撃で第67戦闘飛行隊のウェイレイス・ディン中尉機が対空砲火で発煙、彼はサンタイザベル島南岸で落下傘降下し、木に引っ掛かった。翌日、2機のP‐39がレカタへの空襲がてら捜索したが、中尉は発見できなかった。

　木から降りたディン中尉は、4人の現地人に助けられていた。そのうちの1人は伝道所で教育を受け、英語が話せる男だった。彼らはボートで中尉を基地まで送ってくれることになった。長い船旅に出た彼らは途中小さな島のそばを通った。すると英語を話す現地人、エリックが「この島に日本人の飛行士が隠れている」と言う。中尉は、その日本人を捕まえて帰ろうと決め、現地人の助けで捕らえることに成功した。七五一空の零戦搭乗員、藤田保二飛曹である。18日に被弾した零戦で着水してから、その島で10日間も生活していた彼はだいぶ弱っていたのか、ディン中尉と現地人たちに捕まってしまったのだ。

　しかし2日後、おそらく食物を与えられて元気回復した藤田二飛曹は浅瀬でボートをひっくり返して逃げ出した。だが、翌朝にはまた捕まってしまい、それからは毎日、バナナ1本と小さな砂糖黍だけを与えられて残りの旅を終えた。これでもう藤田二飛曹は逃げる気力もなくなり、ディン中尉は11月4日、無事、戦友たちのもとへと帰ってきた。

　28日から翌29日にかけて、七五一空の陸攻3機がポートモレスビーを夜間爆撃した。いつものように猛烈な対空砲火に迎えられたが、この夜はいつもと違って、3番目に侵入した永園岩夫飛曹長機は午前1時30分から50分にかけて夜間戦闘機2機に襲われた。永園機は20ミリ80発、7・7ミリ380発を発砲して応戦、無事に帰ってきた。機体に被弾1発があったが、これは高角砲の弾片であった。

　29日、ガ島では朝から第67戦闘飛行隊のP‐39とP‐400が2機ずつが代わる代わる、飛行場への攻撃態勢のまま密林に潜んでいる日本軍部隊の偵察と撹乱牽制任務に飛んだ。それと並行してSBD艦爆が日本軍の砲兵陣地を爆撃、いずれの攻撃でも目立った戦果は認められなかったが、全機が無事に帰還した。

　夜明け前に陸攻2機が飛行場を狙って爆撃に飛来した他、日本側の航空攻撃はなく、探照灯に捕捉された陸攻の爆弾もレッドビーチ沖の海に落ち、被害はなかった。

　米軍もこの日の深夜、B‐17でブイン泊地を爆撃したが、帰途、30日の明け方頃、第19爆撃航空群第30爆撃飛行隊のB‐17E型、アレン・リンドバーグ少佐機が着水してしまった。原因はわからないが、乗員は二艘の救命ボートに乗って漂流したのち救助された。

この日、三澤空の陸攻9機が陸軍部隊への物量投下を行った。ニューギニアでオーエンスタンレー山脈を越えポートモレスビー攻略を目指していた将兵が、補給困難で飢餓に陥っていたのだ。9機はココダで物資を投下、全機が無事に戻ってきた。ところが行動調書の概評欄はD評価。他の例を確かめてみたがいつもDだった。任務を完全に果たしたのだからAではないのかと思うのだが、物量投下という任務への評価がもともと低かったのだろうか。友軍機が補給品を落としてくれたことで、陸軍の兵隊たちがどれだけ喜んだかと思うと、何か釈然としない。

未明のレカタ基地襲撃。
離水中の零観2機、水戦1機、被弾炎上沈没

10月30日、午前3時10分、カクタス空軍のVMF-212のF4Fが6機とVMO-251のF4Fが1機、計7機が明け方のレカタ湾を襲撃した。

暗い海面を十数機もの水上機が多数の翼燈をきらめかせて離水しようとしている。致命的なタイミングだった。おそらくサンタイザベル島の沿岸監視員が今朝の出撃に備えて昨日から水上機が集結していることを通報したのだろう。レカタ基地の指揮官のもとに出入りしていた現地人が米軍に通牒していたという話もある。

日本側は米艦爆2機以上、戦闘機6機が来襲したと記録している。零観と水戦は水上滑走中、激しい機銃掃射を受けたが、それにも屈せずに次々と離水して行った。

レカタ基地で発進していたのは第二十七駆逐隊の上空哨戒に向かう水戦4機と零観5機だった。

第二飛行機隊「國川丸」「山陽丸」の零観3機の発進はちょうど3時10分に始まり、「山陽丸」の戦闘詳報では米軍機の襲撃を3時15分と記録している。ちょうど1番機「國川丸」の辻飛曹長機が発進を終えた直後だった。

だが「山陽丸」の零観2番機は離水直後に被弾、偵察員の古寺慶三二飛曹は旋回銃を50発撃って反撃したが、操縦の大久保成治一飛は操縦不能に陥り、零観は海中に突入、大破沈没して搭乗員1名が重傷を負った。3番機「山陽丸」の安倍信二二飛曹機はうまく離水し、米戦闘機群に突入、空戦を挑んだが、それきり未帰還となってしまった。

さらに第一飛行機隊の零観1機が離水中に被弾、炎上沈没してしまった。首尾よく離水できたもう1機は辻飛曹長の零観とともに水戦1機と合同し、予定通り第二十七駆逐隊の上空直衛に赴いた。

F4Fは水上で複葉の水上機3機を撃破、空中でさらに2機の複葉水上機を撃墜。フロート付きの零戦3機を撃墜したと報告している。

一方「神川丸」水戦4機の1番機、後藤英郎大尉機は離水

上昇中に三撃を受け、エンジン付近に数発被弾、潤滑油が大量に漏れ始めたので一時、戦場から離脱した。2、3番機は離水に成功したものの、2番機、松山英二一飛曹機はエンジンの筒温が異常になったため空戦は挑まなかった。3番機、地頭久雄三飛曹の水戦だけが、明け始めたばかりの空の背景の暗い部分に潜んで、明るい方向に現れたF4Fを狙って攻撃。2機のF4Fに一撃ずつを加え、両機の撃墜を報告している。4番機、渡辺一飛機は離水中に被弾、炎上沈没してしまった。

カクタス空軍のF4Fは水上機との交戦の後、さらに周囲を機銃掃射したが、暁暗のためよく見えず、一軒の家屋と燃料集積所らしき個所が発火した以外、攻撃の効果は認められなかった。地頭機は撃墜を報じているが、米軍機は全機が無事に帰還している。

水戦の1番機と3番機は5時20分、ショートランド基地に帰還。帰っては来たが水戦1番機は被弾がひどく修理不能だった。水戦の2番機はしばらくすると不調だったエンジンが回復したため、2機の零観とともに予定通り第二十七駆逐隊の上空哨戒を行ない、6時にショートランドに帰って来た。この朝の大損害で、R方面航空部隊の使用可能機は水戦7機、零観11機、水偵3機となってしまった。

9時50分、ブイン基地からは三十一空および二空の九九艦爆9機が発進した。目標はルンガ泊地の米軍艦船だった。直掩は六空の零戦12機。指揮官は宮野善次郎大尉だった。11時45分、艦爆隊はルンガ泊地上空に達したが米艦船は見当たらず、米戦闘機の姿もなく、やむを得ず帰途についた。

一方、ヘンダーソン基地では12時に空襲警報が発令され、VMF-121のF4Fが5機発進していた。F4Fは高度7000メートルで艦爆6機と零戦2機を攻撃した。この空戦で米軍は艦爆の撃墜4機を報告。そして今回、遭遇した艦爆は今まで見たことのない機種で、複座、引き込み脚で米軍のSNJ（T-6テキサン練習機の海軍呼称）に似ており、低速だった。塗装は従来と同じ茶色だったが、ツヤがなく、F4Fの攻撃を受けると大型の爆弾を投棄したと報告している。

しかし艦爆隊の9機は全機が従来の九九艦爆であった。米軍が新型の艦爆と思い込んだのは12時20分に5機のF4Fの奇襲を受けて、滝田晟一飛機が行方不明になり、3機が被弾したと記録されている六空の零戦である。宮野善次郎大尉が率いていた1中隊、2中隊の零戦11機は反撃の暇もなかったのか撃墜戦果も報じていない。宮野隊はブインから飛来しているのでおそらくまだ米軍が見慣れない零戦三二型だったはずだ。テキサンも三二型も翼端を真っ直ぐに切り落としており、印象が似ている。米軍が投棄された大型爆弾と報告しているのは、F4Fの奇襲で零戦が切り離した落下増槽だと思われる。

ツヤのない茶色の塗装というのは、もともと明るいグレイの塗装だった六空の零戦に現地で迷彩を施したのだろう。六空が配備されていた新基地ブインは未だ防空体制に不備があり、空襲の危険が大きいので地上で目立つ明るいグレイの機体に急いで迷彩を施したのである。青い空、青い海を背景に見るオリーブグリーンの迷彩色は、赤みが引き立ち茶色く感じられたのだろう。

この日、第3爆撃航空群、第90爆撃飛行隊のB-25D型、ロバート・ミラー中尉機がガスマタ、ラエ、ブナ、方面の偵察に出たまま未帰還となった。機体の残骸は戦後、ラエの北方、スタンレー山系のココダ渓谷のそばで発見されたという。当時、ラエ基地には二空の零戦隊が派遣されており、28日にも邀撃戦果を報告している。二空の行動調書には10月30日の戦闘機隊の記録がない。またその後、部隊の名称が五八二空になってから10日間、部隊名称切り替えの混乱があったのか、11月11日までの行動調書が存在しない。そんなことから、もしかすると行動調書の記入漏れで、この30日も二空機が出撃していてB-25を撃墜していた可能性もないことはない。

21時、ショートランド基地から「山陽丸」の垣之内飛曹長が率いる零水偵2機が、それぞれ60キロ爆弾4発を搭載して発進、ガ島へと向かった。飛行場を夜間爆撃するのである。23時40分、ガ島上空で旋回するうち、橋本雅生一飛の2番機が分離してしまった。午前1時20分、1番機が飛行場に近づくと青灯が点き、次いで滑走路の形に照明灯が点灯した。基地では夜間攪乱作戦に飛んでいたVS-71のSBDマーフィー中尉機が帰ってきたのかと思ったようだ。垣之内は滑走路の南端に投弾。爆撃とともに灯は消えた。垣之内飛曹長は「飛行場西南に炎上箇所を認めたが、爆撃の効果は不明」と報告している。

米軍は1時30分に日本機が飛行場上空に飛来、緑色の照明弾を2発投下したと記録している。爆撃は効果がなかったどころか、米軍は爆弾が落とされたことにも気づいていない。

零水偵2番機は2時30分以来、消息不明となり、それきり帰って来なかった。米軍は撃墜戦果を報じていないので、橋本機は航法ミスか、故障で未帰還になったものと思われる。

明けて10月31日の9時、ラバウルでは単機飛来したB-17を邀撃するため、台南空の零戦4機が発進した。行動調書には、うち「2機が攻撃、左内側エンジンから黒煙を噴出させたが、撃墜には至らなかった」としるされている。交戦したのは偵察に飛来した第453爆撃飛行隊のイートン大尉機である。イートン機は11機の零戦による、計12回もの攻撃を受けたが、被害はまったくなく、射手が零戦2機を撃墜、1機を損傷させたと報告している。この日、台南空の零戦以外にもB-17の邀撃に発進した零戦隊があったのかも知れないが、いずれにしても台南空零戦2機の「左内側エンジンから黒煙を噴出」の報告は誤認だった。

この日、R方面航空部隊、第二飛行機隊の零観3機は前日の空戦で未帰還となった「山陽丸」の安部二飛曹機の捜索を兼ねて、ウィッハム泊地への宣伝ビラの散布を命じられた。

８時24分、「國川丸」の小柳中尉が率いる零観３機が曇り空に発進。ニュージョージア島の南沿岸を捜索したが安部機は見つからなかった。９時40分には連絡を命じられていたヴアンクス島の挺身輸送隊の基地付近に着水したが、基地員が見当たらない。挺身輸送隊とは大発を使った「蟻輸送隊」である。小柳隊はふたたび離水、今度はニュージョージア島の北岸を探したが、やはり安部機の姿はなかった。所命のビラ撒きは実施したのかどうか、戦闘詳報には記載がない。

11時45分、小柳隊は無事に帰還した。しかし与えられた任務を十分に果たすことはできなかった。同じ頃、雨の中を索敵哨戒のためショートランドからレカタへと飛んだ「讃岐丸」の零観３機も天候不良のため基地に引き返して来た。

10月の空戦で失われた零戦は54機、搭乗員は45名であった。一方、零戦が撃墜したと思われる連合軍機は、57機、その内訳はＦ４Ｆが39機（少なくともパイロット戦死21名）、ＳＢＤ艦爆が10機（少なくとも乗員12名）、ＴＢＦ艦攻２機（少なくとも乗員3名）、Ｂ-17重爆２機（乗員18名）、２機のＰ-39（2名）、Ｂ-25（6名）、Ｐ-４００（1名）、それぞれ1機であった。

零戦隊に限って言えば、戦果がかろうじて損害を上回っているが、空戦と対空砲火で失われた陸攻は14機（70名）、艦爆33機（66名）、艦攻31機（93名）、失われた搭乗員の総数は２２９名にも上った。10月上旬からの空戦で基地航空隊の兵力のおよそ三分の一が失われたのである。ヘンダーソン飛行場奪取にも失敗、10月の空の戦いは日本海軍の惨憺たる敗北に終わった。

そんな中でR方面航空部隊の水上機は基地防空や水上部隊の上空警戒に活躍、水戦３機（2名）、零観10機（10名）を失ったものの７機を撃墜している。米軍の損害記録にあるその内訳はＳＢＤ艦爆３機、Ｐ-４００、Ｂ-17（零観の体当たり）、Ｆ４Ｆ、各1機であった。撃墜数こそ少なかったが、数的にも性能的にも劣勢にあった水上機が米攻撃隊に空戦を挑んだことで、爆撃照準が妨げられ、艦船の被害が局限された。非力な水上機での見敵必戦、その勇気と献身による功績は計り知れない。

17年8月1日から、10月30日まで、ガ島航空戦の前半に空戦で失われた零戦は計98機、搭乗員の戦死は84名に上る。一方、撃墜戦果の合計は１１８機であった。うちＦ４Ｆは77機（38名）、Ｐ-４００が８機（5名）、Ｐ-40が５機（5名）、Ｐ-39が２機（2名）など、戦闘機の合計は92機（50名）だった。

10月上旬に完成したブイン基地も着々と整備が進み、増援の零戦隊も次々と到着。12月には雨季も終わり、ようやく零戦隊がガ島上空でその実力を発揮できる条件が整ってきた。

ガ島航空戦下巻につづく。

あとがき

本書に限らず、日本軍による航空戦を扱った拙著では連合軍機の防弾の強固さと、日本陸海軍機のもろさをたびたび述べており、この繰言にもはや辟易されている読者もいるのではないかと思う。しかし両軍の損害記録を調べていると、否が応でもこの事実に直面させられ、口惜しいやら腹立たしいやらで遣る瀬なく、ついつい書かずにはいられないのである。今回もどれだけ書いてしまったことか。

空戦で撃墜された記録を見つけると、筆者は戦死した搭乗員の氏名を特定して、損害リストに書き込む。海軍航空隊の猛者も人の子である。親は様々な思いを抱いて子供の名を考える。実に様々に名があるものだと思う。戦死者の名前を一人ずつ書き込みながら、戦死公報を受け取った家族の悲しみを思う。親は小さい頃の子供の様子を思い出すだろう。筆者も人の親なので、その気持ちはよくわかる。

すると、人の大切な息子を防弾、防火装備の一切ない飛行機に乗せて、強力な火器を搭載して防弾の完備した米軍機と対決させた責任はいったい誰にあるのか、何なのか、と、また新たな怒りが湧いてくる。零戦をはじめ、陸攻、艦爆、大艇にほんのわずかでも防弾への配慮があったら、どれほど多くの搭乗員がソロモン海の藻屑とならずに済んだのかと、つい考えてしまう。

昭和17年といえば、まだまだ日本海軍も絶体絶命の劣勢には陥っていなかった。海戦では何度か鮮やかな勝利も収めている。従ってガ島航空戦での連合軍航空機の損害記録を調べれば、零戦の無敵神話の裏付けがとれるのではないかと思い、本書の執筆に着手した。

だが調べてゆくと、日本海軍航空隊の零戦、陸攻、艦爆の損害リストは際限もなく長くなっていった。しかも、失われた機体の搭乗員はほとんどが戦死である。一方、連合軍機の損害リストも短くはないが、パイロットの多くが生還している。この違いはなんだ、と考え込んでしまい、またいつもの繰言が頭に浮かんでくる。

自爆して搭乗員全員が戦死した大型機の場合、リストには機長の氏名しかしるしていない。従って、実際の戦死者は、この長いリストに連ねられた数のさらに数倍にも昇る。もちろん、米軍の場合も同様である。

日米の戦死者の長い長いリストを見ていると、彼ら一人一人の個人名から、長い時を経てもまだ生々しい、命名した親たちの喪失感が感じられる。戦争というものの一端がほんの僅かだが垣間見れたような気持ちになる。

ガ島航空戦の下巻でも、また防弾防火の不備を嘆かざるをえないような記録に直面することになるだろう。太平洋での航空戦を描いてゆくと、この思いから逃れることはできないのである。

ガ島航空戦、航空機損害リスト

8月2日

11BG 26BS B-17E 41-2524 Lt Jhon W. Lancaster 浜空水戦と交戦、左外側エンジン損傷、発煙　ツラギ
11BG 42BS B-17E #216 Capt Messerschmitt　浜空水戦と交戦、14発被弾　負傷3名　ツラギ
19BG 30BS B-17E 41-2435 1st Lt William H.Watson　台南空零戦が撃墜　8名戦死、1名生還　ブナ
35FG 41FS P-400 AP290 2nd Lt Jess Dore.Jr.,　台南空零戦が撃墜　戦死　ブナ
35FG 41FS P-400 BX232 2nd Lt Jesse "Toughy" Hague　台南空零戦が撃墜　戦死　ブナ
台南空　二式陸偵　徳永有飛曹長　P-400が撃墜　3名戦死　ブナ
台南空　零戦　1小隊3番機　茂木義男三飛曹　B-17との空戦　被弾1発　ブナ
台南空　零戦　2小隊1番機　高塚寅一飛曹長　B-17との空戦　被弾1発　ブナ
台南空　零戦　2小隊2番機　松木進二飛曹　B-17との空戦　被弾1発　ブナ
台南空　零戦　2小隊3番機　本吉義男一飛　B-17との空戦で被弾後、行方不明　戦死　ブナ
台南空　零戦　3小隊1番機　坂井三郎一飛曹　B-17との空戦　被弾1発　ブナ
台南空　零戦　3小隊2番機　西浦国松二飛曹　B-17との空戦　被弾1発　ブナ
台南空　零戦　3小隊3番機　羽藤一志三飛曹　B-17との空戦　被弾1発　ブナ
四空　一式陸攻　1中隊2小隊3番機　関根一飛曹　対空砲火で行方不明　8名戦死　ポートモレスビー

8月4日

11BG 26BS　B-17E 41-9218 Lt Rush E.McDonald 浜空水戦の体当たりで撃墜　9名戦死　ツラギ
浜空　二式水戦　小林重人一飛　B-17に体当たり撃墜　戦死　ツラギ
台南空　九八陸偵　華廣恵隆二飛曹　P-40との空戦で行方不明　2名戦死　ラビ飛行場
35FG 39FS P-39F 41-7165 Maj Jack W.Berry　爆撃試験中、原因不明の墜落　戦死　ポートモレスビー

8月6日

VP-23 PBY-5 2389 Lt. Maurice S. Smith　索敵哨戒中に行方不明　原因不明　8名戦死　東部ソロモン
11BG 42BS B-17E Capt Stone ガ島爆撃後、燃料切れで着水　救助　エスピリツサント島北方

8月7日

11BG 431BS　B-17E 41-2426　Maj Marion Pharr 浜空の水戦が撃墜？　9名戦死　ガ島/ツラギ
VF-71 WASP F4F-4　4076 パイロット氏名不明　機械故障で墜落　救助　ツラギ
VF-71 WASP F4F-4　5103　Ens Thaddeua J. Cayoeski 台南空零戦が撃墜　救助　ツラギ
VF-71 WASP F4F-4　02111 パイロット氏名不明　着艦時、バリアに衝突　救助　ガ島沖
VB-71 WASP SBD-3 03317 Lt Dudley H. Adams　台南空零戦が撃墜　救助　ツラギ
VF-6 ENTERPRISE F4F-4　5236　Ens E.W.Cook　燃料切れ着水　行方不明　ツラギ
VF-6 ENTERPRISE F4F-4　5082　Lt(jg) G.E. Firebaugh 台南空零戦が撃墜　救助　ツラギ
VF-6 ENTERPRISE F4F-4　5235　Mach R.H.Warden 台南空零戦が撃墜　救助　ツラギ
VF-6 ENTERPRISE F4F-4　5228 Mach J.A.Achten　台南空零戦が撃墜　救助　ツラギ
VF-6 ENTERPRISE F4F-4　5068　APL/c E.T.Stephenson　台南空零戦が撃墜　行方不明　ツラギ
VF-6 ENTERPRISE F4F-4　5071 Mach P.L.Nagle　台南空零戦が撃墜??　行方不明　ツラギ
VF-5 SARATOGA　F4F-4 5128 Ens Chas L. Eichenburger　操縦ミスで墜落　救助　ツラギ
VF-5 SARATOGA　F4F-4 5133 l Lt J.J.Southerland 台南空零戦が撃墜　救助　ツラギ
VF-5 SARATOGA　F4F-4　5137　Lt(jg) C.A.Tabberer 台南空零戦が撃墜　行方不明　ツラギ
VF-5 SARATOGA　F4F-4　5154　Lt(jg) R.M. Holt 台南空零戦が撃墜　救助　ツラギ
VF-5 SARATOGA　F4F-4　5190　Ens R.L. Price 台南空零戦が撃墜　行方不明　ツラギ
VF-5 SARATOGA　F4F-4　5192 Ens J.R. Daly 台南空零戦が撃墜　救助　ツラギ
VS-2 SARATOGA SBD-3 03317 Ens.W.R.Bell 操縦ミス　行方不明　ガ島
台南空　零戦　1中隊2(12)小隊1番機　高塚寅一飛曹長　F4Fとの空戦で空中火災大破　ツラギ
台南空　零戦　1中隊2(12)小隊2番機　山下貞雄一飛曹　F4Fとの空戦で被弾4発　ツラギ
台南空　零戦　2中隊1(21)小隊2番機　吉田素綱一飛曹　F4Fとの空戦で行方不明　ツラギ
台南空　零戦　2中隊2(22)小隊3番機　西浦国松二飛曹　F4Fとの空戦で行方不明　ツラギ
台南空　零戦　3中隊2(32)小隊1番機　坂井三郎一飛曹　SBDとの空戦で被弾3発　ツラギ
四空　一式陸攻　1中隊1小隊2番機　森永忠雄一飛曹　F4Fとの空戦で不時着　ツラギ

四空　一式陸攻　2中隊1小隊2番機　川西凌二飛曹　F4Fとの空戦で自爆　7名戦死　ツラギ
四空　一式陸攻　2中隊1小隊3番機　宮崎昇一飛曹　F4Fとの空戦で不時着　ツラギ
四空　一式陸攻　2中隊2小隊3番機　本田望男一飛曹　F4Fとの空戦で自爆　7名戦死　ツラギ
四空　一式陸攻　2中隊3小隊2番機　安達梅男一飛曹　F4Fとの空戦で自爆　7名戦死　ツラギ
四空　一式陸攻　3中隊3小隊3番機　満谷守二飛曹　F4Fとの空戦で自爆　8名戦死　ツラギ
二空　九九艦爆　1小隊1番機　井上文刀大尉　燃料切れ　ショートランド沖不時着水　救助　ツラギ
二空　九九艦爆　1小隊2番機　佐藤清二三飛曹　ショートランド沖不時着水　行方不明　2名戦死　ツラギ
二空　九九艦爆　1小隊3番機　馬場貞彦一飛　対空砲火　自爆　2名戦死　ツラギ
二空　九九艦爆　2小隊1番機　桜井正男三飛曹　行方不明(または自爆)　戦死2名　ツラギ
二空　九九艦爆　2小隊2番機　大本勝三飛曹　行方不明(または自爆)　戦死2名　ツラギ
二空　九九艦爆　2小隊3番機　西山友二郎二飛　行方不明(または自爆)　戦死2名　ツラギ
二空　九九艦爆　3小隊1番機　太田源吾飛曹長　燃料切れ　ショートランド沖不時着水　救助　ツラギ
二空　九九艦爆　3小隊2番機　高橋幸治二飛曹　燃料切れ　ショートランド沖不時着水　救助　ツラギ
二空　九九艦爆　3小隊3番機　中本勢喜一飛　空戦　自爆　2名戦死　ツラギ
19BG 40BS B-17E 41-2429 "Why Don't We Do This More Often" Capt Pease　台南空零戦との空戦　8名戦死、2名捕虜　ラバウル
19BG B-17E 41-2536 Capt. Dougherty 零戦との空戦、被弾、射手1名が戦死、1名が負傷　ラバウル
19BG B-17E 41-2462 "Tojo's jinx" Capt Jacquet 零戦との空戦で被弾、射手1名が戦死、1名負傷　ラバウル
19BG 30BS B-17E 41-2617 Capt C. H. Hillhouse　ポートモレスビーを発進、原因不明の喪失　全員生還
台南空　搭乗員氏名不明　B-17との交戦で被弾　ラバウル
台南空　搭乗員氏名不明　B-17との交戦で被弾　ラバウル
台南空　搭乗員氏名不明　B-17との交戦で被弾　ラバウル
台南空　搭乗員氏名不明　B-17との交戦で被弾　ラバウル
11BG 98BS B-17E 41-9224 "Kai-O-Keleiwa" 1st Lt. Robert B. Loder　哨戒飛行の帰途、行方不明　9名戦死　ニューカレドニア沖
22BG 19BS B-26 40-1521"Yankee Clipper" 1st Lt. Duncan A. Seffern　航法ミスで喪失　2名戦死　ポートモレスビー東北東180キロ

8月8日

加古　零式水偵　山本薫飛曹長　SBDが撃墜　3名戦死　サンタイザベル島沖
台南空　零戦　2中隊2小隊1番機　大木芳男一飛曹　F4Fとの空戦で被弾1発　ツラギ
台南空　零戦　2中隊2小隊2番機　木村裕三飛曹　F4Fとの空戦で空戦で自爆　戦死　ツラギ
台南空　零戦　3中隊1小隊1番機　林谷忠中尉　F4Fとの空戦で行方不明　ツラギ
四空　一式陸攻　1中隊1小隊1番機　小谷仟大尉　空戦か対空砲火で未帰還　7名戦死　ツラギ
四空　一式陸攻　1中隊1小隊2番機　高橋竹範二飛曹　空戦か対空砲火で自爆　7名戦死　ツラギ
四空　一式陸攻　1中隊2小隊2番機　磯貝公二飛曹　空戦か対空砲火で未帰還　7名戦死　ツラギ
四空　一式陸攻　1中隊3小隊1番機　永岡栄二飛曹　空戦か対空砲火で未帰還　7名戦死　ツラギ
四空　一式陸攻　1中隊3小隊3番機　岡原正貴三飛曹　空戦か対空砲火で未帰還　7名戦死　ツラギ
四空　一式陸攻　2中隊1小隊1番機　藤田柏郎大尉　空戦か対空砲火で未帰還　7名戦死　ツラギ
四空　一式陸攻　2中隊1小隊3番機　中島武治二飛曹　空戦か対空砲火で未帰還　7名戦死　ツラギ
四空　一式陸攻　2中隊2小隊1番機　佐々木孝文中尉　空戦か対空砲火で自爆　7名戦死　ツラギ
四空　一式陸攻　2中隊2小隊2番機　岩窪国方二飛曹　空戦か対空砲火で自爆　7名戦死　ツラギ
四空　一式陸攻　2中隊2小隊3番機　今井章一一飛曹　空戦か対空砲火で自爆　7名戦死　ツラギ
四空　一式陸攻　2中隊3小隊2番機　土本清満二飛曹　空戦か対空砲火で未帰還　7名戦死　ツラギ
三澤空　一式陸攻　3中隊1小隊1番機　池田拡己大尉　空戦か対空砲火で未帰還　9名戦死　ツラギ
三澤空　一式陸攻　3中隊1小隊2番機　酒井新一郎二飛曹　空戦か対空砲火で未帰還　7名戦死　ツラギ
三澤空　一式陸攻　3中隊1小隊3番機　近田代蔵一飛曹　空戦か対空砲火で未帰還　7名戦死　ツラギ
三澤空　一式陸攻　3中隊2小隊1番機　鈴木忠雄少尉　空戦か対空砲火で未帰還　8名戦死　ツラギ
三澤空　一式陸攻　3中隊2小隊2番機　矢津田竢夫二飛曹　空戦か対空砲火で未帰還　7名戦死　ツラギ
三澤空　一式陸攻　3中隊3小隊1番機　山田貞一一飛曹　空戦か対空砲火で未帰還　7名戦死　ツラギ
三澤空　一式陸攻　3中隊1小隊3番機　神長英二郎三飛曹　空戦か対空砲火で不時着　救助　ツラギ

8月9日
19BG 93rd BS B-17E 41-2643 Lt Grundman　零戦が撃墜　9名戦死　カバンガ湾/ラバウル
7th BG 9th BS B-17E 41-2452 Capt Harry J. Hawthorne 零戦と交戦(ラバウル)　マラプラ島に不時着　救助
三澤空　一式陸攻　2中隊1小隊1番機　畦元一郎大尉　駆逐艦の対空砲火で自爆　8名戦死　ツラギ
三澤空　一式陸攻　2中隊1小隊2番機　岩崎弘一飛曹　駆逐艦の対空砲火で不時着　ツラギ
三澤空　一式陸攻　2中隊1小隊3番機　伊藤順平一飛曹　駆逐艦の対空砲火で自爆　8名戦死　ツラギ
クインシー SOC-1 9874　パイロット不明　母艦沈没で喪失　サボ島沖
クインシー SOC-3 1075　パイロット不明　母艦沈没で喪失　サボ島沖
クインシー SOC-1 9927　パイロット不明　母艦沈没で喪失　サボ島沖
クインシー SOC-1 9933　パイロット不明　母艦沈没で喪失　サボ島沖
クインシー SON-1 1151　パイロット不明　母艦沈没で喪失　サボ島沖
ヴィンセンス SOC-1 9946　パイロット不明　母艦沈没で喪失　サボ島沖
ヴィンセンス SOC-2 0389　パイロット不明　母艦沈没で喪失　サボ島沖
ヴィンセンス SOC-3 1123　パイロット不明　母艦沈没で喪失　サボ島沖
アストリア　SOC-3 1072　パイロット不明　母艦沈没で喪失　サボ島沖
アストリア　SON-1 1087　パイロット不明　母艦沈没で喪失　サボ島沖
アストリア　SON-1 1155　パイロット不明　母艦沈没で喪失　サボ島沖
アストリア　SON-1 1156　パイロット不明　母艦沈没で喪失　サボ島沖
ソルトレイクシティー　SOC-1 9955　パイロット不明　母艦被弾で喪失　サボ島沖

8月11日
75 Sqn P-40E-1 41-36237 A29-123 F/O Mark Ernest Sheldon 台南空零戦が撃墜　戦死　ミルン湾
76Sqn P-40E-1 41-25168 A29-93 F/O Albert Gordon McLeod　台南空零戦が撃墜　行方不明　ミルン湾
76Sqn P-40E-1 41-25112 A29-84 F/Sgt George Frederick Inkster　台南空零戦が撃墜　戦死　ミルン湾
76Sqn P-40E 41-5525 A29-36 Sgt Shelly　台南空零戦が撃墜　行方不明　フォール川
台南空　零戦　2中隊1小隊2番機　米川正吾二飛曹　P-40との空戦で被弾、着水機体沈没　救助　ラビ飛行場
台南空　零戦　2中隊1小隊3番機　羽藤一志三飛曹　P-40との空戦で1発被弾　ラビ飛行場
台南空　零戦　2中隊2小隊2番機　松木進二飛曹　P-40との空戦で1発被弾　ラビ飛行場
台南空　零戦　2中隊2小隊3番機　遠藤桝秋三飛曹　P-40との空戦で1発被弾　ラビ飛行場

8月13日
台南空　零戦　村田功中尉　B-17と交戦で自爆　戦死　ワードフント岬
22nd BG 2nd BS B-26 "Sally Rand" 40-1492 1st Lt. Harry O. Patteson　台南空零戦との空戦で不時着　6名負傷、1名戦死　ゴナ沖
台南空　零戦　四直3小隊2番機　柿本圓次二飛曹　B-26との空戦で1発被弾　ゴナ沖

8月14日
435BS B-17E "Chief Seattle" 41-2656 Lt Wilson L.Cook　台南空零戦が撃墜　9名戦死　ラエ
台南空　零戦　一直1小隊2番機　山崎市郎平二飛曹　B-17との空戦で2発被弾　ラエ
台南空　零戦　一直2小隊1番機　大野竹好中尉　B-17との空戦で右翼大破、全損　ラエ
台南空　零戦　一直2小隊3番機　新井正美三飛曹　B-17との空戦で自爆　戦死　ワードフント岬
台南空　零戦　一直3小隊3番機　二宮喜八一飛　B-17との空戦で1発被弾　ラエ

8月16日
VP-23 PBY-5 Plane No. 23-P-14 Lt.(jg) Leo P. Riester　喪失原因不明　ツラギ環礁

8月17日
台南空　2中隊2小隊2番機　徳重宣男二飛曹　原因不明、自爆　戦死　スルミ付近
浜空　九七大艇　藤原友三郎飛曹長　B-17と空戦で被弾、エンジン1基停止　D3番索敵線

8月19日
十四空　二式大艇　阿多飛曹長　カタリナとの空戦で4発被弾、1名重傷　D4番索敵線
二空　九九艦爆　植松元二飛　輸送船団上空警戒中に自爆　2名戦死　ラバウル湾外

8月20日
98BS B-17E 41-9211 Capt Walter Lucas 九七大艇小川機との交戦で被弾10発　ガ島南方
十四空　九七大艇　山下宏一飛曹　B-17との交戦　発火、着水　3名戦死　D3番索敵線、サンタイサベル島
十四空　九七大艇　田口岩雄飛曹長　ワスプ哨戒索敵機との交戦　被弾5発　D2番索敵線、ガ島島南東

8月21日
浜空　九七大艇　徳永藤一飛曹長　行方不明　ワスプ哨戒索敵機との交戦0950　12名戦死　ガ島南方
VMF-223 F4F-4 02101 T/Sgt Jhon S.Lindley　台南空零戦との交戦　被弾エンジン停止帰還　ガ島
VMF-223 F4F-4 02077 2nd Lt Ches Kendrick　台南空零戦との交戦　被弾エンジン停止帰還　ガ島
RAAF 2Sqn Hudson A16-209 F/O Sidney G Wadey　三空零戦との交戦　墜落　戦死4名、1名救助　アンボン
三空　零戦　江口正徳二飛曹　ハドソン邀撃　自爆戦死　アンボン

8月22日
十四空　九七大艇　井上章飛曹長　F4Fとの空戦で行方不明　8名戦死　D1番索敵線、ガ島西方

8月23日
RAAF 75Sqn P-40-E　F.Lt Frank Coker 台南空零戦の20ミリ命中で胴体に軽微な損傷を被る　ミルン湾
台南空　零戦　1中隊2小隊3番機　山崎市郎平二飛曹　大破　着陸事故と思われる　ブナ
ワスプ VF-71 F4F-4 5031 パイロット氏名不明　空戦で喪失　墜落地点不明
ホーネット(ワスプ?) VS-72　SBD-3 03334 パイロット氏名不明　空戦で喪失　墜落地点不明

8月24日
9V37 PB5Y 23-P-9 Lt Leo B.Riester 千歳零観の攻撃で被弾、副操縦士戦死　東部ソロモン
5V37 PB5Y 23-P-5 Ens Gale C. Burkey　龍驤零戦の7.7ミリ12ないし15発被弾　東部ソロモン
VMF-223 F4F-4 5158　Lt Read 龍驤零戦との空戦で墜落　着水、救助　フロリダ島沖3キロ
VMF-223(212) F4F-4 02084 2nd Lt Lawrence C.Tayler 龍驤零戦との空戦で墜落　行方不明　ガ島
VMF-223　F4F-4 02095 2nd Lt Elwood R.Bailey 龍驤零戦との空戦で落下傘降下　行方不明　ツラギ上空
VMF-223　F4F-4 2nd Lt Fred E.Gutt　龍驤零戦との空戦で被弾、左腕と脚に負傷　ガ島
VMF-223　F4F-4 02061 2nd Lt Ches M. Freaman　作戦中の機械故障で喪失　救助　ガ島
龍驤　零戦　遊撃隊11小隊2番機　奥村武雄一飛曹　F4Fとの空戦で不時着　救助、生還　ガ島
龍驤　零戦　遊撃隊13小隊3番機　石原掌司一飛　F4Fとの空戦で行方不明　ガ島
龍驤　零戦　遊撃隊14小隊2番機　四元千敏二飛曹　F4Fとの空戦で被弾、燃料噴出　ガ島
龍驤　九七艦攻　攻撃隊2小隊1番機　西村宏一飛曹　F4Fとの空戦で自爆　3名戦死　ガ島
龍驤　九七艦攻　攻撃隊2小隊2番機　藤井修二飛曹　F4Fとの空戦で自爆　3名戦死　ガ島
龍驤　九七艦攻　攻撃隊2小隊3番機　玉井美一一飛曹　F4Fとの空戦で自爆　3名戦死　ガ島
エンタープライズ　VT-3 TBF-1 00446 Ens Robert J. Bye 瑞鶴艦爆と交戦(燃料切れ?)、着水　救助　東部ソロモン
エンタープライズ　VT-3 TBF-1 00426 Lt J.H.Myers 零戦と交戦、被弾、2名負傷、機体全損　東部ソロモン
エンタープライズ　VT-3 TBF-1 00418 Mach H.L.Corl 龍驤零戦が撃墜、2名戦死1名救出　東部ソロモン
エンタープライズ　VT-3 TBF-1 00433　Ens E.L.Gingaman 瑞鶴零戦との空戦で着水　救助　東部ソロモン
エンタープライズ　VS-5 SBD-3 4561 Ens J.R.Jorgenson 空戦で喪失(燃料切れ?)、着水　救助　東部ソロモン
エンタープライズ　VS-5 SBD-3 03309 Ens R.D.Gibson 空戦で喪失(燃料切れ?)　着水　救助　東部ソロモン
サラトガ　VS-3またはVB-8 SBD-3 Ens Behr　龍驤零戦の攻撃で被弾、脚に軽傷　帰艦　東部ソロモン
サラトガ VT-8 TBF-1 Ens Divine 龍驤零戦の攻撃で被弾　帰艦　東部ソロモン
浜空　二式大艇　阿多清水飛曹長　サラトガF4Fとの空戦で自爆　7名戦死　東部ソロモン
筑摩　零式三座水偵　福山少尉　エンタープライズF4Fとの空戦で自爆　3名戦死　東部ソロモン
サラトガ VF-5　F4F-4 02072 Lt M.F. Dufilho 零戦が撃墜　行方不明　東部ソロモン

サラトガ　VF-5 F4F-4 02044 Lt R.E.Harmer 艦爆と交戦被弾、脚部負傷、着艦失敗で喪失　救助　東部ソロモン
サラトガ VF-5 F4F-4 02078 Lt(jg) J.C.Smith 零戦が撃墜　行方不明　東部ソロモン
サラトガ VF-5 F4F-4 02080 Ens H.A.Bass 零戦が撃墜　行方不明　東部ソロモン
サラトガ VF-5 F4F-4 02066 Lt Loeach 着艦失敗で喪失　救助　東部ソロモン
エンタープライズ VF-6 F4F-4 5222　Lt Albert O.Vorse 零戦が撃墜(燃料切れで着水)　救助　東部ソロモン
エンタープライズ VF-6 F4F-4 02083　MM1/c Beverly W.Reid 零戦が撃墜　行方不明　東部ソロモン
エンタープライズ VF-6 F4F-4 5049　MM1/c Doyle C.Barnes 米艦対空砲の誤射　行方不明　東部ソロモン
エンタープライズ VF-6 F4F-4 02062　Ens Richard M.Disque 空戦で被弾、着艦失敗で喪失　救助　東部ソロモン
瑞鶴　零戦　14小隊2番機　坂井田五郎二飛曹　F4Fとの空戦で自爆　戦死　東部ソロモン
瑞鶴　零戦　14小隊3番機　大久保敏春二飛曹　F4Fとの空戦で自爆　戦死　東部ソロモン
瑞鶴　零戦　15小隊1番機　牧野茂一飛曹　F4Fとの空戦で自爆　戦死　東部ソロモン
瑞鶴　零戦　搭乗員氏名不明　不時着水　搭乗員は筑摩に救助される　東部ソロモン
瑞鶴　九九艦爆　1小隊1番機　大塚礼次郎大尉　サラトガ攻撃中に自爆　2名戦死　東部ソロモン
瑞鶴　九九艦爆　1小隊2番機　白倉耕太一飛曹　サラトガ攻撃中に自爆　2名戦死　東部ソロモン
瑞鶴　九九艦爆　1小隊3番機　前野廣二飛曹　サラトガ攻撃帰途に着水　2名救助　東部ソロモン
瑞鶴　九九艦爆　2小隊1番機　中村吾郎中尉　サラトガ攻撃中に自爆　2名戦死　東部ソロモン
瑞鶴　九九艦爆　2小隊2番機　引宇根幸雄二飛曹　サラトガ攻撃中に自爆　2名戦死　東部ソロモン
瑞鶴　九九艦爆　2小隊3番機　川口俊光一飛　サラトガ攻撃中に自爆　2名戦死　東部ソロモン
瑞鶴　九九艦爆　3小隊1番機　佐野進飛曹長　サラトガ攻撃中に自爆　2名戦死　東部ソロモン
瑞鶴　九九艦爆　3小隊2番機　小林忠夫一飛曹　サラトガ攻撃中に自爆　2名戦死　東部ソロモン
瑞鶴　九九艦爆　3小隊3番機　松本芳郎三飛曹　サラトガ攻撃中に自爆　2名戦死　東部ソロモン
翔鶴　九九艦爆　20小隊3番機　佐々木三男三飛曹　エンタープライズ攻撃後に空戦で自爆　2名戦死　東部ソロモン
翔鶴　九九艦爆　21小隊3番機　加藤政也二飛曹　エンタープライズ攻撃中に自爆　2名戦死　東部ソロモン
翔鶴　九九艦爆　22小隊1番機　本山泰之中尉　エンタープライズ攻撃後に空戦で自爆　2名戦死　東部ソロモン
翔鶴　九九艦爆　22小隊3番機　堀江一充二飛曹　エンタープライズ降爆中対空砲火で自爆　2名戦死　東部ソロモン
翔鶴　九九艦爆　23小隊1番機　荒金政喜飛曹長　爆撃中の対空砲火か爆撃前の空戦で自爆　2名戦死　東部ソロモン
翔鶴　九九艦爆　23小隊2番機　原島正義三飛曹　爆撃中の対空砲火か爆撃前の空戦で自爆　2名戦死　東部ソロモン
翔鶴　九九艦爆　23小隊3番機　青木豊二郎二飛曹　爆撃中の対空砲火か爆撃前の空戦で自爆　2名戦死　東部ソロモン
翔鶴　九九艦爆　27小隊3番機　田中廣吉二飛曹　エンタープライズ攻撃後に空戦で自爆　2名戦死　東部ソロモン
翔鶴　九九艦爆　28小隊2番機　白井五郎一飛曹　エンタープライズ降爆中対空砲火で自爆　2名戦死　東部ソロモン
翔鶴　九九艦爆　28小隊3番機　三木勇二飛曹　空戦で被弾後エンタープライズに体当たり　2名戦死　東部ソロモン
翔鶴　九九艦爆　搭乗員氏名不明　エンタープライズ攻撃中に被弾　東部ソロモン
翔鶴　九九艦爆　搭乗員氏名不明　エンタープライズ攻撃中に被弾　東部ソロモン
翔鶴　九九艦爆　搭乗員氏名不明　エンタープライズ攻撃中に被弾　東部ソロモン
翔鶴　九九艦爆　搭乗員氏名不明　エンタープライズ攻撃中に被弾　東部ソロモン
翔鶴　零戦　制空隊17小隊4番機　林茂一飛　F4Fとの空戦で自爆　戦死　東部ソロモン
翔鶴　零戦　制空隊17小隊　搭乗員氏名不明　不時着水　救助　東部ソロモン
瑞鶴　九九艦爆　3小隊2番機　杉村敏雄二飛曹　第二次攻撃隊帰途に行方不明　2名戦死　東部ソロモン
瑞鶴　九九艦爆　搭乗員氏名不明　第二次攻撃隊帰途に不時着水　2名救助　東部ソロモン
翔鶴　九九艦爆　25小隊1番機　池田四蔵中尉　第二次攻撃隊帰途に行方不明　東部ソロモン
翔鶴　九九艦爆　25小隊2番機　川井裕二飛曹　第二次攻撃隊帰途に行方不明　東部ソロモン
翔鶴　九九艦爆　25小隊3番機　江上昇太二飛曹　第二次攻撃隊帰途に行方不明　東部ソロモン

11BG B-17E 41-9060　パイロット氏名不明　艦船の対空砲火で水平安定板を損傷交換　東部ソロモン
11BG B-17E 41-2527　パイロット氏名不明　艦船の対空砲火で損傷、弾痕多数を修理　東部ソロモン
11BG B-17E　パイロット氏名不明　艦船の対空砲火で損傷　東部ソロモン
11BG B-17E　パイロット氏名不明　艦船の対空砲火で損傷　東部ソロモン
翔鶴　零戦　13小隊1番機　萩原二男一飛曹　上空哨戒中B-17と交戦、4発被弾　発動機油漏洩　東部ソロモン
翔鶴　零戦　14小隊2番機　岩城芳雄一飛曹　上空哨戒中に双発機と交戦、自爆　戦死　東部ソロモン
翔鶴　零戦　18小隊2番機　谷口正夫一飛曹　上空哨戒中B-17と交戦、1発被弾　東部ソロモン
瑞鶴　零戦　搭乗員氏名不明　上空哨戒中に空戦　1発被弾　東部ソロモン
サラトガ VT-8 TBF-1 00395 Ens J.Taurman 艦船の対空砲火で損傷?、着水　救助　東部ソロモン
サラトガ VT-8 TBF-1 00396 Lt(jg) E.L.Fayle 翔鶴零戦と交戦、被弾後、燃料切れ着水　救助　東部ソロモン
エンタープライズ　VS-5 SBD-3 03290 Lt(jg) Howard 発艦後、機械故障により喪失、救助　東部ソロモン
エンタープライズ　VT-3 TBF-1 00419 Ens E.B.Holley 着艦事故(アイランドに衝突)で喪失　東部ソロモン
19BG 435BS LB-30 AL515 Capt Frederick 'Fred' C. Eaton, Jr.　零戦の掃射で地上で炎上　ガーニー飛行場
台南空　零戦　搭乗員不明　空戦で被弾　帰還　ラビ飛行場
台南空　零戦　搭乗員不明　空戦で被弾　帰還　ラビ飛行場

8月25日

エンタープライズ VS-6 SBD-3 Ens W.E.Brown 駆逐艦攻撃中に不時着水　行方不明　マライタ島沿岸
浜空　九七大艇　藤原友三郎飛曹長　F4Fと交戦被弾40発、戦死、重傷各1名、帰還後に浸水座礁　東部ソロモン
十四空　二式大艇　伊藤特務少尉　ワスプVS-71のSBD艦爆と交戦して喪失　戦死9名　東部ソロモン
愛宕　零式三座水偵　中村飛曹長　ワスプVS-71のSBD艦爆と交戦して喪失　3名戦死　東部ソロモン
愛宕　零式三座水偵　安達飛曹長　ワスプVS-71のSBD艦爆と交戦して喪失　3名戦死　東部ソロモン
VMF-212 MF-1 02061 2nd Lt Freeman　操縦装置の故障で落下傘降下　救助　ガ島

8月26日

8FG 80FS P-400 Lt Gerald Roberts 空戦(または対空砲火)で撃墜　負傷、救出　ブナ
台南空　零戦　1小隊2番機　山崎市郎平二飛曹　空戦で不時着大破、軽傷　ブナ
台南空　零戦　1小隊三番機　中野鈔三飛曹　空戦で自爆　戦死　ブナ
二空　零戦 Q102　1番機　角田和男飛曹長　空戦で被弾10発　ブナ
二空　零戦　2番機　岩瀬毅一一飛曹　空戦で自爆　戦死　ブナ
二空　零戦　3番機　井原大三三飛曹　空戦で自爆　戦死　ブナ
VMF-223 F4F-4 03405 2nd Lt Roy A.Corry 爆撃機の十字砲火に捕捉されて墜落　行方不明　ガ島
台南空　1中隊1小隊1番機　笹井醇一中尉　空戦で自爆　戦死　ガ島
台南空　1中隊1小隊2番機　大木芳男一飛曹　空戦で被弾3発　ガ島
台南空　1中隊2小隊1番機　結城國輔中尉　空戦で自爆　戦死　ガ島
台南空　1中隊2小隊3番機　熊谷賢一三飛曹　空戦で自爆　戦死　ガ島
三澤空　一式陸攻　1中隊1小隊1番機　中村友男大尉　空戦で被弾、不時着大破　ガ島
木更津空　一式陸攻　2中隊1小隊1番機　庄司正見大尉　被弾、ブカ島に不時着大破　3名戦死　ガ島
木更津空　一式陸攻　2中隊1小隊2番機　幡野久二飛曹　空戦で自爆　7名戦死　ガ島
木更津空　一式陸攻　2中隊1小隊3番機　木村高治一飛曹　空戦で自爆　7名戦死　ガ島
木更津空　一式陸攻　搭乗員不明　空戦で被弾　ガ島
木更津空　一式陸攻　搭乗員不明　空戦で被弾　ガ島
木更津空　一式陸攻　搭乗員不明　空戦で被弾　ガ島
木更津空　一式陸攻　搭乗員不明　空戦で被弾　ガ島
VP-14 PBY-5 2360 Lt(jg) Robert B.Clark 瑞鶴零戦が撃墜　乗員の安否は不明　東部ソロモン
浜空　九七大艇　上野貢飛曹長　B-17と交戦被弾　戦死1名、負傷1名　東部ソロモン
19BG　93BS　B-17F-1-BO 41-24354　Capt Clyde H. Webb Jr　艦船の対空砲火で撃墜　9名戦死　ミルン湾

8月27日

十四空　二式大艇　林中尉　ワスプVF-71のF4Fとの空戦で喪失　10名戦死　東部ソロモン
二空　零戦　１番機　大野竹好中尉　空戦で被弾、大破　ブナ
二空　零戦　２番機　松田武男三飛曹　空戦で行方不明　戦死　ブナ
435BS B-17　パイロット氏名不明　零戦の攻撃で被弾、酸素システム破損　ブナ
RAAF 75FS P-40 E-1 A29-108 P/O Stuart Munro　台南空零戦、または艦爆が撃墜　戦死　ミルン湾
台南空　零戦　１小隊１番機　山下丈二大尉　対空砲火被弾後、空戦で海中に墜落、戦死　ラビ
台南空　零戦　１小隊３番機　二宮喜八一飛　P-40との空戦で喪失　戦死　ラビ
台南空　零戦　３小隊１番機　山下貞雄一飛曹　P-40との空戦で喪失　戦死　ラビ
台南空　零戦　３小隊２番機　柿本圓次二飛曹　対空砲火被弾、着水　捕虜　ラビ
二空　九九艦爆　２小隊１番機　吉永浩中尉　空戦で自爆　戦死２名　ラビ東方
二空　九九艦爆　３小隊２番機　小山田正実一飛　戦闘機２機と交戦後、自爆　戦死２名　ラビ東方沖
RAAF 76FS P-40E-1 A29-92 SL Peter St George Bruce Turnbull　対地攻撃中に墜落　戦死　ミルン湾

8月28日
翔鶴　零戦　直接掩護隊16小隊３番機　高須賀満美三飛曹　着陸事故　戦死　ブカ基地
瑞鶴？　零戦　B-17の爆撃で損傷　ブカ基地
瑞鶴？　零戦　B-17の爆撃で損傷　ブカ基地
瑞鶴？　零戦　B-17の爆撃で損傷　ブカ基地
瑞鶴？　零戦　B-17の爆撃で損傷　ブカ基地

8月29日
VMF-223　F4F-4 02075 2nd Lt Lugene Trowbridge 空戦で被弾エンジン停止滑空着陸、全損　ヘンダーソン基地
VMF-223　F4F-4 2nd Lt Zenneth A.Pond　空戦で被弾エンジン停止、滑空着陸　ヘンダーソン基地
VMF-223　F4F-4 02086　爆撃で喪失　ヘンダーソン基地
VMF-223　F4F-4 02087　爆撃で喪失　ヘンダーソン基地
翔鶴　零戦　制空隊２小隊３番機　井石清次二飛曹　F4Fと交戦、自爆　戦死　ガ島
木更津空　一式陸攻　２中隊２小隊１番機　山本春雄飛曹長　F4Fと交戦、自爆　８名戦死　ガ島
木更津空　一式陸攻　２中隊２小隊２番機　栗原広治二飛曹　F4Fと交戦、不時着大破　全員救助　ブカ島
二空または台南空　零戦　P-400の対地攻撃で炎上　ブナ基地
二空または台南空　零戦　P-400の対地攻撃で炎上　ブナ基地
二空　艦爆　P-400の対地攻撃で炎上　ブナ基地
輸送機　P-400の対地攻撃で炎上　ブナ基地

8月30日
347FG 67(339)FS P-400 1st Lt Keith W.Wythes　零戦との空戦で行方不明　ヘンダーソン基地上空
347FG 67FS P-400 1st Lt Robert E. Chilson 零戦との空戦で行方不明　ヘンダーソン基地上空
347FG 67FS P-400 Lt Pete Childress 零戦に撃墜される、落下傘降下、生還　ヘンダーソン基地上空
347FG 67FS P-400 Lt Dillon 零戦に撃墜される、落下傘降下、生還　ヘンダーソン基地上空
347FG 67FS P-400 Capt Jhon Thompson 零戦との空戦で15発被弾、負傷、生還　ヘンダーソン基地上空
翔鶴　零戦　制空隊１小隊１番機　新郷英城大尉　F4Fとの空戦で不時着水　生還　ガ島、カミンボ岬沖
翔鶴　零戦　制空隊３小隊１番機　中本公一飛曹　F4Fとの空戦で行方不明　戦死　ガ島
翔鶴　零戦　制空隊３小隊２番機　田中喜蔵三飛曹　F4Fとの空戦で行方不明　戦死　ガ島
瑞鶴　零戦　住田剛飛曹長機　F4Fとの空戦で行方不明　戦死　ガ島
瑞鶴　零戦　中馬輝定一飛曹　F4Fとの空戦で行方不明　戦死　ガ島
瑞鶴　零戦　粟生稔三飛曹　F4Fとの空戦で行方不明　戦死　ガ島
翔鶴　零戦　直接掩護隊　４小隊２番機　川西仁一郎一飛曹　原因不明、落下傘降下後、行方不明　戦死　ガ島
翔鶴　零戦　直接掩護隊　５小隊１番機　萩原二男一飛曹　原因不明の喪失　戦死　ガ島

8月31日
VMF-224 F4F-4 02104 2nd Lt G.E.Thompson　作戦中、酸素システム故障　行方不明　ガ島
VMF-224 F4F-4 02122 2nd Lt C.E.Bryans　作戦中、酸素システム故障　行方不明　ガ島

VMF-224 F4F-4 03438 2nd Lt R.R.Amarine　作戦中、酸素システム故障　救出　ガ島
浜空　九七大艇　上野貢飛曹長　哨戒中に行方不明(空戦による喪失と推測されている)　10名戦死　東部ソロモン
ワスプ　VF-71 F4F-4 02133 パイロット氏名不明　空戦で喪失　南太平洋
ワスプ　VS-71 SBD-3 03336 パイロット氏名不明　空戦で喪失　南太平洋
山陽丸　零観56号　松永喜三男飛曹長　B-17との交戦で被弾1発　帰還　ショートランド

9月1日

35FG 41FS P-400 BX146 2ndLt George T. Helveston　作戦中喪失、落下傘降下　救助　東部ニューギニア

9月2日

台南空　零戦　1中隊1小隊3番機　国分武一三飛曹　空戦で行方不明　ガ島
台南空　零戦　1中隊3小隊3番機　山本健一郎一飛　空戦で行方不明　ガ島
木更津空　一式陸攻　搭乗員不明　空戦で被弾　軽傷1名　ガ島
三澤空　一式陸攻　搭乗員不明　空戦で被弾　生還　ガ島
三澤空　一式陸攻　搭乗員不明　空戦で被弾　生還　ガ島

9月3日

二空　九九艦爆　1小隊1番機　太田源吾飛曹長　悪天候のため行方不明　2名戦死　ラビ
二空　九九艦爆　1小隊2番機　掘三男三飛曹　悪天候のため行方不明　2名戦死　ラビ
二空　九九艦爆　1小隊3番機　丸山武一飛　悪天候のため行方不明　2名戦死　ラビ

9月4日

3BG 13BS B-25C 41-12480 1st Lt. Hubert J. Rapp ミルン湾攻撃の帰途、左エンジン故障で行方不明　5名戦死　東部ニューギニア
3BG 13BS B-25C "The Queen" 41-12472 Capt Gustave M.Heiss　ミルン湾攻撃の帰途、事故で着水　救助　東部ニューギニア

9月5日

VMF-224 F4F-4 5074　Lt Robert Jaffries 日本軍小火器の対空射撃で撃墜　戦死　ガ島
VMF-224 F4F-4 5096　S/Sgt Clifford D.Garrabrant 空戦で行方不明　ガ島
VMF-224 F4F-4 02076 Major Robert E.Galer　空戦で被弾エンジン停止、着陸したが全損　生還　ガ島
VMF-223 F4F-4 Major Morrell　空戦で被弾エンジン停止、着陸したが全損　負傷　ガ島
VMF-223 F4F-4 2ndLt Z.R.Ponds 11A　空戦で被弾エンジン停止、着陸したが全損　生還　ガ島
千歳空　一式陸攻　3小隊3番機　鍋倉良一二飛曹　空戦で行方不明　戦死7名　ガ島
千歳空　一式陸攻　搭乗員不明　空戦で被弾　生還　ガ島
千歳空　一式陸攻　搭乗員不明　空戦で被弾　生還　ガ島
三澤空　一式陸攻　搭乗員不明　空戦で被弾　生還　ガ島
木更津空　一式陸攻　搭乗員不明　空戦で被弾　軽傷1名　ガ島
木更津空　一式陸攻　搭乗員不明　空戦で被弾　生還　ガ島
木更津空　一式陸攻　搭乗員不明　空戦で被弾　生還　ガ島
東港空　九七大艇　2番機　貴島政明予備中尉　PBY-5との空戦で未帰還　戦死8名　ショートランド94度450浬
讃岐丸　零観、三菱65号　搭乗員不明　離水事故、転覆大破　ショートランド

9月6日

東港空　九七大艇　高橋幸蔵飛曹長　B-17とカタリナとの空戦で36発被弾　東部ソロモン
東港空　九七大艇　東崎留記一飛曹　B-17と交戦1発被弾　軽傷1名　東部ソロモン
8FG 80FS P-400 AP359 Capt. Francis M. Potts　地上攻撃中、低空で落下傘降下　戦死　マイオラ湖

9月7日

11BG 42BS B-17E 41-2420"Bessie The Jap Basher" 1stLt Charles E. Norton 九七大艇との交戦で被弾、第一エンジンから発火　E2番索敵線

浜空　九七大艇　搭乗員不明　B-17との交戦で被弾　E２番索敵線
木更津空　一式陸攻　２中隊1小隊２番機　小川金之助一飛曹　対空砲火で被弾　不時着大破　ラエ
木更津空　一式陸攻　搭乗員不明　対空砲火で被弾　生還　ポートモレスビー
木更津空　一式陸攻　搭乗員不明　対空砲火で被弾　生還　ポートモレスビー
三澤空　一式陸攻　１中隊２小隊２番機　田中市治二飛曹　対空砲火で被弾、ラエに不時着　ラエ
三澤空　一式陸攻　１中隊１小隊２番機　高田康治一飛曹　対空砲火で被弾　重傷１名　ココダ
三澤空　一式陸攻　搭乗員不明　対空砲火で被弾　生還　ポートモレスビー
三澤空　一式陸攻　搭乗員不明　対空砲火で被弾　生還　ポートモレスビー
三澤空　一式陸攻　搭乗員不明　対空砲火で被弾　生還　ポートモレスビー
三澤空　一式陸攻　搭乗員不明　対空砲火で被弾　生還　ポートモレスビー
千歳空　一式陸攻　搭乗員不明　対空砲火で被弾　負傷１名　ポートモレスビー
千歳空　一式陸攻　搭乗員不明　対空砲火で被弾　生還　ポートモレスビー
千歳空　一式陸攻　搭乗員不明　対空砲火で被弾　生還　ポートモレスビー

9月8日

11BG 42BS B-17E "Stingaree" 41-9071 Capt Robert H.Richards　九七大艇が撃墜　10名戦死　レンドヴァ島
東港空　九七大艇　鈴木充由特務少尉　B-17との交戦で４発被弾　生還　レンドヴァ島
東港空　九七大艇　松本憲有大尉　PBY-5との交戦で被弾　生還　東部ソロモン
讃岐丸　零観三菱176号　１番機　高野裕大尉　SBDと交戦、自爆　２名戦死　ツラギ
67FS P-400 Lt V.L.Head　離陸事故、機体は全損　軽傷　ヘンダーソン基地
VMF-224 F4F-4　2nd Lt R.M.D'Arcy 離陸事故で全損　ヘンダーソン基地
VMF-224 F4F-4　2ndLt A.H.Jhonson 着陸事故で全損　ヘンダーソン基地
VMF-223 F4F-4　2ndLt C.R.Jeans 着陸事故で全損　ヘンダーソン基地
VMF-223 F4F-4　2nd Lt C.S.Hughes 着陸事故で全損　ヘンダーソン基地
VMF-223 F4F-4　2nd Lt W.S.Lees 着陸事故で全損　ヘンダーソン基地

9月9日

VMF-223　F4F-4 02100　Lt Marion E.Carl　零戦が撃墜　救助　ガ島
VMF-223　F4F-4 02099　Lt Canfield 零戦が撃墜　救助　ガ島
VMF-224　F4F-4 2516 Lt J.M.Jones 零戦が撃墜　行方不明　ガ島
千歳空　一式陸攻　３中隊３小隊２番機　阿部喜代美一飛曹　空戦で自爆　戦死８名　ガ島
千歳空　一式陸攻　３中隊２小隊３番機　立石厚一飛曹　空戦で被弾、ブカに不時着　軽傷３名　ブカ
三澤空　一式陸攻　３中隊２小隊２番機　高田康治二飛曹　空戦で行方不明　戦死７名　ガ島
三澤空　一式陸攻　３中隊３小隊１番機　伊藤隆三一飛曹　空戦で被弾　ガ島
VP-11 PBY-5　11-P-1　Lt(jg) George Enloe　艦船の対空砲火で被弾？　沈没　救助　サンタクルーズ島グラシオサ湾
11BG 42BS B-17E 41-2420"Bessie The Jap Basher" 1stLt Charles E. Norton 大艇との交戦で被弾　負傷1名　東部ソロモン
東港空　九七大艇　遠藤庄作特務中尉　B-17との交戦で被弾25発　機上戦死１名　東部ソロモン

9月10日

VMF-223 F4F-4 03491 Lt Pond 零戦が撃墜　行方不明　ガ島
三澤空　一式陸攻　２中隊1小隊１番機　森田美吉大尉　空戦で被弾、帰途ブカに不時着、搭乗員無事　ガ島
三澤空　一式陸攻　２中隊２小隊１番機　飯塚豊中尉　空戦で行方不明　１名戦死、６名捕虜　ニュージョージア島
三澤空　一式陸攻　２中隊２小隊２番機　田中市治二飛曹　空戦で自爆　戦死７名　ガ島
三澤空　一式陸攻　２中隊２小隊３番機　小野久雄一飛曹　空戦で被弾、不時着、搭乗員無事　ガ島
千歳空　一式陸攻　搭乗員不明　空戦か対空砲火で被弾　生還　ガ島
千歳空　一式陸攻　搭乗員不明　空戦か対空砲火で被弾　生還　ガ島
千歳空　一式陸攻　搭乗員不明　空戦か対空砲火で被弾　生還　ガ島
木更津空　一式陸攻　1中隊3小隊2番機　柴田静人一飛曹　空戦で被弾、レカタ湾に不時着水大破　レカタ湾
木更津空　一式陸攻　搭乗員不明　空戦で被弾　生還　ガ島

木更津空　一式陸攻　搭乗員不明　空戦で被弾　生還　ガ島
木更津空　一式陸攻　搭乗員不明　空戦で被弾　生還　ガ島
木更津空　一式陸攻　搭乗員不明　空戦で被弾　生還　ガ島
木更津空　一式陸攻　搭乗員不明　空戦で被弾　生還　ガ島
木更津空　一式陸攻　搭乗員不明　空戦で被弾　生還　ガ島
木更津空　一式陸攻　搭乗員不明　空戦で被弾　生還　ガ島
木更津空　一式陸攻　搭乗員不明　空戦で被弾　生還　ガ島
VP-11 PBY-5 Lt(jg) F. Joseph Hill　大艇との交戦で被弾損傷　インディスペンサブル礁
東港空　九七大艇　中山沢雄一飛曹機　カタリナとの交戦で4発被弾　インディスペンサブル礁

9月11日
VMF-224 F4F-4 02109 Maj Galer 木更津空の陸攻が撃墜　救助　ガ島
木更津空　一式陸攻　2中隊2小隊2番機　浦田健治一飛曹　空戦で自爆　戦死7名　ガ島
木更津空　一式陸攻　搭乗員不明　空戦で被弾　生還　ガ島
木更津空　一式陸攻　搭乗員不明　空戦で被弾　生還　ガ島
木更津空　一式陸攻　搭乗員不明　空戦で被弾　生還　ガ島
木更津空　一式陸攻　搭乗員不明　空戦で被弾　生還　ガ島
木更津空　一式陸攻　搭乗員不明　空戦で被弾　生還　ガ島
千歳空　一式陸攻　搭乗員不明　空戦で被弾　生還　ガ島
VP-11 PBY-5 Lt(jg)Carlton H.Clark　国川丸の零観が撃墜　8名捕虜　南太平洋
3BG 89BS A-20A "The Comet" 40-167　Cpl Taylor　飛行場低空銃撃中に対空砲火で損傷、着水　救助　ブナ
3BG 89BS A-20A "Little Ruby" 40-3145 Charles S. Brown 飛行場銃撃の帰途、燃料不足で落下傘降下　救助　ミルン湾

9月12日
VF-5 F4F-4 5072　Ens Ches E. Eichenberger 零戦が撃墜　戦死　ガ島
木更津空　一式陸攻　1中隊2小隊1番機　高松直市特務少尉　対空砲火で自爆　戦死8名　ガ島
木更津空　一式陸攻　1中隊3小隊2番機　山村敦一飛曹　空戦で自爆　戦死7名　ガ島
木更津空　一式陸攻　1中隊2小隊2番機　小川金之助一飛曹　レカタ湾に不時着水大破　レカタ湾
木更津空　一式陸攻　搭乗員不明　対空砲か空戦で被弾　生還　ガ島
木更津空　一式陸攻　搭乗員不明　対空砲か空戦で被弾　生還　ガ島
木更津空　一式陸攻　搭乗員不明　対空砲か空戦で被弾　生還　ガ島
木更津空　一式陸攻　搭乗員不明　対空砲か空戦で被弾　生還　ガ島
木更津空　一式陸攻　搭乗員不明　対空砲か空戦で被弾　生還　ガ島
千歳空　一式陸攻　搭乗員不明　対空砲火か空戦で被弾　不時着　ガ島
千歳空　一式陸攻　搭乗員不明　対空砲火か空戦で被弾　負傷1名　ガ島
千歳空　一式陸攻　搭乗員不明　対空砲火か空戦で被弾　生還　ガ島
千歳空　一式陸攻　搭乗員不明　対空砲火か空戦で被弾　生還　ガ島
千歳空　一式陸攻　搭乗員不明　対空砲火か空戦で被弾　生還　ガ島
三澤空　一式陸攻　2中隊2小隊2番機　鈴木信一飛曹　空戦で行方不明　7名戦死　ガ島
三澤空　一式陸攻　2中隊3小隊2番機　今野武二一飛曹　空戦で行方不明　7名戦死　ガ島
三澤空　一式陸攻　搭乗員不明　対空砲火か空戦で被弾　生還　ガ島
三澤空　一式陸攻　搭乗員不明　対空砲火か空戦で被弾　生還　ガ島
三澤空　一式陸攻　搭乗員不明　対空砲火か空戦で被弾　生還　ガ島
三澤空　一式陸攻　搭乗員不明　対空砲火か空戦で被弾　生還　ガ島
19BG 28BS B-17E 41-2663　1st Lt Gilbert E. Erb　救助、4名戦死、1名捕虜(後に処刑)ブナ飛行場爆撃中、対空砲火の直撃で燃料タンクから発火、飛行場から8キロ地点で乗員は落下傘降下

9月13日
VF-5 F4F-4 5084　Ens　D.A.Innise　零戦が撃墜　落下傘降下、重傷　ガ島
VF-5 F4F-4 Lt Wally E.Clarke 零戦と交戦6発被弾　生還　ガ島
VF-5 F4F-4 Lt(jG) Z.T.Stover　零戦と交戦、尾部に被弾損傷　生還　ガ島

VF-5 F4F-4 5198 Ens William.W.Wileman　零戦が撃墜　戦傷死　ガ島
VMF-223 F4F-4 5100 2ndLt Hyde Phillips 零戦との空戦で被弾、全損　生還　ガ島
VMO-251 F4F-4 2nd Lt Oscar P.Rutledge 発進事故で機体全損　重傷　ガ島
台南空　零戦　2小隊1番機　高塚寅一飛曹長　空戦で行方不明　戦死　ガ島
台南空　零戦　2小隊2番機　松木進二飛曹　空戦で行方不明　戦死　ガ島
台南空　零戦　2小隊3番機　茂木義男三飛曹　空戦で行方不明　戦死　ガ島
台南空　零戦　3小隊3番機　羽藤一志二飛曹　空戦で行方不明　戦死　ガ島
VF-5 F4F-4 Ens R.L.Loesch　零戦と交戦して被弾　重傷、生還　ガ島
VMF-223 F4F-4 02071 2ndLt N.R.McLennan 零戦が撃墜　行方不明　ガ島
VMF-223 F4F-4 02105 2ndLt Richard A.Haring 機械故障で墜落　戦死　ガ島
VMF-223 F4F-4 03499 Lt Chemberlain 零戦が撃墜　行方不明(後に救助) ガ島
VMF-223 F4F-4 03501 2nd lt Jack E.Conger 零戦との交戦で被弾、全損　生還　ガ島
木更津空　一式陸攻　2中隊2小隊1番機　佐藤進飛曹長　空戦で被弾、レカタ湾着水、大破　救助　レカタ湾
木更津空　一式陸攻　2中隊2小隊2番機　林義彦二飛曹　空戦で被弾、着水　1名戦死、6名捕虜　フロリダ島北西
木更津空　一式陸攻　搭乗員不明　対空砲火か空戦で被弾　生還　ガ島
木更津空　一式陸攻　搭乗員不明　対空砲火か空戦で被弾　生還　ガ島
木更津空　一式陸攻　搭乗員不明　対空砲火か空戦で被弾　生還　ガ島
木更津空　一式陸攻　搭乗員不明　対空砲火か空戦で被弾　生還　ガ島
木更津空　一式陸攻　搭乗員不明　対空砲火か空戦で被弾　生還　ガ島
木更津空　一式陸攻　搭乗員不明　対空砲火か空戦で被弾　生還　ガ島
VMSB-231　SBD-3 2/Lt Owen D.Johnson　水戦が撃墜　2名戦死　ガ島
VS-3 SBD-3 4608 Ens Emory S.Wager 哨戒飛行中に着水、原因不明　2名戦死　ガ島の南西130マイル地点 22BG 19BS B-26 "Kansas Comet II" 40-1433　2nd Lt. Walter Krell　着陸事故で発火　1名戦死、6名負傷　ラエ攻撃の帰途
11BG 42BS B-17E#151 Capt Wuertele 零観と交戦、被弾、尾部射手負傷　レカタ
讃岐丸　零観　3番機　渡部中尉　B-17と交戦、浮舟に1発被弾　レカタ
山陽丸　零観　1番機　山本三飛曹　B-17と交戦、4発被弾　レカタ

9月14日
6PRG 8PRS F-4-1-LO Lightning 41-2098 Andrew W. Peterson　行方不明　戦死　ニューギニア北東部
神川丸　二式水戦　川島政中尉　空戦で自爆　戦死　ガ島
神川丸　二式水戦　川村万亀夫飛曹長　空戦で自爆　戦死　ガ島
神川丸　二式水戦　大山敏雄二飛曹　空戦で自爆　戦死　ガ島
VF-5 F4F-4 Gene Trowbridge　離陸事故、全損　重傷　ガ島
VMF-223 F4F-4 2/Lt Orvin H.Ramlo　被弾により臀部に負傷、後送　ガ島
台南空　二式陸偵　林秀夫大尉　戦死3名　空戦で未帰還　ガ島
二空　零戦　2中隊1小隊2番機　真柄俸一一飛曹　空戦で未帰還　戦死　ガ島
二空　零戦　2中隊1小隊1番機　輪島由雄飛曹長　潤滑油系統故障で着水　救助　ショートランド
VMSB-232 SBD-3 4667　2/Lt Y.W.Kaufman　哨戒飛行作戦中の原因不明の喪失　2名戦死　ガ島
神川丸　二式水戦　1中隊1小隊2番機　大村二飛曹　空戦で自爆　戦死　ガ島
神川丸　零観12号機　2中隊4小隊2番機　青野三飛曹　空戦で9発被弾　生還　ガ島
千歳　零観　2中隊1小隊1番機　堀端大尉　空戦で被弾　着水焼失　救助　レカタ基地
千歳　零観　2中隊1小隊3番機　山中二飛曹　空戦で未帰還　2名戦死　ガ島
千歳　零観　2中隊　搭乗員不明　空戦で被弾、着水転覆　救助　レカタ基地
山陽丸　零観P-51号機　3中隊1小隊1番機　米田忠大尉　空戦で自爆　2名戦死　ガ島
讃岐丸　零観Q-3号機　3中隊2小隊1番機　渡部金重中尉　空戦で6発被弾　生還　ガ島
讃岐丸　零観Q-1号機　3中隊2小隊2番機　山田一作三飛曹　空戦で36発被弾、負傷　レカタ着水　ガ島
讃岐丸　零観Q-8号機　3中隊2小隊3番機　佐久間喜一一飛曹　空戦で1発被弾　ガ島
VP-23 PBY-5 23-P-4 Lt(jg) Baxter E.Moore 翔鶴零戦が撃墜、8名戦死　東部ソロモン
11BG B-17E 41-2527 Lt Qwens 艦船攻撃中に対空砲火で撃墜　9名戦死　ソロモン

9月15日
東港空　九七大艇　米山茂大尉　ワスプF4Fが撃墜　10名戦死　東部ソロモン
東港空　九七大艇　中山一飛曹　空戦で被弾4発　東部ソロモン
聖川丸　零式水偵　大塚正倫飛曹長　艦爆2機と交戦被弾十数発、不時着炎上　救助　東部ソロモン
VF-5 F4F-4 5205 パイロット不明　空戦で撃墜される　ガ島(GR-23、VF-5戦時日誌に記載なし)
VF-5 F4F-4 5240 パイロット不明　訓練飛行中、原因不明の喪失　ガ島
ワスプ VS-72 SBD-3 03330 パイロット不明　艦と共に失われる　ソロモン
ワスプ VS-72 SBD-3 03362 パイロット不明　艦と共に失われる　ソロモン
ワスプ VS-72 SBD-3 03337 パイロット不明　艦と共に失われる　ソロモン
ワスプ VS-71 SBD-3 03351 Ens Robert A.Eacher 燃料切れで喪失　ソロモン

9月16日
VS-3 SBD-3 Ens O.Newton 降爆の引き起こしが遅れて墜落(対空砲火?)　2名戦死　ガ島沖

9月17日
VF-5 F4F-4 LtComr Simpler 対空砲火、7.7ミリ2発エンジンに被弾　レカタ
VF-5 F4F-4 AP1c Mankin 対空砲火、20ミリ1発尾翼に被弾　レカタ
山陽丸　零観　1番機　今城金嘉一飛曹　空戦で被弾2発　ソロモン
VMSB-231 SBD-3 2ndLt A.M.Smith　悪天候のため行方不明　救出　ギゾ島

9月18日
VMSB-232 SBD-3　2ndLt L.E.Thomas　米軍艦艇の誤射で撃墜　1名戦死、1名救出　ガ島

9月19日
東港空　九七大艇　古川一飛曹　空戦で被弾、不時着水、機体焼却　救助　サンタイザベル島沖
VS-5 SBD-3 Ens Fink　零観に追跡され燃料切れで着水、喪失　救助　ギゾ島沖

9月20日
VP-11 PBY-5 CMac L.E.Flynn 國川丸零観との交戦で被弾3発　東部ソロモン
國川丸　零観　1番機　武田茂樹大尉　空戦で機位を失って着水、転覆　救助　東部ソロモン
VMSB-231 SBD-3 Capt Ruben Iden 機位を失って着水　2名行方不明　ギゾ島沖
VMSB-231 SBD-3 2ndLt J.W.Zuber 機位を失って着水　2名行方不明(後に救助)　ギゾ島沖

9月22日
67FS P-400 2ndLt E.H.Farnum　対地攻撃中に行方不明　戦死(後に救助?)　ガ島

9月23日
30Sqn Beaufighter Mark Ic A19-1 F/Sgt G. W. Sayer　ブナの対空陣地攻撃中に墜落　2名戦死　ブナ
VP-11 PBY-5 2419　パイロット不明　爆撃で喪失　南太平洋
VP-23 PBY-5 04430　パイロット不明　爆撃で喪失　南太平洋
高雄空　一式陸攻　松村司一飛曹　大型飛行艇と交戦、尾部に1発被弾　チモール海

9月24日
11BG 42BS B-17E 41-2420"Bessie The Jap Basher"　1st Lt Charles E. Norton　水戦が撃墜　7名戦死、2名捕虜　ショートランド
神川丸　二式水戦　桑島一飛　B-17との空戦で被弾、着水転覆　救助、機体回収　ショートランド
神川丸　二式水戦　小野大尉　B-17との空戦で3発被弾　ショートランド
神川丸　二式水戦　川井一飛曹　B-17との空戦で1発被弾　ショートランド
山陽丸　零観　今城金嘉一飛曹　B-17との空戦で1発被弾　ショートランド
部隊不明 B-17-E 11V40　パイロット不明　零観と交戦、被弾、1名負傷　帰還　レカタ
VS-3 SBD-3 Ens A.Wright　零観と交戦、被弾　帰還　サンタイザベル島西方
VP-11 B-17E 11V40 パイロット不明　空戦で被弾、パイロットが脚部負傷　レカタ湾

9月25日
讃岐丸　零観5号機　大野隆二三飛曹　B-17と交戦自爆　2名戦死　ファウロ島東岸

9月26日
神川丸　二式水戦　小野大尉　B-17との空戦で1発被弾　トノレイ湾

9月27日
11BG 26BS B-17E 41-9122'Eager Beavers' Capt Kramer 水戦との空戦で被弾　3名負傷　ブイン泊地
11BG 72BS B-17E 41-9059'Boomerang' Lt Raphael Block 水戦との空戦で被弾　1名負傷　ブイン泊地
山陽丸　零観　宗像予備大尉　B-17追撃中に行方不明　2名戦死　ブイン泊地
神川丸　二式水戦　小野大尉　B-17との空戦で被弾、潤滑油漏洩、不時着水　救助、機体回収　ブイン泊地
神川丸　二式水戦　丸山一飛　B-17との空戦で1発被弾　1日で修理可能　ブイン泊地
神川丸　二式水戦　渡辺一飛　B-17との空戦で1発被弾　1日で修理可能　ブイン泊地
VF-5　F4F Lt H.M.Jensen　零戦と交戦、被弾　負傷　ガ島
VF-5　F4F Ens J.B.Mcdonald　零戦と交戦、被弾　負傷　ガ島
VFM-224 F4F 2ndLt M.H.Kennedy　零戦と交戦、被弾　飛行場に不時着　ガ島
三空　零戦　1中隊1小隊2番機　橋口嘉郎二飛曹　F4Fと交戦1発被弾　ガ島
三空　零戦　2中隊2小隊1番機　山ノ内義一飛長　F4Fと交戦、行方不明　戦死　ガ島
高雄空　一式陸攻　2中隊11小隊1番機　牧野滋次大尉　高角砲弾片2発被弾　ガ島
高雄空　一式陸攻　2中隊11小隊2番機　佐藤好一飛曹　高角砲弾片2発被弾、左片舷飛行、ブカ不時着　ガ島
高雄空　一式陸攻　2中隊11小隊3番機　櫻田信雄一飛曹　高角砲弾片2発被弾　ガ島
高雄空　一式陸攻　2中隊12小隊1番機　永田賦生予備中尉　高角砲弾片3、機銃弾4発被弾　負傷2名　ガ島
高雄空　一式陸攻　2中隊12小隊2番機　三木賢治一飛曹　F4Fと交戦、自爆　7名戦死　ガ島
高雄空　一式陸攻　2中隊12小隊3番機　根岸源二二飛曹　高角砲弾片4、機銃弾1発被弾　ガ島
高雄空　一式陸攻　2中隊13小隊1番機　桑木武夫飛曹長　高角砲弾片7　ガ島
高雄空　一式陸攻　2中隊13小隊2番機　生沼節三一飛曹　機銃弾被弾、左片舷飛行、レカタ着水　ガ島
高雄空　一式陸攻　2中隊13小隊3番機　桑野武明一飛曹　高角砲弾片6　ガ島
木更津空　一式陸攻　1中隊2小隊2番機　小川金之助一飛曹　F4Fと交戦、自爆　7名戦死　ガ島

9月28日
VF-5 F4F-4 Ens J.A.Halford　零戦と交戦、20ミリ3発と7.7ミリ8発被弾、エンジン停止、滑空着陸　ガ島
VMF-223 F4F-4 2ndLt F.C.Drury　零戦と交戦、被弾、一時エンジン停止　ガ島
VMSB-231 SBD-3 2ndLt D.M.Leslie　零戦が撃墜、行方不明　2名戦死　ニュージョージア島
台南空　零戦　2中隊1小隊3番機　森浦東洋男三飛曹　F4Fと交戦、被弾3発　ガ島
台南空　零戦　2中隊2小隊2番機　一木利之二飛曹　高角砲破片1　ガ島
六空　零戦　1中隊12小隊3番機　神田佐治一飛　F4Fと交戦、被弾2発　ガ島
六空　零戦　1中隊13小隊2番機　西山静長一飛　F4Fと交戦、被弾1発　ガ島
六空　零戦　2中隊22小隊1番機　金光武久満中尉　F4Fと交戦、被弾1発　ガ島
三澤空　一式陸攻　1中隊1小隊1番機　森田林治大尉　F4Fと交戦、行方不明　8名戦死　ガ島
三澤空　一式陸攻　機長不明　ガ島攻撃で被弾　ガ島
三澤空　一式陸攻　機長不明　ガ島攻撃で被弾　ガ島
三澤空　一式陸攻　機長不明　ガ島攻撃で被弾　ガ島
高雄空　一式陸攻　2中隊21小隊1番機　楠畑義信大尉　被弾2発　ガ島
高雄空　一式陸攻　2中隊21小隊2番機　野川一生二飛曹　F4Fと交戦、編隊から分離、自爆　7名戦死　ガ島
高雄空　一式陸攻　2中隊21小隊3番機　大見邦夫一飛曹　機銃弾1発、高角砲破片1被弾　ガ島
高雄空　一式陸攻　2中隊22小隊1番機　加藤嘉恵三一飛曹　F4Fと交戦、編隊から分離行方不明　8名戦死　ガ島
高雄空　一式陸攻　2中隊22小隊2番機　吉川清八一飛曹　F4Fと交戦、、編隊から分離行方不明　7名戦死　ガ島

高雄空　一式陸攻　2中隊22小隊3番機　守田保一飛曹　機銃弾1発被弾、片舷飛行、編隊から分離　ガ島
高雄空　一式陸攻　2中隊23小隊1番機　松尾勇次飛曹長　被弾1発　ガ島
高雄空　一式陸攻　2中隊23小隊2番機　大浜孝三飛曹　被弾5発　ガ島
高雄空　一式陸攻　2中隊23小隊3番機　小沢芳平二飛曹　左エンジンに高角砲直撃、自爆　7名戦死　ガ島
鹿屋空　一式陸攻　3中隊1小隊1番機　仲斉沼大尉　被弾26発　ガ島
鹿屋空　一式陸攻　3中隊1小隊2番機　徳富忠雄一飛曹　被弾41発　ガ島
鹿屋空　一式陸攻　3中隊1小隊3番機　古沢啓一一飛曹　被弾2発　ガ島
鹿屋空　一式陸攻　3中隊2小隊1番機　上田茂飛曹長　被弾2発　ガ島
鹿屋空　一式陸攻　3中隊2小隊2番機　江蔵哲二一飛曹　被弾のためブインに不時着大破　ガ島
鹿屋空　一式陸攻　3中隊2小隊3番機　浅野柳三一飛曹　被弾7発　ガ島
鹿屋空　一式陸攻　3中隊3小隊1番機　永園岩美飛曹長　被弾28発　ガ島
鹿屋空　一式陸攻　3中隊3小隊2番機　牧田登一飛曹　被弾のためレカタに不時着大破　ガ島

9月29日
11BG 98BS B-17E "Blue Goose" 41-2616 1st Lt. Frank T. Waskowitz　艦船の対空砲火で撃墜　9名戦死　ブーゲンヴィル島南部
VF-5 F4F-4 5185　Ens J.D.Shoemaker 零戦が撃墜、行方不明　ガ島
三空　零戦　2中隊1小隊2番機　野村茂三飛曹　F4Fと交戦、被弾1発　ガ島
三空　零戦　2中隊2小隊1番機　岩本兵三一飛曹　F4Fと交戦、被弾3発　ガ島
三空　零戦　2中隊2小隊2番機　野津吉郎二飛曹　F4Fと交戦、自爆　戦死　ガ島
三空　零戦　2中隊2小隊3番機　小川覚三飛曹　F4Fと交戦、被弾、海上に不時着　救助　ガ島
VF-5 F4F-4 Lt(jg) H.L.Grimel　着陸事故で破損　ガ島
VMSB-231SBD-3 Capt E.J.Glidden　着陸事故で破損　ガ島

9月30日
VMSB-141 SBD-3 2ndLt Turtors　対空砲火1発被弾　レカタ

10月1日
VT-8 TBF-1 00424 Ens A.Divine　対艦攻撃の帰途、航法ミスで不時着水　駆逐艦が救助　東部ソロモン
VT-8 TBF-1 00388 C.A.P. W.Dye　対艦攻撃の帰途、航法ミスで不時着水　駆逐艦が救助　東部ソロモン
VT-8 TBF-1 00417 Ens L.Engel　対艦攻撃の帰途、航法ミスで不時着水　駆逐艦が救助　東部ソロモン

10月2日
VS-71 SBD-3 2109 Ens Garrett　哨戒中、機械故障で墜落　1名戦死、1名救助　サンクリストバル
VFM-223 F4F-4 02098 Lt Lees 零戦が撃墜　行方不明　ガ島
VFM-223 F4F-4 03502 Maj J.T.Smith 零戦が撃墜　救助　ガ島
VFM-224(223) F4F-4 02110 2ndLt C.Kendrick 零戦が撃墜　戦死　ガ島
VFM-224(121) F4F-4 02112 2ndLt Geo.A.Treptow 零戦が撃墜　戦死　ガ島
VFM-224 F4F-4 02118 Maj R.E.Galer 零戦が撃墜　救助　ガ島
VMF-224 F4F-4 Capt Nicolay 零戦との交戦でエンジンに被弾、無事帰還　ガ島
VMF-224 F4F-4 Lt Hartley 零戦との空戦でエンジンに被弾、無事帰還　ガ島
VF-5 F4F-4 5195 Ens George J.Morgan 零戦が撃墜　行方不明　ガ島
VS-71 SBD-3 Lt(jg) H.H.Perritte　零戦が撃墜　2名戦死　サボ島沖
VMSB-141 SBD-3 03311 2ndLt W.E.Ayres　零戦が撃墜　2名戦死　サボ島沖
VF-71 F4F-4 4063　パイロット不明　爆撃で喪失　ガ島
VF-71 F4F-4 4067　パイロット不明　爆撃で喪失　ガ島
VF-71 F4F-4 4073　パイロット不明　爆撃で喪失　ガ島
六空　零戦　2中隊21小隊3番機　小林勇一一飛　F4Fとの空戦で自爆　戦死　ガ島
六空　零戦　2中隊23小隊1番機　江馬友一一飛曹　F4Fとの空戦で7発被弾　ガ島
台南空　零戦　2中隊3小隊2番機　茂木義男三飛曹　故障によりブカに不時着、大破　ガ島
VS-71 SBD-3 Lt.Cmdr J.Eldridge,Jr 対空砲火で7.7ミリ2発被弾　レカタ
RAAF 100Sqd Beaufort A9-60 FltLt Donald Charles Stumm　青葉が対空砲で撃墜　4名捕虜　ショートランド

10月3日
VMF-223 F4F-4 02063 2ndLt K.D.Frazier　零戦が撃墜　救助　ガ島
VF-5 F4F-4 5141 パイロット不明　着陸事故、喪失　ガ島
三空　零戦　3中隊1小隊1番機　山口定大尉　F4Fと交戦、被弾ガ島に不時着　救助　ガ島
三空　零戦　3中隊1小隊2番機　F4Fと交戦、被弾4発　ガ島
三空　零戦　3中隊1小隊3番機　F4Fと交戦、被弾4発　ガ島
三空　零戦　3中隊2小隊2番機　富田正士二飛曹　F4Fと交戦、行方不明　戦死　ガ島
三空　零戦　3中隊2小隊3番機　伊藤清一飛　F4Fと交戦、被弾、ギゾ島沖に着水　救助　ガ島
三空　零戦　3中隊3小隊1番機　大住文雄一飛曹　F4Fと交戦、自爆　救助　ガ島
三空　零戦　3中隊3小隊2番機　谷口譲二二飛曹　F4Fと交戦、自爆　戦死　ガ島
七五一空　零戦　1中隊13小隊1番機　今橋猛一飛曹　対空砲火　自爆　戦死　ガ島
七五一空　零戦　1中隊13小隊2番機　清水日出夫三飛曹　対空砲火、被弾3発　ガ島
七五一空　零戦　1中隊13小隊2番機　高橋醇一三飛曹　対空砲火、被弾9発　ガ島
七五一空　零戦　2中隊22小隊3番機　本田稔二飛曹　F4Fと交戦、被弾3発　ガ島
七五一空　零戦　2中隊23小隊1番機　岩田年一二飛曹　F4Fと交戦、行方不明　戦死　ガ島
七五一空　零戦　2中隊23小隊3番機　末松津一飛　F4Fと交戦、行方不明　戦死　ガ島
SBD-231 2ndLt J.W.Zuber　零戦との空戦で左水平安定板に被弾　ガ島沖
讃岐丸　零観4号機　2小隊1番機　佐治正一特務少尉　空戦で5発被弾　ガ島沖
VMSB-141 SBD-3 06507 2ndLt J.O.Hull　艦船の対空砲火で撃墜　救助　ツラギ

10月4日
11BG 26BS B-17F 41-24351 Lt Livingston 水戦と交戦、第3エンジン被弾発煙　ニュージョージア島沖
5BG 72BS B-17E 41-9118 Lt David C. Everitt 零観が体当たり撃墜　9名戦死　ニュージョージア島沖
千歳　零観　宝田三千穂三飛曹　B-17に体当たり、落下傘降下　救助　ニュージョージア島沖

10月5日
19BG 30BS B-17E 41-9196 Lt Earl L. Hageman, Jr.　零戦が撃墜　9名戦死　ブナカナウ飛行場
台南空　零戦　搭乗員不明　B-17と交戦して被弾　ラバウル
台南空　零戦　搭乗員不明　B-17と交戦して被弾　ラバウル
六空　零戦　1小隊2番機　松村百人一飛曹　B-17と交戦して1発被弾　ラバウル
六空　零戦　1小隊3番機　神田佐治一飛　B-17と交戦して1発被弾　ラバウル
六空　零戦　2小隊1番機　鈴木軍治一飛曹　B-17と交戦して2発被弾　ラバウル
六空　零戦　2小隊2番機　福田博二飛曹　B-17と交戦して2発被弾　ラバウル
VS-71 SBD-3 03319 Lt.Cmdr J.Eldridge,Jr. 零観に追跡されてサンタイザベル東方に着水、救助　レカタ
國川丸　零観　太田晴造飛曹長　離水中に被爆、炎上　2名重傷　レカタ
國川丸　零観　志村隆三二飛曹　SBDと交戦、被弾3発　レカタ
11BG 72BS B-17E 41-2396 Lt Robert Creech　対空砲火で第1エンジンに被弾　レカタ
38BG 71BS B-25D "Battlin' Biffy" 41-29701 1st Lt. Terrence J. Carey　台南空零戦が撃墜　6名戦死、2名捕虜　ブナ沖
台南空　零戦　1小隊1番機　大野竹好中尉　B-25と交戦して被弾　ブナ沖
台南空　零戦　2小隊3番機　米田忠一飛　B-25と交戦して被弾　ブナ沖
VT-8 TBF 00401 Ens Taurman 夜間索敵中、海に墜落　2名戦死、1名救助　ガ島沖
VT-8 TBF 00382 C.A.P. B.A.Doggett 夜間索敵中、海に墜落　3名戦死　ガ島沖

10月7日
六空　零戦　林登二飛　空輸中にエンジン故障でカビエン不時着　カビエン
六空　零戦　細野政治三飛曹　空輸中、悪天候で行方不明　戦死　ニューアイルランド沖
六空　零戦　川上荘六二飛曹　空輸中、悪天候で行方不明　戦死　ニューアイルランド沖
六空　零戦　庄司吉郎二飛　行方不明機捜索中に不時着水　戦死　ニューアイルランド沖
七五一空　零戦　田中實二飛曹　B-17との交戦で2発被弾　カビエン

10月8日
VS-3 SBD-3 Ens R.P.Balenti　零観との交戦で20発被弾、パイロット負傷　第二十七駆逐隊上空

國川丸　零観　1小隊1番機　小柳正一中尉　SBDと交戦、3発被弾　第二十七駆逐隊上空
讃岐丸　零観　1小隊2番機　酒井史郎一飛曹　SBDと交戦、1発被弾　第二十七駆逐隊上空
11BG 42BS B-17E #213 Capt Hall　零戦と交戦、三号爆弾で損傷　日進上空
VMSB-141 SBD-3 2ndLt R.W.Vaupel 零戦と交戦、被弾　パイロット負傷　日進上空
VMSB-141 SBD-3 2ndLt J.H.Blumenstein 零戦と交戦、被弾　2名負傷　日進上空
VF-5　F4F-4 5234 Lt(jg) Roach 零観が撃墜　救助　日進上空
VF-5 F4F-4 5050 Lt(jg) Foster J.Blair　空戦後、夜間着陸事故で喪失　ガ島
VMSB-141 SBD-3 03255 Lt Louis R.Noman 空戦後、航法ミスで墜落　2名戦死　ガ島沖
讃岐丸　零観　1小隊一番機　渡部金重中尉　空戦で1発被弾　日進上空
山陽丸　零観　2小隊1番機　今城金嘉一飛曹　空戦で被弾、不時着水　救助　日進上空
千歳　零観　3小隊1番機　鈴木飛曹長　F4Fが撃墜　2名戦死　日進上空
千歳　零観　3小隊2番機　川添一飛曹　空戦で被弾　生還　日進上空
千歳　零観　3小隊3番機　八木二飛曹　空戦で被弾、不時着水　救助　日進上空

10月9日

VMSB-141 SBD-3 03263 S/Sgt J.D.Cook　零観か水戦が撃墜　2名行方不明　ニュージョージア島北部
神川丸　水戦　3番機　渡辺一飛　空戦で3発被弾　ニュージョージア島北部
讃岐丸　零観Q-3　京井潤吉一飛曹　空戦で不時着水　1名戦死、1名重傷　ニュージョージア島北部
435BS B-17E 41-9207 'Texas #6' 1stLt Arnold R.Johnson　零戦と交戦して被弾、1名戦死　ラバウル
VF-5 F4F-4 5073 Lt(jg) C.W.Tucker 未帰還、酸素装置の故障と推定　戦死　ガダルカナル

10月10日

67FS P-39K 2ndLt Kenneth C.Banfield　編隊から分離して行方不明　ニュージョージア島北部
VMSB-141 SBD-3 06511 2nd Lt L.C.Smith 空戦で墜落　1名戦死、1名救助　ニュージョージア島北部
讃岐丸　零観　佐治正一特務少尉　空戦で墜落　1名戦死、1名軽傷救助　ニュージョージア島北部
讃岐丸　零観　山本楠弘一飛曹　空戦で墜落　救助　ニュージョージア島北部
神川丸　二式水戦　川井一飛曹　空戦で行方不明　ニュージョージア島北部
神川丸　二式水戦　丸山一飛　空戦で行方不明　ニュージョージア島北部

10月11日

VMF-121 F4F-4 5047 Lt ArthUr R.Neff 零戦が撃墜　救助　ガ島
VF-5 F4F-4 5125 Lt(jg) McDonald　空戦かプロペラ故障で不時着、全損　ガ島
339FS P-39 1stLt Howard L.Stern　零戦が撃墜、落下傘が開かず墜死　ガ島
七五一空　一式陸攻　1中隊1小隊1番機　永野喜久大尉　空戦で1発被弾　ガ島
七五一空　一式陸攻　1中隊1小隊3番機　小松逸郎一飛曹　空戦で1発被弾　ガ島
七五一空　一式陸攻　1中隊2小隊1番機　鵜沼周治飛曹長　空戦で3発被弾　ガ島
七五一空　一式陸攻　1中隊3小隊1番機　松尾常吉飛曹長　空戦で被弾、ブイン不時着大破　ガ島
七五一空　一式陸攻　1中隊3小隊3番機　山内実角一飛曹　空戦で7発被弾　重傷者あり　ガ島
七五一空　一式陸攻　2中隊1小隊1番機　野田卓夫飛曹長　空戦で7発被弾　ガ島
七五一空　一式陸攻　2中隊1小隊2番機　舟川晋吉一飛曹　空戦で8発被弾　ガ島
七五一空　一式陸攻　2中隊1小隊3番機　新木彰文一飛曹　空戦で5発被弾　重傷者あり　ガ島
七五一空　一式陸攻　2中隊2小隊1番機　鬼塚光男飛曹長　空戦で13発被弾　ガ島
七五一空　一式陸攻　2中隊2小隊2番機　田代栄武一飛曹　空戦で行方不明　7名戦死　ガ島
六空　零戦　二直1番機　相根勇一飛曹長　悪天候により行方不明　日進上空直衛
六空　零戦　二直2番機　川上繁登一飛　悪天候により行方不明　日進上空直衛
六空　零戦　二直3番機　平野宣夫二飛　悪天候により行方不明　日進上空直衛
六空　零戦　四直1小隊1番機　宮野善次郎大尉　着水　救助　日進上空直衛
六空　零戦　四直1小隊2番機　岡本重蔵一飛曹　着水、戦死　日進上空直衛
六空　零戦27号機　四直1小隊3番機　尾崎行治一飛曹　着水、救助　日進上空直衛
六空　零戦　四直2小隊1番機　久芳一人中尉　着水、戦死　日進上空直衛
六空　零戦　四直2小隊2番機　鈴木軍治一飛曹　着水、救助　日進上空直衛
六空　零戦26号機　四直2小隊3番機　倉内隆三飛曹　着水、救助　日進上空直衛
サンフランシスコ　SOC-1 9990　パイロット不明　母艦被弾で喪失　エスペランス岬沖

ソルトレイクシティー SOC-1 9967　Lt W.J.Tate　発火墜落、原因不明　２名戦死　エスペランス岬沖
ヘレナ　SOC-1 1182 SOC-1 1182　パイロット不明　母艦被弾で喪失　エスペランス岬沖
ボイス　SOC　パイロット不明　母艦被弾で喪失　エスペランス岬沖

10月12日
東港空　大艇　加藤不二夫一飛曹　索敵哨戒中に行方不明　９名戦死　ソロモン

10月13日
十四空　二式水戦　五十嵐俊雄中尉　B-17との交戦で喪失　負傷、救助　ショートランド
VMF-221 F4F-3 3996　Lt Joseph L.Narr 機械故障で喪失(零戦が撃墜？)　救助　ガ島
VMF-121 F4F-4 2nd Lt Freeman　零戦が撃墜　救助　ガ島
VMF-121 F4F-4 Capt Joe Foss　空戦で被弾、エンジン停止滑空着陸　ガ島
七五三空　一式陸攻　１中隊２小隊１番機　佐藤好一飛曹　空戦で被弾　ガ島
七五三空　一式陸攻　１中隊２小隊２番機　生沼節三一飛曹　空戦で被弾　ガ島
七五三空　一式陸攻　１中隊２小隊３番機　根岸源二一飛曹　高角砲で左エンジン停止、レカタ湾に不時着　ガ島
七五三空　一式陸攻　搭乗員不明　空戦で被弾　ガ島
七五三空　一式陸攻　搭乗員不明　空戦で被弾　ガ島
七五三空　一式陸攻　搭乗員不明　空戦で被弾　ガ島
木更津空　２中隊２小隊１番機　一式陸攻　長谷川秀春飛曹長　空戦で被弾　機上戦死１名、軽傷１名　ガ島
木更津空　一式陸攻　搭乗員不明　空戦で被弾　ガ島
木更津空　一式陸攻　搭乗員不明　空戦で被弾　ガ島
木更津空　一式陸攻　搭乗員不明　空戦で被弾　ガ島
木更津空　一式陸攻　搭乗員不明　空戦で被弾　ガ島
木更津空　一式陸攻　搭乗員不明　空戦で被弾　ガ島
三澤空　一式陸攻　搭乗員不明　空戦で被弾　ガ島
三澤空　一式陸攻　搭乗員不明　空戦で被弾　ガ島
三澤空　一式陸攻　搭乗員不明　空戦で被弾　ガ島
三澤空　一式陸攻　搭乗員不明　空戦で被弾　ガ島
三澤空　一式陸攻　搭乗員不明　空戦で被弾　ガ島
三澤空　一式陸攻　搭乗員不明　空戦で被弾　ガ島
六空　零戦　３中隊２小隊３番機　伊藤万里一飛　レカタ湾に不時着水　レカタ
VF-5 F4F-4 5127　パイロット不明　艦砲射撃で破壊される　ガ島
VF-5 F4F-4 5196　パイロット不明　艦砲射撃で破壊される　ガ島
VF-5 F4F-4 5201　パイロット不明　艦砲射撃で破壊される　ガ島
VF-5 F4F-4 5207　パイロット不明　艦砲射撃で破壊される　ガ島
VS-71 SBD-3 03215 パイロット不明　艦砲射撃で破壊される　ガ島
VS-71 SBD-3 06514 パイロット不明　艦砲射撃で破壊される　ガ島
VS-71 SBD-3 06532 パイロット不明　艦砲射撃で破壊される　ガ島
VS-71 SBD-3 03339 パイロット不明　艦砲射撃で破壊される　ガ島
VS-72 SBD-3 03222 パイロット不明　艦砲射撃で破壊される　ガ島
VS-72 SBD-3 03345 パイロット不明　艦砲射撃で破壊される　ガ島
VS-72 SBD-3 03363 パイロット不明　艦砲射撃で破壊される　ガ島
VS-72 SBD-3 03366 パイロット不明　艦砲射撃で破壊される　ガ島
VMSB-232 SBD-3 03349 パイロット不明　艦砲射撃で破壊される　ガ島
VMSB-232 SBD-3 03352 パイロット不明　艦砲射撃で破壊される　ガ島
VMSB-232 SBD-3 03373 パイロット不明　艦砲射撃で破壊される　ガ島
VMSB-232 SBD-3 03381 パイロット不明　艦砲射撃で破壊される　ガ島
VMSB-232 SBD-3 03384 パイロット不明　艦砲射撃で破壊される　ガ島
VT-7 TBF-1 00437 パイロット不明　艦砲射撃で破壊される　ガ島
VT-7 TBF-1 00452 パイロット不明　艦砲射撃で破壊される　ガ島
VT-7 TBF-1 00459 パイロット不明　艦砲射撃で破壊される　ガ島
VT-7 TBF-1 00461 パイロット不明　艦砲射撃で破壊される　ガ島

VT-7 TBF-1 00427 パイロット不明　艦砲射撃で破壊される　ガ島
VT-7 TBF-1 00429 パイロット不明　艦砲射撃で破壊される　ガ島
VT-7 TBF-1 00430 パイロット不明　艦砲射撃で破壊される　ガ島
VT-7 TBF-1 00432 パイロット不明　艦砲射撃で破壊される　ガ島
VT-7 TBF-1 00434 パイロット不明　艦砲射撃で破壊される　ガ島
38BG 70BS B-26B 41-17590 1st Lt. Richard T. Otis P-39との空中衝突　7名戦死　ナンディ飛行場
18FG 70FS P-39D-BE 41-7043 2nd Lt. Earl W. Kennamer B-26と空中衝突　戦死　ナンディ飛行場

10月14日
VMF-121 F4F-4 5058 2nd Lt Koller C.Brandon 陸攻が撃墜　行方不明　ガ島
七五一空　一式陸攻　1中隊1小隊2番機　舟川音吉一飛曹　空戦で18発被弾右エンジン停止　ブカ島不時着　ガ島
七五一空　一式陸攻　1中隊1小隊3番機　荊木彰文一飛曹　空戦で自爆　8名戦死　ガ島
七五一空　一式陸攻　1中隊2小隊2番機　丸尾徳次郎一飛曹　行方不明　7名戦死　ガ島
七五一空　一式陸攻　1中隊2小隊3番機　遊佐孝男一飛曹　空戦で自爆　8名戦死　ガ島
七五一空　一式陸攻　2中隊1小隊1番機　渡辺福松特務少尉　空戦で5発被弾　ガ島
七五一空　一式陸攻　2中隊1小隊2番機　徳富忠雄一飛曹　空戦で1発被弾　ガ島
七五一空　一式陸攻　2中隊2小隊1番機　上田茂中尉　空戦で53発被弾　レカタ湾に不時着水　ガ島
七五一空　一式陸攻　2中隊2小隊2番機　飯田登一飛曹　空戦で45発被弾　操縦者重傷分離　ガ島
七五一空　一式陸攻　2中隊3小隊1番機　永岡岩見飛曹長　空戦で2発被弾　ガ島
七五一空　一式陸攻　2中隊3小隊2番機　前村克己一飛曹　空戦で1発被弾　ガ島
七五三空　一式陸攻　2中隊1小隊2番機　宇田保一飛曹　空戦で右翼に2発被弾　ガ島
七五三空　一式陸攻　2中隊3小隊3番機　福永登二飛曹　空戦で左油タンク1発、胴体前方1発被弾　ガ島
VMF-223 F4F-4 02127 パイロット不明　爆撃で喪失　ガ島
VMF-223 F4F-4 03500 パイロット不明　爆撃で喪失　ガ島
VMF-223 F4F-4 02126 パイロット不明　爆撃で喪失　ガ島
VMF-223 F4F-4 02130 パイロット不明　爆撃で喪失　ガ島
VMF-223 F4F-4 03415 パイロット不明　爆撃で喪失　ガ島
VMF-223 F4F-4 03424 パイロット不明　爆撃で喪失　ガ島
374FG 67FS P-39 1st Lt Edger E.Barr 降爆中に対空砲火(零観)が撃墜　後日救助　ガ島
VF-5 F4F-4 5241 パイロット不明　艦砲射撃で破壊される　ガ島
VF-5 F4F-4 5242 パイロット不明　艦砲射撃で破壊される　ガ島
VF-71 F4F-4 5033 パイロット不明　艦砲射撃で破壊される　ガ島
VF-71 F4F-4 5041 パイロット不明　艦砲射撃で破壊される　ガ島
VF-71 F4F-4 5056 パイロット不明　艦砲射撃で破壊される　ガ島

10月15日
VMF-121 F4F-4 5088 T.Sgt Alexander Thompson　機械故障で喪失　行方不明　ガ島
讃岐丸　零観　佐久間喜一一飛曹　F4Fと接触して墜落　2名戦死　ガ島
VP-11? PBY-5A Maj Jack R.Cram 零戦と交戦して被弾　ガ島
VMF-121 F4F-4 2nd Lt Paul S.Rutledge　空戦で行方不明　戦死　ガ島
VMSB-141 SBD-3 06510 2nd Lt Anthony J.Turtora 空中衝突　2名戦死　ガ島
VMSB-141 SBD-3 2nd Lt Dante Beenditti　零戦が撃墜　2名戦死　ガ島
VMSB-141 SBD-3 2nd Lt Robert E.LeBlanc　零戦が撃墜　2名戦死　ガ島
VMF-224(221) F4F-4 02123 2ndLt Hugo A.Olsson　作戦中原因不明の喪失　救助　ガ島
VF-5 F4F-4 0281 Lt(jg) Will Rouse　空戦で被弾、テナル河口に着水　救助　ガ島
台南空　零戦　二直1小隊3番機　本多秀三一飛　空戦で2発被弾　ガ島
台南空　零戦　二直2小隊3番機　岩坂義房一飛　P-39かSBDが撃墜　戦死　ガ島
三空　零戦　二直3小隊2番機　前田真一二飛曹　空戦で2発被弾　ガ島
三空　零戦　二直3小隊3番機　津田五郎一飛　空戦で4発被弾　ガ島
台南空　零戦　三直1小隊1番機　山下佐平飛曹長　燃料切れで不時着大破　救助　ガ島
台南空　零戦　三直1小隊2番機　中本正二飛曹　燃料切れで不時着水　救助　ガ島
台南空　零戦　三直1小隊3番機　上原定夫三飛曹　燃料切れで不時着水　救助　ガ島

台南空　零戦　三直2小隊3番機　福森大三三飛曹　燃料切れで不時着大破　ガ島
台南空　零戦　三直3小隊1番機　桜井忠治二飛曹　F4Fが撃墜　戦死　ガ島
台南空　零戦　三直3小隊2番機　菅原養蔵一飛　空戦で7発被弾　ガ島
七五一空　零戦　1中隊1小隊1番機　馬場政義中尉　空戦で1発被弾　ガ島
木更津空　一式陸攻　2中隊1小隊1番機　峯宏大尉　対空砲火弾片7発被弾　ガ島
木更津空　一式陸攻　2中隊1小隊2番機　児島登一飛曹　対空砲火弾片2発被弾　ガ島
木更津空　一式陸攻　2中隊2小隊1番機　長谷川藤夫飛曹長　対空砲火弾片4発被弾　ガ島
木更津空　一式陸攻　2中隊2小隊2番機　山田義武一飛曹　対空砲火被弾、操縦索切断　ガ島
木更津空　一式陸攻　2中隊2小隊3番機　内田学一飛曹　対空砲火弾片5発被弾　ガ島
木更津空　一式陸攻　2中隊3小隊1番機　半沢茂特務少尉　対空砲火弾片3発被弾　ガ島
木更津空　一式陸攻　2中隊3小隊2番機　高田博一飛曹　対空砲火弾片4発被弾　ガ島
木更津空　一式陸攻　2中隊3小隊3番機　中野武雄一飛曹　対空砲火弾片2発被弾　ガ島
374FG 67FS P-400 Lt Farron　零戦または対空砲火で撃墜　行方不明　ガ島
VMSB-141 SBD-3 2ndLt W.W.Knapp,Jr.　ルンガ岬沖で墜落　救助　ガ島
374FG 67FS P-39 1stLt J.K.Morton 対地攻撃中に行方不明　戦死　ガ島
VS-71 SBD-3 03315　パイロット氏名不明　空戦で喪失　ガ島
VS-71 SBD-3 03322　パイロット氏名不明　空戦で喪失　ガ島
VS-71 SBD-3 03324　パイロット氏名不明　空戦で喪失　ガ島
VF-71 F4F-4 5070　パイロット不明　艦砲射撃で破壊される　ガ島
VF-71 F4F-4 5098　パイロット不明　艦砲射撃で破壊される　ガ島
VF-71 F4F-4 5099　パイロット不明　艦砲射撃で破壊される　ガ島
東港空　大艇　矢口利充飛曹長　空戦で喪失　8名戦死　ソロモン

10月16日
ホーネット VS-6(8) SBD-3 03274 Lt(jg) Christpherson　九七大艇日向機が撃墜　救助　東部ソロモン
東港空　九七大艇　日向嘉彦大尉　F4Fが空戦で撃墜　11名戦死　東部ソロモン
聖川丸　零式水偵　小崎芳行特務少尉　双発機と交戦、被弾7発　ギゾに不時着水　救助　ベロア島西方
VMSB-141 SBD-3 03254　2ndLt J.M.Waterman　対空砲火で撃墜　行方不明(2名戦死)　ガ島
VMSB-141 SBD-3 03265　Sgt F.P.Komsack　対空砲火で撃墜　行方不明(2名戦死)　ガ島
三十一空　九九艦爆　1小隊2番機　北外一郎二飛曹　対空砲火　大破　救助　ガ島沖
三十一空　九九艦爆　2小隊1番機　香川篤予備少尉　対空砲火　未帰還　2名戦死　ガ島沖
三十一空　九九艦爆　3小隊1番機　大中三郎三飛曹　対空砲火　自爆　2名戦死　ガ島沖
三十一空　九九艦爆　3小隊2番機　三輪三飛曹　対空砲火　自爆　2名戦死　ガ島沖
三十一空　九九艦爆　3小隊3番機　服部義一一飛　対空砲火　自爆　2名戦死　ガ島沖
VMF-121 F4F-4 5111 Lt John H.Clark 作戦中、原因不明の喪失　救助　ガ島
VS-3　SBD-3 03242 パイロット不明　艦砲射撃で破壊される　ガ島
VS-3　SBD-3 13216 パイロット不明　艦砲射撃で破壊される　ガ島
VS-3　SBD-3 03218 パイロット不明　艦砲射撃で破壊される　ガ島
VS-3　SBD-3 03231 パイロット不明　艦砲射撃で破壊される　ガ島
VS-3　SBD-3 4642 パイロット不明　艦砲射撃で破壊される　ガ島
部隊不明 SBD-3 03284 パイロット不明　艦砲射撃で破壊される　ガ島
VMSB-231 SBD-3 03295 パイロット不明　艦砲射撃で破壊される　ガ島
VMSB-231 SBD-3 03334 パイロット不明　艦砲射撃で破壊される　ガ島
VMSB-231 SBD-3 03332 パイロット不明　艦砲射撃で破壊される　ガ島
VMSB-231 SBD-3 03340　パイロット不明　艦砲射撃で破壊される　ガ島
VMSB-231 SBD-3　03346 パイロット不明　艦砲射撃で破壊される　ガ島
VMSB-231 SBD-3　03330 パイロット不明　艦砲射撃で破壊される　ガ島
VMSB-231 SBD-3　03355 パイロット不明　艦砲射撃で破壊される　ガ島
ソルトレイクシティー SOC-1 9905　パイロット不明　空戦で喪失　中部太平洋東部
ニューオリンズ S0C-1 9876 VGS-6　パイロット不明　艦船の対空砲火で喪失　不明

10月17日
VS-71 SBD-3 03361 Lt(jg) Charles H. Master 零観が撃墜　サンタイザベルで救助、偵察員重傷　レカタ基地

聖川丸　零観　２番機　柴田正司一飛曹　水上滑走中に被弾、発火転覆大破　操縦員軽傷　レカタ基地
十四空　水戦　奥山穣二飛曹　空戦で被弾、着水時転覆沈没　救助　レカタ基地
VMF-121 F4F-4 5122 Lt Willey H.Craft 零戦が撃墜　行方不明　ガ島
飛鷹　零戦　３小隊１番機　原田要二飛曹　空戦　ガ島に不時着　負傷　ルンガ沖
飛鷹　九七艦攻　２中隊１小隊２番機　長谷川辰夫一飛曹　空戦　自爆　３名戦死　ルンガ沖
飛鷹　九七艦攻　２中隊２小隊２番機　小西一飛曹　空戦　ガ島に不時着　１名負傷　ルンガ沖
飛鷹　九七艦攻　搭乗員不明　空戦　被弾　ルンガ沖
飛鷹　九七艦攻　搭乗員不明　空戦　被弾　ルンガ沖
飛鷹　九七艦攻　搭乗員不明　空戦　被弾　ルンガ沖
隼鷹　九七艦攻　１中隊41小隊１番機　伊東忠雄中尉　空戦　自爆　３名戦死　ルンガ沖
隼鷹　九七艦攻　１中隊41小隊３番機　田辺正直二飛曹　空戦　自爆　３名戦死　ルンガ沖
隼鷹　九七艦攻　１中隊42小隊１番機　川島甲治二飛曹　空戦　自爆　３名戦死　ルンガ沖
隼鷹　九七艦攻　１中隊42小隊２番機　佐藤二飛曹　空戦　自爆　３名戦死　ルンガ沖
隼鷹　九七艦攻　２中隊43小隊１番機　佐藤寿雄一飛曹　空戦　ガ島に不時着　１名戦死、１名軽傷　ルンガ沖
隼鷹　九七艦攻　２中隊44小隊１番機　森捨三一飛曹　空戦　ガ島に不時着　１名重傷、１名軽傷　ルンガ沖
VMSB-141 SBD-3 03310 2nd Lt S.T.Gillespie 作戦中原因不明の未帰還(零戦が撃墜)　２名戦死　ガ島
三澤空　一式陸攻　１中隊１小隊３番機　岩崎弘一飛曹　空戦で被弾、機上戦死１名　ガ島
三澤空　一式陸攻　搭乗員不明　空戦で被弾　ガ島
三澤空　一式陸攻　搭乗員不明　空戦で被弾　ガ島
木更津空　一式陸攻　２中隊２小隊１番機　立見友尚予備少尉　空戦で被弾、レカタに不時着水　救助　ガ島
木更津空　一式陸攻　搭乗員不明　空戦で被弾　ガ島
木更津空　一式陸攻　搭乗員不明　空戦で被弾　ガ島
木更津空　一式陸攻　搭乗員不明　空戦で被弾　ガ島
木更津空　一式陸攻　搭乗員不明　空戦で被弾　ガ島
VS-3 SBD-3 03217 パイロット不明　艦砲射撃で破壊される　ガ島
VS-3 SBD-3 03221 パイロット不明　艦砲射撃で破壊される　ガ島
VS-3 SBD-3 03246 パイロット不明　艦砲射撃で破壊される　ガ島
VS-3 SBD-3 03302 パイロット不明　艦砲射撃で破壊される　ガ島

10月18日
VMF-121 F4F-4 11656 Lt Edward P.Andrews　離陸事故　戦死　ガ島
VMF-121 F4F-4 02025 Lt Robert F.Flaharty　零戦が撃墜　救助　ガ島
VMF-121 F4F-4 03532 Lt Lowell D.Grow　空戦で被弾、日本側地域に不時着水　救助　ガ島
七五一空　零戦　１中隊１小隊１番機　馬場政義中尉　空戦で４発被弾　ガ島
七五一空　零戦　１中隊１小隊３番機　後藤流生二飛曹　空戦で行方不明　戦死　ガ島
七五一空　零戦　１中隊２小隊１番機　澤田友次一飛曹飛曹　空戦で行方不明　戦死　ガ島
七五一空　零戦　１中隊２小隊３番機　藤田保二飛曹　空戦で被弾、サンタイザベル沖に着水　捕虜　ガ島
台南空　零戦　３小隊２番機　岡野博三飛曹　空戦で１発被弾　ガ島
台南空　零戦　３小隊３番機　菅原養蔵一飛　空戦で行方不明　救助　ガ島
三澤空　一式陸攻　２中隊２小隊１番機　杉本光美予備少尉　空戦で行方不明　６名戦死　ガ島
三澤空　一式陸攻　２中隊２小隊２番機　加藤公平一飛曹　空戦で被弾、着水　１名救助、６名戦死　ガ島
三澤空　一式陸攻　２中隊３小隊１番機　後藤信治飛曹長　空戦で被弾　１名重傷　ガ島
三澤空　一式陸攻　２中隊３小隊３番機　東秀一二飛曹　空戦で行方不明　５名戦死、２名捕虜　ガ島
三澤空　一式陸攻　搭乗員不明　空戦で被弾　ガ島
三澤空　一式陸攻　搭乗員不明　空戦で被弾　ガ島
木更津空　一式陸攻　１中隊１小隊１番機　鍋田美吉大尉　空戦で被弾　ガ島
木更津空　一式陸攻　１中隊１小隊２番機　上山恒人一飛曹　空戦で被弾　ガ島
木更津空　一式陸攻　１中隊１小隊３番機　五十嵐恒二飛曹　空戦で被弾　２名戦死、１名重傷、２名軽傷　ガ島
木更津空　一式陸攻　１中隊２小隊１番機　半沢茂予備少尉　空戦で被弾　ガ島
木更津空　一式陸攻　１中隊２小隊２番機　児島登一飛曹　空戦で被弾　ガ島

木更津空　一式陸攻　1中隊2小隊3番機　中野渡三九三飛曹長　空戦で被弾　ガ島
VF-71 F4F-4 5108 パイロット不明　空戦で喪失(GR23記録なし、被弾で帰着後、全損?)　ガ島
VF-71 F4F-4 5114 パイロット不明　空戦で喪失(GR23記録なし、被弾で帰着後、全損?)　ガ島

10月19日
VMF-121 F4F-4 03524 Lt Floyd A.Lynch 零戦が撃墜　戦死　ガ島
VMF-121 F4F-4 03528 S/Sgt James A.Faliton 零戦が撃墜、落下傘降下　救助　ガ島
VMF-121 F4F-4 11655 Lt Edwin Fry 空戦で喪失　行方不明(GR23記録なし、10/25撃墜戦果報告)　ガ島
VMF-212 F4F-4 1stLt Clair Chamberlain　空戦で被弾、肩に負傷、入院　ガ島

10月20日
VMF-121 F4F-4 11658 1stLt Jhon H.King 空戦で未帰還　サンタイザベルで救助 ガ島
VMF-121 F4F-4 11659 2ndLt Eugene A.Newar 空戦で未帰還　行方不明 ガ島
六空　零戦　1中隊3小隊2番機　星野浩一三飛曹　空戦で1発被弾　ガ島
六空　零戦　2中隊1小隊2番機　玉井勘一飛　空戦で行方不明　戦死　ガ島
七五三空　一式陸攻　1中隊2小隊2番機　西山昇三飛曹　空戦　被弾3発　ガ島
七五三空　一式陸攻　1中隊2小隊3番機　塚田恵一一飛曹　空戦　被弾7発　ガ島
七五三空　一式陸攻　1中隊3小隊3番機　中島哲夫三飛曹　空戦　被弾30発　ガ島
VF-71 F4F-4 5135 パイロット不明　空戦で喪失(GR23記録なし、被弾で帰着後、全損?)　ガ島
VF-71 F4F-4 5136 パイロット不明　空戦で喪失(GR23記録なし、被弾で帰着後、全損?)　ガ島

10月21日
VM0-251 F4F-4 02085 T.Sgt.Emmet.L.Anderson 零戦に撃墜され行方不明　戦死　ガ島
VMF-212 F4F-4 5045 MG H.B.Hamilton 零戦に撃墜され密林に落下傘降下　捕虜　ガ島
VMF-212 F4F-4 Lt S.F.Bastian 空戦で被弾、負傷　ガ島
木更津空　一式陸攻　1中隊1小隊1番機　峯宏大尉　対空砲火弾片5発被弾　ガ島
木更津空　一式陸攻　1中隊1小隊2番機　児島登一飛曹　対空砲火弾片2発被弾　ガ島
木更津空　一式陸攻　1中隊2小隊1番機　立見友尚予備中尉　対空砲火と空戦で5発被弾　ガ島
木更津空　一式陸攻　1中隊2小隊2番機　柴田靜人一飛曹　対空砲火と空戦で5発被弾　ガ島
木更津空　一式陸攻　1中隊2小隊3番機　豊島商吉一飛曹　空戦で9発被弾　ガ島
木更津空　一式陸攻　1中隊3小隊2番機　高田博一飛曹　対空砲火弾片2発被弾　ガ島
木更津空　一式陸攻　1中隊3小隊3番機　吉村幸男一飛曹　空戦で9発被弾　ガ島
台南空　1中隊1小隊2番機　太田敏夫一飛曹　空戦で行方不明　戦死　ガ島
二空　零戦　2中隊2小隊3番機　生方直一飛　空戦で3発被弾　ガ島
七五一空　零戦　1中隊1小隊2番機　岩元真二飛曹　空戦で1発被弾　ガ島
VB-6 SBD-3 Lt(jg) R.F.Mills　エンジン故障で哨戒中に行方不明　救助　ガ島沖
VF-5 F4F-4 02017 Lt(jg) M.Rouse　エンジン故障で空輸中に着水　行方不明　東部ソロモン
VF-71 F4F-4 5156 パイロット不明　空戦で喪失(GR23記録なし、被弾で帰着後、全損?)　ガ島

10月22日
VMSB-141 SBD-3 2ndLt J.F.Fogerty　離陸事故で墜落　2名戦死　ガ島
三十一空　九九艦爆　2小隊1番機　北外一郎二飛曹　被弾　偵察員戦死　ガ島沖
三十一空　九九艦爆　2小隊3番機　田中才末二飛　空戦?で自爆　2名戦死　ガ島沖
三十一空　九九艦爆　搭乗員名不明　大破　救助　ガ島沖
三十一空　九九艦爆　搭乗員名不明　大破　救助　ガ島沖
二空　4小隊1番機　九九艦爆　小田治宣一飛曹　空戦?で自爆　2名戦死　ガ島沖

10月23日
三澤空　一式陸攻　1中隊3小隊3番機　町田忠男二飛曹　空戦で行方不明　7名戦死　ガ島
三澤空　一式陸攻　1中隊1小隊3番機　鈴木守造一飛曹　空戦で被弾　2名負傷　ガ島
木更津空　一式陸攻　搭乗員不明　空戦か対空砲火で被弾　ガ島
木更津空　一式陸攻　搭乗員不明　空戦か対空砲火で被弾　ガ島
木更津空　一式陸攻　搭乗員不明　空戦か対空砲火で被弾　ガ島

木更津空　一式陸攻　搭乗員不明　空戦か対空砲火で被弾　ガ島
木更津空　一式陸攻　搭乗員不明　空戦か対空砲火で被弾　ガ島
木更津空　一式陸攻　搭乗員不明　空戦か対空砲火で被弾　ガ島
木更津空　一式陸攻　搭乗員不明　空戦か対空砲火で被弾　ガ島
木更津空　一式陸攻　搭乗員不明　空戦か対空砲火で被弾　ガ島
六空 零戦　1中隊2小隊2番機　福田博三飛曹　空戦で行方不明　戦死　ガ島
六空 零戦　2中隊1小隊1番機　金光武久満中尉　空戦で行方不明　戦死　ガ島
六空 零戦　2中隊1小隊2番機　大正谷宗市三飛曹　空戦で被弾　レカタに不時着水　救助　ガ島
六空 零戦　2中隊2小隊1番機　高垣進平三飛曹　空戦で未帰還　戦死　ガ島
六空 零戦　2中隊2小隊2番機　福田博三飛曹　空戦で未帰還　戦死　ガ島
台南空　零戦　2中隊2小隊1番機　大木芳男一飛曹　着陸時大破　ガ島
七五一空　零戦　1中隊1小隊1番機　馬場政義中尉　空戦で行方不明　戦死　ガ島
七五一空　零戦　1中隊1小隊3番機　光永八郎二飛曹　空戦で行方不明　戦死　ガ島
VT-6 TBF-1 00406 Lt(jg) E.R.Hanson 対空砲火で撃墜1名戦死、2名救助　クルーズ岬沖
十四空　九七大艇　下山田武一飛曹　R2区哨戒中に消息不明、未帰還　6名戦死　R2区

10月24日
VMSB-141 SBD-3 2ndLt Robert E.Meents　哨戒任務で未帰還　ツラギで救助　ガ島
VMSB-141 SBD-3 2ndLt W.J.Fuller　哨戒任務で未帰還　ツラギで救助(腕を骨折)　ガ島
三空　零戦　1中隊1小隊3番機　池田光二三飛曹　降雨中編隊から分離、行方不明　戦死　グッドイナフ島
台南空　零戦　1中隊2小隊1番機　奥村武雄一飛曹　対空砲火で4発被弾　グッドイナフ島
台南空　零戦　1中隊2小隊2番機　高橋茂二飛曹　対空砲火で2発被弾　グッドイナフ島
十四空　九七大艇　石本勝郎一飛曹　Q区哨戒中に消息不明、未帰還　8名戦死　Q区

10月25日
VMF-121 F4F-4 02055 Lt Oscar M.Bate Jr. 零戦が撃墜　救助　ガ島
三空　零戦　1小隊2番機　前田直一二飛曹　空戦で行方不明　戦死　ガ島
三空　零戦　2小隊1番機　岩本六三一飛曹　空戦で行方不明　戦死　ガ島
三空　零戦　2小隊2番機　大原義一三飛曹　空戦で9発被弾、不時着大破　ガ島
三空　零戦　2小隊3番機　津田五郎一飛　空戦で20発被弾　ガ島
三空　零戦　3小隊2番機　増山正男三飛曹　空戦で13発被弾　ガ島
独飛76中隊　百式司偵　搭乗員不明　対空砲が撃墜　2名戦死　ガ島
VMF-212 F4F-4 5180 Lt Jack E.Congers　零戦に衝突、落下傘降下　救助　ガ島
二空　零戦　1小隊1番機　二神秀種中尉　空戦で未帰還　戦死　ガ島
二空　零戦　1小隊2番機　森田豊男三飛曹　空戦で未帰還　戦死　ガ島
二空　零戦　1小隊3番機　生方直一飛　空戦で未帰還　戦死　ガ島
二空　零戦　3小隊1番機　石川四郎二飛曹　空戦で着水　捕虜　ガ島
二空　零戦　3小隊2番機　長野喜一一飛　空戦で3発被弾　ガ島
VF-71 F4F-4 5102 パイロット不明　空戦で喪失(GR23記録なし、被弾で帰着後、全損?)　ガ島
VF-71 F4F-4 5183 パイロット不明　空戦で喪失(GR23記録なし、被弾で帰着後、全損?)　ガ島
台南空　零戦　三直1小隊1番機　山下佐平飛曹長　空戦で被弾、大破　ガ島
台南空　零戦　三直1小隊2番機　中谷芳市二飛曹　空戦で2発被弾　ガ島
台南空　零戦　三直1小隊3番機　吉村啓作一飛　空戦で自爆　戦死　ガ島
台南空　零戦　三直2小隊2番機　後藤竜助三飛曹　空戦で行方不明　戦死　ガ島
台南空　零戦　四直1小隊1番機　大野竹好中尉　空戦で1発被弾　ガ島
台南空　零戦　四直1小隊3番機　森浦東洋男三飛曹　空戦で行方不明　戦死　ガ島
七五三空　一式陸攻　2中隊1小隊2番機　中山哲夫三飛曹　空戦で自爆　7名戦死　ガ島
木更津空　一式陸攻　1中隊3小隊3番機　豊島商吉一飛曹　空戦で自爆　7名戦死　ガ島
木更津空　一式陸攻　搭乗員不明　空戦で被弾　ガ島
木更津空　一式陸攻　搭乗員不明　空戦で被弾　ガ島
木更津空　一式陸攻　搭乗員不明　空戦で被弾　ガ島
木更津空　一式陸攻　搭乗員不明　空戦で被弾　ガ島
飛鷹　零戦　1中隊3小隊1番機　森島英雄一飛曹　空戦　2発被弾　ガ島

飛鷹　零戦　2中隊2小隊2番機　大谷貢一飛曹　空戦　被弾　ガ島
飛鷹　零戦　2中隊3小隊2番機　萩野奉一郎一飛曹　ギゾ島に不時着　捕虜　ギゾ島
隼鷹　九九艦爆　2中隊25小隊1番機　岩木一飛曹　空戦で被弾2発　ガ島
隼鷹　九九艦爆　2中隊25小隊2番機　鈴木映一一飛曹　空戦で被弾2発　ガ島
十四空　九七大艇　滝沢孟元飛曹長　B-17に撃墜される　8名戦死　ソロモン

10月26日

VMSB-141 SBD-3 2ndLt W.Baumet,Jr.　原因不明の錐揉み墜落　2名戦死　ガ島
瑞鳳　九七艦攻　田中茂市飛曹長　触接機として行動中に行方不明　3名戦死　南太平洋海戦
瑞鶴　九七艦攻　佐久間中尉　触接機として行動中に行方不明　3名戦死　南太平洋海戦
瑞鶴　零戦　3番機　中上喬一飛　触接のSBDと交戦、未帰還　戦死　南太平洋海戦
エンタープライズ VF-10　F4F-4 02040 Lt(jg)Jhon A.Leppla 瑞鳳零戦が撃墜　行方不明　サンタクルーズ沖
エンタープライズ VF-10　F4F-4 5107 Ens Albert E.Mead 瑞鳳零戦が撃墜　行方不明　サンタクルーズ沖
エンタープライズ VF-10　F4F-4 5078 Ens Raleigh E.Rhodes 瑞鳳零戦が撃墜　行方不明　サンタクルーズ沖
エンタープライズ VT-10　TBF-1 01749　Lt. Cdr James D.Collett　瑞鳳零戦が撃墜　行方不明　サンタクルーズ沖
エンタープライズ VT-10　TBF-1 06044 Lt.(jg)Richard K.Batten 瑞鳳零戦が撃墜　救助　サンタクルーズ沖
エンタープライズ VT-10　TBF-1 05903 Lt. Marvin D.Norton 瑞鳳零戦が撃墜　救助　サンタクルーズ沖
瑞鳳　零戦　制空隊14小隊2番機　光元治郎一飛曹　空戦で被弾大破　南太平洋海戦・二航戦第一次
瑞鳳　零戦　制空隊14小隊3番機　高木鎮大三飛曹　空戦で自爆　戦死　南太平洋海戦・二航戦第一次
瑞鳳　零戦　制空隊15小隊1番機　内海秀一中尉　機位を失い行方不明　戦死　南太平洋海戦・二航戦第一次
瑞鳳　零戦　制空隊15小隊2番機　川崎正男一飛曹　機位を失い行方不明　戦死　南太平洋海戦・二航戦第一次
瑞鳳　零戦　制空隊15小隊3番機　松本善平三飛曹　空戦で自爆　戦死　南太平洋海戦・二航戦第一次
ホーネット VF-72 F4F-4 5130 Lt(jg) Roberts　零戦との空戦で被弾、着水　行方不明　サンタクルーズ沖
ホーネット VF-72 F4F-4 5181 Lt Thomas C. Johnson　零戦が撃墜　行方不明　サンタクルーズ沖
ホーネット VF-72 F4F-4 5188 Lt Jhon C. Bower　零戦が撃墜 行方不明　サンタクルーズ沖
ホーネット VS-8　SBD-3 03325　Lt(jg) Philip F.Grant 零戦が撃墜　生死不明　サンタクルーズ沖
ホーネット VS-8　SBD-3 4656　Lt Cdr Wa.J.Widhelm 零戦が撃墜　救助　サンタクルーズ沖
ホーネット VS-8　SBD-3 4625 パイロット不明 零戦が撃墜　生死不明　サンタクルーズ沖
エンタープライズ VT-10　TBF-1 05885　Lt J.W.McConnaughhay 燃料切れで着水　サンタクルーズ沖
エンタープライズ VT-10　TBF-1 01758　Lt(jg)R.G.Wyllie 燃料切れで着水　救助　サンタクルーズ沖
翔鶴　零戦　13小隊1番機　大森茂高一飛曹　SBDに体当たり自爆　戦死　上空警戒
翔鶴　零戦　13小隊2番機　小平好直一飛曹　空戦で3発被弾　上空警戒
翔鶴　零戦　13小隊3番機　小町定三飛曹　空戦で9発被弾　上空警戒
翔鶴　零戦　16小隊1番機　安部安次郎特務少尉　空戦で3発被弾　上空警戒
翔鶴　零戦　16小隊2番機　大原廣司二飛曹　空戦で1発被弾　上空警戒
翔鶴　零戦　16小隊3番機　伊藤富太郎一飛　空戦で1発被弾　上空警戒
翔鶴　零戦　菅野勝雄二飛　発進時、爆風及び回避運動で艦が傾斜して海中に落下　戦死　上空警戒
翔鶴　零戦　山本一郎二飛曹　空戦で1発被弾　上空警戒
瑞鶴　零戦　17小隊3番機　中上喬一飛　空戦で未帰還　戦死　上空警戒
瑞鶴　零戦　14小隊2番機　亀井富雄一飛曹　不時着水　戦死　上空警戒
瑞鶴　零戦　18小隊2番機　高山孝三飛曹　空戦で未帰還　戦死　上空警戒
ホーネット VF-72 F4F-4 5197 Lt(jg) J.R.Franklin　零戦が撃墜 生死不明　サンタクルーズ沖
ホーネット VF-72 F4F-4 5208 Lt(jg) D.P.Landry 零戦が撃墜　生死不明　サンタクルーズ沖
ホーネット VF-72 F4F-4 5209 Lt L.K.Blies 燃料切れで着水　生死不明　サンタクルーズ沖
ホーネット VF-72 F4F-4 5210 Lt(jg) R.S.Marritt 燃料切れで着水　生死不明　サンタクルーズ沖
ホーネット VF-72 F4F-4 5215 Lt(jg) Formoner 燃料切れで着水　生死不明　サンタクルーズ沖
ホーネット VF-72 F4F-4 5226 パイロット不明 燃料切れで着水　生死不明　サンタクルーズ沖
ホーネット VF-72 F4F-4 5227パイロット不明 燃料切れで着水　生死不明　サンタクルーズ沖
ホーネット VF-72 F4F-4 5246 パイロット不明 燃料切れで着水　生死不明　サンタクルーズ沖
ホーネット VT-6 TBF-1 00468 Lt(jg) Clark 零戦が撃墜　生死不明　サンタクルーズ沖

ホーネット VT-6 TBF-1 00453 Lt(jg) Humphrey L.Tallman　燃料切れで着水　救助　サンタクルーズ沖
ホーネット VT-6 TBF-1 00435 Lt(jg) Elam　燃料切れで着水　救助　サンタクルーズ沖
ホーネット VT-6 TBF-1 00445 Lt(jg) Rapp　燃料切れで着水　救助　サンタクルーズ沖
ホーネット VT-6 TBF-1 00449 Ens Hoover　燃料切れで着水　救助　サンタクルーズ沖
ホーネット VT-6 TBF-1 00454 Ens Cresto　燃料切れで着水　救助　サンタクルーズ沖
ホーネット VT-6 TBF-1 00464 Lt(jg) Parker　燃料切れで着水　救助　サンタクルーズ沖
ホーネット VT-6 TBF-1 00467 パイロット不明　燃料切れで着水　救助　サンタクルーズ沖
ホーネット VT-6 TBF-1 00465 パイロット不明　艦と共に喪失　サンタクルーズ沖
エンタープライズ VF-10　F4F-4 02102　Lt J.C.Eckhardt 零戦が撃墜　救助　サンタクルーズ沖
エンタープライズ VF-10　F4F-4 5177　Lt Cdr Wm.R.Kane 零戦が撃墜　救助　サンタクルーズ沖
エンタープライズ VF-10　F4F-4 03432　Lt(jg) J.D.Bliio 零戦が撃墜　救助　サンタクルーズ沖
エンタープライズ VF-10　F4F-4 5079　Ens J.E.Caldwell 零戦が撃墜　行方不明　サンタクルーズ沖
エンタープライズ VF-10　F4F-4 5245 Ens Bernes 燃料切れで着水　サンタクルーズ沖
エンタープライズ VF-10　F4F-4 5148 Ens M.P.Long 燃料切れで着水　サンタクルーズ沖
エンタープライズ VF-10　F4F-4 5153 Ens Lyman T.Fulton 零戦が撃墜　行方不明　サンタクルーズ沖
エンタープライズ VF-10　F4F-4 5194 Ens Davis　米軍対空砲火の誤射で墜落　サンタクルーズ沖
VP-23 PBY5 Lt. Robert R. Wilcox III　翔鶴零戦の交戦、被弾　パイロット(Wilcox)戦死　サンタクルーズ沖
翔鶴　零戦　制空隊18小隊1番機　半沢行雄飛曹長　空戦で行方不明　戦死　南太平洋海戦・一航戦第一次
翔鶴　零戦　制空隊　搭乗員不明　燃料切れで着水　駆逐艦が救助　南太平洋海戦・一航戦第一次
瑞鶴　零戦　制空隊　11小隊2番機　星谷嘉助二飛曹　空戦で未帰還　戦死　南太平洋海戦・一航戦第一次
瑞鶴　零戦　制空隊　12小隊1番機　小山内末吉飛曹長　空戦で未帰還　戦死　南太平洋海戦・一航戦第一次
瑞鶴　零戦　制空隊　搭乗員不明　不時着水　救助　南太平洋海戦・一航戦第一次
翔鶴　九七艦攻　攻撃隊40小隊1番機　村田重治少佐　空戦で自爆　3名戦死　南太平洋海戦・一航戦第一次
翔鶴　九七艦攻　攻撃隊40小隊2番機　松島正飛曹長　空戦で自爆　3名戦死　南太平洋海戦・一航戦第一次
翔鶴　九七艦攻　攻撃隊41小隊2番機　伊藤光義一飛曹　空戦で自爆　3名戦死　南太平洋海戦・一航戦第一次
翔鶴　九七艦攻　攻撃隊42小隊2番機　山岸昌司一飛曹　空戦で自爆　3名戦死　南太平洋海戦・一航戦第一次
翔鶴　九七艦攻　攻撃隊42小隊3番機　三宅達彦二飛曹　空戦で行方不明　3名戦死　南太平洋海戦・一航戦第一次
翔鶴　九七艦攻　攻撃隊49小隊2番機　小林芳彦二飛曹　空戦で自爆　3名戦死　南太平洋海戦・一航戦第一次
翔鶴　九七艦攻　攻撃隊43小隊1番機　鷲見五郎大尉　空戦で自爆　3名戦死　南太平洋海戦・一航戦第一次
翔鶴　九七艦攻　攻撃隊43小隊2番機　秋山弘志二飛曹　空戦で自爆　3名戦死　南太平洋海戦・一航戦第一次
翔鶴　九七艦攻　攻撃隊44小隊2番機　三森義雄一飛曹　空戦で自爆　3名戦死　南太平洋海戦・一航戦第一次
翔鶴　九七艦攻　攻撃隊45小隊2番機　佐野剛也一飛曹　空戦で自爆　3名戦死　南太平洋海戦・一航戦第一次
翔鶴　九七艦攻　攻撃隊　搭乗員不明　燃料切れで着水　駆逐艦が救助　南太平洋海戦・一航戦第一次
翔鶴　九七艦攻　攻撃隊　搭乗員不明　燃料切れで着水　駆逐艦が救助　南太平洋海戦・一航戦第一次
翔鶴　九七艦攻　攻撃隊　搭乗員不明　燃料切れで着水　駆逐艦が救助　南太平洋海戦・一航戦第一次
翔鶴　九七艦攻　攻撃隊　搭乗員不明　燃料切れで着水　駆逐艦が救助　南太平洋海戦・一航戦第一次
翔鶴　九七艦攻　攻撃隊　搭乗員不明　燃料切れで着水　駆逐艦が救助　南太平洋海戦・一航戦第一次
翔鶴　九七艦攻　攻撃隊　搭乗員不明　燃料切れで着水　駆逐艦が救助　南太平洋海戦・一航戦第一次
瑞鶴　九九艦爆　攻撃隊　21小隊2番機　鈴木敏夫一飛曹　空戦で被弾　1名戦死　南太平洋海戦・一航戦第一次
瑞鶴　九九艦爆　攻撃隊　22小隊2番機　西森俊雄二飛曹　空戦で未帰還　2名戦死　南太平洋海戦・一

航戦第一次
瑞鶴　九九艦爆　攻撃隊　23小隊1番機　佐藤茂行飛曹長　空戦で未帰還　2名戦死　南太平洋海戦・一航戦第一次
瑞鶴　九九艦爆　攻撃隊　23小隊2番機　前野廣二飛曹　空戦で被弾　1名戦死　南太平洋海戦・一航戦第一次
瑞鶴　九九艦爆　攻撃隊　24小隊3番機　北村一郎二飛曹　空戦で未帰還　2名戦死　南太平洋海戦・一航戦第一次
瑞鶴　九九艦爆　攻撃隊　25小隊1番機　島田陽三中尉　空戦で未帰還　2名戦死　南太平洋海戦・一航戦第一次
瑞鶴　九九艦爆　攻撃隊　25小隊2番機　土屋嘉彦二飛曹　空戦で未帰還　2名戦死　南太平洋海戦・一航戦第一次
瑞鶴　九九艦爆　攻撃隊　26小隊1番機　石丸豊大尉　空戦で未帰還　2名戦死　南太平洋海戦・一航戦第一次
瑞鶴　九九艦爆　攻撃隊　26小隊2番機　別宮利光一飛曹　空戦で未帰還　2名戦死　南太平洋海戦・一航戦第一次
瑞鶴　九九艦爆　攻撃隊　26小隊3番機　横田益太郎一飛　空戦で未帰還　2名戦死　南太平洋海戦・一航戦第一次
瑞鶴　九九艦爆　攻撃隊　27小隊1番機　村井肇特務少尉　空戦で未帰還　2名戦死　南太平洋海戦・一航戦第一次
瑞鶴　九九艦爆　攻撃隊　27小隊2番機　加藤清武一飛曹　空戦で未帰還　2名戦死　南太平洋海戦・一航戦第一次
瑞鶴　九九艦爆　攻撃隊　28小隊1番機　岡本清人飛曹長　空戦で未帰還　2名戦死　南太平洋海戦・一航戦第一次
瑞鶴　九九艦爆　攻撃隊　28小隊2番機　宮原長市一飛曹　空戦で未帰還　2名戦死　南太平洋海戦・一航戦第一次
瑞鶴　九九艦爆　攻撃隊　搭乗員不明　不時着水　救助　南太平洋海戦・一航戦第一次
瑞鶴　九九艦爆　攻撃隊　搭乗員不明　不時着水　救助　南太平洋海戦・一航戦第一次
瑞鶴　九九艦爆　攻撃隊　搭乗員不明　不時着水　救助　南太平洋海戦・一航戦第一次
瑞鶴　九九艦爆　攻撃隊　搭乗員不明　不時着水　救助　南太平洋海戦・一航戦第一次
瑞鶴　九九艦爆　攻撃隊　搭乗員不明　不時着水　救助　南太平洋海戦・一航戦第一次
エンタープライズ VT-10　TBF-1 00381 Ens J.M.Reed 瑞鳳零戦が撃墜　行方不明　サンタクルーズ沖
瑞鳳　零戦　1小隊3番機　都地肇二飛曹　不時着水、沈没　救助　南太平洋海戦・二航戦第一次
隼鷹　九九艦爆　1中隊21小隊1番機　山口定夫大尉　自爆　2名戦死　南太平洋海戦・二航戦第一次
隼鷹　九九艦爆　1中隊21小隊2番機　中島一飛曹　自爆　2名戦死　南太平洋海戦・二航戦第一次
隼鷹　九九艦爆　1中隊21小隊3番機　小野三飛曹　自爆　2名戦死　南太平洋海戦・二航戦第一次
隼鷹　九九艦爆　1中隊22小隊1番機　木村光男一飛曹　被弾4発　南太平洋海戦・二航戦第一次
隼鷹　九九艦爆　1中隊22小隊3番機　後藤二飛曹　自爆　2名戦死　南太平洋海戦・二航戦第一次
隼鷹　九九艦爆　1中隊23小隊1番機　藤木義夫一飛曹　被弾7発　南太平洋海戦・二航戦第一次
隼鷹　九九艦爆　1中隊23小隊2番機　武居一馬三飛曹　自爆　2名戦死　南太平洋海戦・二航戦第一次
隼鷹　九九艦爆　2中隊25小隊1番機　岩木隆毅一飛曹　自爆　2名戦死　南太平洋海戦・二航戦第一次
隼鷹　九九艦爆　2中隊25小隊2番機　鈴木映一一飛曹　自爆　2名戦死　南太平洋海戦・二航戦第一次
隼鷹　九九艦爆　2中隊25小隊3番機　村上二飛　自爆　2名戦死　南太平洋海戦・二航戦第一次
隼鷹　九九艦爆　2中隊26小隊1番機　宮武義彰一飛曹　被弾6発　南太平洋海戦・二航戦第一次
隼鷹　九九艦爆　2中隊26小隊3番機　坪井統一三飛曹　自爆　2名戦死　南太平洋海戦・二航戦第一次
隼鷹　九九艦爆　2中隊27小隊2番機　小瀬本国雄三飛曹　被弾2発　南太平洋海戦・二航戦第一次
瑞鳳　零戦　1小隊1番機　岡本茂飛曹長　空戦で行方不明　戦死　南太平洋海戦・二航戦第二次
瑞鳳　零戦　1小隊2番機　碩一雄一飛曹　空戦で自爆　戦死　南太平洋海戦・二航戦第二次
瑞鳳　零戦　1小隊3番機　牧正直二飛　空戦で8発被弾　南太平洋海戦・二航戦第二次
隼鷹　零戦　制空隊11小隊1番機　白根斐夫大尉(瑞鶴)　被弾1発　南太平洋海戦・二航戦第二次
隼鷹　零戦　制空隊12小隊1番機　渡辺西雄中尉　不時着水　救助　南太平洋海戦・二航戦第二次
隼鷹　零戦　制空隊12小隊2番機　金子孝一二飛　不時着水　救助　南太平洋海戦・二航戦第二次
隼鷹　零戦　制空隊12小隊3番機　牧正直二飛(瑞鳳)　被弾10発　不時着水　救助　南太平洋海戦・二航戦第二次

隼鷹　零戦　制空隊13小隊1番機　鈴木清延一飛曹　行方不明　南太平洋海戦・二航戦第二次
隼鷹　零戦　制空隊13小隊2番機　中本清二飛　行方不明　南太平洋海戦・二航戦第二次
瑞鶴　零戦　制空隊　搭乗員不明　不時着水　救助　南太平洋海戦・一航戦第二次
瑞鶴　零戦　制空隊　搭乗員不明　不時着水　救助　南太平洋海戦・一航戦第二次
翔鶴　九九艦爆　攻撃隊20小隊1番機　関衛少佐　空戦で自爆　2名戦死　南太平洋海戦・一航戦第二次
翔鶴　九九艦爆　攻撃隊20小隊3番機　板谷敏見二飛曹　空戦で自爆　2名戦死　南太平洋海戦・一航戦第二次
翔鶴　九九艦爆　攻撃隊21小隊3番機　本多芳丸二飛曹　空戦で自爆　2名戦死　南太平洋海戦・一航戦第二次
翔鶴　九九艦爆　攻撃隊22小隊2番機　土屋亮六二飛曹　空戦で自爆　2名戦死　南太平洋海戦・一航戦第二次
翔鶴　九九艦爆　攻撃隊23小隊2番機　菅野正生二飛曹　空戦で自爆　2名戦死　南太平洋海戦・一航戦第二次
翔鶴　九九艦爆　攻撃隊24小隊1番機　山田昌平大尉　空戦で自爆　2名戦死　南太平洋海戦・一航戦第二次
翔鶴　九九艦爆　攻撃隊25小隊1番機　宮内治雄中尉　空戦で自爆　2名戦死　南太平洋海戦・一航戦第二次
翔鶴　九九艦爆　攻撃隊26小隊2番機　根本義雄三飛曹　空戦で自爆　2名戦死　南太平洋海戦・一航戦第二次
翔鶴　九九艦爆　攻撃隊27小隊2番機　染野文雄一飛曹　空戦で自爆　2名戦死　南太平洋海戦・一航戦第二次
翔鶴　九九艦爆　攻撃隊28小隊2番機　谷真平一飛　空戦で自爆　2名戦死　南太平洋海戦・一航戦第二次
瑞鶴　九七艦攻　攻撃隊41小隊1番機　今宿滋一郎大尉　空戦で未帰還　3名戦死　南太平洋海戦・一航戦第二次
瑞鶴　九七艦攻　攻撃隊41小隊3番機　川畑小吉一飛曹　空戦で未帰還　3名戦死　南太平洋海戦・一航戦第二次
瑞鶴　九七艦攻　攻撃隊42小隊1番機　伊東徹中尉　空戦で未帰還　3名戦死　南太平洋海戦・一航戦第二次
瑞鶴　九七艦攻　攻撃隊42小隊2番機　水島正芳一飛曹　空戦で未帰還　3名戦死　南太平洋海戦・一航戦第二次
瑞鶴　九七艦攻　攻撃隊42小隊3番機　佐藤正福二飛曹　空戦で未帰還　3名戦死　南太平洋海戦・一航戦第二次
瑞鶴　九七艦攻　攻撃隊43小隊1番機　鈴木仲蔵特務少尉　空戦で未帰還　3名戦死　南太平洋海戦・一航戦第二次
瑞鶴　九七艦攻　攻撃隊44小隊3番機　木口資雄一飛曹　空戦で未帰還　3名戦死　南太平洋海戦・一航戦第二次
瑞鶴　九七艦攻　攻撃隊45小隊3番機　山内一夫一飛曹　空戦で未帰還　3名戦死　南太平洋海戦・一航戦第二次
瑞鶴　九七艦攻　攻撃隊46小隊2番機　牟田憲一郎一飛曹　空戦で未帰還　3名戦死　南太平洋海戦・一航戦第二次
瑞鶴　九七艦攻　攻撃隊　搭乗員不明　不時着水　救助　南太平洋海戦・一航戦第二次
隼鷹　九七艦攻　攻撃隊41小隊1番機　吉山富一飛曹長　自爆　3名戦死　南太平洋海戦・二航戦第二次
隼鷹　九七艦攻　攻撃隊41小隊2番機　鵜飼美弘一飛曹　被弾2発　南太平洋海戦・二航戦第二次
隼鷹　九七艦攻　攻撃隊41小隊3番機　山下清隆二飛曹　被弾2発　南太平洋海戦・二航戦第二次
隼鷹　九七艦攻　攻撃隊42小隊1番機　古俊豊寿一飛曹　被弾1発　南太平洋海戦・二航戦第二次
隼鷹　九七艦攻　攻撃隊42小隊2番機　中村繁夫二飛曹　被弾1発　南太平洋海戦・二航戦第二次
隼鷹　九七艦攻　攻撃隊43小隊2番機　梅田八郎一飛曹　自爆　3名戦死　南太平洋海戦・二航戦第二次
隼鷹　九七艦攻　攻撃隊43小隊2番機　紙元淳一飛　被弾2発　南太平洋海戦・二航戦第二次
隼鷹　九九艦爆　攻撃隊26小隊1番機　宮武義彰一飛曹　被弾6発　南太平洋海戦・二航戦第三次
ホーネット VF-72 F4F-4 5248 パイロット不明 艦と共に喪失　サンタクルーズ沖
ホーネット VF-72 F4F-4 02004 パイロット不明 艦と共に喪失　サンタクルーズ沖
ホーネット VF-72 F4F-4 02006パイロット不明 艦と共に喪失　サンタクルーズ沖
ホーネット VF-72 F4F-4 02058パイロット不明 艦と共に喪失　サンタクルーズ沖

ホーネット VS-8　SBD-3 03186 パイロット不明　艦と共に喪失　サンタクルーズ沖
ホーネット VS-8　SBD-3 03189 パイロット不明　艦と共に喪失　サンタクルーズ沖
ホーネット VS-8　SBD-3 03190 パイロット不明　艦と共に喪失　サンタクルーズ沖
ホーネット VS-8　SBD-3 03196 パイロット不明　艦と共に喪失　サンタクルーズ沖
ホーネット VS-8　SBD-3 03199 パイロット不明　艦と共に喪失　サンタクルーズ沖
ホーネット VS-8　SBD-3 03200 パイロット不明　艦と共に喪失　サンタクルーズ沖
ホーネット VS-8　SBD-3 03203 パイロット不明　艦と共に喪失　サンタクルーズ沖

10月28日
67FS P-39 Lt Wallace S.Dinn　対空砲火が撃墜、サンタイザベル南方沖に落下傘降下　救助　レカタ
七五一空　零戦　２番機　川畑一郎三飛曹　B-17と交戦２発被弾　カビエン
七五一空　零戦　３番機　越智米喜三飛曹　行方不明　戦死　カビエン
七五一空　零戦　４番機　福留次男二飛　B-17と交戦４発被弾　カビエン
七五一空　一式陸攻　１小隊３番機　永園岩夫飛曹長　対空砲火で１発被弾　ポートモレスビー

10月29日
VMSB-141 SBD-3 03270 Lt Meents　夜間作戦中、原因不明の墜落　原住民が救助　ガ島
19BG 30BS B-17E "Clown House" 41-9235 Maj Allen Lindbergh　ブイン夜間爆撃の帰途、着水　救助　ブイン

10月30日
3BG 90BS B-25D "Lil De Icer" 41-29731 1/Lt Robert F. Miller　偵察飛行中に未帰還　６名戦死　ココダ
山陽丸　零観　２番機　古寺慶三二飛曹　離水中に被弾、大破沈没　１名重傷　レカタ
山陽丸　零観　３番機　安倍信二二飛曹　空戦中に行方不明　２名戦死　レカタ
神川丸　二式水戦　１番機　後藤英郎大尉　離水中に被弾、帰還後、全損　レカタ
神川丸　二式水戦　４番機　渡辺一飛機　離水中に被弾、炎上沈没　戦死　レカタ
千歳　零観　搭乗員不明　離水中に被弾、炎上沈没　レカタ
六空　零戦　２中隊２小隊２番機　滝田晟一飛　未帰還　戦死　ガ島
六空　零戦　搭乗員不明　F4Fとの空戦で被弾　左臀部弾片盲貫　ガ島
六空　零戦　搭乗員不明　F4Fとの空戦で被弾　ガ島
六空　零戦　搭乗員不明　F4Fとの空戦で被弾　ガ島
山陽丸　零水偵　２番機　橋本雅生一飛　夜間爆撃中に行方不明　３名戦死　ガ島

著者紹介
梅本 弘（うめもと ひろし）
1958年茨城県生まれ、武蔵野美術大学卒業。著書「海軍零戦隊撃墜戦記」「雪中の奇跡」「流血の夏」「ビルマ航空戦」「陸軍戦闘隊撃墜戦記」大日本絵画。「ビルマの虎」「逆襲の虎」カドカワノベルズ。「ベルリン1945-ラストブリッツ」学研。

写真提供　吉田一（カバー）、伊沢保穂、光人社

ACNOWLEDGMENT
The author would like to express his gratitude to all those who have given him the benefit their knowledge or researched for his book, Steve Blake, Craig Fuller http://www.aviationarchaeology.com.

ガ島航空戦 上
ガダルカナル島上空の日米航空決戦、昭和17年8月-10月

発行日　2016年7月24日　初版第1刷

発行人　小川光二
発行所　株式会社 大日本絵画
〒101-0054　東京都千代田区神田錦町1丁目7番地
Tel 03-3294-7861（代表）
URL; http://www.kaiga.co.jp

編集人　市村 弘
企画／編集　株式会社アートボックス
〒101-0054　東京都千代田区神田錦町1丁目7番地
錦町一丁目ビル4階
Tel 03-6820-7000（代表）
URL; http://www.modelkasten.com
印　刷　図書印刷株式会社
製　本　株式会社ブロケード

Publisher/Dainippon Kaiga Co., Ltd.
Kanda Nishiki-cho 1-7, Chiyoda-ku, Tokyo 101-0054 Japan
Phone 03-3294-7861
Dainippon Kaiga URL; http://www.kaiga.co.jp
Editor/Artbox Co., Ltd.
Nishiki-cho 1-chome bldg., 4th Floor, Kanda
Nishiki-cho 1-7, Chiyoda-ku, Tokyo 101-0054 Japan
Phone 03-6820-7000
Artbox URL; http://www.modelkasten.com/

ISBN 978-4-499-23187-9

内容に関するお問い合わせ先：03(6820)7000　㈱アートボックス
販売に関するお問い合わせ先：03(3294)7861　㈱大日本絵画